卓越工程师教育培养计划系列教材

国家级一流本科专业建设成果教材

石油和化工行业“十四五”规划教材

化工设计

——跨学科设计与实例

（第二版）

管国锋　万　辉　薄翠梅　◎　等　编著

董金善　◎　主审

化学工业出版社

·北京·

内容简介

《化工设计——跨学科设计与实例》（第二版）针对高等学校化工类学生拓宽知识面的需求，将化学工程与工艺、过程装备与控制工程、自动化、安全工程及相关专业知识融合起来，面向设计过程和工程应用，使学生建立起现代化工设计思想，提高学生整体工程设计能力。主要内容包括：绪论、化工过程工艺设计、化工过程设备设计、化工过程控制设计、化工过程安全设计、工艺过程模拟计算、醋酸甲酯制醋酸和含氨废水提浓过程设计案例（二维码部分）。既有基本原理介绍，又有工程设计案例描述，设计过程详尽。

本教材强调化工类跨学科工程设计能力训练，既可作为高等学校化工类及相关专业本科生和研究生的教材，也可作为从事工程设计技术人员的参考书。

图书在版编目（CIP）数据

化工设计 ：跨学科设计与实例 / 管国锋等编著. 2 版. -- 北京 ：化学工业出版社，2025. 8. --（国家级一流本科专业建设成果教材）（卓越工程师培养计划系列教材）. -- ISBN 978-7-122-48784-1

Ⅰ. TQ02

中国国家版本馆 CIP 数据核字第 2025MV1609 号

责任编辑：任睿婷　杜进祥　　文字编辑：王文莉
责任校对：李雨函　　装帧设计：关　飞

出版发行：化学工业出版社
（北京市东城区青年湖南街 13 号　邮政编码 100011）
印　　装：大厂回族自治县聚鑫印刷有限责任公司
787mm×1092mm　1/16　印张 19¼　插页 4　字数 498 千字
2026 年 1 月北京第 2 版第 1 次印刷

购书咨询：010-64518888　　售后服务：010-64518899
网　　址：http：//www.cip.com.cn
凡购买本书，如有缺损质量问题，本社销售中心负责调换。

定　　价：69.00 元

前言

化工设计是高等学校化工类专业的必修课，要求学生运用所学的专业基础知识，用技术经济观点系统分析和解决实际工程问题，具有极强的综合性和实践性。现有的化工设计教材主要介绍化工设计的基础原理、项目建设基本程序、物料和能量衡算、工艺流程设计、设备选择及设计、工厂车间布置设计、管道布置等。在设计过程中，除了化工专业基础知识外，往往还需要机械设备、仪表控制、安全领域的专业知识，现有的化工设计教材不能很好地满足学生拓宽知识面的需求。在汲取国内外教材长处的基础上，编著者将化学工程与工艺、过程装备与控制工程、自动化、安全工程及相关专业知识融合起来，编著了跨学科工程设计的首本教材，2016 年 7 月由化学工业出版社出版，被遴选为卓越工程师教育培养计划系列教材，2018 年获“中国石油和化学工业优秀出版物奖·教材奖”一等奖。随着国家“新工科”建设的进一步推进，有必要对本教材进行修订，强化教材在人才培养过程中“培根铸魂、启智增慧”的功能。

本教材在第一版基础上进行修订，引入南京工业大学入选“中国化工 百年百人”的八位化工科学家事迹，引导学生学习校友们心怀家国、勇担使命、敢为人先、精益求精的精神，为实现高水平化工科技自立自强、建设化工科技强国做出应有的贡献。本教材展现化工设计在“碳达峰、碳中和”背景下的作用，进一步建立学生的现代化工设计理念，提高学生的整体工程设计能力，培养学生的跨学科思维和安全环保意识，对第 2 章化工过程工艺设计内容进行了更新，同时第 5 章增加了化工过程本质安全设计和基于风险的简化设计内容，强化创新意识和社会责任感。为了适应化工设计课程教学的需要，将修订后的教材名称变更为《化工设计——跨学科设计与实例》。

修订后的教材具有如下特色。①教材内容广：本教材不以单一学科知识为中心，突破了学科的界限，着眼于把不同学科知识有机融合在一起，形成了跨学科的化工设计知识体系，克服了现有知识体系无法有效解决复杂工程问题的缺点。以学生解决复杂工程问题能力的培养为目标，以实际工程案例为切入点，以典型工艺流程为主线，教材内容将化工过程工艺设计、化工过程设备设计、化工过程控制设计、化工过程安全设计等内容相互融合。学生在使用教材过程中，接受了跨学科知识的训练，有利于形成符合社会需求的复合型知识理念。②组织形式新：为了便于学习，本教材对传统结构进行了较大的调整，全部内容围绕工艺设计-设备设计-控制设计-安全设计主线展开，内容集中，系统性强，衔接自然，逻辑性好，便于学生学习和掌握。③产教融合深：本教材注重产教融合，以紧扣产业高质量发展、引领行业转型升级的工程案例为切入点，融入了近年中国石油和化学工业联合会技术发明奖、江苏省科学技术进步奖等原创成果，为学生营造跨学科工程训练环境，培养学生综合应用专业知识的能力，实现各专业的内在融合。通过本教材的学习，学生可以熟悉实际工程设计的操作程序，积极完成各专业工种的配合工作，成为既具备深厚专业理论基础，又具有面向未来产业发展眼光的专业技术人才。

本教材共分 10 章。第 1 章介绍了跨学科工程设计实施可行性及培养体系，由管国锋编写；第 2 章介绍了工艺流程设计，物料衡算与能量衡算，工艺设备、车间布置及管道布置设计，由管国锋、万辉、潘宜昌编写；第 3 章介绍了过程设备强度与稳定性，换热设备、塔设备和储存设备设计，由董金善、沈国栋编写；第 4 章介绍了过程控制系统、检测与变送系统、计算机集成监控系统、供配电与电气控制系统设计，由薄翠梅编写；第 5 章介绍了化工过程本质安全设计，基于风险的简化设计，化工过程危险、有害因素分析，过程安全设计，由生迎夏、李蒙编写；第 6 章以 Aspen Plus 化工流程模拟软件为应用工具，介绍了 Aspen Plus 图形界面与模型建立，分离单元、换热单元和反应单元模拟计算，及模型分析工具和动态流程模拟，由管国锋、万辉、张春冬编写；第 7 章～第 10 章及线上二维码文件以“醋酸甲酯制醋酸”和“稀氨水提浓”为工程训练案例，分别给出了过程工艺设计、过程装备设计、过程控制设计、过程安全设计的具体实现过程和设计结果。

全书由管国锋、万辉、薄翠梅等编著，由董金善负责主审。编著者希望相关专业学生通过本教材的学习，能够掌握化学工程与工艺、过程装备与控制工程、自动化与安全工程等专业设计的基本理论及工程设计方法，具备按照工程设计标准要求开展化工工程设计的能力，为以后从事化工工程设计工作打下良好基础。

由于编著者水平有限，书中疏漏在所难免，恳请读者批评指正。

编著者

2025 年 3 月于南京

第一版前言

随着现代过程工业的快速发展，社会对复合型创新人才需求日益高涨，需要工程教育进行改革和创新，强化培养学生的工程能力和创新能力。化学工业是我国经济的支柱性产业之一，其生产过程涉及化学工程与工艺、过程装备与控制工程、自动化及安全工程等多个学科专业，为适应现代化学工业的发展要求，必须将各专业知识彼此融合，实现团队工程设计与现代化学工业无缝对接，这对专业建设和卓越工程师培养具有重要的指导意义和应用价值。

本教材以化学工程与工艺、过程装备与控制工程、自动化、安全工程组成的学科群为基础，打破专业壁垒，通过学科之间的交叉、渗透与融合，在一个总设计目标规定约束下，结合工程案例，以化工工艺、装备、控制、安全的工程设计为主线，建立了与生产实际紧密结合的培养环境，构建了一套基于“设计院模式”的化学产品多学科融合立体式工程实训体系。这种既独立又合作的工程实践训练，使不同专业学生在工程设计过程中，建立起现代化工整体设计思想，协调处理各专业领域之间的交叉与融合，有力地推动教学内容的改革与创新，提高学生整体工程设计能力及团队协作创新能力，培养学生的节能环保意识与社会责任感。本教材解决了高等教育长期分专业教学、缺乏一体化工程设计训练问题，可成为化工类多学科工程能力培养的首本教材。

本教材共分 10 章。第 1 章介绍了化工类多学科工程设计实施可行性及培养体系；第 2 章介绍了工艺流程设计，物料衡算和能量衡算，工艺设备、车间布置及管道布置设计；第 3 章介绍了过程设备强度与稳定性，换热设备、塔设备、储存设备设计；第 4 章介绍了过程控制系统、检测与变送系统、计算机集成监控系统、供配电与电气控制系统设计；第 5 章介绍了化工过程危险、有害因素分析，过程安全设计及安全设计审查；第 6 章以 Aspen Plus 化工流程模拟软件为应用工具，介绍了流体输送单元、换热单元、分离单元和反应单元模拟计算及模型分析工具、动态流程模拟；第 7 章～第 10 章以“醋酸甲酯制醋酸”为工程训练实例，分别给出了工艺过程设计、过程装备设计、过程控制设计、过程安全设计的具体实现过程和设计结果。

全书由南京工业大学管国锋、董金善、薄翠梅、万辉和生迎夏编著，管国锋教授负责统稿。全体参编教师经过近几年跨学科团队毕业设计的组织与实施，多次获得江苏省本科毕业论文（设计）优秀团队和优秀论文奖，以此为主要支撑材料的教学研究成果——“多学科融合的复合型创新人才工程能力培养体系的探索与实践”获得江苏省优秀教学成果二等奖。将团队毕业设计成果用于本教材建设，获得江苏省普通高等学校重点教材建设立项和江苏省品牌专业建设项目（PPZY2015A044、PPZY2015A022）资助。编者希望相关专业学生通过本教材的学习，能够掌握化工工艺、过程装备、控制工程与安全工程的设计基本理论及工程设计方法，具备按照工程设计标准要求开展化工工程设计的能力，为后续走上社会从事化工类工程设计工作打下良好基础。

由于编者水平有限，书中不足之处在所难免，恳请读者批评指正。

编著者

2016 年 7 月于南京

目录

二维码内容

第1章

绪　论

随着现代工业的快速发展，产品的研发已经超越单一学科或工程领域的范畴，仅凭某一学科或工程领域的知识与技能根本无法满足企业的需求，故企业和行业迫切需要复合型创新人才。化学工业是我国经济的支柱性产业之一，其生产过程涉及化学工程与工艺、过程装备与控制工程、自动化及安全工程等多个专业领域，为适应现代化学工业的发展要求，必须将各专业知识彼此融合，实现团队工程设计与现代化学工业无缝对接。

1.1 化工设计的定义和作用

1.1.1 化工设计的定义

化工设计是根据化工建设工程和法律法规的要求，对建设工程所需的技术、经济、资源、环境等条件进行综合分析、论证，编制建设工程设计文件，提供相关服务的活动。设计文件是从开发、立项、设计、施工安装、试产、验收到正式生产的各个阶段的实践过程形成的图样及技术资料的总称。

化工设计综合性很强，涉及以下多个方面：①政治、经济、技术、资源、产品、市场、用户、环境；②国情、国策、标准、法规；③化学、化工、工艺、机械、电气、土建、自控、三废治理、安全卫生、运输、给排水、采暖通风等专业。

化工设计不同于化工原理设计，后者是对某个单元装置的设计，而化工设计是针对某个化工项目的整体设计，这个项目可能是一个化工厂或一个生产车间的生产装置。

1.1.2 化工设计的作用

化工设计是把一项化工工程从设想变成现实的建设环节，是化工企业得以建立的必经之路。在化工建设项目确定以前，化工设计为项目决策提供依据，在化工建设项目确定以后，又为项目的建设提供实施的蓝图。无论工厂或车间的新建、改建和扩建，还是技术改造和技术挖潜，均离不开化工设计。

化工设计是科研成果转化为现实生产力的桥梁和纽带，科研成果只有通过工程设计才能实现工业化生产，产生经济效益，服务国民经济发展。在科学研究中，从小试到中试以及工业化的生产，都需要与设计有机结合，并进行新工艺、新技术、新设备的开发工作，力求实现科研成果的高水平转化。化工设计是实现企业技术革新、增加产品品种、提高产品质量、节约能源和原材料等的必要手段，是促进国民经济和社会发展的重要经济技术活动的组成部分。

化工设计在化学工程项目建设的整个过程中是一个极其重要的环节，是工程建设的灵魂，对工程建设起着主导和决定性作用。可以说在建设项目立项以后，前期工作和设计工作就成为建设中的关键。企业在建设的时候能不能加快速度，保证施工安装质量和节约投资，建成以后能不能获得最大的经济效益、环境效益和社会效益，设计工作起着决定性的作用。

因此，国民经济的发展质量、速度和效益都离不开化工设计工作。设计是一切工程建设的先行者，设计质量将直接影响工厂的运行安全和经济效益，对于科学技术事业的发展和我国现代化建设都有着极大的影响，可以说没有现代化设计，就没有现代化建设。学习化工设计的意义包括以下 3 点。

(1) 化工设计课程是化工专业教育的重要内容

我国要求化工专业毕业生应具备以下知识和能力：①掌握化学工程、化学工艺、应用化学等学科的基本理论、基本知识；②掌握化工装置工艺与设备设计方法，掌握化工过程模拟优化方法；③具有对新产品、新工艺、新技术和新设备进行研究、开发和设计的初步能力；④熟悉国家在化工生产、设计、研究与开发、环境保护等方面的方针、政策和法规；⑤了解化工理论前沿，了解新工艺、新技术与新设备的发展动态；⑥掌握文献检索、资料查询的基本方法，具有一定的科学研究和实际工作能力；⑦具有创新意识和独立获取新知识的能力。从以上要求来看，化工设计是高等院校化工类专业的必修课，学生必须学好这门专业课程，才能达到专业培养目标的要求。

(2) 化工设计课程是培养化工设计人才的重要环节

化工设计课程是培养学生独立解决工程技术问题、强化理论联系实际能力、提高自身综合素质、由大学生向化学工程师转变的一个重要环节，化工设计是化工技术人员不可缺少的技术知识之一。通过本课程的学习，学生可以初步了解我国基本建设的有关方针政策，掌握有关工艺设计的基本理论，为今后参加实际工程设计做好切实的准备，成为企业所需的工程人才，实现学校与企业“无缝接轨”的目标。

(3) 开设化工设计课程是化工专业认证的要求

国际化工专业认证要求化工设计教学要贯穿整个本科培养过程，目的是强化设计能力、实践能力、创新能力、团队精神培养，提高学生的工程综合素质，培养出大量符合企业需求的未来工程师。我国的化工教育必须顺应国际教育的发展潮流，强化化工设计方面的教育，以适应时代的发展。

1.2 跨学科设计的构思与起源

20 世纪 80 年代，美国等发达国家就针对工程教育存在的不足，提出了大工程的教改思路，对工程专业的学生提出了明确要求。在我国，工程人才的培养存在着更多的困难和不足，如对工程教育研究不够、工程训练内容与生产实际脱节等。在 21 世纪知识经济时代，我国高等教育正面临着国际竞争和市场经济的挑战，培养具有综合素质的工程师是高等工科院校人才培养目标的一个重要内容。作为一名合格的工程师，应当具备多种素质和能力，其中具有设计能力至关重要，这是衡量一名工程师是否合格的标志。因为一个工程设计过程本身就是工程技术人员运用相关知识、展示其综合素质的舞台，工程设计能力是评价工科高校人才培养质量的一个重要指标。据统计，现代生产过程中的设计工作虽然仅占劳动总量的20%，但它却决定着其他80%的命运，直接关系到企业的生存和发展。在强调素质教育的今天，加强高校特别是高等工科院校人才工程设计能力的培养显得尤为重要。如何提高学生的工程实践能力，培养其具有广博的知识面，掌握两门或两门以上学科的理论、知识和技能，使其成为富有跨学科意识和创新精神的复合型人才，是高校人才培养亟待解决的问题。

根据经济发展对复合型创新人才的实际需求，瞄准国内外工程教育发展的前沿方向，针对化工类学生拓宽知识面的需求，将化学工程与工艺、过程装备与控制工程、自动化、安全工程等专业知识融合起来，面向设计过程和工程应用，使学生建立起现代化工设计思想，提高学生整体工程设计能力。

1.2.1 跨学科工程设计培养的必要性

对学生创新能力、实践能力及工程设计能力的培养越来越引起教育主管部门的重视。中共中央、国务院2010年7月印发《国家中长期教育改革和发展规划纲要（2010—2020年）》（中发〔2010〕12号），要求“推动高校创新组织模式，培育跨学科、跨领域的科研与教学相结合的团队”“促进多学科交叉和融合。重点扩大应用型、复合型、技能型人才培养规模”。国务院办公厅2015年5月份印发《关于深化高等学校创新创业教育改革的实施意见》（国办发〔2015〕36号），明确提出“高校要打通一级学科或专业类下相近学科专业的基础课程，开设跨学科专业的交叉课程，探索建立跨院系、跨学科、跨专业交叉培养创新创业人才的新机制，促进人才培养由学科专业单一型向多学科融合型转变”。高等学校人才培养质量不仅体现在所培养的学生具有扎实的理论知识，更体现在要求学生应该具有跨学科创新能力、工程设计与实践能力。目前高等工科院校的专业设置和教学体系具有各自的系统性和独立性，有着自己传统的办学理念和特色。以单一的专业教学和独立的工程设计模式为主培养出的专业人才，已经不能很好地满足当今社会的发展需求，为此需对现有的实践教学体系进行改革与创新。

(1) 突出工程设计教学环节

面对国际化和教育市场的竞争，培养具有综合素质的卓越工程师是高等工科院校人才培养目标的一个重要内容，越来越受到各大工科院校的重视。在工程设计实践教学环节，如何培养学生运用相关专业知识、展示综合素质，进而提高其工程设计能力以及建立科学的工程设计评价体系，也是工科高校人才培养质量的一个重要评价指标。

当前化工类专业传统工程设计模式，与生产实际相脱节，学生缺乏创新激情，不能为学生提供跨学科的实践教学环境，不能向学生提供进行协同作战的平台。即使少量的专业教师指导学生开展工程设计，但各专业教师根据自拟课题各自布置设计任务，每个学生独立完成不同的设计任务，根本不能满足实际工程设计环境所需要的专业人员配置，学生只限于本专业范围进行封闭式设计，导致很多学生以敷衍应付的心态勉强完成设计工作，使设计环节的预期效果大打折扣。

社会的价值取向造成学生对工程设计学习不够重视，刚毕业的学生在企业或设计院都无法直接承担设计工作，必须经过一段时间的专业培训和实践积累才能正式上岗。与此形成鲜明对比的是德国工程专业教育，明确规定工科大学的培养目标就是培养工程师而非学者，有一整套严格的工程教育规范，其工程教学质量在国际上享有盛誉。

(2) 优化工程设计指导教材

现有的化工设计教材主要介绍化工设计的基础原理、项目建设基本程序、物料和能量衡算、工艺流程设计、设备选择及设计、工厂车间布置设计、管道布置等。学生在设计过程中，除了学习化学工程专业知识外，还需要了解机械设备、仪表控制、安全等领域专业知识，现有教材已不能满足学生拓宽知识面的需求。

现代化工过程是多专业综合的系统工程，工艺、设备、控制、安全等专业设计必须通力合作，才能完成设计任务。工程设计指导教材不能以单一学科知识为中心，需要突破学科的界限，着眼于把不同学科知识有机融合在一起，形成跨学科的化工设计知识体系，解决现有知识体系无法有效解决当今复杂的工程问题的难题。

1.2.2 跨学科工程设计培养的可行性

经过半个世纪的发展，化学工业已成为我国的支柱产业，涵盖石油化工、煤化工、天然气液化气化工及盐碱化工等，构建了我国的“大化工”格局。化学工业以工程设计为先导、以先进工艺装备和控制技术为保障，以安全生产为后盾，为化工类跨学科工程设计的研究与探索提供了支撑，可确保培养计划的贯彻执行。现代企业的发展与成功依赖于人才和人才团队。所谓团队是指一些才能互补，负有共同责任，并为统一目标和标准而奉献的人才的集合。团队成员具有共同的奋斗目标和一致认可的行动策略，个人的成功要依靠团队其他成员的知识和才能互补。

化工类跨学科工程设计有一个整体设计任务，设计任务以扩散的形式分配给每一个成员，因此，大家有一个整体的设计目标，每一个成员都为共同目标进行交流和合作。同时，每一个成员也都有个人的设计目标，而且在设计定位的整体思想的指导下，各成员都有自己不同的目标，只要每个成员按时完成了自己的目标，整个系统设计就能完成，工程设计也就能获得成功。工程设计是本科生毕业前的“军事演习”，是综合培养沟通能力、团队合作思想和协作精神的好机会。“化工类跨学科工程设计”融合性很强，是培养学生创新思维、工程能力和灵活运用各方面知识来解决实际问题的重要载体。化工设计与其他专业设计之间相互影响，相互渗透，不同专业的同学在一起互相探讨，可在不同专业的碰撞中擦出灵感的火花，从而顺利完成工程设计。

（1）“大化工”办学传统为工程设计打下坚实基础

国内有很多高校在综合化、国际化发展大趋势下，仍然坚持“大化工”的办学特色，化工类及其配套专业较为齐全，在长期的教学过程中，各专业之间互相渗透，相互交融，互为依托，形成了“专业门类齐全、个性鲜明、互为依托”的“大化工”的办学特色。如南京工业大学是由原南京化工大学、南京建筑工程学院合并组建的高等院校，“大化工”一直是其传统优势和办学特色。

（2）“大化工”产业力量为工程设计提供丰富资源

随着我国“大化工”产业的发展，先后组建了中国天辰工程有限公司、中国寰球工程有限公司、赛鼎工程有限公司、东华工程科技股份有限公司、中国五环工程有限公司、华陆工程科技有限责任公司、中石化南京工程有限公司等一大批工程公司及设计院，为基于“设计院”模式的工程设计教学的实施提供了丰富的教学资源。

先进化工设计软件应用为跨学科工程设计培养提供了便捷工具。工程设计能力的核心在于化工设计问题的科学计算及其结果表达，其中计算方面的问题包括化工原理中的物料衡算和热量衡算、化工热力学计算及过程速率计算、过程的集成与优化计算、化工设备的工艺计算及强度计算、控制方案和系统的测试及优化计算等。化工设计计算由于其计算量大且复杂，必须借助化工设计软件才可能完成；通过软件计算得到有关结果后，进一步利用绘图软件及三维工厂建模软件可将计算结果转化为各类图纸与三维虚拟工厂。

（3）“产-学-研”师资为工程设计提供优秀教学团队

长期以来，高校始终坚持走“产-学-研”一体化的道路，“以科研促进教学、科研促进生产、教学回归工程”的理念在高校已经根深蒂固。跨学科工程设计的指导教师既是长期处于教学第一线、拥有丰富教学和管理经验的老师，又是长期致力于科研和工程实践的一线科研人员，强有力的师资队伍为跨学科工程设计的最终执行提供了强有力的保障。另一方面，跨学科“产-学-研”教师指导模式，为跨学科工程设计培养提供了有力保障。实施“产-学-研”教师指导模式后，整合了各专业教师优秀的教学资源，可实现跨专业的联合指导创新教学。指导教师在一个整体设计任务下，共同开展选题、开题、设计、答辩、评定等一系列工作，共同完成一个综合性工程设计实践项目。学生在项目实施过程中遇到专业交叉而产生的一系列问题，都能根据其专业需求找到对应的专业教师进行解答。

（4）多专业协作模式的工程设计训练已经实施

2012 年开始，南京工业大学在工程设计阶段，组建了负责项目的设计团队，一个更为科学合理的基于“设计院”模式的计划应运而生。通过分析、调研学习，结合现代化工对工程教育的要求，认真分析总结了国内外工程教育的特点，结合学校“大化工”的专业特色，制定并不断完善了跨专业联合工程设计的培养目标和教学方案。先后与中石化南京工程有限公司、南京鑫科化工工程有限公司等设计单位合作。经过四年的实施，该方案已具有较好的操作性，既保证了各专业教学体系的完整性、严谨性，实现了与原有教学计划的平稳过渡，又实现了各专业内在的融合，学生工程设计能力明显提升，受到用人单位的一致好评。同时，在此基础上完成的教学研究成果——“多学科融合的复合型创新人才工程能力培养体系的探索与实践”获得江苏省优秀教学成果二等奖。编者将四年跨学科团队毕业设计环节应用的专业设计理论知识、教学经验及其设计实例用于本教材建设，弥补了化工类跨学科工程设计教材的不足。

1.2.3 跨学科工程设计培养的特色

在如今科技快速发展的时代，综合素质和创新能力是衡量一个人是否被社会所需要的决定性因素。这就意味着，高校必须对在校学生进行全面且有效的培养。如何做到这一点，是近年来教学改革的一个重点。不少高校已经意识到了这点，并在与国内整体教学体系不冲突的情况下，加强了多专业综合实践项目方面的改革力度。美国国家科学院、国家工程院以及国家卫生研究院指出，跨学科研究团队或者个人整合来自多学科的信息、数据、技术、工具、视角、概念和理论，可以解决某一学科和研究领域内不能解决的问题。跨学科研究是科研主体在科学划分的基础上，打破不同学科之间的界限、跨越不同研究领域而进行的一种科学创造活动，是解决复杂的科学技术问题和社会问题而达到不同学科相互渗透的一个重要手段。跨学科工程设计培养模式是今后教育学发展的趋势，工程设计教学有着诸多的优势：

① 跨学科融合工程设计教学是一种教学资源的有机整合，将各学科之间的精华加以提炼，再进行加工，往往能有着 $1+1\geqslant 2$ 的思维效果；跨学科教学是一种衍生的新型教学模式，具有传统教学模式所不具备的新生命，跨学科工程设计团队综合实践教学更具有创新性和前瞻性，解决了工程设计中专业交叉、相互协同的问题，提高了学生的复合创新能力。

② 跨学科融合工程设计教学，将各专业知识彼此融合，通过学科之间的交叉、渗透与融合，在一个总设计目标规定约束下，结合工程案例，建立与生产实际紧密结合的培养环境，构建了化学产品工程真实情境下跨学科融合的立体式工程训练模式。跨学科融合的工程设计模式多样，灵活性强，能够有效地针对不同课题、不同项目进行自由组合，通过既独立又合作的工程实践训练，实现团队工程设计与现代化学工业无缝对接，对专业建设和卓越工

程师培养具有重要的指导意义。

③ 跨学科工程设计教育能对时下热点问题、企业难题、研究项目进行行之有效的分析，通过这种方式巩固了团队做工程设计的协调性问题，有主有次，让每个学生的专业特长都得以发挥。综上所述，如果将跨学科工程教育运用到工科专业的毕业设计中，将能有效解决毕业设计中出现的很多问题。

④ 通过学科交叉和渗透，不但有力地推动了教学内容的更新与改革，而且提高了团队教师的整体教研水平，真正做到了以科研带动教学，以教学促进科研，也解决了高等教育长期分专业教学、缺乏一体化工程设计训练的问题，有利于提高学生工程设计和团队协作创新能力。

1.3 跨学科工程设计的培养体系

1.3.1 培养体系的构成

以实际工程项目为载体，组建化工类跨学科工程设计教学团队，围绕工程设计与管理需求，协同培养不同专业学生学习相关交叉专业理论、知识和技能的能力，提高学生工程设计与团队合作能力，使其成为富有跨学科意识和创新精神的复合型工程类创新人才。根据社会经济发展对复合型创新人才的实际需求，瞄准国内外工程教育发展的前沿方向，围绕现代化工生产过程中对化工工艺、装备、控制、安全方面的工程设计与管理要求，将化学工程与工艺、过程装备与控制工程、自动化与安全工程四大专业融合，打破专业壁垒，以复合型创新人才培养为目标，以专业融合为平台，以工程设计为载体，构建了基于“设计院”模式的工程设计人才培养体系，如图 1-1 所示。

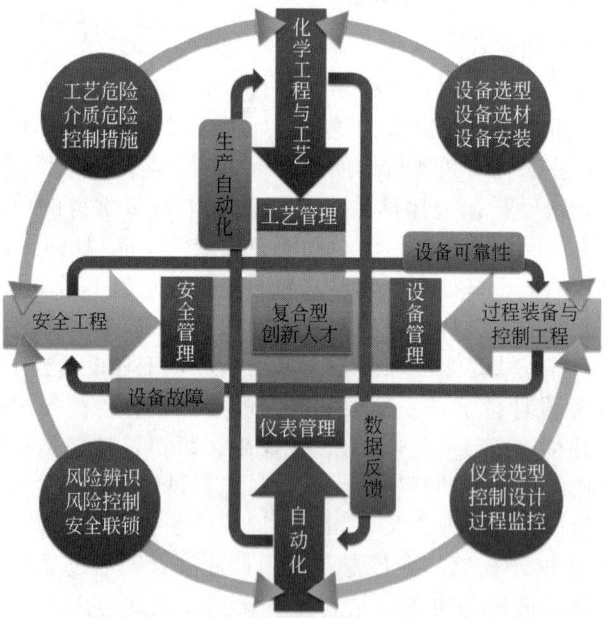

图 1-1 化工类跨学科工程设计人才培养体系

现代化工生产过程技术管理包含工艺管理、设备管理、仪表管理和安全管理等内容，基于“设计院”模式的工程设计人才培养体系满足了现代化工的需要。一般情况下，化学工程与工艺专业培养的学生懂得工艺管理知识；过程装备与控制工程专业培养的学生懂得设备管理知识；自动化专业培养的学生懂得仪表管理知识；安全工程专业培养的学生懂得安全管理知识；经过跨学科融合培养出来的复合型创新人才，既懂得工艺管理、设备管理，又懂得仪表管理和安全管理相关知识。

化学工程与工艺、过程装备与控制工程、自动化、安全工程四个专业相辅相成，彼此融合。化工工程设计中涉及的专业技术领域较多，其中化工设计是工程设计的核心，起着主导作用，过程装备、自动化、安全工程等专业设计都是为化工设计配套，其设计均需以化工专业提出的各种设计条件为依据。

在工程设计中，化学工程与工艺提供化工生产工艺流程、物料衡算、工艺条件等；过程装备与控制工程根据化工专业提供的设计条件完成设备设计、设备选型、制造与安装等，提出设备运行控制与设备安全防护要求；自动化则根据工艺流程、设备运行与安全联锁要求进行控制方案设计、仪表选型、过程监控等，通过数据反馈，实时监控生产运行，并对生产运行加以调整优化，实现全过程生产的自动化管理；安全工程根据工艺流程和设备运行特点，进行危险性分析、风险辨识、风险控制方案设计、安全联锁控制，为化工生产保驾护航。

1.3.2 工程设计阶段划分

1.3.2.1 国际上对设计阶段的划分

欧洲、美国、日本等一般将设计分为三个阶段：概念设计（conceptual design）、基础设计（basic design）与详细设计（detail design）。具体到石油化工等行业，则把设计过程划分为三个阶段：工艺设计阶段（process design phase）、基础工程设计阶段（basic engineering design phase）和详细工程设计阶段（detail engineering design phase）。对于化工工艺装置，工艺流程具有复杂性和技术专业性等特点，一般会增加前端工程设计阶段（front end engineering design），即 FEED。在 FEED 阶段，业主还不能给出或确定足够的工程项目建设参数和设计条件，承包商需要根据自己的经验对项目进行风险评估，并开展设计。

1.3.2.2 国际通用设计程序的特点

在国外流程工业中，工程设计工作开展较早，已经形成了完善的管理程序和标准体系，国际通用设计程序具有以下特点：

① 将工程设计作为一个前后连续，不断深化、完善和产出成果的过程。

② 专业分工的合理细化及专门化有利于保证设计质量，提高专业技术水平，培养专业人才。

③ 将设备和材料的采购纳入设计工作程序，保证了工程设计质量与所采购设备和材料的质量，使设备购买和施工过程合理交叉，加快了工程进度。

④ 各专业工作合理交叉，编制的图纸文件采取逐渐细化升版的方法，使设计逐渐深入。

⑤ 根据设备、材料的实际价格和可靠的设计文件，分阶段地进行工程费用估算。

⑥ 严格按照有关设计手册规定进行科学管理。

1.3.2.3 我国对设计阶段的划分

我国《建筑工程设计文件编制深度规定》中对设计阶段的描述为：建筑工程一般应分为方案设计、初步设计和施工图设计三个阶段；对于技术要求相对简单的民用建筑工程，当有关主管部门在初步设计阶段没有审查要求，且合同中没有做初步设计的约定时，可在方案设计审批后直接进行施工图设计。

对普通的民用建筑工程项目，习惯上分为初步设计（preliminary design）与施工图设计（working drawing design）。对于工业项目和较复杂的基础设施项目，根据项目特点和需要会在两阶段之间增加一个技术设计（technical design）或扩大初步设计（expended preliminary design）阶段。

1.3.2.4 我国现行设计程序

(1) 我国设计各阶段名称的说明

建设项目初步设计和施工图设计是建设项目设计阶段比较统一的命名，而基础设计（basic design）和详细设计（detail design）的命名来源于石油化工行业标准或企业管理规定，与国家法规和标准的提法不完全一致。由 basic design/detail design 翻译而来。

基础设计定位为“在工艺包的基础上进行工程化的一个工程设计阶段”，要为提高工程质量、控制工程投资、确保建设进度提供条件，其深度应达到能满足业主审查、工程物资采购准备和施工准备、开展详细工程设计的要求，并满足政府行政主管部门审查需要。基础工程设计所规定的深度比初步设计有所加深，设计文件和图纸内容要达到提前开展询价、采购和施工准备工作的要求，还要达到可以据此开展详细设计的要求。

(2) 设计程序要求

《建设项目工程总承包管理规范》（GB/T 50358—2017）中对设计程序的要求有以下 2 点。①设计管理应由设计经理负责，并适时组建设计项目组。在项目实施过程中，设计经理应接受项目经理和工程总承包企业设计管理部门的管理。②工程总承包项目应将采购纳入设计程序。设计组应负责请购文件的编制、报价技术评审和技术谈判、供应商图纸资料的审查和确认等工作。

1.3.3 工程设计各阶段的深度要求

《建设工程勘察设计管理条例》中对各阶段设计的要求为：编制方案设计文件，应当满足编制初步设计文件和控制概算的需要；编制初步设计文件，应当满足编制施工招标文件、主要设备材料订货和编制施工图设计文件的需要；编制施工图设计文件，应当满足设备材料采购、非标准设备制作和施工的需要，并注明建设工程合理使用年限。

化工行业是典型的流程工业，具有工艺过程复杂、危险性高、工艺多样等特点，所以，化工行业的工程设计多采用行业标准的相关规定。

1.3.3.1 化工行业系列标准对各阶段深度的规定

(1) 可行性研究

化工行业对可行性研究报告编制的要求多采用中国石油和化学工业联合会所发布的《化工投资项目可行性研究报告编制办法》，并结合项目建设地所在地方政府的相关行政法规或规定。可行性研究报告是投资项目前期工作的重要内容，是投资决策的重要依据。政府投资项目必须进行可行性研究，按程序编制和报批可行性研究报告。可行性研究报告编制应符合国家、行业和地方的有关法律、法规和政策，符合投资方或出资人的有关规定和要求，依据要充分，附件要齐全。编制可行性研究报告应对各个方面研究内容进行多方案比选，必要时，对部分内容编制方案技术经济比选专篇。在进行多方案比选的过程中，编制单位要及时向投资方或出资人反馈实现投资目标需要的条件，对现实条件、可得条件、可实现条件加以分析，在推荐方案中，对影响巨大的可得条件和可实现条件做出风险提示。可行性研究报告的投资估算在实施阶段若有重大变化（一般控制在±10%之内），应根据投资主管部门的要求，报经可行性研究报告审批单位重新审批或重新评估。

(2) 初步设计

《化工工厂初步设计文件内容深度规定》（HG/T 20688—2000）规定了化工行业（含装置）的初步设计文件内容及深度。该规定适用于新建、扩建和改建的化工厂、石油化工厂的初步设计文件的编制，是对化工厂及石油化工厂应具有的内容的一般规定。在具体工程项目中，允许参照该规定的总体要求进行相应的增减。

(3) 施工图设计

化工行业施工图设计内容和深度采用系列标准《化工工艺设计施工图内容和深度统一规定》（HG/T 20519.1～HG/T 20519.6—2009）。施工图设计在符合各专业强制性标准的前提下，以满足项目建设需要为目的开展设计工作。

《化工工艺设计施工图内容和深度统一规定》是为提高化工装置工程设计质量、统一化工装置施工图设计文件的内容和深度而制定的。该规定适用于化工行业新建、扩建或改建的工艺管道施工图设计，特别适用于中小设计单位，石油、石化、轻纺、医药等行业可参照执行。施工图设计除应符合该规定外，还应符合国家现行有关标准的规定。

1.3.3.2 中国石化工程建设系列标准对各阶段深度的规定

随着石油化工项目的大型化、一体化，中国石化根据项目特点、结合项目执行和管理经验，借鉴国外项目管理和项目执行标准体系，制定了一系列的工程建设管理标准。

(1) 可行性研究

中国石化《石油化工项目可行性研究报告编制规定》中说明了可行性研究报告编制的目的和主要要求。为了规范和指导中国石化的固定资产投资类石油化工项目可行性研究报告编制工作，在总结以往投资项目可行性研究工作经验、教训的基础上，参照国内外编制可行性研究报告的惯例，特制定该规定。该规定适用于境内炼油、化工（含石油化工、煤化工、天然气化工等）及相关项目可行性研究报告的编制工作，也可供境外项目参考。可行性研究报告应达到该规定要求的深度。可行性研究报告一经批准，即为下一步设计和优化工作必须遵循的依据。可行性研究报告批复后，若项目 2 年以上未开工建设，或产品方案、技术方案、生产规模等建设内容和厂址、公用工程条件、行政许可政策等内外部实施条件发生重大变化，或总投资变化额超过原估算值 10%，必须及时修改补充或重新编制可行性研究报告。

(2) 总体设计

随着炼化一体化项目的体量越来越大，装置越来越多，为确定工程设计标准和技术条件，优化工厂总平面部署，优化公用工程设计方案，协调并统一多装置的设计文件内容和深度，中国石化制定了《石油化工大型建设项目总体设计内容规定》。

该规定对总体设计的主要任务进行了说明：总体设计文件应根据批复的项目申请报告或可行性研究报告进行编制。总体设计应在工艺生产技术路线已经基本确定、项目申请报告核准批复或可行性研究报告批复之后开始，在各工艺包或等同工艺包设计文件完成后交付。如总体设计文件对批复的可行性研究报告有重大修改，应说明变化的理由和根据。总体设计文件应做到设计范围明确、所需建设的单项工程考虑齐全，经审核批准后与《总体设计统一规定》一并作为各单项工程开展基础工程设计的依据。

总体设计必须完成以下工作内容。一定：定设计主项和分工。二平衡：全厂物料平衡；全厂燃料和能量平衡。三统一：统一设计原则（如工厂设计水平、工厂管理体制、信息管理水平、公用工程设置，节能减排、环保、安全和职业卫生等原则）；统一技术标准和适用法规要求；统一设计基础（如气象条件、地质条件、公用工程设计参数、原材料和辅助材料规格等）。四协调：协调设计内容、深度和工程有关规定；协调环境保护、安全设施、职业卫生、节能减排和消防设计方案；协调公用工程、辅助生产设施设计规模；协调行政生活设施。五确定：确定总工艺流程；确定总平面布置；确定总定员；确定总投资；确定总进度。

(3) 基础设计

中国石化将石油化工厂建设内容基础工程设计阶段分为工厂基础工程设计和装置基础工程设计两类进行了规定。

① 工厂基础工程设计

为了提高石油化工厂工程设计质量、统一石油化工厂基础工程设计文件的内容和深度，中国石化制定了《石油化工工厂基础工程设计内容规定》。该规定适用于新建、扩建、改建的石油化工厂以及独立的公用设施、辅助设施的基础工程设计。该规定是对石油化工厂基础工程设计文件内容的基本要求，改扩建项目应在设计文件中表达改扩建内容。业主如有特殊要求，应在签订合同时协商确定。相关专业设计执行《石油化工装置基础工程设计内容规定》时，根据工程实际，工程规定可以和设计说明部分合并。独立的公用设施、辅助设施的基础工程设计可据此规定执行。

② 装置基础工程设计

为了提高石油化工工程设计质量、统一石油化工装置基础工程设计文件的内容和深度，中国石化制定了《石油化工装置基础工程设计内容规定》。该规定适用于新建、扩建、改建的石油化工装置的基础工程设计。油品储运和独立的公用设施、辅助设施（如循环水场、污水处理场、空分/空压站、汽电联合装置等）的基础工程设计，工艺部分应按其特点说明其设计基础、技术方案和相关的工艺设计，其他专业部分可参照该规定执行。

(4) 详细设计

为提高石油化工工程的设计成品质量，统一石油化工装置详细工程设计文件的内容和深度，中国石化制定了《石油化工装置详细工程设计内容规定》。该规定适用于新建、改（扩）建的石油化工装置的详细工程设计，油品储运、公用设施和辅助设施的详细工程设计可参照该规定执行。详细工程设计文件应依据项目合同、批复确认的基础工程设计文件和设计基础资料进行编制。详细工程设计文件是在基础工程设计的基础上进行补充、修改和完善，其内容和深度应满足通用材料采购、设备订货和制造、工程施工及装置投产运行的要求。

1.3.4 化工工艺设计要求

(1) 化工工艺设计的任务

化工设计工作必须从我国现代化建设的根本利益出发；从符合党和国家的政治方针和技术经济政策出发；必须慎重考虑如何最合理、最有效地运用国家的财富和资源；必须考虑国家和人民的精神和物质生活需要，处理好技术、经济及环境的关系，并在国家法令、标准、规定的允许范围内认真考虑企业的经济效益。认真贯彻“五化”设计原则（工厂布置一体化、生产装置露天化、建构筑物轻型化、公用工程社会化、引进技术国产化），精心设计，确保质量，使建设项目的技术经济指标达到先进水平；必须以积极的精神尽可能吸取国内外科学技术上的最新成果、采用先进的科学技术，大力加强工艺流程与装备的配套开发与设计，选择高效的设备，使系统最优化，控制自动化，并且努力提高商品设计的质量，保障安全生产，达到技术上先进、经济上合理的要求。同时还应十分注意在商品激烈竞争中反馈来的信息，进一步改进设计，完善工艺，提高质量，不断开发、设计、研制更好更多的新产品。

（2）化工工艺设计的内容

化工设计通常又分为以工厂为单位和以车间为单位的两种设计。对于工厂，化工设计包括厂址选择、总图设计、化工工艺设计、非工艺设计、技术经济等各项设计工作。对于车间，化工设计分为化工工艺设计和其他非工艺设计两部分。化工工艺设计内容主要有：生产方法的选择，生产工艺流程设计、工艺计算，设备选型、车间布置设计及管道布置设计，向非工艺专业提供设计条件、设计文件以及概（预）算的编制等。

目前在国内化工设计系统中已经全面推行国际通用的设计程序和方法。在采用国际通用设计程序时，对国内工程建设项目还要遵守我国基本建设管理体制的规定，在开始工程设计工作前，需要将专利商的工艺包（基础设计）进一步优化，形成可向有关部门和用户进行汇报，并能用于审批的初步设计，因此在国内规定的工程公司工程设计有关工作内容中，保留有初步设计的名词。

初步设计在批准的可行性研究报告的基础上进行，它应根据设计任务书的要求，依据专利商的工艺软件包做出在技术上可行、经济上合理的最符合要求的设计方案。初步设计阶段应编写初步设计说明书，作为此设计阶段的设计成品。

初步设计经过审查批准之后即可进行施工图设计（国内）或按国际通用的设计程序进行工程设计，工程设计分为基础工程设计和详细工程设计两个阶段。详细工程设计在基础工程设计之后进行，它的最终设计成果是进行工程施工的依据，为施工服务。在此阶段的设计成品是详细的施工图纸和必要的文字说明书以及工程预算书。

（3）初步设计的工作程序

① 初步设计准备。根据上级主管部门批准的可行性研究报告及任务书，设计单位就可进行设计准备，由工艺专业作开工报告，其他专业作设计准备。

② 讨论设计方案，选定工艺路线，进行工艺方案技术经济论证，确定工艺流程方案。

③ 工艺专业向有关专业提出设计条件和要求，进行协调，确定有关方案。

④ 完成各专业的具体设计工作。工艺专业应从方案设计开始，陆续完成物料衡算、能量衡算及主要设备选型计算，工艺设备布置设计，最后完善流程设计，绘制管道及仪表流程图和设备一览表，编写设计说明书。

⑤ 组织好中间审核及最后校核，及时发现和纠正差错，确保设计质量，解决各专业间的协调或漏项及投资控制等问题。

⑥ 在各专业完成各自的设计文件和图纸，并进行最后审核之后，由各专业进行有关图纸的会签，以解决各专业间发生的漏失、重复、顶撞等问题，确保设计质量。

⑦ 编制初步设计总概算，论证设计的经济合理性。

⑧ 审定设计文件，并报上级主管部门组织审批，审批核准的初步设计文件，作为施工图设计阶段开展工作的依据。

初步设计的内容深度应满足以下要求：①设计方案的比较选择和确定；②主要设备和材料的订货；③土地征用；④建设投资的控制；⑤供主管部门和有关单位进行设计审查；⑥确定生产工人和生产管理人员的岗位、技术等级、人数并安排人员技术培训；⑦施工图设计的主要依据；⑧进行施工安装准备和生产准备工作等。

（4）施工图设计阶段工作程序

按设计工作的程序，施工图设计阶段一般应分以下几个步骤进行：

① 根据审批初步设计会议的批复文件，即修改和复核工艺流程和生产技术经济指标；并将建设单位提供的设备订货合同副本、设备安装图纸和技术说明书作为施工图设计的依据。施工图阶段的开工报告亦可参照初步设计开工报告提纲编制，但应根据具体情况进行适

当删减或补充。

② 复核和修正生产工艺设计和设备选型相关的计算数据，全部选定专业与通用设备、运输设备，以及管径、管材、管接，除经审批会议正式批复或经有权审批的设计机关正式批准外，不能修改主要设备配置。

③ 和协同设计的配套专业讨论商定有关生产车间需要配合的问题，同时根据项目工程师召开项目会议的决定，工艺专业与配套专业之间商定相互提交资料的期限，签订“工程项目设计内部联系合同”(或资料流程契约)。工艺专业必须按期向配套专业提供正式资料，也要验收配套专业返回工艺专业的资料。

④ 精心绘制生产工艺系统图和车间设备、管道布置安装图；编制设备和电动机明细表。

⑤ 组织设计绘制设备和管道布置安装中需要补充的非定型设备和所需工器具的制造安装图纸，编制材料汇总表，向建设单位发图并就安排订货和配合施工安装进度要求提出交货时间的建议。

⑥ 编写施工安装说明书，以严谨的文字结构写明：a. 施工安装的质量标准及验收规划，附质量检测记录的格式，凡是已颁发国家或部施工和验收规范或标准的应采用国家和部标准；b. 写明设备和管道施工安装需要特别注意的事项；c. 非定型设备的安装质量和验收标准；d. 设备和管道的保温、测试和刷漆与统一管线颜色的具体规定；e. 协同配套专业对相互关联的单项工程图纸进行会签，然后把底图整理编号编目，送交有关人员进行校审和签署，最后送达项目工程师统一交完成部门晒印，向建设单位发图。

施工图设计的深度除了和初步设计互相连贯衔接之外，还必须满足：①全部设备、材料的订货和交货安排；②非定型设备的订货、制造和交货安排；③能作为施工安装预算和施工组织设计的依据；④控制施工安装质量，并根据施工说明要求进行验收。

1.3.5 过程装备设计要求

过程装备与控制工程专业的设计内容主要包括承压设备强度与稳定性设计、储存设备设计、换热设备设计、塔设备设计和过程装备施工图绘制。

1.3.5.1 总则

化工过程设备（压力容器）设计单位应当对设计质量负责，压力容器设计单位的许可资格、设计类别、品种和级别范围应当符合《压力容器压力管道设计许可规则》的规定；压力容器的设计总图上，必须加盖特种设备（压力容器）设计许可印章（复印章无效），设计许可印章失效的设计图样和已加盖竣工图章的图样不得用于制造压力容器；压力容器设计许可印章中的设计单位名称必须与所加盖的设计图样中的设计单位名称一致。按照 TSG 21—2016《固定式压力容器安全技术监察规程》规定，压力容器设计文件包括风险评估报告（需要时)、强度计算书或者应力分析报告、设计图样、制造技术条件，必要时还应当包括安装与使用维修说明书。

1.3.5.2 设计文件的编制

(1) 设计计算书

接受《固定式压力容器安全技术监察规程》监察的压力容器均需具有受压元件的设计计算书。设计计算书包括各主要受压元件的强度计算、稳定性计算和安全附件的计算，需要时局部参照分析设计标准进行的受压元件分析计算。

压力容器设计计算的主要受压元件至少应包括筒体、封头（端盖)、人孔盖、人孔法兰、人孔接管、换热器管板和换热管、膨胀节、开孔补强圈、设备法兰、M36以上的设备主螺栓及公称直径大于等于250mm的接管和管法兰等。选用国家及行业标准适用范围内的容器法兰、管法兰、吊耳、支座、人孔和手孔等零部件，可不进行强度计算，但要根据标准的选用要求进行计算，支座等选用的计算结果应放在设计计算书中。

计算优先使用SW6计算软件进行，输出结果至少应包括输入数据、输出数据和最终采用数值。特殊构件或暂无计算软件的受压组件，可采用自编程序或手工计算，但应包括图形尺寸、计算公式、符号意义、计量单位、遵循的标准及计算结果。装设安全阀、爆破片装置的压力容器应有包括压力容器安全泄放量、安全阀排量和爆破片泄放面积的计算书；无法计算时，应会同设计委托单位或者使用单位，协商选用超压泄放装置，并在设计文件中有书面鉴证材料。

(2) 设计图样

压力容器设计图纸包括总图或装配图和零部件图，对于结构简单的压力容器总图能完全反映各非标准受压组件及标准件的形状、尺寸、材料及加工要求等参数，可不出零部件图。结构简单的A级、D级压力容器的壳体在装配图上能表示清楚者，可不单独出图（机加工件除外），非标准主要受压组件一般应单独出图（选用标准件除外）。A级压力容器中A1级多层高压容器，其筒体和其他受压组件均应单独出图，并注明主要技术要求。

压力容器的装配图上必须表示主要焊接接头的节点放大图。每套图纸一般应编写图纸目录，单台设备图纸量较少的图纸目录可直接标注在总图上，单张图纸不需图纸目录。设计、制造技术条件应在装配图样中完整反映，特殊需要时，可编写成单独的文件。

(3) 制造技术条件

材料特殊的重要压力容器应编写设计技术规定，包括：a. 适用的主要标准和规范；b. 材料的一般要求和附加要求，包括板材、接管、锻件、焊接材料等；c. 制造、检验与验收要求；d. 试验要求。

(4) 风险评估报告

对于第Ⅲ类压力容器应根据容器的预期使用状况编写风险评估报告。风险评估报告应根据用户设计条件和其他设计输入信息，确定容器的各种使用工况；根据各使用工况的介质、操作条件、环境因素进行危害识别，确定可能发生的危害；针对所有危害和相应的失效模式，说明所采取的措施和依据；对于可能发生的失效模式，给出有针对性的安全防护措施和制定事故应急预案所需要的信息。

(5) 安装与使用维修说明书

无特殊要求的一般压力容器，不另行编写安装与使用维修说明书；结构新型、复杂的压力容器应编写安装与使用维修说明书，安装与使用维修说明书应包括：①容器的工艺操作过程；②容器的结构原理和特点；③容器的运输装配和试车要求；④容器的操作性能和使用调整；⑤容器的维护和修理注意事项；⑥容器的易损零件备用表。

1.3.5.3 设计文件的审查与签署

压力容器设计文件必须按规定的要求进行审批，各级设计人员必须切实按其职责尽责审查后签署。设计和校核人员必须经本公司培训考核后批准任命，设计审批人员应具有有效的审批人员资格证书，并经本公司任命。压力容器设计文件在提交校审前，设计人必须认真自校。提交校审文件时，应同时提交有关设计条件及所有相关设计依据文件。压力容器设计文件应按照设计、校核、审批（审核和批准）逐级进行审查，同时填写“压力容器设计文件校审及标准化审查记录表”，并签署和注明日期，设计人根据校审意见逐条进行修改，并在

“校审记录表”上注明处理结果。设计人根据校核、标准化审查、审批提出的意见对设计文件进行修改后，成品图提交校核、审批人员最后审阅并签署。

各级设计文件签署的程序按如下办法进行：①对第Ⅰ类（D1）、第Ⅱ类（D2）压力容器设计文件应有设计、校核、审核三级人员签署；②对第Ⅲ类（A1、A2级）压力容器设计总图（装配图）及设计计算书应有设计、校核、审核、批准四级人员签署，其他设计文件至少应有设计、校核、审核三级人员签署；③对第Ⅲ类（A1、A2级）压力容器的风险评估报告应有设计、校核、审核、批准四级人员签署；④各级设计人员在同一套压力容器设计文件上只能签署一级，不得兼签（设计与制图除外）；⑤在设计人员指导下参与设计工作的见习期间毕业生等，可和指导人在设计（编制）栏内共同签署，不得单独签署。

1.3.6 自控工程设计要求

(1) 自控工程设计的任务

自控工程设计的基本任务是负责工艺生产装置及其公用工程、辅助工程系统的自动控制方案设计，检测仪表与在线分析仪表的合理选型，及与计算机有关的程序控制、信号报警和联锁系统的设计。在完成这些基本任务后，还须考虑自控用到的辅助设备、电气设备、仪表的供配电，以及控制室、仪表车间与分析室的设计。在设计工作中，必须严格地执行一系列技术标准和规定，根据现有的同类型工厂或实验装置的生产经验及技术资料，使设计建立在可靠的基础上。

(2) 自控工程设计的方法

自控工程设计常用的方法一般是由工艺专业提出条件或要求，自控专业与工艺专业一同讨论确定控制方案，确定合适的设备容量，确定开、停车及紧急事故处理方案等。

① 熟悉工艺流程。自控设计人员对工艺熟悉和了解的深度将是重要的因素，在此阶段还需收集与工艺有关的物性参数和重要数据。

② 确定自控方案，绘制工艺控制流程图。

在了解工艺流程的基础上，和工艺人员充分协商确定各检测点，确定全工艺流程的控制方案。在此基础上可画出工艺控制流程图（PCD），并配合工艺系统专业完成各版管道及仪表流程图（P&ID）。

③ 仪表选型，编制有关仪表信息的设计文件。

按照工艺提供的数据及仪表选型的原则，查阅有关部门汇编的产品目录和厂家的产品样本与说明书，调研产品的性能、质量和价格，选定检测、变送、显示、控制等各类仪表的规格、型号，并且得出自控设备表或仪表数据表等有关仪表信息的设计文件。

④ 控制室设计。

自控方案确定，仪表选型完毕后，可根据工艺特点进行控制室的设计。采用常规仪表时，首先考虑仪表盘的正面布置，画出仪表盘布置图等有关图纸；然后画出控制室布置图及控制室与现场信号连接的有关设计文件。在进行控制室设计时，还应向土建、暖通、电气等专业提出有关设计条件。

⑤ 节流装置和调节阀的计算。

确定控制方案，确定所需的节流装置、调节阀的位置和数量。根据工艺数据和有关计算方法进行计算，分别列出仪表数据表中调节阀及节流装置计算数据表与结果，并将有关条件提供给管道专业，供管道设计使用。

⑥ 仪表供电、供气系统的设计。

自控系统的实现不仅需要供电，还需要供气。为此需按照仪表的供电、供气负荷大小及配制方式，画出仪表供电系统图、仪表空气管道平面图等设计文件。

⑦ 依据施工现场的条件，完成控制室与现场的相关设计文件。

⑧ 根据自控专业有关的其他设备、材料的选用等情况，完成有关的设计文件。

⑨ 设计工作基本完成后，编写设计文件目录等文件。

(3) 自控工程设计的程序

工作程序图反映了自控专业在各版 P&ID 期间所要开展的工作。

(4) 常用工程设计规定与标准

在自控专业工程设计中经常要采用一些规定和标准，在《化工装置自控专业设计管理规范》中专门列出一个分规定《自控专业工程设计的任务》(HG/T 20636.3—2017)。有关的规定和标准：①行业法规及管理规定；②图形符号；③程序设计规范；④自动化仪表；⑤自控专业工程设计规范；⑥通用图册和设计手册；⑦管法兰与管螺纹；⑧安全；⑨环境卫生；⑩施工验收。

1.3.7 安全工程设计要求

安全工程专业的设计内容主要包括化工过程危险、有害因素分析、过程安全设计。

安全设计的基本思想是依靠现代化手段和科技进步，深入研究危险、有害因素产生和控制的机理，从而推动工程技术的进步和安全管理的完善，实现工程技术有效性和经济性的统一。安全设计侧重于灾害防治的科学原理和工程技术，兼顾厂址的选择、工艺、设备设施、控制等诸多要素，具有综合性和系统性。化工安全设计是在基础化工科学理论、化学工程技术及灾害科学的结合点上生长起来的新兴交叉领域，涉及基础研究、应用研究、技术开发和管理，与经济增长、社会发展和化工生产技术进步密切相关。它的核心是提高化工生产过程抗御和应对突发事件的能力。其内涵具体来讲，可以包括：安全性评估（危险源辨识与评价的理论、方法学、判据和数据）；化工生产过程中关键环节的判定与控制技术；安全设计、科学管理、智能预警及应急预案。有较多潜在危险性的化工生产在安全方面的法令以及标准相比其他工业要多得多，其内容也逐渐涉及专业技术领域，而且每一次大事故的发生，都会促成安全措施执行力度的强化。而这些安全措施已经越来越多地体现在化工生产装置的安全设计中。

1.4 责任关怀

责任关怀（responsible care）是于 20 世纪 80 年代国际上开始推行的一种企业理念，1985 年，它由加拿大政府首先提出，1992 年被国际化工协会联合会接纳并形成在全球推广的计划，其宗旨是在全球石油和化工企业实现自愿改善健康、安全和环境质量。20 多年来，责任关怀在全球 50 多个国家和地区得到推广，几乎所有跻身世界 500 强的化工企业都践行了这一理念。

责任关怀是化工行业针对自身的发展情况，提出的一整套自律性的持续改进环保、健康及安全绩效的管理体系。它不只是一系列规则和口号，而是通过信息分享、严格的检测体系、运行指标和认证程序，向世人展示化工企业在健康、安全和环境质量方面所做的努力。全球化学工业通过实施责任关怀，可以使其生产过程更为安全有效，从而为企业创造更大的经济效益，并且极大程度地取得公众信任，实现全行业的可持续发展。

1.4.1 责任关怀的实施理念

责任关怀是石油和化学工业在全球范围内开展的行业自律性计划，其宗旨是化学品制造商承诺在创造物质财富的同时，履行对社会和谐发展的责任。企业通过遵守法规或比法规更高的要求，自愿与政府或其他利益相关者进行合作来达到这个目的，这也是化工企业关爱员工、关爱社会、履行社会责任、树立自身形象的一个新的发展理念。

责任关怀是根据化工行业的特殊性而提出的一种企业理念。它是一种自发的自律行为，自愿的承诺，没有任何组织或法律法规强制性要求。主要是在健康、安全和环保三方面不断改进。实施责任关怀的企业，要自愿承诺对周边社区、对社会公众、对环境保护是负责任的，不会造成公共卫生事件；对企业内部员工的健康、安全是十分关注的。从道德准则上来讲，企业的一个宗旨就是把员工的健康和安全放在第一位，并积极主动地做好环境保护工作。当生产和健康、安全发生矛盾时，首先要考虑的是保证健康和安全，宁可停止生产。

责任关怀体现了经济和社会协调发展的要求。在加快经济发展的同时，要更加关注安全生产、更加关注环境和谐，这不仅是化工行业的责任，更是所有企业的共同责任，是企业实现可持续发展的需要。责任关怀同时也是一种人文关怀，要求关注员工的健康，这也是经济发展的重要目标。责任关怀更是企业自身发展的需要，实施责任关怀，可提升企业形象、提高产品竞争力，是企业实现持续健康发展的重要途径。

可持续发展是社会经济发展的基础，也是企业成长和发展不可缺少的一个重要方面。可持续发展旨在平衡当今社会对经济、生态和社会三方面的要求，并且要不损害子孙后代的发展机会。实施责任关怀的企业，都要承诺把可持续发展的上述原则作为本企业的主要目标，并一直致力于实施这一原则。企业绝不能把经济利益凌驾于健康、安全和环境利益之上。企业要逐年增加其实施责任关怀的投入和费用，这些费用投入涵盖了生产工艺最先进的技术措施、防护措施和环保措施。这就是责任关怀理念最基本的组成部分。

1.4.2 责任关怀的指导原则

责任关怀不仅仅有一系列规则和要求，而且要通过信息分享、严格评估或认证活动，向社会展示化学工业在健康、安全和环境质量乃至推动社会发展等方面所取得的成就。实施责任关怀，可以使化工生产过程更为安全有效和环境和谐，从而为企业创造更大的经济效益，并且可以极大程度地取得公众信任，实现全行业的可持续发展。指导原则主要包括：

① 不断提高对健康、安全、环境的认知，持续改进生产技术和工艺、改善产品在其全生命周期中的性能表现，避免对人类和环境造成伤害。

② 有效利用资源，注重节能减排，将废弃物和温室气体的产生量降至最低。

③ 制订所有产品与工艺计划时，应优先考虑健康、安全和环境因素。

④ 研发和制造能够安全生产、使用、运输、回收或处置的化学品。

⑤ 研究有关产品、工艺和废弃物对健康、安全和环境的影响，提升健康、安全、环境的认识水平。

⑥ 与用户共同努力，确保化学品的安全使用、运输以及回收或处置。

⑦ 与相关方共同努力，解决以往危险化学品在处理和处置方面所遗留的问题。

⑧ 充分认识相关方对化学品以及运作过程的关注点和期望，并对其做出回应。

⑨ 向政府有关部门、员工、用户以及公众及时公开与化学品相关的健康、安全和环境危害信息，并且提出有效的预防措施。

⑩ 积极参与政府和其他有关部门制定用以确保社区、工作场所和环境安全的有关法律、

法规和标准，并满足或高于上述法律、法规及标准的要求。

⑪ 通过分享经验以及向其他生产、储存、使用、经营、运输或者处置化学品等价值链各单位提供帮助，推广责任关怀的原则和实践。

⑫ 公开健康、安全和环境关键绩效指标、成绩和持续改进的目标。

1.4.3 责任关怀的实施准则

责任关怀在实践中有 6 个方面的实施准则，实施准则的目标和内容为：

(1) 职业健康安全准则（occupation health and safety）

本准则目的为规范化学品相关企业实施责任关怀过程中的职业健康安全管理，防止安全事故和职业病发生，保护相关人员的健康与安全。

(2) 工艺安全准则（process safety）

本准则目的为规范化学品相关企业实施责任关怀过程中的工艺安全管理，防止化学品泄漏、火灾、爆炸等相关工艺安全事故的发生，从而将其对人和环境可能造成的风险降低到合理可达到的最低程度，避免发生伤害及对环境产生负面影响。

(3) 储运安全准则（storage safety）

本准则目的为规范化学品相关企业实施责任关怀过程中化学品储运安全管理（包括化学品的装卸、转移，再包装和储存，经由公路、铁路、水路、航空及管输等各种形式的运输安全管理），并确保应急预案得以实施，从而将其对人和环境可能造成的危害降至最低。

(4) 污染防治准则（pollution prevention）

本准则目的为规范化学品相关企业实施责任关怀过程中的污染防治管理，使企业能够有效识别、管控环境风险，对污染物的产生、处理和排放进行综合控制和管理，持续减少废弃物排放总量，从而使企业在生产经营中对环境造成的影响降至最低。

(5) 社区认知和应急响应准则（community awareness and emergency response，简称 CAER）

本准则目的为规范化学品相关企业实施责任关怀过程中的社区认知和应急响应，通过信息交流和沟通提高社区对化工企业的认知水平，使化工企业的应急响应预案与当地社区或其他企业的应急响应预案相衔接和呼应，进而达到相互支持与帮助的功能，以确保员工及社区公众的安全。

(6) 产品安全准则（product safety）

本准则目的为规范化学品相关企业实施责任关怀过程中的产品安全管理，使健康、安全和环境成为化学品全生命周期中不可分割的一部分，从而保证在化学品全生命周期的每个环节对人员和环境造成的伤害降至最低程度。

思考题

1. 工程设计阶段是如何划分的？
2. 工程设计不同阶段的深度要求是什么？
3. 化工、设备、控制和安全专业的设计要求分别是什么？
4. 责任关怀的实施原则是什么？

第2章 化工过程工艺设计

2.1 工艺流程设计

工程设计本身存在一个多目标优化问题，同时又是政策性很强的工作，设计人员必须有优化意识，必须严格遵守国家的有关政策、法律规定及行业规范。一般来说，设计者应遵守如下一些基本原则：

① 技术的先进性和可靠性。工程设计工作是严肃的科学技术工作。尊重科学，尊重事实，按客观规律办事是工程设计师起码的职业道德。掌握先进的设计工具和方法，尽量采用当前的先进技术，实现生产装置的优化集成，使其具有较强的市场竞争能力。

② 装置系统的经济性。降低成本、厉行节约是我国优良的传统作风和基本国策，工程设计师必须坚持这一原则。在各种可采用方案的分析比较中，技术经济评价指标往往是关键要素之一，来求得以最小的投资获得最大的经济效益。

③ 可持续及清洁生产。工程设计必须立足现代，考虑未来，工程设计师要有远见卓识，设计的工程项目要遵循可持续发展的原则。树立可持续及清洁生产意识，在所选定的方案中，应尽可能利用生产装置产生的废弃物，减少废弃物的排放，乃至达到废弃物的“零排放”，实现“绿色生产工艺”。

④ 生产的安全性。在设计中要充分考虑到各个生产环节可能出现的危险事故（燃烧、爆炸、毒物排放等），采取有效安全措施，确保生产装置的可靠运行及人员健康和人身安全。

⑤ 过程的可操作性及可控制性。生产装置应便于稳定可靠操作。当生产负荷或一些操作参数在一定范围内波动时，能够有效快速进行调节控制。

工艺流程设计是决定化工装置安全、稳定、长周期运行的关键因素。

2.1.1 工艺流程设计方法

工艺流程设计首先要看所选定的生产方法是正在生产或曾经运行过的成熟工艺，还是待开发的新工艺。前者在原有工艺基础上需要局部改进或局部采用新技术新工艺；后者须针对性地开发新技术。不论哪种情况，一般都是将一个工艺流程分为四个重要部分，即原料预处理过程、反应过程、产物的后处理（分离净化）过程和三废处理过程。

(1) 以反应过程为中心

根据反应过程的特点、产品要求、物料特性、基本工艺条件等因素，决定采用的反应器类型，以及采用连续操作还是间歇操作。有些产品不适合连续操作，如同一生产装置生产多品种或多牌号产品时，用间歇操作更为方便。另外，反应过程不管是否需外供能量或移出热量，都要在反应装置上增加相应的措施。如果反应需要在催化剂存在下进行，就须考虑催化剂的选择和催化反应方式。

(2) 原料预处理过程

在主反应装置确定后，根据反应特点，必然对原料提出要求，如纯度、温度、压力以及加料方式等，应根据需要采取预热（冷）、汽化、干燥、粉碎筛分、提纯精制、混合、配制、压缩等措施。这些操作过程需要相应的化工单元操作加以组合。原料预处理的化工操作过程是根据原料性质、处理方法而选取不同的装置及不同的输送方式，从而设计出不同的流程。

(3) 产物的分离与净化

根据反应原料的特性和反应过程特点，实际反应过程可能会出现下列情况：

① 除了获得目的产物外，由于存在副反应生成了副产物，如烃类裂解制取乙烯的裂解炉出口，产物是非常复杂的多组分混合物，需要进一步处理。

② 由于受反应平衡的限制，原料转化率并非100％，因而产物中必然有剩余的未反应原料，如用氢和氮合成氨的过程，通过合成塔后，会有80％以上的氮气、氢气未参与反应，剩余的原料与产物混在一起，需要进行分离，循环利用。

③ 当原料预处理未除净杂质时，杂质会在反应后的产物中，或者杂质参与反应生成其他物质，如合成氨的原料气制造过程中，由于煤中含有硫化物，产品原料气中会有硫化氢等有害气体，在送入下一工序时必须进行脱硫。

④ 产物的集聚状态要求增加后处理过程。某些反应过程是多相，而最终产物是固态，如氨碱法制造纯碱过程，主要反应在碳化塔中进行，过程是气、液、固多相，从碳化塔取出的产物是固液混合物，为获取固体产物，必须有过滤分离装置。

因此用于产物净化、分离的化工单元操作过程，往往是整个工艺过程中最复杂、最关键的部分，甚至是制约整个工艺生产能否进行的关键环节，即保证产品质量极为重要的步骤。因此，如何安排每一个分离净化的设备或装置以及操作步骤，它们之间如何连通，能否达到预期的净化效果和能力等，都是必须认真考虑的。

(4) 产品的后处理

经过前述分离净化后合格的目的产品，有些是下一工序的原料，可加工成其他产品；有些可直接作为商品，往往还需进行后处理工作，如筛选、包装、灌装、计量、储存、输送等过程。这些过程都需要一定的工艺设备装置、工艺操作。如气体产品的储藏、装瓶；液体产品的罐区设置、装桶，甚至包括槽车的配备；固体产品的输送、包装和堆放装置等。

(5) 未反应原料的循环或利用以及副产物的处理

由于反应转化率不是100％，剩余原料在产物处理中要被分离出来，一般应循环回到反应设备中继续参与反应，如合成氨或合成甲醇等生产中有大量未反应原料气，需要先通过冷却分离，然后加压循环返回到合成塔。因此，循环方式必须精心设计。在反应器中因发生副反应生成的副产物，也要在产物后处理中分离出来。为此，根据产品的特点和质量要求，分别或同时设计出相应的化工单元操作过程，如乙烯生产过程中，同时可生产许多重要的副产品，如丙烯、丁二烯、汽油等，都是需要在产物处理中同时考虑的。

(6) 确定“三废”处理措施

在生产过程中，排放的各种废气、废液和废渣，应尽量综合利用，变废为宝，加以回收，无法回收的应妥善处理。“三废”中如含有有害物质，在排放前应该达到排放标准。因此，在化工开发和工程设计中必须研究和设计治理方案及流程，要做到“三废”治理与环境保护工程，“三废”治理工艺与主产品工艺同时设计、同时施工，而且同时投产运行。按照国家有关规定，如果污染问题不解决，是不允许投产的。

(7) 确定公用工程的配套措施

在生产工艺流程中必须使用的工艺用水（包括作为原料的软水、冷却水、溶剂用水以及洗涤用水等）、蒸汽（原料用汽、加热用汽、动力用汽及其他用汽等）、压缩空气、氮气等以及冷冻、真空都是工艺中要考虑的配套设施。

(8) 确定操作条件和控制方案

完善的工艺设计除了工艺流程外，还应确定投产后的操作条件，包括整个流程中各个单元设备的物料流量（投料量）、组成、温度、压力等，并且提出控制方案（与仪表控制专业密切配合），以确保能稳定生产出合格产品。

(9) 制定切实可靠的安全生产措施

在工艺设计中要考虑开停车、长期运转和检修过程中可能存在的各种不安全因素，根据生产过程中物料性质和生产特点，在工艺流程和装置中，除设备材质和结构的安全措施外，在流程中应在适宜部位上设置事故槽、安全阀、放空管、安全水封、防爆板、阻水栓等，以保证安全生产。

(10) 保温、防腐设计

这是工艺流程设计中的最后一项工作，也是施工安装时最后一道工序。应根据介质的温度、特性和状态以及周围环境状况决定管道和设备是否需要保温和防腐。

2.1.2 工艺流程图的绘制

工艺流程设计各个阶段的设计成果通过各种工艺流程图和表格进行表达，按照设计阶段的不同，先后有方框流程图（block flow diagram）、工艺流程简图（simplified flow diagram）、工艺物料流程图（process flow diagram）、工艺控制流程图（process control flow diagram）和管道及仪表流程图（piping and instrumentation diagram）等种类。

2.1.2.1 工艺物料流程图（PFD 图）

当化工工艺计算即物料衡算和能量衡算完成后，应绘制工艺物料流程图，简称物流图，有些书中称工艺流程图。它表达了一个生产工艺过程中的关键设备或主要设备，关键节点的物料性质（如温度、压力）、流量及组成。PFD 图作为初步设计阶段的设计文件之一，提交设计主管部门和投资决策者审查，如无变动，在施工图设计阶段不必重新绘制。

PFD 图主要反映化工计算的成果，使设计流程定量化。有时由于物料衡算成果庞杂，常按工段（工序）分别绘制物流图，物流图的主要内容是设备图形、物流管线、物料平衡表（或工艺数据）和标题栏。

(1) 设备的表示方法

设备图形按设备外形绘制，由于此时尚未进行设备设计，无法确定设备的详细尺寸、外形和接管口等，因此设备的外形不必精确，常采用标准规定的设备表示方法，简化绘制。同样设备可只画一台，备用设备省略不画。

设备外形用细实线。在图上要标注设备位号及名称，设备名称用中文写，设备位号是由设备代号和设备编号两部分组成。设备代号按设备的功能和类型不同而分类，分别用英文字母即英文单词的第一个字母表示。设备编号一般是由四位数字组成，第一、二位数字表示设备所在的工段（车间），第三、四位表示设备的顺序编号，如 R0318 则表示第三工段（车间）的第 18 号设备。完全等同的多台相同设备，则在数字之后加大写的英文字母进行区分，如 R0318A、R0318B 等。

物流线有压力变化的地方，要画上阀门以表示压力等级的区别，其他阀门不在图上表示。

(2) 物流管线表示方法

① 设备之间的流程线用带箭头的粗实线表示，箭头尽量标注在设备的进出口处或拐弯处。

② 进出装置（车间）界区的管道要用管道的界区标志来标明，按 HG 20559.3—1993 规定该标志用中线条表示。

在管道的界区标志旁的连接管线上（下）方标明来自（或去向）的装置名称（或外管、桶、槽车等）和接续界区的管道号。如图 2-1 所示。

③ 在图上要标出各物流点的编号。用细实线绘制适当尺寸的菱形框，菱形边长为 8～10mm，框内按顺序填写阿拉伯数字，数字位数不限，但同一车间物流点编号不得相同。菱形可在物流线的正中，也可紧靠物流线，也可用细实线引出，分别如图 2-2(a)～(c) 所示。

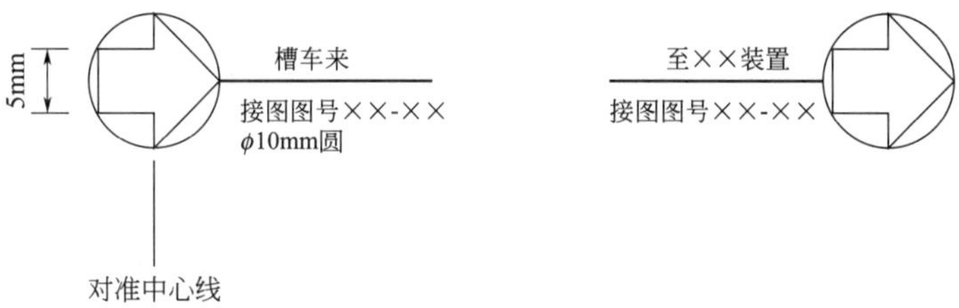

(a) 管道进界区　(b) 管道出界区

图 2-1　管道的界区接续标志

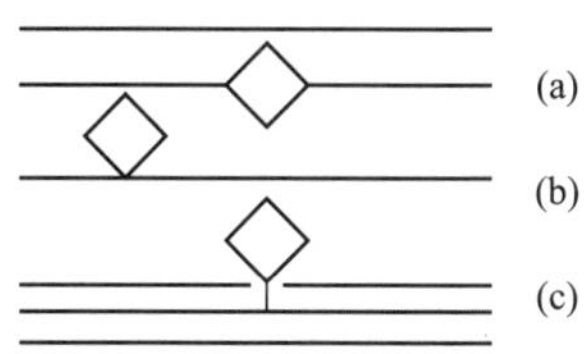

图 2-2　物流点在管道上的表示

④ 在装置界区内部，每张图纸进出的物流管线的始端或终端，连接 32mm×45mm 或 20mm×30mm 的长方框，框内依次注明介质的名称、来自何处或去向何处的设备位号、衔接的图号。如图 2-3 所示。

图 2-3　图纸续接管道的表示

长方框以细线条绘制，放在流程图下端且设备位号上方，注意排列整齐或成一横行。长方框不允许放在图纸的左端或右端。

⑤ 辅助物料和公用物料连接管只绘出与设备相连接的一小段管，以箭头表示进出流向，并注明物料名称或用介质代号表示，介质代号同管道及仪表流程图。

(3) 工艺数据的表示

根据需要有必要进行表示的工艺数据，指温度、压力、流量、换热量、物流点号，均以工艺条件表示符表示。除物流点号用菱形框表示外，工艺数据均以细实线绘制的内有竖格隔开的长方框或它们的组合体表示，用细实线从设备或管线上引出。

(4) 物料平衡表

物料平衡表反映工艺物料流程图上各点物料编号的物料平衡。物料平衡表可以合并在工艺物料流程图上，也可以单独绘制。其内容一般包括：序号、工艺物料流程图上各点物料编号、物料名称和状态、流量（分别列出各流股的总量，其中有气、液、固体流量，组分的质量分数、体积分数或摩尔分数）、操作条件（温度、压力）、分子量、密度、黏度、热导率、比热容、表面张力、蒸气压等。

2.1.2.2　管道及仪表流程图（P&ID 图）

当设备计算结束，控制方案确定下来之后就可以绘制管道及仪表流程图，在其后的车间布置设计中，可能会对流程图进行一些修改，最后得到正式的管道及仪表流程图，作为设计的正式成果编入设计文件中。

(1) 主要内容

管道及仪表流程图，应表示出全部工艺设备、物料管道、阀件、设备的辅助管道以及工艺和自控的图例、符号等。其主要内容一般是设备图形、管线、控制点和必要数据、图例、标题栏等。

① 图形　将生产过程中的全部设备的简单形状按工艺流程次序，展示在同一平面上，配以连接的主辅管线及管件、阀门、仪表控制点符号等。

② 标注　注写设备位号及名称、管段编号、控制点代号、必要的尺寸、数据等。

③ 图例　代号、符号及其他标注的说明，有时还有设备位号的索引等。

④ 标题栏、修改栏　注写设计项目、设计阶段、图号等，便于图纸统一管理。注写版次修改说明。

(2) 绘制的规定及要求

① 比例、图幅、字高　管道及仪表流程图不按比例绘制，因此标题栏中“比例”一栏不予注明。一般设备（机器）图例只取相对比例，允许实际尺寸过大的设备（机器）比例适当缩小，实际尺寸过小的设备（机器）比例适当放大。在图的下方画一条细实线作为地平线，可以相对示意出设备位置的高低。如有必要还可以将各层楼面的高度分别标出。整个图面要协调、美观。

绘制时一般可以一个车间或工段为主进行绘制，原则上一个主项绘一张图样，不太主张把一个完整的产品流程划分得太零碎，尽量有一个流程的“全貌”感。在保证图样清晰的原则下，流程图尽量在一张图纸上完成。图幅一般采用 A1 或 A2 的长边绘制，流程图过长时，幅面也常采用标准幅面的加长，长度以方便阅览为宜，也可分张绘制。

图纸中字体高度应符合表 2-1 的规定。汉字高度不宜小于 2.5mm。

表 2-1　图纸中字体高度规定

书写内容	推荐字号/mm
图标中的图号及视图符号	7
工程名称	5
图纸中的文字说明及轴线号	5
图纸中的数字及字母	3、3.5
图名	7
表格中的文字	5
表格中的文字(格子小于 6mm 时)	3.5

② 设备的画法　设备图形用细实线绘出，可不按绝对比例绘制，只按相对比例将设备的大小表示出来。设备、机器图形按设计规定 HG/T 20519.2—2009 绘制。未规定的设备、机器的图形可以根据其实际外形和内部结构特征绘制。设备图形外形和主要轮廓接近实物，显示设备的主要特征，有时其内部结构及具有工艺特征的内部构件也应画出，如列管换热器的列管、反应器的搅拌桨、内插管、精馏塔板、流化床内部构件、加热管、盘管、活塞、内旋风分离器、隔板、喷头、挡板（网）、护罩、分布器、填充料等，这些可以用细实线表示，也可以用剖面形式表示。设备、机器的支承和底（裙）座可不表示。与工艺流程有关的设备、机器自身的附属部件，例如柱塞泵所带的缓冲罐、安全阀，列管换热器管板上的排气口，设备上的液位计等，它们不一定需要外部接管，但对生产操作和检修都是必需的，有的还要调试，因此在图上应予以表示。电机可用一个细实线圆内注明“M”表达。与配管有关

以及与外界有关的设备上的管口（如直连阀门的排液口、排气口、放空口及仪表接口等）则必须画出。管口一般用单细实线表示，也可以与所连管道线宽度相同，允许个别管口用双细实线绘制。一般设备管口法兰可不绘制。对于需隔热的设备和机器要在其相应部位画出一段隔热层图例，必要时注出其隔热等级；有伴热者也要在相应部位画出一段伴热管，必要时可注出伴热类型和介质代号。

图样采用展开图形式，设备的排列顺序应符合实际生产过程，按主要物料的流向从左到右画出全部设备示意图。

(3) 相同设备

相同的设备或两级以上的切换备用的系统，通常也应画出全部设备，有时为了省略，也可以只画一套，其余数套装置应当用双点划线勾出方框，表示其位置，并有相应的管道与之连通，在框内注明设备位号、名称。

(4) 相对位置

设备间的高低和楼面高低的相对位置，除有位差要求者外，可不按绝对比例绘制，只按相对高度表示设备在空间的相对位置，有特殊高度要求的可标注其限定尺寸，物流关系密切者（如高位槽液体自流入储罐、反应釜，液体由泵送入塔顶等）的高低相对位置要与设备实际布置相吻合。低于地面的需相应画在地平线以下，尽可能地符合实际安装情况，当设备穿过楼层时，楼层线要断开。

至于设备横向间距，通常亦无规定，视管线绘制及图面清晰的要求而定，以不疏不密为宜，既美观又便于管道连接和标注，应避免管线过长，或过于密集而导致标注不便，图面不清晰。设备横向顺序应与主要物料管线一致，不要使管线形成过量往返。

(5) 设备的标注

① 标注的内容　设备在图上应标注位号及名称，其编制方法应与物料流程保持一致。设备位号在整个车间（装置）内不得重复，施工图设计与初步设计中的编号应该一致，不要混乱。如果施工图设计中设备有增减，则位号应按顺序补充或取消（即保留空号），设备的名称也应前后一致。

② 标注的方式　在管道及仪表流程图上，一般要在两个地方标注设备位号。一处是在图的上方或下方，要求排列要整齐，并尽可能与设备对正，在位号线的下方标注设备名称。另一处是在设备内或近旁，此处只注位号，不标名称。各设备在横向之间的标注方式应排成一行，若在同一高度方向出现两个以上设备图形，则可按设备的相对位置将某些设备的标注放在另一设备标注的下方，也可水平标注。

设备在图上要标注位号及名称，有时还注明某些特性数据，标注方式如图 2-4 所示。

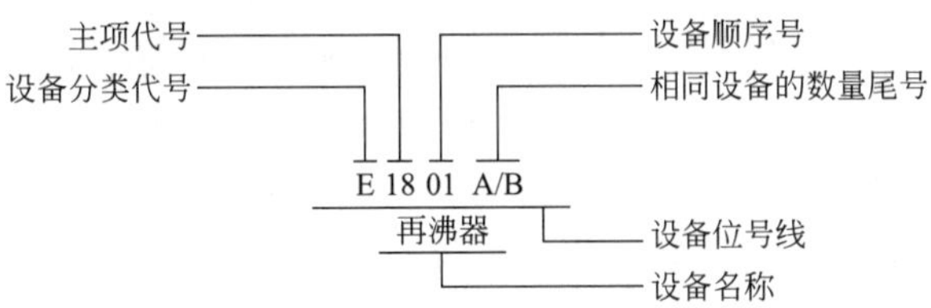

图 2-4　设备标注

设备位号由设备分类代号、主项代号、设备顺序号及相同设备的数量尾号等组合而成。常用设备分类代号参见 HG/T 20519.2—2009 标准；主项代号一般为工段或装置序号，用两位数表示，从 01 开始，最大 99；设备顺序号按同类设备在工艺流程中的先后顺序编制，也用两位数表示，从 01 开始，最大 99；相同设备的数量尾号，用以区别同一位号、数量不止一台的相同设备，用 A、B、C……表示。

设备位号线为宽度 0.6mm 的粗实线。

(6) 管道的表示方法

图上一般应画出所有工艺物料和辅助物料（如蒸汽、冷却水、冷冻盐水等）的管道。当辅助管道系统比较简单时，可将其总管绘制在流程图的上方，其支管则下引至有关设备；当辅助管道系统比较复杂时，待工艺管道布置设计完成后，另绘辅助管道及仪表流程图予以补充，此时流程图上只绘出与设备相连接位置的一段辅助管道（有时包括操作所需要的阀门等）。图上各支管与总管连接的先后位置应与管道布置图一致。公用管道比较复杂的系统，通常还需另绘公用系统管道及仪表流程图。

① 管道的画法

a. 线型规定　工艺物料管道用粗实线（常用 b 为 0.9mm 左右）绘制，辅助管道用中实线（0.6mm 左右）绘制，仪表管则用细虚线（0.3mm 左右）或细实线绘制。有些图样上，保温、伴热等管道除了按规定线型画出外，还示意画出一小段（约 10mm）保温层。

b. 交叉与转弯　绘制管道时，应尽量注意避免穿过设备或使管道交叉，不能避免时，应将其中一根管道断开一段，断开处的间隙应为线粗的 5 倍左右。管道要尽量画成水平和垂直，不用斜线。若斜线不可避免，应只画出一小段，以保持图面整齐。

c. 放气、排液及液封　管道上的取样口、放气口、排液管、液封管等应全部画出。放气口应画在管道的上边，排液管则绘于管道下侧，U 形液封管尽可能按实际比例长度表示。

d. 来向和去向　本流程图与其他流程图连接的物料管道（即在本图上的始端与末端）应引至近图框处。与其他主项（在不同图号的图纸上）连接者，在管道端部画一个由粗实线构成的 30mm×6mm 的矩形框。框中写明连接图的图号，上方则注明物料来向或去向的设备位号或管段号。

② 管道的标注　每段管道上都要有相应的标注，一般横向管线标注在管线的上方，竖向管线则标注在管线的左方；若标注位置不够，可将标注中的部分内容移至管线下方或右方。不得已时，也可用指引线引出标注。

标注内容应包括三个组成部分：管道号、管径和管道等级。前两个部分为一组，其间用一短横线隔开，管道等级为另一组，组间应留适当的空隙，如图 2-5 所示。对于有隔热（或隔声）措施的管道，还要在管道等级之后加注隔热（或隔声）的代号，两者间也用一短横线隔开。

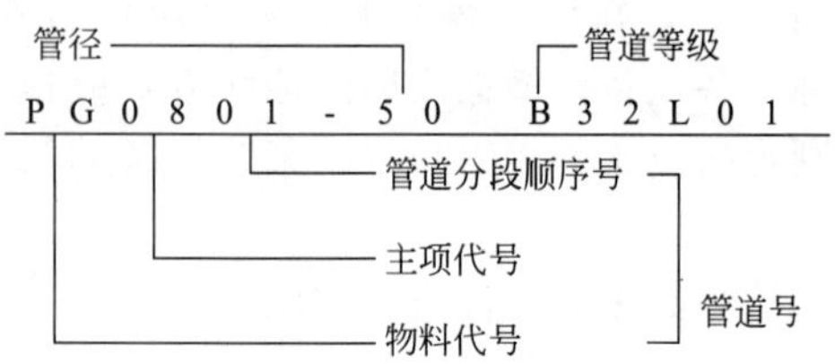

图 2-5　管道标注示例

当标注内容较多时，可以将管道号、管径和管道等级、隔热（或隔声）代号分别标注在管线的两侧。图 2-5 中的管径是指公称通径 DN（有些标准称之为公称直径）。

当未采用管道等级及与之配套的材料选用表时，管道标注中的公制管需注外径×厚度；对隔热（或隔声）的管道，则将隔热（隔声）代号注在管径之后。

a. 物料代号。图 2-5 中“PG”系物料代号。关于物料代号，国家标准《技术制图　管路系统的图形符号　管路》（GB/T 6567.2—2008）做出了规定，以介质（物料）英语名称的第一字母大写表示，如空气（air）为“A”，蒸汽（steam）为“S”，油（oil）为“O”，水（water）为“W”；或以分子式为代号，如硫酸为“H_2SO_4”；或采用国际通用代号，如聚氯乙烯为“PVC”等。也可以在类别代号的右下角注以阿拉伯数字，以区别该类物料的不同状态和性质。

b. 主项代号及管段序号。编号可按工艺流程顺序编写，其中前两位数字为主项代号，后两位数字则为管段序号，如“1301”即该物料管道在第13主项中的第一段。有些图样将工艺物料管道管号的前三位数字写成设备号，第四位数字才是管段号，如“5141”表示与514设备连接的第一段管道。它不按物料分别编号，因而前面无须标注物料代号。但管号与相连设备联系起来，也有便于辨认的特点。

c. 管道尺寸。管道尺寸为管道公称通径的大小。

d. 管道等级。图2-5中“B32L01”为管道等级代号。由有关部门按管道压力、介质腐蚀等情况，预先设计各种不同壁厚及阀门等附件的规格，作出各种等级规定。

e. 隔热及隔声代号。管道的使用温度范围及隔热（隔声）功能类型，分别以英文字母和数字（或英文字母）给以标注。例如标注代号“A9”，即表示温度在－100～2℃的碳钢或铁合金管，用保冷材料进行保冷；“EC”表示温度在94～400℃的碳钢或铁合金管，用单线蒸汽伴热。

f. 物料流向。一般以箭头画在管线上，但也有些图样以较细的箭头画在有关标注之后。

g. 其他尺寸。工艺上对某些管道有一定的尺寸要求时，也要在图上注出，如设备间位差、液封管长度、安装坡度等。异径管（异径接头）有时需注明其两端所连接管道的公称直径。

(7) 阀门与管件的表示方法

在管道上需要用细实线画出全部阀门和部分管件（如视镜、阻火器、异径接头、盲板、下水漏斗等）的符号。有关规定可参阅国家标准《技术制图　管路系统的图形符号　阀门和控制元件》（GB/T 6567.4—2008）。管件中的一般连接件，如法兰、三通、弯头、管接头等，若无特殊需要均不予画出。竖管上的阀门在图上的高低位置应大致符合实际高度。

(8) 仪表控制点的表示方法

工艺生产流程中的仪表及控制点应该在有关管道上，并大致按安装位置用代号、符号给予表示。根据国家标准《过程检测和控制流程图用图形符号和文字代号》，有关部门制定了适应化工等行业的具体规定。仪表控制点包括图形符号、字母代号和数字编号。其中图形符号和字母代号组合起来，可以表示工业仪表所处理的被测变量和功能，或表示仪表、设备、元件、管线的名称；字母代号和阿拉伯数字编号组合起来，就组成了仪表的位号。

① 图形符号

a. 仪表（包括检测、显示、控制等）的图形符号　在图上用 $b/3$ 的细线圆（直径约10mm）表示；需要时允许圆圈断开。必要时，检测仪表或检出元件也可以用象形或图形符号表示。表示仪表安装位置的图形符号见表2-2。

表 2-2　仪表安装位置的图形符号

序号	安装位置	图形符号	序号	安装位置	图形符号
1	就地安装仪表	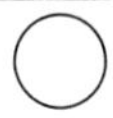	5	就地仪表盘面安装仪表	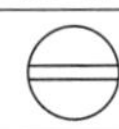
2	嵌在管路中的就地安装仪表	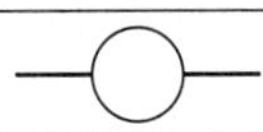	6	集中仪表盘后安装仪表	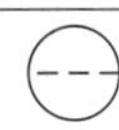
3	集中仪表盘面安装仪表	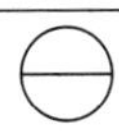	7	就地仪表盘后安装仪表	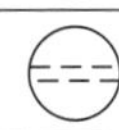
4	复式仪表	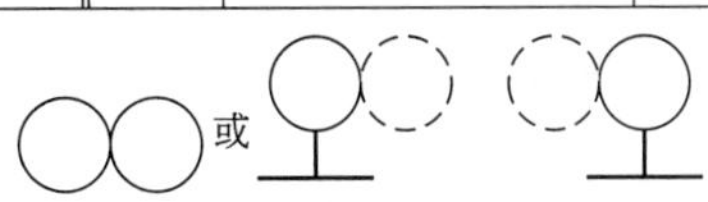			

b. 执行器的图形符号　由执行机构和调节机构两部分组合而成。常见的调节机构——控制阀的图形符号见表 2-3。

表 2-3　控制阀的图形符号

名称	截止阀	三通阀	球阀	旋塞阀	隔膜阀	闸阀
符号		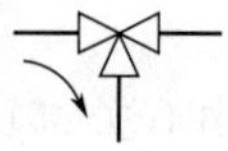	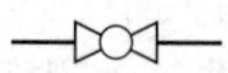	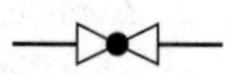	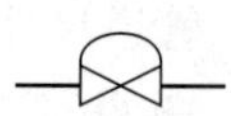	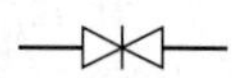
名称	角形阀	四通阀	蝶阀	其他形式阀	风门或百叶窗	
符号		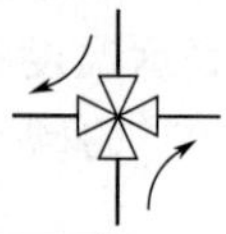	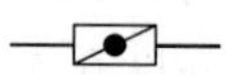	X表示其他形式控制阀 X阀	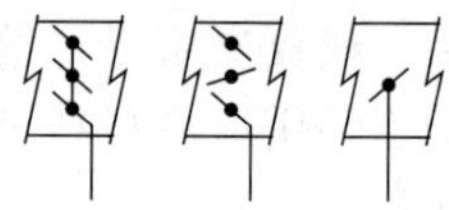	

② 字母代号　表示被测变量和仪表功能的字母代号见表 2-4。

表 2-4　表示被测变量和仪表功能的字母代号

字母	第一字母		后继字母	字母	第一字母		后继字母
	被测变量或初始变量	修饰词	功能		被测变量或初始变量	修饰词	功能
A	分析		报警	N	供选用		供选用
B	烧嘴、火焰		供选用	O	供选用		孔板、限制
C	电导率		控制	P	压力		连接或测试点
D	密度	差		Q	数量	积算、累积	积算、累积
E	电压(电动势)		检测元件，一次元件	R	核辐射		记录
F	流量	比率		S	速度、频率	安全	开关
G	可燃气体和有毒气体		视镜观察	T	温度		传达(变送)
H	手动			U	多变量		多功能
I	电流		指示	V	振动、机械监视		阀/风门/百叶窗
J	功率		扫描	W	重量、力		套管，取样器
K	时间、时间程序	变化速率	操作器	X	未分类	X 轴	附属设备，未分类
L	物位		灯	Y	事件、状态	Y 轴	辅助设备
M	水分或湿度			Z	位置、尺寸	Z 轴	驱动器、执行元件、未分类的最终控制元件

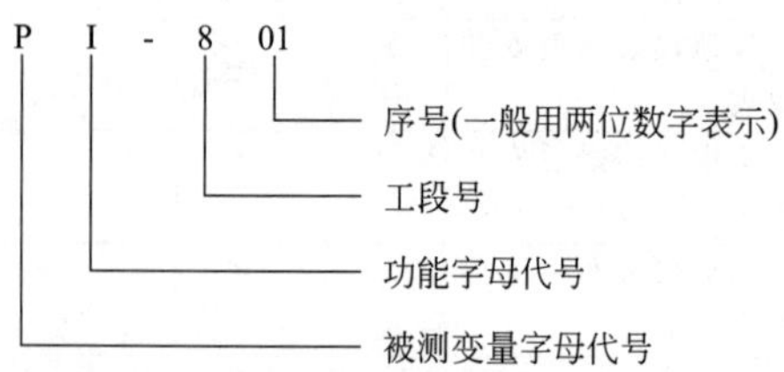

图 2-6　仪表位号标注

③ 仪表位号　在检测控制系统中，一个回路中的每一个仪表（或元件）都应标注仪表位号。仪表位号由字母组合和阿拉伯数字编号组成。第一个字母表示被测变量，后续字母表示仪表的功能。数字编号表示仪表的顺序号。数字编号可按车间或工段进行编制。如图 2-6 中的 P 为被测变量字母代号，I 为仪表的功能字母代号，8 是工段号，01 是序号。

在管道及仪表流程图中，标注仪表位号的另一方法是将字母代号填写在圆圈的上半部分，数字编号填写在圆圈的下半部分。

2.1.3 工艺设计包

2.1.3.1 设计基础

(1) 概况

① 项目背景　说明项目来源、与业主及相关单位的关系、与相关装置的关系。

② 设计依据　说明依据的合同、批文、技术文件等。要给出文件名称、编号、发出单位。如：项目建议书或可行性研究报告的批文；技术转让或引进合同；设计委托合同（含当地的地质及自然条件）；相关会议纪要；国内开发技术的鉴定书；其他依据的重要文件。

③ 技术来源及授权说明　工艺技术使用的专利、专有技术及工艺技术的提供者；说明专利使用、授权的限制及排他性要求；说明专有技术的范围。

④ 设计范围　说明工艺设计包所涉及的范围、界面的划分。

(2) 装置规模及组成

可以用原料每年或每小时加工量或主要产品每年或每小时产量表示装置规模，要说明规模所依据的年操作时间（h）。

如果有不同的工况，应分别说明装置在不同工况下的能力。

如果有多个产品、中间产品、副产品，或装置由多部分组成，要列出各部分的名称；各部分加工量和产品、副产品、中间产品的产率、转化率、产量。

(3) 原料、产品、中间产品、副产品的规格

说明原料状态、组成、杂质含量、馏程、色泽、相对密度、黏度、折射率等所有必须指定的参数。同时列出每一个参数的分析方法标准号。特殊分析方法要加以说明。如果不同工况有不同的原料，要分别列出。

分别说明产品、中间产品、副产品的规格以及所依据的标准，同时按标准列出每一个参数的分析方法标准号。

(4) 催化剂、化学品规格

分别列出催化剂型号、形状、尺寸、组成、预期寿命等所有必须确定的理化性质和参数。

分别列出化学品的化学名称、分子式、外观、状态、主要组成、杂质含量等必须符合工艺要求的特性参数，如果是可以直接购买的化学品，应列出其商品名、产品标准号。

(5) 公用物料和能量规格

列出水、蒸汽、压缩空气、氮气、电等的规格。如：

循环水——温度（入口/出口）、压力（入口/出口）；

新鲜水、软化水、脱氧水、除盐水、蒸汽——温度、压力；

压缩空气（仪表空气、工厂空气）——温度、压力、露点、含油要求；

氮气、氧气——温度、压力、纯度；

燃料油（燃料气）——温度、压力、热值、组成；

热载体——组成、热值、沸点、热力学性质；

载冷介质——温度、压力；

电——供电电压、频率、相/接线方式。

(6) 性能指标

应分别列出性能指标的期望值和保证值，如产品产量、产率、转化率、产品质量、特征

性消耗指标等。

(7) 软件及其版本说明

列出根据合同规定工艺设计包设计使用的软件及其版本。

(8) 建议采用的标准规范

列出要求工程设计执行的国际标准、国家标准、行业标准或专利持有者指定的标准、规范等。

2.1.3.2 工艺说明

(1) 工艺原理及特点

说明设计的工艺过程的物理、化学原理及特点。可以列出反应方程式。复杂的、多步骤过程可以用方框图表示相互关系并分别说明各部分原理。

(2) 主要工艺操作条件

说明工艺过程的主要操作条件：温度、压力、物料配比等。要分别给出不同工艺工况的条件。对于间歇过程还要给出操作周期、物料一次加入量等。

(3) 工艺流程说明

按顺序说明物料通过工艺设备的过程以及分离或生成物料的去向。

说明主要工艺设备的关键操作条件，如温度、压力、物料配比等。对于间断操作，则需说明一次操作投料量和时间周期。

说明过程中主要工艺控制要求，包括事故停车的控制原则。

(4) 工艺流程图（PFD）

表示工艺设备及其位号、名称；主要工艺管道；特殊阀门位置；物流的编号、操作条件（温度、压力、流量）；工业炉、换热器的热负荷；公用物料的名称、操作条件、流量；主要控制、联锁方案。

(5) 物流数据表

列出各主要物流数据，包括每股物流的起止点、相态、组成、总流量、气相流量、液相流量、温度、压力、分子量、气相密度、液相密度、气相黏度、液相黏度、气相热焓、液相热焓等。应给出不同工况的数据。

2.1.3.3 物料平衡

(1) 工艺总物料平衡

列出装置所有产品方案的总物料平衡，包括各种物料的小时量、年产量、收率。

由多个产品、中间产品、副产品和由多部分组成的装置，用物料平衡图表示物料量及各部分的相互关系。

一些对于工艺过程的操作或产品质量影响较大的物料应分别给出该物料的平衡，如硫平衡、氢平衡。

(2) 公用物料平衡图

对于水的多次利用或蒸汽逐级利用等复杂情况，可采用平衡图说明物料量及各用户之间的相互关系。

2.1.3.4 消耗量

(1) 原料消耗量

原料的年消耗量。如果有多种原料，要分别列出。

(2) 催化剂、化学品消耗量

催化剂消耗量包括催化剂名称、首次装入量、寿命、年消耗量、每吨原料消耗量。

化学品消耗量包括化学品名称、年消耗量、每吨原料消耗量。

由专利商提供的催化剂、化学品要加以注明。

(3) 公用物料及能量消耗

分别列出水、电、蒸汽、氮气、压缩空气等正常操作和最大消耗量。

水量包括循环冷却水、循环热水、新鲜水、软化水、脱氧水、除盐水等的用户名称、温度、压力、流量。

电量包括用户名称、设备台数、操作台数、备用台数、电压、计算轴功率。

蒸汽量包括蒸汽压力等级、用户名称、用量、冷凝水量。

氮气、压缩空气量包括用户名称、用量。

燃料量包括燃料油、燃料气用户名称、用量。

冷冻量包括用户名称、使用参数、用量。

在公用物料和能量表中工艺过程产生的物料和能量如蒸汽、冷凝水或电等计“—”值。

2.1.3.5 界区条件表

列出包括原料、产品、副产品、中间产品、化学品、公用物料、不合格品等所有物料进出界区的条件：状态、温度、压力（进出界区处）、流向、流量、输送方式等。

2.1.3.6 卫生、安全、环保说明

(1) 装置中危险物料性质及特殊的储运要求

列出装置中影响人体健康和安全的危险物料（包括催化剂）的性质，如相对密度或密度、分子量、闪点、爆炸极限、自燃点、卫生允许最高浓度、毒性危害程度级别、介质的交叉作用。如果有特殊的储运要求也需提出。

(2) 主要卫生、安全、环保要点说明

根据工艺特点，提出有关卫生、安全、环保的关键点，如工艺条件偏差或失控后果、建议的主要预防处理措施以及对安全仪表系统的要求。

(3) 安全泄放系统说明

说明不同的事故情况下安全泄放和吹扫数据，给出火炬系统负荷研究的结果，提出建议的火炬系统负荷。

(4) 三废排放说明

列表说明废气、废水、固体废物的来源、温度、压力、排放量、主要污染物含量、排放频度、建议处理方法等。

2.1.3.7 分析化验项目表

列出为保证操作需要和产品质量要求需要分析的物料名称、分析项目、分析频率（开车/正常操作）、分析方法。

2.1.3.8 工艺管道及仪表流程图（P&ID）

表示P&ID中的工艺设备及其位号、名称；主要管道（包括主要工艺管道、开停工管道、安全泄放系统管道、公用物料管道）及阀门的公称直径，材料等级和特殊要求；安全泄放阀；主要控制、联锁回路。

2.1.3.9 建议的设备布置图及说明

给出主要设备相对关系和建议的相对尺寸，说明特殊要求和必须符合的规定。

2.1.3.10 工艺设备表

列出 P&ID 中的设备的位号、名称、台数（操作/备用）、操作温度、操作压力、技术规格、材质等。

专利设备列出推荐的供货商。

2.1.3.11 工艺设备

(1) 工艺设备说明

说明 P&ID 中的工艺设备特点、选型原则、材料选择的要求。

(2) 工艺设备数据表

对 P&ID 中的工艺设备按容器（含塔器、反应器）、换热器、工业炉、机泵、机械等分类逐台列表。对于主要静设备应附简图。

容器——位号、名称、数量、介质物性、操作条件（温度、压力、流量等）、工艺设计和机械设计条件、规格尺寸和最低标高要求、主要接口规格和管口表、对内件的要求、正常和最高/最低液位、主要部件的材质及腐蚀裕量、关键的设计要求及与工艺有关的必须说明的内容。

换热器（工业炉）——位号、名称、台数、介质物性、热负荷、操作条件（温度、压力、流量等）、设计条件、型式、传热面积、主要部件的结构和材质、腐蚀裕量、污垢系数。

对于有相变的换热设备，应提供汽化或冷凝数据曲线，要求数据点为 5 个以上，包括流量、物性、热力学性质数据。

转动机械——位号、名称、台数、介质物性、操作条件（温度、压力、流量等）、设计条件、机械和材料规格、驱动器型式、对性能曲线的要求。

2.1.3.12 自控仪表

(1) 仪表索引表

列出 P&ID 中的控制回路的编号、名称。

(2) 主要仪表数据表

列出 P&ID 中的控制仪表的名称、编号、工艺参数、型式或主要规格等。

(3) 联锁说明

说明主要的联锁逻辑关系。

2.1.3.13 特殊管道

(1) 特殊管道材料等级规定

规定特殊管道的材料等级及相应配件的要求。不包括一般的、公用物料的管道。

(2) 特殊管道索引表

特殊管道索引表应包括项目一般为：管道号、公称直径、P&ID 图号、管道起止点、物流名称、物流状态、操作压力、操作温度等。

(3) 特殊管道附件数据表

如果有特殊管道附件，要逐个提出工艺和机械要求，必要时附简图。

2.1.3.14　主要安全泄放设施数据表

列出安全阀、爆破片、呼吸阀等的名称、位号、泄放介质、工艺参数、泄放量等。

2.1.3.15　有关专利文件目录

列出相关专利名称、专利号、授权区域。

2.2　物料衡算和能量衡算

化工工艺过程设计及技术经济评价的基本依据是物料衡算与能量衡算。物料衡算是化工计算中最基本也是最重要的内容之一，它是能量衡算的基础。一般，在物料衡算之后，才能计算所需要提供或移走的能量。在化工过程中，能量消耗是一项重要的技术经济指标，它是衡量工艺过程、设备设计、操作制度是否先进合理的主要指标之一。

2.2.1　物料衡算

(1) 物料衡算的概念

根据质量守恒定律，以生产过程或生产单元设备为研究对象，对其进出口处进行定量计算，称为物料衡算。通过物料衡算可以计算原料与产品间的定量转变关系，以及计算各种原料的消耗量，各种中间产品、副产品的产量、损耗量及组成。

(2) 物料衡算的基础

物料衡算的基础是物质的质量守恒定律，即进入一个系统的全部物料量必等于离开系统的全部物料量，再加上过程中的损失量和在系统中的积累量。

(3) 物料衡算的计算基准及选择

化工过程中，在进行物料衡算时，必须选择一个合适的计算基准。从原则上说选择任何一种计算基准，都能得到正确的解答。但是，计算基准选择得恰当，可以使计算简化，避免错误。

对于不同的化工过程，采用什么基准适宜，需视具体情况而定，不能做硬性规定。例如，当进料的组成未知时，只能选单位质量作基准，因为不知道它们的分子量。对于有化学反应的体系，可以选某一个反应物的物质的量做基准，因为化学反应是按反应物之间的摩尔比进行的。

(4) 物料平衡方程式

根据质量守恒定律，对于某一个体系，输入体系的物料量应该等于输出物料量与体系内积累量之和。由此，可以得到物料核算的关系式为：

$$\sum F = M_1 + \sum M_2 + \sum M_3 \tag{2-1}$$

式中　F——输入体系的物料质量；

M_1——在体系内积累的物料质量；

M_2——损失的物料质量；

M_3——体系中分离出来的物料质量。

(5) 物料衡算的步骤

① 搜集计算数据。

② 准确画出物料衡算流程示意图。

③ 确定衡算体系。

④ 写出化学反应方程式，包括主反应和副反应，标出有用的分子量。

⑤ 选择合适的计算基准，并在流程图上注明所选的基准值。

⑥ 列出物料衡算式，然后用数学方法求解。

⑦ 将计算结果列成输入一输出物料表（物料平衡表）。

⑧ 校核计算结果。

(6) 物料平衡式应注意的事项

① 物料平衡是指质量平衡，并不是物料体积或物质的量的平衡。若体系内有化学反应，则衡算式中各项用 mol/h 为单位时，必须考虑反应式中的化学计量系数。

② 关于化学反应体系，能列出独立物料平衡式的最多数目等于输入和输出的物流里的组分数。

③ 在进行物料平衡方程式的书写时，要尽量地把方程式中的未知数数量降低到最少，以减少计算过程中的工作量和难度。

2.2.2 能量衡算

(1) 能量衡算定义

根据能量守恒定律，利用能量传递和转化的规则，用以确定能量比例和能量转变的定量关系的过程称为能量衡算。

(2) 能量衡算基本方法和步骤

① 一种是先对使用中的装置或设备，实际测定一些能量，通过衡算计算出另外一些难以直接测定的能量，由此做出能量方面的评价，即由装置或设备出口物料的量和温度，以及其他各项能量，求出装置或设备的能量利用情况。

② 另一种是在设计新装置或设备时，根据已知的或可以设定的物料量求得未知的物料量或温度，以及需要加入和移出的热量。

(3) 热量衡算方程式

$$\sum Q_{入}=\sum Q_{出}+\sum Q_{损} \tag{2-2}$$

式中 $\sum Q_{入}$——输入设备的热量总和；

$\sum Q_{出}$——输出设备的热量总和；

$\sum Q_{损}$——损失的热量总和。

(4) 热量衡算步骤

① 建立以单位时间为基准的物料流程图（或平衡表），也可以 100mol 或 100kmol 原料为基准；

② 在物料流程框图上标明已知温度、压力、相态等条件，并查出或计算出每个组分的焓值，于图上注明；

③ 选定计算基准温度，这是人为选定的基准，即输入体系和由体系输出的热量应该有统一的比较基准，可选 273K、298K 或其他温度作为基准温度；

④ 列出热量衡算式，然后用数学方法求解未知值；

⑤ 当生产过程及物料组成比较复杂时，可以列出热量衡算表。

(5) 进行热量衡算注意事项

① 首先要清楚地知道过程中出现的热量形式，以方便找到有关的物性数据。

② 在进行热量衡算时，应该清楚物料的变化和走向，分析热量之间的关系，然后根据热量守恒定律列出热量关系式。

③ 计算结果是否正确适用，关键在于数据的正确性和可靠性。

④ 理论计算的设备换热面积应该小于实际选定的面积。

2.3 工艺设备设计

2.3.1 化工设备选型和设计原则

化工设备从总体上分为两类：一类称为标准设备或定型设备，是成批成系列生产的设备，可以买到；另一类称为非标设备或非定型设备，是化工过程中需要专门设计的特殊设备。

标准设备有产品目录或样本手册，有各种规格牌号，有不同生产厂家。工艺设计的任务是根据工艺要求，计算并选择某种型号，以便订货。

非标设备也是化工生产中大量存在的设备。非标设备工艺设计就是根据工艺要求，通过工艺计算，提出型式、材料、尺寸和其他一些要求，再由化工设备专业进行机械设计，由有关工厂制造。在设计非标设备时，应尽量采用已经标准化的图纸。

设备选型和设计的原则为：

① 合理性。设备必须满足工艺一般要求，设备与工艺流程、生产规模、工艺操作条件、工艺控制水平相适应，能充分发挥设备的能力。

② 先进性。要求设备的运转可靠性、自控水平、生产能力、转化率、收率、效率要尽可能达到先进水平。

③ 安全性。要求设备安全可靠、操作稳定、弹性好、无事故隐患。对工艺和建筑、地基、厂房等无苛刻要求；工人在操作时，劳动强度小，尽量避免高温高压高空作业，尽量不用有毒有害的设备附件辅料。

④ 经济性。设备投资省，易于加工、维修、更新，没有特殊的维护要求，运行费用减少。引进先进设备，需要反复对比报价，考察设备性能，考虑是否易于被国内消化吸收和改进利用，避免盲目性。

2.3.2 化工设备的选型和设计

2.3.2.1 泵的选型和设计

(1) 泵型确定

根据工艺条件及泵的特性，首先确定泵的型式，再确定泵的尺寸。从被输送物料的基本性质出发，如物料的温度、黏度、挥发性、毒性、化学腐蚀性、溶解性和物料是否均一等因素，确定泵的基本型式。此外，还应考虑生产的工艺过程和动力、环境等条件，如生产操作连续或间断运转、扬程和流量的波动范围、动力来源、厂房高度等因素。流量大而扬程不高时，可选用单级离心泵；流量不大而扬程高时，宜选用往复泵或多级离心泵；输送有腐蚀性介质，应选用耐腐蚀泵；输送昂贵液体、剧毒或具有放射性的液体，应选用完全不泄漏、无轴封的屏蔽泵；当要求精确进料时，应选用计量泵或柱塞泵等。在选择泵的型式时，应以满足工艺要求为主要目标。

(2) 泵的流量和扬程确定

① 流量的确定和计算。选泵时以最大流量为基础。如果数据是正常流量，则应根据工艺情况可能出现的波动、开车和停车的需要等，在正常流量的基础上乘以 1.1～1.2 的安全

系数。流量通常需要换算成体积流量，因为泵生产厂家的产品样本中的数据是体积流量。

② 扬程的确定和计算。先计算出所需要的扬程，即用来克服两端容器的位能差，两端容器上的静压力差，两端全系统的管道、管件和装置的阻力损失，以及两端（进口和出口）的速度差引起的动能差所需要的扬程。扬程值用伯努利方程计算，计算出的扬程不能作为选泵的依据，一般要放大5%～10%。

(3) 泵安装高度的确定

泵的安装高度是指泵的基准面至吸入液面之间的高度差，离心泵的安装高度以不发生气蚀为准。为了确定离心泵的安装高度，在国产离心泵标准中，常采取允许气蚀余量来计算泵的最大安装高度。

(4) 泵的台数和备用率确定

一般只设一台泵，在特殊情况下，也可采用两台泵同时操作。输送泥浆或含有固体颗粒及其他杂质物料和一些重要操作岗位用泵应设有备用泵。对于大型的连续化流程，可适当提高泵的备用率，而对于间歇操作，泵的维修简易，操作很成熟，通常不考虑备用泵。

(5) 泵轴功率的校核

泵的样本上给定的功率和效率都是用水试验出来的，输送介质不是清水时，应考虑密度、黏度等对泵的流量、扬程性能的影响。

除了以上内容外，泵的选型和设计还包括冷却水或驱动蒸汽的耗用量确定、电动机选用、选泵规格表填写等。

2.3.2.2 换热器的选型和设计

(1) 换热器设计的一般原则

① 基本要求。换热器设计要满足工艺操作条件，能长期运转，安全可靠，不泄漏，维修清洗方便，具有满足工艺要求的传热面积，尽量有较高的传热效率，流体阻力尽量小，还要满足工艺布置的安装尺寸等要求。

② 介质流程。何种介质走管程，何种介质走壳程，可按下列情况确定：腐蚀性介质走管程，可以降低对外壳材质的要求；毒性介质走管程，泄漏的概率小；易结垢的介质走管程，便于清洗和清扫；压力较高的介质走管程，这样可以减小对壳体的机械强度要求；温度高的介质走管程，可以改变材质，满足介质要求；黏度较大、流量小的介质走壳程，可提高传热系数。从压降考虑，雷诺数小的走壳程。

③ 终端温差。换热器的终端温差通常由工艺过程的需要而定。但在工艺确定温差时，应考虑换热器的经济合理和传热效率，使换热器在较佳范围内操作。一般认为：

a. 热端的温差应在20℃以上；

b. 用水或其他冷却介质冷却时，冷端温差可以小一些，但不要低于5℃；

c. 当用冷却剂冷凝工艺流体时，冷却剂的进口温度应当高于工艺流体中最高凝点组分的凝点59℃以上；

d. 空气冷却器的最小温差应大于20℃；

e. 冷凝含有惰性气体的流体时，冷却剂出口温度至少比冷凝组分的露点低5℃。

④ 流速。在换热器内，一般希望采用较高的流速，这样可以提高传热效率，有利于冲刷污垢，防止污垢沉积。但流速过大，磨损严重，容易造成设备振动，影响操作和使用寿命，能量消耗亦将增加。因此，比较适宜的流速需经过经济核算来确定。

a. 流体在直管内常见流速：

冷却水（淡水）0.7～3.5m/s　冷却用海水0.7～2.5m/s　低黏度油类0.8～1.8m/s

黏度油类 0.5～1.5m/s　　油类蒸气 5.0～15m/s　　气液混合流体 2.0～6.0m/s

b. 壳程内的常见适宜流速：

水及水溶液 0.5～1.5m/s　　低黏度油 0.4～1.0m/s　　高黏度油 0.3～0.8m/s

油类蒸气 3.0～6.0m/s　　气液混合流体 0.5～3.0m/s

⑤ 压力降。压力降随操作压力不同有一个大致的范围。

⑥ 传热系数。传热面两侧的传热膜系数 α_1、α_2 相差很大时，α 值较小的一侧将成为控制传热效果的主要因素，设计换热器时，应设法增大该侧的传热膜系数。计算传热面积时，常以小的一侧为准。增加 α 值的方法通常包括：

a. 缩小通道截面积，以增大流速；

b. 增设挡板或促进湍流的插入物；

c. 管壁上加翅片，提高湍流程度，同时增大传热面积；

d. 糙化传热表面，用沟槽或多孔表面，对于冷凝、沸腾等有相变的传热过程来说，可获得大的传热膜系数。

⑦ 污垢系数。换热器使用中会在壁面产生污垢，在设计换热器时要慎重考虑流速和壁温的影响。从工艺上降低污垢系数，如改进水质、消除死区、增加流速、防止局部过热等。

⑧ 尽量选用标准设计和标准系列。可以提高工程的工作效率，缩短施工周期，降低工程投资。

(2) 管壳式换热器的设计和选型

① 设计数据和分析设计任务汇总。根据工艺衡算和工艺物料的要求、特性，获得物料流量、温度、压力和物性参数，还要掌握物料衡算和热量衡算得到的有关设备负荷、流程中位置、与流程中其他设备的关系等数据。

② 换热流程设计。在换热设计时，应对换热工艺流程进行仔细探讨，以利于充分利用热量和热源。

③ 材质选择。根据介质的腐蚀性能、操作压力、温度、材料规格和制造价格等，综合选择材质。

④ 换热器类型选择。根据热负荷和选用的换热器材料，选定换热器类型。

⑤ 换热器中冷热流体的流向确定。根据冷热流体的性质、换热任务和换热器结构，决定采用并流、逆流或错流、折流等。

⑥ 平均温差 Δt_m 的确定和计算。根据化学工程有关公式，算出平均温差。

⑦ 热负荷 Q、流体给热系数 α 的计算。可用粗略估计的方法，估算管内和管间流体的给热系数 α_1、α_2。

⑧ 选取污垢热阻系数并初算出传热系数 K。利用现有各种工艺算图，将公式和经验汇集在一起，可以方便地求取 K。在许多设计工作中，K 常常选取一些经验值，作为初算或试算的依据。许多手册书籍中都罗列过各种条件下的 K 的经验值，但经验值所列的数据范围较宽，应作试算，并与 K 值的计算公式结果参照比较。

⑨ 总传热面积 A 计算。

⑩ 调整温度差，再算一次传热面积。在工艺的允许范围内，调整介质的进出口温度，或者考虑到生产的特殊情况，重新计算 Δt_m 及 A 值。

⑪ 换热器选用。根据两次或三次改变温度算出的传热面积 A，并考虑 10%～25%的安全系数，确定换热器传热面积 A。从国家标准系列换热器型号中，选择符合工艺要求和车间布置（立式或卧式，长度）的换热器，并确定设备的台数。

⑫ 换热器的压降验算。可利用工艺算图或由摩擦系数通过公式计算。如果核算的压力

降不在工艺的允许范围之内，应重选设备。

⑬ 换热器设备草图绘制。由设备机械设计人员完成换热器的详细部件设计。

2.3.2.3 储罐的选型和设计

(1) 储罐分类

按使用目的的不同，储罐可分为计量、回流、中间周转、缓冲、混合等工艺容器。

(2) 储罐设计的一般程序

① 工艺设计数据汇总。包括物料衡算和热量衡算，储存物料的温度、压力，最大使用压力、最高使用温度、最低使用温度，腐蚀性、毒性、蒸气压、进出量，储罐的工艺方案等。

② 储罐材料选择。对有腐蚀性的物料选用不锈钢等金属材料，在温度压力允许时可用非金属储罐、搪瓷容器或钢制压力容器衬胶、搪瓷、衬聚四氟乙烯等。

③ 储罐型式的选用。已有许多化工储罐实现了系列化和标准化，在选用储罐型式时，应尽量选择已经标准化的产品。

④ 容积计算。容积计算是储罐工艺设计和尺寸设计的核心，它随容器的用途而异。

a. 单纯用于储存原料和成品的储罐。这类储罐的体积与需要储存的物料有密切关系。

原料的储存有全厂性的原料库房储存和车间工段性的原料储存。根据运输条件和消耗情况，全厂性储罐一般至少有一个月的耗用量储存；车间储罐一般考虑至少半个月的耗用量储存。

液体产品储罐一般设计至少一周的产品产量。如厂内使用的产品可视下工段（车间）的耗量储存下一工段一个月以上或两个月的使用量；如果是出厂的终端产品，作为待包装储罐，存量可以适当小一些，最多可以考虑半个月的产量。液体储罐的装载系数通常可达80%，这样可以计算出原料产品的最大储存量。

气柜一般可以设计得稍大些，可以达两天或略多时间的产量。因为气柜不宜旷日持久储存，当下一工段停止使用时，前一产气工序应考虑停车。

b. 中间储罐。中间储罐的使用场合包括原料、产品、中间产品的主要储罐，当它们距工艺设施较远，或者原料或中间体间歇供应时作调节之用，也包括需测试检验以确定去向（如多组分精馏确定产品合格与否的中间储罐），或者工艺流程中要求切换、翻罐挪转的储罐等。这一类储罐有时称“昼夜罐”，即是考虑一昼夜的产量或发生量的储存罐。

c. 计量罐、回流罐。计量罐的容积一般考虑为10～15min，多则按2h的产量储存。计量罐装载系数一般只考虑60%～70%，因为计量罐的刻度一般在罐的直筒部分，使用刻度常为满量程的80%～85%。回流罐一般考虑5～10min的液体保有量。

d. 缓冲罐、汽化罐。缓冲罐的目的是保持压力稳定，从而保证工艺流程中流量稳定，容量通常是下游设备5～10min的用量，有时可以超过15min的用量，以备在紧急时有充裕的时间处理故障、调节流程或关停机器。汽化罐（可加热可不加热）的物料汽化空间通常是储罐总容积的一半。汽化空间的容量大小，通常根据物料汽化速度来估计，一般希望汽化空间足够下游岗位3min以上的使用量，至少2min。

e. 混合、拼料罐。化工产品有一些是要随间歇生产而略有波动变化的，如某些物料的固含量、黏度、pH值、色度等可能在某个范围内波动。为使产物质量均一，或减少出厂检验的批号分歧，要在产品包装前将若干批料加以拼混，俗称“混批”。混批罐的大小，应根据工艺条件而定，考虑若干批的产量，装载系数约70%（用气体鼓泡或搅拌混合）。

f. 包装罐。包装罐一般可视同于中间储罐。对于需要及时包装的储罐、定期清洗的储罐，容积可考虑偏小。要根据工艺条件和要求、储存条件等决定其有效容积。不同场合下，装载系数不一样，一般在60%～80%之间，某些场合（如汽化空间）可低至50%或更少，有时可以高至85%。

⑤ 确定储罐基本尺寸。根据物料密度、卧式或立式的基本要求、安装场地的大小，确定储罐的大概直径。依据国家规定的设备零部件即筒体与封头的规范，确定尺寸。据此计算储罐的长度，核实长径比，如长径比太大（即偏长）或太小（即偏圆），应重新调整，直到满意。

⑥ 标准型号选择。各类容器有通用设计图系列，根据计算初步确定的直径、长度和容积，在有关手册中查出与之符合或基本相符的标准型号。

⑦ 开口和支座确定。在选择标准图纸后，要设计并核对设备的管口。考虑进料、出料、温度、压力（真空）、放空、液面计、排液、放净以及人孔、手孔、吊装等的位置，并留有一定数目的备用孔。如标准图纸的开孔及管口方位不符合工艺要求而又必须重新设计时，可以利用标准系列型号在订货时加以说明并附上管口方位图。容器的支承方式和支座的方位在标准图系列上也是固定的，如位置和形式有变更时，需要在订货时加以说明，并附上草图。

⑧ 设备草图（条件图）绘制。选用标准图系列的有关图纸，应在标准图的基础上，提出管口方位、支座等的局部修改和要求，并附有图纸，作为订货的要求。如标准图不能满足工艺要求，应重新设计，绘制设备容器的外形轮廓，标注一切有关尺寸，包括容器管口的规格，并填写“设计条件表”，由设备专业的人员进行非标准设备设计。

2.3.2.4 塔器的设计

(1) 塔器选择基本原则

① 生产能力大，弹性好。随着化工装置大型化，生产能力要求尽量大，而根据生产经验，工艺流程中精馏分离过程往往是限制环节。很多精馏塔设计中考虑诸如造价、结构或压降、分离效率等因素较多，而未将塔的操作弹性放在重要位置，从而造成投产后设备不大适应工艺条件和生产能力的较大波动。

② 满足工艺要求，分离效率高。工艺上要分离的液体有很多特殊要求，如沸点低、难分离、有腐蚀性、有污垢物等，对塔型要慎重选择。

③ 运转可靠性高，操作、维修方便。

④ 结构简单，加工方便，造价较低。

⑤ 塔压降小。通常选择塔型未必能满足所有的原则，应抓住主要矛盾，最大限度满足工艺要求。

(2) 填料塔设计程序

① 设计参数和物性数据汇总。包括全塔的物料平衡，塔的温度、压力，塔内液相和气相的流量，气液相物料的密度、黏度、扩散系数，气液平衡数据、亨利常数、溶解度数据等；工艺要求包括工艺过程中要求的塔分离后物料的纯度、工艺物料衡算中要求的塔的产率等。

② 填料选择。填料塔的核心元件就是填料，它的类型、装填高度对传质效果有重要影响。填料的选用要满足以下要求：比表面积、空隙率尽可能大；填料表面液体均匀分布、润湿性较好，防止壁流和沟流；气体通过填料层的阻力要小，并能在填料层中均匀分布；不与塔内物料发生化学反应，化学稳定性强；容易制造，价廉；机械强度足够，质轻。

填料的材质种类繁多，有陶瓷、金属、塑料、石墨填料等，详细的种类、特性、使用条件等可查阅相关手册，在设计时进行参考。

③ 塔径 D 确定。根据 $D=\sqrt{4V/(\pi u)}$ 计算塔径 D。操作气速应比泛点气速小，才能保证塔在操作中不发生液泛。操作气速与泛点气速之比为泛点率，通常情况下，泛点率取 0.6～0.8；对于易起泡物料体系，泛点率可取 0.5 或更小；对于加压塔，泛点率可取稍大一些。目前工程设计中常用埃克特（Eckert）通用关联图来计算填料塔的泛点气速和压降，查出泛点气速，通过泛点率计算操作气速（空塔气速）u 之后，可以方便地算出塔径 D。算出的塔径要根据国家压力容器公称直径的标准系列进行圆整。塔径圆整后，再根据实际塔径重新计算实际空塔速度。

④ 填料塔压降计算。以 Eckert 通用关联图计算填料塔压降，如果超出工艺要求，应重新估算塔径；也可由 Δp 通过 Eckert 关联图反求操作气速 u，再重新计算塔径。为使填料塔能在良好的工况下操作，每米填料层的压降不能太大，一般正常压降 $\Delta p=147\sim490\text{Pa}$，真空操作下 $\Delta p\leqslant78.45\text{Pa}$。

⑤ 塔内喷淋密度的验算。应按实际塔径验算塔内的喷淋密度是否大于最小喷淋密度。如果喷淋密度太小，将不能保证填料充分润湿，应重新调整计算。

⑥ 填料层高度 Z 计算。填料层高度的计算是填料塔设计中重要的一环。有许多计算方法和经验公式，通常采用“传质单元法”和“等板高度法”。

⑦ 塔总高度 H 计算。采用公式 $H=H_d+Z+(n-1)H_f+H_b$ 计算塔的总高度。式中，H_d 为塔顶空间高度（不包括封头）；H_f 为液相再分布器的空间高度；H_b 为塔底空间高度；n 为填料层分层数。同时也可采用经验公式 $H=1.2Z+H_d+H_b$ 进行计算。

⑧ 塔附件的设计和选择

a. 支撑板。填料层底部支撑板常被设计者忽视而造成阻力过大，特别是孔板式支撑。一般要求满足两个条件，即自由截面积不小于填料的空隙率，支撑板强度足以支撑填料重量。

b. 液体喷淋装置。液体喷淋装置直接影响塔内填料表面的有效利用率，喷淋装置形式很多，常见的有弯管式、缺口管式、多孔直管式、莲蓬头式喷洒器、分布盘等。

c. 液体再分布装置。为了防止液相沿塔壁运行，每隔一定高度要有液体再分布装置，常见的有截锥式和升气管式分布器。

d. 气体分布器。为保证气体分布的均匀性，对于直径 500mm 以下的小塔，进气管可伸至塔中心，末端截成 45°向下，使气流转折而上；对于大塔，可以制成向下的喇叭形扩大口，或制成盘管式。

e. 除雾器。当空塔气速较大时塔顶喷淋装置可能产生溅液，或者工艺过程严格要求气相中不允许夹带雾沫，则应设计除雾装置。常用除雾装置有折板除雾器、丝网除雾器、旋流板除雾器，或者在液相喷淋装置与气体出口之间装有一段干填料实施填料除雾等。

⑨ 塔设备结构图绘制。向设备专业提供工艺设计条件绘制塔设备简图，并标注必要的尺寸，注明各管口的位置等。

(3) 板式塔设计程序

① 设计参数和物性数据汇总。

② 板式塔的塔板结构选择。根据物料特性、分离要求来确定塔板结构。为了便于设备设计和制造，在满足工艺要求条件下，已将一些塔板结构参数加以系列化，设计时可以直接选用。

③ 工艺设计计算

a. 根据工艺要求，确定塔顶、塔釜产品的质量和分馏任务（负荷）。选择其中两个组分作为轻关键组分及重关键组分。关键组分在塔顶和塔釜的分配，一般根据工艺要求确定，而其他组分则依气液平衡逐次求得。对于相对挥发度与关键组分邻近的那些组分，不宜采用清晰分割假定。

b. 确定塔顶和塔釜操作压力。

c. 进行全塔物料衡算，列出全塔物料平衡表。

d. 根据气液相平衡关系，验算操作压力，并估算塔顶、塔釜温度。

e. 选定进料状态，确定进料温度。

f. 计算最小回流比 R_m，确定实际回流比 R。实际回流比 R 的确定，一般应通过全面的经济核算来确定。在无法仔细核算时，对于易分离体系 $R=(1.1\sim2)R_m$；对于难分离体系 $R=(3\sim5)R_m$。

g. 计算理论板数，确定加料位置。最小理论板数 N_{min} 可用芬斯克方程进行估算，再用吉利兰图计算理论塔板数 N，但误差较大。工程上可以用逐板计算法最终确定理论板数。

h. 计算塔内温度分布，确定灵敏板位置。

i. 全塔热量衡算，塔釜再沸器、塔顶冷凝器热量衡算。

j. 计算或查图表求得板效率，最终确定实际塔板数。

④ 塔径计算

不同的板式塔，计算方法略有出入，这里介绍有降液管板式塔（如筛板塔、浮阀塔等）的计算方法。

a. 初估塔径。

b. 塔径核算。先验算雾沫夹带量，根据所选塔板型式及有关塔板系列参数计算夹带量，如不符合要求可做必要调整。有关塔板系列参数已有国家标准，需要时可从手册中查到。

c. 塔盘结构设计。塔盘结构种类很多，而同一塔盘型式（如浮阀塔）又有不同的形状、构造区别。塔板上的开孔率、液流形式、降液管和堰的尺寸等都可从有关手册中查到或通过有关经验公式计算出。另外，还要计算降液管与下一层塔板间距等，这些都可从有关手册查找。

⑤ 塔节上人孔、手孔确定。塔顶和塔底各开一个人孔，物料清洁不需要经常清洗时，每隔 6～8 块板可以开一个人孔，物料较脏需要经常清洗时，一般可以每隔 3～4 块板开一个人孔。直径小于 900mm 的塔一般常开手孔，开孔原则与人孔相似。

⑥ 塔高确定。采用公式 $H=H_d+(N-S-4)H_t+H_b+3H_f+SH_t'$ 计算塔的总高度。式中，H_d 为塔顶空间高度；H_t 为板间距；H_f 为进料孔处板间距；H_b 为塔底空间高度；H_t' 为开手孔（人孔）处板间距；N 为实际塔板数（不包括塔釜再沸器）；S 为手孔或人孔数（不包括塔顶、塔釜空间所开人孔）。

⑦ 塔内流体力学核算，做负荷性能图。

⑧ 辅助装置选型设计。

⑨ 绘制塔设备草图和设备设计条件图，包括支承、开口方位、人孔、手孔位置等。

2.3.2.5 反应器的设计

(1) 反应器的设计要点

在反应器设计时，除了通常说的“合理、先进、安全、经济”原则，在落实到具体问题时，还要考虑下列设计要点：

① 保证物料转化率和反应时间。物料的转化率和必要的反应时间，可以作为选择反应器型式的重要依据。选型以后，可计算出反应器的有效容积，确定长径比及其他基本尺寸，

决定设备的台件数。

② 满足反应的热传递要求。化学反应通常都有热效应，需要及时移出或加入适量热量，因此，在设计反应器时，要保证有足够的传热面积。

③ 设计合适的搅拌装置。物料在反应器内接触，应当满足工艺规定要求，使物料处于湍流的状态，有利于传热传质过程的实现。

④ 注意材质选用。反应器的材质选用通常需要根据工艺介质特性进行确定。此外，材质选用与反应器的反应温度、加热方法有关，与反应粒子的摩擦程度和消耗等因素也有关。

(2) 反应釜设计程序

① 确定反应釜操作方式。根据工艺流程的特点，确定反应釜是连续操作还是间歇操作。

② 汇总设计基础数据。对工艺计算基础数据，如生产能力、反应时间、温度、装料系数、物料膨胀比、投料比、转化率、投料变化情况以及物料和反应产物的物性数据、化学性质等进行汇总。

③ 计算反应釜体积

a. 连续反应。根据工艺设计规定的生产能力，确定全年的工作时数，算出每小时反应釜需要处理（或生产）的物料量。根据物料的平均停留时间和设备的台数可以算出每台釜的物料体积。在选用反应釜时，一般用设备备用系数 n 关联选用台数与实际操作台数，n 通常为 1.05～1.30。

b. 间歇反应。根据工艺设计要求的年产量决定日投料量（V_c），再根据每釜反应所用的时间（包括辅助时间）$t_{釜}$，算出 24h 内釜的反应周期数（$\alpha=24/t_{釜}$）、每釜处理的物料体积（$V_p=V_c/\alpha$），得到每釜实际体积（$V=V_p/\phi$）。间歇釜的装料系数 ϕ 可比连续操作再适当放宽些，取上限或略大。

④ 确定反应釜设计体积和台数。上述计算得到的反应釜“实际体积”和反应釜台件数都是理论值，应加以圆整。若选用系列产品的反应釜，应根据规定的反应釜体积系列（如 500L、1000L、1500L 等）加以圆整，连同设备台数 m 一并确定。一般说，反应釜体积越小，相对传热面积越大，搅拌效果越好，物料返混越激烈，但停留时间未必符合要求。

⑤ 反应釜直径和筒体高度、封头。反应釜直径为 D，筒高为 H，长径比为 r（$r=H/D$）。对于反应釜设计，先确定长径比，一般取 $r=1\sim3$，根据工艺条件和经验，不同反应有各自的长径比。r 接近于 1，釜型属矮胖型，单位体积内消耗的钢材最少，液体比表面大，适合间歇反应。r 增大，釜向瘦长型趋近。当 $r=3$ 时，就是常见的半塔式反应釜，单位体积釜内传热面积增大。r 越大，传热面积越大，可以减少返混，对于有气体参加的反应较为有利，停留时间较长，但加工困难，材料耗费较高，搅拌支承也有一定的难度。

r 根据工艺条件和经验大体选定之后，先将釜的直径 D 确定下来（圆整结果），再确定封头型式，查阅有关机械手册，并查出封头体积（下封头）$V_{封头}$，则釜的体积为：

$$V=(\pi/4)D^2H+V_{封头}$$

如果 V 不合适，可重新假定直径（圆整）再试算直到满意为止。

⑥ 传热面积计算和校核。反应釜最常见的冷却（加热）形式是夹套，制造简单，不影响釜内物流的流型，但传热面积小，传热系数也不大。釜的长径比直接影响传热面积，传热面积计算公式和方法与一般传热体系相同。如果计算传热面积（须以投料高度计算）足够，可以认为前面所确定的长径比合适或所选系列设备合适。如计算传热面积不够，则应在釜内设置盘管、列管、回形管以增大传热面积。但釜内构件增加，将影响物流，易粘壁、结垢或有结晶沉淀产生的反应通常不主张设置内冷却（或传热）器。

⑦ 搅拌器设计。对于搅拌器的选型，一般根据液体黏度、釜的容积、操作目的和主要影响因素来选型，各类文献都有许多选型表格可供参考。

⑧ 管口和开孔设计。根据工艺要求，反应釜有进出料口，夹套开孔，釜底釜盖开孔，有关仪器仪表接口，手孔、人孔，备用口等。

⑨ 画出反应器设计草图（条件图）或选型型号。

(3) 固定床反应器设计

对于气固相催化反应固定床反应器，主要设计问题是催化剂的体积和用量，床层堆积方式、床径和高度，传热面积。

① 物料衡算和物性数据汇总。按工艺要求的年生产量算出每小时进料量（V）。

② 床层体积计算。根据生产数据和经验，确定催化剂的时空速率 U、催化剂体积（V_c）：$V_c=V_h/U$。床体体积 $V=V_1+V_2+V_c+V_o$。式中，V 为固定床体积，m^3；V_1 为原料分布空间，m^3；V_2 为物料分离空间，m^3；V_c 为催化剂体积，m^3；V_o 为堆积空隙体积，m^3。

③ 床高和直径计算。假设一个圆整直径，根据床内有效体积核算床层高度，再估算催化剂堆积高度，计算气速，保证反应的停留时间。如果假设不合理，重新假设再试算。

④ 计算流体阻力和传热系数 K。流体阻力太大，说明床径设计太小，动力消耗偏大。传热系数 K 值，通常取经验值或中试实测值。

⑤ 绘制反应器设计条件图。决定床层和床底、床顶的开口方位、标注尺寸等。

2.3.3 化工设备图

为了能够完整、正确、清晰表达化工设备，必须绘制化工设备图。常用的化工设备图包括设备总图、装配图、部件图、零件图、管口方位图等。

一份完整的化工设备图，应具有如下的基本内容：标题栏说明该图纸的主题，明细表详细说明本图纸的各部件，管口表说明各管口的位置和规格，技术特性表将设备的设计、制造、使用的主要参数等列出，技术要求说明化工设备应遵守和达到的技术指标等。

常见的化工设备虽然结构、形状等各不相同，但构成设备的基本形体及采用的通用零部件具有共同特点。

①基本形体以回转体为主。化工设备多为壳体容器，要求承压性能好，制作方便、省料。因此，其主体结构以及零部件多由圆柱、圆锥、圆球和椭球等构成。②各部分结构尺寸大小相差悬殊。设备的总高（长）与直径、设备的总体尺寸（长、高及直径）与壳体壁厚或其他细部结构尺寸大小相差悬殊。③壳体上开孔和管口多。根据化工工艺需要，化工设备壳体上有众多的开孔和管口，如进（出）料口、放空口、清理孔、观察孔、人（手）孔以及液面、温度、压力、取样等检测口。④广泛采用标准化零部件。化工设备中较多的通用零部件都已标准化、系列化，如封头、支座、管法兰、设备法兰、人（手）孔、视镜、液面计、补强圈等。一些典型设备中部分常用零部件如填料箱、搅拌器、波形膨胀节、浮阀及泡罩等也有相应的标准。在设计时可根据需要直接选用。⑤采用焊接结构多。化工设备中较多的零部件如筒体、支座、人（手）孔等都是焊接成型的。零部件间的连接，如筒体与封头，筒体、封头与设备法兰，壳体与支座、人（手）孔、接管等大都采用焊接结构。焊接结构多是化工设备一个突出的特点。

化工设备图的视图配置比较灵活，通常立式设备采用主、俯视图，卧式设备采用主、左视图来表达设备的主体结构；为将内部结构表达清楚，常采用局部放大图和夸大画法表达细部结构并标注尺寸；对过高、过长设备采用断开、分段画法及整体图；为表达管口、开口和附件的结构及位置高度，可采用多次旋转的表达法；为提高效率，不影响识图的前提下大量采用简单画法。

化工设备的尺寸标注以反映设备的大小规格、装配关系、主要零部件的结构形状和设备的安装方位，其标注方式与一般机械装配图基本相同，还可结合化工设备的特点，使得尺寸标注完整、清晰、合理。

2.4 车间布置设计

2.4.1 车间厂房布置设计

2.4.1.1 车间厂房的平面布置方案

厂房的平面布置方案要根据化工厂的工艺条件以及建筑物本身的合理性方面综合考虑。一个简洁的平面设计不仅能在经济上容易实现，同时也能让化工设备的布置更加灵活方便。化工厂的车间厂房平面布局通常有长方形、T形、L形布置等。

(1) 长方形（或方形）布置（也叫一字形布置）

长方形布局方式的厂房是化工厂房常采用的型式，一般适用于中小型车间或者控制室，如图 2-7 所示。内部布置通常将厂房与化验室一并安排，有时控制室也在车间内布置。外部管道的一端进，一端出；或者两端进，两端出；管道要集中布置。长方形布置的主要优点是：有利于厂房的定型化，设计、施工比较简单，造价低，设备布置有较大的弹性，也有利于以后的改进。

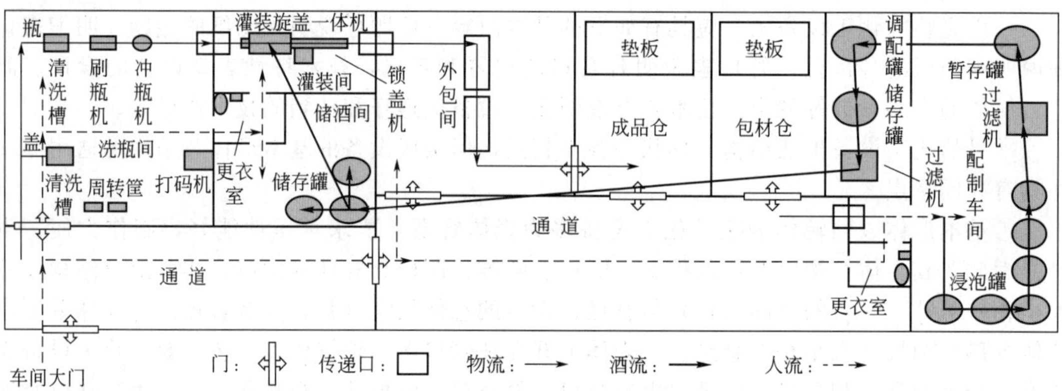

图 2-7 化工厂平面布局（长方形）

(2) T形、L形布置

这种型式适合于较复杂的车间，如图 2-8 所示。主要优点是外线管道可以从几个方向进入车间，结构显得紧凑，管廊可以几个区共用。这样的布局方式不仅方便检修安全有效，而且还能够节约用地、降低成本。

(3) 厂房和道路布置

车间工艺设备厂房和辅助厂房，包括化验室、待检成品库房、机修的动火区、办公室、中心控制室等要统筹安排，主要考虑安全和使用方便。车间厂房之间的通道要呈环状布置，利于运输和消防。

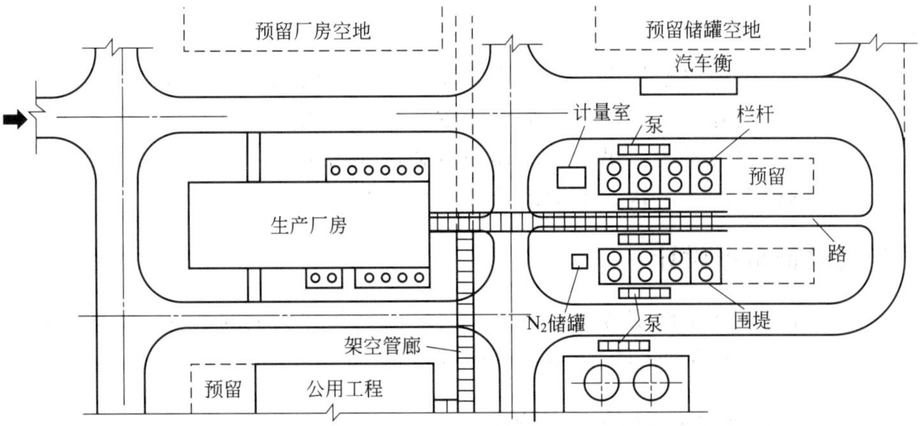

图 2-8　化工厂平面布局（L形、T形）

(4) 厂房的跨度和柱网设计

厂房的跨度主要根据设备、工艺、通风、采光及建筑规范和建筑造价等因素确定。厂房的跨度可根据实际需要选用，也可与土建专业设计人员商量确定。一般而言，在化工厂中，多层厂房的跨度一般为 12m、15m，一般不超过 24m。单层厂房的跨度一般为 6m、9m、12m、15m、18m，特殊需要时，也可以采用更大的跨度。生产厂房的柱网布置必须与工艺生产设备相协调，同时也要考虑到建筑结构的合理性、安全性和建筑造价等，一般多层厂房的柱网多采用 6m×6m、6m×9m，一般不宜超过 12m。同一设计中，所采用的跨度和柱网类型应尽量统一，以利于建筑施工，减少投资。当然，由于特殊需要，也可以采用特殊的柱网布置。

2.4.1.2　车间厂房的立面布置

厂房的立面布置和厂房的平面布置一样，力求做到设备排列整齐、紧凑、美观，充分利用厂房空间，既经济合理、节约投资，又操作、检修方便，并能充分满足采光、通风等要求。化工厂厂房立面有单层、多层或单层与多层相结合形式，这些主要根据工艺流程的特点来选取。

(1) 厂房的高度与层数的确定

厂房的高度和层数取决于生产设备的高度、安装位置以及安全因素等条件。除了设备本身的高度外，还应考虑设备附件对空间高度的需要，以及设备安装、检修时对空间高度的需要。有时，还要考虑设备内检修物的高度对空间高度的要求。如带搅拌设备的搅拌器取出需要的高度，以其中的最高高度加上至屋顶结构的高度决定厂房的高度。有高温或可能有毒气体泄漏的厂房，应适当加高厂房的高度或者设置避风式气楼，以利于通风散热，安排通风管道。

一般化工生产厂房的层高不宜低于 3.2m，净高不宜低于 2.6～2.8m，单层厂房的高度一般为 4～6m，地面到房顶的净空高度不得低于 2～6m。多层厂房的层高根据需要而定；操作台通行部分的最小净空高度一般不小于 2m。

在设计厂房层数时，如楼板的荷载比较大，建筑物本身的结构（比如需要较大的梁）将对厂房的净空高度产生影响。因此，为避免楼板上有更多的荷载，常把笨重大型的设备布置在底层或室外。

在设计厂房高度时，应仔细研究所有的生产设备，尽量将高大的设备布置在室外，或者将设备尽量集中布置在同一厂房内。对于个别高大的设备，将设备穿过楼层和屋顶，采用顶部露天化处理，这样可降低厂房高度和层高，减少厂房投资。

(2) 起重运输设备

起重运输设备，不但要增加厂房的高度，而且会大大增加厂房的造价，因此凡是能用临时起重工具的尽量不用起重运输设备，临时起重工具只需预留必要的固定件或吊钩。化工生产厂房常用的起重运输设备为：吊钩、电动葫芦和桥式吊车。一般使用吊钩和电化工生产厂房常用的起重运输设备为：吊钩、电动葫芦和桥式吊车。

2.4.2 车间设备布置设计

车间设备布置设计就是确定各个设备在车间平面上和立面上的准确、具体的位置，这是车间布置设计的核心，也是车间厂房布置设计的依据。

2.4.2.1 设备布置设计的一般原则

① 设备布置一般按工艺流程布置，使由原料到产品的工艺路线最短。

② 对于结构相似、操作相似或操作经常发生联系的设备一般集中布置或靠近布置，有些可通用的，要有相互调换使用的方案。

③ 设备布置尽量采用露天布置或半露天框架式布置形式，以减少占地面积和建筑投资。比较安全而又间歇操作和操作频繁的设备一般可以布置在室内。

④ 处理酸、碱等腐蚀性介质的设备尽量集中布置在建筑物的底层，不宜布置在楼上和地下室，而且设备周围要设有防腐围堤。

⑤ 有毒、有粉尘和有气体腐蚀的设备，应各自相对集中布置并加强通风设施和防腐、防毒措施。

⑥ 有爆炸危险的设备最好露天布置，室内布置时要加强通风，防止易燃易爆物质聚集，将有爆炸危险的设备布置在单层厂房及厂房或场地的外围，有利于防爆泄压和消防，并有防爆设施，如防爆墙等。

⑦ 设备布置的同时应考虑到管道布置空间、管架和操作阀门的位置，设备管口方位的布置要结合配管，力求设备间的管路走向合理，距离最短，无管路相互交叉现象，并有利于操作。

⑧ 设备之间、设备与墙之间、运送设备的通道和人行道的宽度都有一定的规范，设备布置设计时应参照执行。

2.4.2.2 常见设备的布置设计原则

(1) 容器（罐、槽）

容器分中间储存容器（中间罐）与原料及成品储罐两类。前者按流程顺序布置在有关设备附近或在厂房邻近，后者则集中在储罐区，以下仅讨论中间储罐。容器一般都按系列图选用，其支脚、接管条件由布置设计决定，其外形尺寸按布置需要加以调整或在初选时就按布置要求加以考虑。长度与直径相同的容器有利于成组布置和设置共用平台、通道与支承。

(2) 泵和压缩机

① 泵。泵应尽量靠近供料设备以保证良好的吸入条件。它们常集中布置在室外、建筑底层或泵房，小功率的泵（7kW 以下）可布置在楼面或框架上。室外布置的泵一般在路旁或管廊下面排成一行或两行，电机端对齐排在中心通道的两侧，吸入与排出端对着工艺罐。泵的排列次序由相关的设备位置与管道布置所决定。管廊或建筑的跨度 A 由泵的长度与它们本身的要求所决定。$A=6\sim7$m 时，可布置一排泵加一条 3m 的通道，$A=10$m 左右时，可布置两排泵。管廊的柱间距可以按泵的布置需要调整，泵出口位置要按泵标注。电机端对

齐，吸入端对着吸入罐使吸入管道短而直，泵的中心线在管廊柱间均匀排列。主通道的宽度由电缆槽的宽度与冷却水、密封和润滑油管、下水道等地下管道的宽度所决定。基础最好一样，它们之间的距离要均匀相等，双排布置时中心线要对齐。泵的周围要留有空间和通道以便安装阀门和管道，控制阀布置在靠近地面和柱子附近，并固定在柱子上，基础高度太低时，修理不便。

室内的泵沿墙布置能节省面积，如将工艺罐放在墙外，管道穿过墙与泵相连则空间更省，操作更为方便。

② 离心压缩机。离心压缩机体积小、排量大、结构简单、能利用多种动力（电动机、蒸汽透平、气体透平），有利于装置的能量利用，特别是背压式蒸汽透平能提高热效率，应用最广。离心压缩机的布置原理与离心泵相似，但它较为庞大与复杂，特别是一些附属设备（如润滑油泵、密封油泵、控制台、冷却器等）要占据很大的空间。

③ 往复压缩机。往复压缩机的作用原理与往复泵相似，但要复杂得多，振动及噪声都很大。往复压缩机结构复杂，拆修时间长，所以都布置在压缩机室内并配有起重装置，其周围要留有足够大的空地。

(3) 换热器

化工厂中使用最多的是列管式换热器与再沸器，以下以它们为代表进行讨论，其布置原理也适用于其他形式的换热器。

列管式换热器与再沸器已有定型的系列图可供选用，设备布置的主要任务是将它们布置在适当的位置，确定支座等安装结构、管口方位等。必要时在不影响工艺要求的条件下，可以调整原换热器的尺寸和安装方式（立或卧）。

① 换热器的布置原则是顺应流程和缩短管道长度，故它的位置取决于与它密切联系的设备的位置。塔的再沸器及冷凝器与塔以大口径的管道连接，故应取近塔布置，通常将它们分别布置在塔的两侧。热虹吸式再沸器通过短接法兰与塔釜直接连接。塔的回流冷凝器除要近塔外，还要靠近回流罐与回流泵。从容器（或塔底）经换热器抽出液体时，换热器要靠近容器（或塔底）使泵的吸入管道最短，以改善吸入条件。

② 布置空间受限制时，如原来设计的换热器太长，可以换成一个短粗的换热器以适应布置空间的要求。卧式换热器换成立式的以节约面积；而立式的也可换成卧式的以降低高度，可根据具体情况各取其长。

③ 换热器常采用成组布置，水平的换热器可以重叠布置，串联的、非串联的，相同的或大小不同的换热器都可重叠。换热器重叠布置除节约面积外还可合用上下水管。为便于抽取管束，上层换热器不能太高，一般管壳的顶部高度不能大于 3.6m，将进出口管改成弯管可降低安装高度。换热器与其他设备的间距至少要留出 1m 的水平距离，位置受限制时，最少也不得小于 0.6m。

(4) 反应器

反应器的形式很多，可按类似设备布置，如塔式反应器可按塔来布置；固定床催化反应器与容器差不多；火焰加热的反应器则近似于工业炉；搅拌釜式反应器实质上就是加上搅拌与传热夹套的立式容器。

大型的搅拌釜式反应器容量达数十到数百立方米，并附有数十到数百千瓦的电动机、减速机搅拌器，重量又大又有振动和噪声。这类反应器大多露天布置，用支脚直接支承在地面上。反应器的搅拌与密封系统是需要经常维修的机械，所以要考虑它们的拆卸与吊装。

中小型的间歇反应器或操作频繁的反应器常布置在室内，用罐耳悬挂在楼板的设备孔中，呈单或双排布置。设备孔常为方形，设备由孔中吊上后旋转 45°使罐耳支承在梁上，再用螺栓固定。方孔角上再铺上安全箅子板或钢板，管道可由此穿入。设备也可先由吊装孔吊上楼面，然后坐入设备孔，空隙 A 需比罐耳下部突出物的最大尺寸（包括保温层）再大 0.1～0.3m，此时设备孔可做成圆形。

(5) 塔

塔的布置形式很多，常在室外集中布置，在满足工艺流程的前提下，可把高度相近的塔相邻布置。

① 独立布置

单塔或特别高大的塔可采用独立布置，利用塔身设操作平台，供进出人孔，操作、维修仪表及阀门之用。平台的位置由人孔位置与配管情况而定，具体的结构与尺寸可从设计标准中查取。

塔或塔群常布置在设备区外侧，其操作侧面对道路，配管侧面对管廊，以便于施工安装、维修与配管。塔的顶部常设有吊杆，用以吊装塔盘等零件。填料塔常在装料人孔的上空设吊车梁，供吊装填料。

② 成列布置

将几个塔的中心排成一条直线，并将高度相近的塔相邻布置，通过适当调整安装高度和操作点（适当改变塔板距、内部管道布置及塔裙高度）就可采用联合平台，既方便操作，又节省投资。采用联合平台时必须允许各塔有不同的热膨胀。联合平台由分别装在各塔塔身上的平台组成，通过平台间的铰接或留有缝隙来满足不同的伸长量，以免拉坏平台。相邻小塔间的距离一般为塔径的 3～4 倍。

③ 成组布置

数量不多、结构与大小相似的塔可成组布置。如果塔的高度不同，只要求将第一层操作平台取齐，其他各层可另行考虑。这样，几个塔组成一个空间体系，增加了塔群的刚度，塔的壁厚就可以降低。

④ 沿建筑物或框架布置

将塔安装在高位换热器和容器的建筑物或框架旁，利用容器或换热器的平台作为塔的人孔，仪表和阀门操作与维修的通道。将细而高的或负压塔的侧面固定在建筑物或框架的适当高度，这样可增加刚度，减少壁厚。

⑤ 室内或框架内布置

较小的塔常安装在室内或框架中，平台和管道都支承在建筑物上，冷凝器可装在屋顶上或吊在屋顶梁下，利用位差重力回流。

2.5 管道布置设计

2.5.1 管道设计与布置的内容

管道设计与布置的内容主要包括管道的设计计算和管道的布置设计两部分。管道的设计计算包括管径计算、管道压降计算、管道保温绝热工程、管道应力分析、热补偿计算、管件选择、管道支吊架计算等内容；管道布置设计主要内容是设计绘制表示管道在空间位置的连接，阀件、管件及控制仪表安装情况图样。

具体内容有选择管道材料、选择介质的流速、确定管径、确定管壁厚度、确定管道连接方式、选阀门和管件、选管道的热补偿器，绝热形式、绝热层厚度及保温材料的选择，管道布置、计算管道的阻力损失、选择管架及固定方式、确定管架跨度、绘制管道布置图，编制管材、管件、阀门、管架及绝热材料的材料表及综合汇总表，选择管道的防腐蚀措施，选择合适的表面处理方法和涂料及涂层顺序，编制材料及工程量表及编制施工说明书。

2.5.2 管道及阀门的选用

管道及阀门是化工生产不可缺少的配置。在管道设计中，根据使用要求正确选择管道和阀门的类型、规格和材料等，是管道设计中一项细致而重要的工作。

2.5.2.1 管道的选取

管道的材质有两大类，一类是金属，另一类是非金属。金属类材质的特点是耐温范围大、耐压力高，有一定耐腐蚀性，易加工、安装。非金属类材质的特点是耐腐蚀性能好、品种多资源丰富，缺点是耐热、耐压性能不高。

管道材料的选择主要根据工艺要求，如输送介质的温度、压力、性质（酸性、碱性、毒性、腐蚀性和可燃性等）、货源和价格等因素综合考虑决定。

2.5.2.2 阀门的选取

阀门是用来控制各种管道及设备内流体的流量、流体的压力及保证生产安全运行的一种化工机械产品。阀门的品种较多，结构相差悬殊，材质各异，使用特性不同，因此需根据阀门在管道中作用及输送介质等条件，选用不同型式的阀门。阀门选择依据为：

① 阀门功能：根据工艺要求来确定阀门的功能。

② 阀门尺寸：根据流体的流量和允许的压力降决定阀门的大小。

③ 阻力损失：各种阀门的阻力损失有时相差较大，可按工艺允许的压力损失选择。

④ 阀门的材质：主要由介质的温度、压力和特性决定。介质的温度、压力决定着阀门的温度、压力等级，介质的特性则决定着阀门材质的选择。

2.5.3 管道压力降计算

流体在管道中流动时，遇到各种不同的阻力，造成压力损失，以致流体总压头减小。流体在管道中流动时的总阻力 H，可分为直管阻力 H_1 和局部阻力 H_2。直管阻力是流体流经一定管径的直管时，由于摩擦而产生的阻力，它是伴随着流体流动同时出现的，又可称为沿程阻力。局部阻力是流体在流动中，由管道的某些局部障碍（如管道中的管件、阀门、弯头、流量计及管子出入口等）所引起的。

由于流体在管道内流动会产生阻力，消耗一定的能量，造成压力的降低，尤其长距离输送时，压力的损失是较大的。由于在初步设计阶段不需进行管道设计，所以管道的阻力不能准确地计算，这样在设备（主要是泵类）的选型和车间布置（依靠介质自流的设备的竖向布置）时带有一定的盲目性。到施工图设计阶段，应当对某些重要管道或长管道进行压力降计算，目的是校核各类泵的选型、确定介质自流输送设备的标高或用以选择管径。

2.5.4 管道热补偿设计

化工管道一般是在常温下安装的，当输送高温或低温流体时，管子就会发生热胀冷缩。如果在管道设计时不考虑合理的补偿，管道发生伸长或缩短时所产生的内应力，就会使管道和相连接的设备产生变形，甚至损坏。因此，必须根据管道的大小、长短和输送物料的温度进行化工管道设计。

2.5.5 管道的绝热设计

绝热结构是保温结构和保冷结构的统称。为减少散热损失，在设备或管道表面上覆盖了绝热材料，该绝热材料以绝热层和保护层为主体，与其支承、固定的附件构成统一体，称为绝热结构。

管道保温的计算方法有多种，根据不同的要求有：经济厚度计算法，允许热损失下的保温厚度计算法，防结露、防烫伤保温厚度计算法，延迟介质冷冻保温厚度计算法，在液体允许的温度降下保温厚度计算法等，详见有关参考文献。

2.5.6 管道的防腐与标志

2.5.6.1 管道防腐

化工管道输送的流体，或多或少具有一定的腐蚀性，即使是输送水、蒸汽、空气、油类的管道，有时也因与其他化工管道、设备相连，或因受周围环境的影响，而产生一定的腐蚀性。金属管道裸露在大气中，塑料管道在紫外线作用下，都会被锈蚀或破坏，必须加以保护。当然，要防止化工管道被腐蚀，主要是依靠合理选择管道的材质来保证，但一般情况下，除合理选择管道的材质外，还大量采用各种防腐措施，以减少贵重材料的用量和损耗，节约投资。

常见的防腐措施有：管道内的衬里防腐、电化学防腐、使用防腐剂防腐等。管道外多以涂层防腐，以防环境介质的影响。在这些防腐措施中，管道外涂层防腐使用最广泛，而在涂层防腐中使用最多的是涂料防腐，其主要优点是：防腐效果好、施工简便、费用较低。

2.5.6.2 管道标志

在化工厂中往往把管道外壁涂上各种颜色的油漆，用来保护管道外壁不受环境腐蚀外，同时，也用来区别化工管道的类别，使人们醒目地知道管道中输送的是何种介质，这就是管道的标志。

2.5.7 典型设备的管道布置

2.5.7.1 容器的管道布置

(1) 立式容器（包括反应器）

① 管口方位。立式容器的管口方位取决于管道布置的需要。一般划分为操作区与配管区两部分，如图 2-9 所示。加料口、温度计和视镜等经常操作及观察的管口布置在操作区，排出管布置在容器底部。

② 管道布置。立式容器一般成排布置，因此把操作相同的管道一起布置在容器的相应位置，可避免错误操作，比较安全。例如，两个容器成排布置时，可将管口对称布置。三个以上容器成排布置时，可将各管口布置在设备的相同位置。有搅拌装置的容器，管道不得妨碍搅拌器的拆卸和维修。

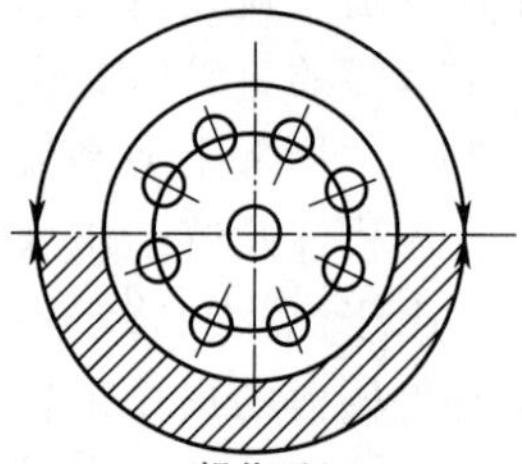

图 2-9 立式容器的管口方位

图 2-10 为立式容器的管道布置简图。其中：(a) 表示距离较近的两设备间的管道不能直连，而应采用 45°或 90°弯接；(b) 表示进料管置于设备的前面，便于站在地（楼）面上进行操作；(c) 表示出料管沿墙铺设时，设备间的距离大一些；(d) 表示出料从前部引出，经过阀门后立即引入地下（走地沟或埋地铺设），设备之间的距离及设备与墙之间的距离均可小一些；(e) 表示容器直径不大，底部离地（楼）面较高时，出料管可从底部中心引出；(f) 表示两个设备的进料管对称布置，便于操作人员站在操作台上进行操作。

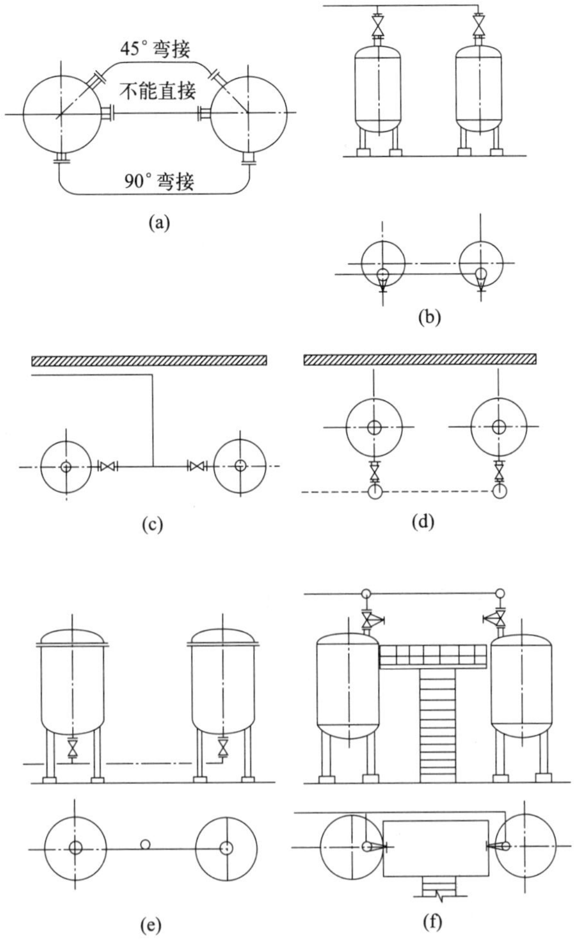

图 2-10　立式容器的管道布置

(2) 卧式容器

① 管口方位。卧式容器的管口方位见图 2-11。

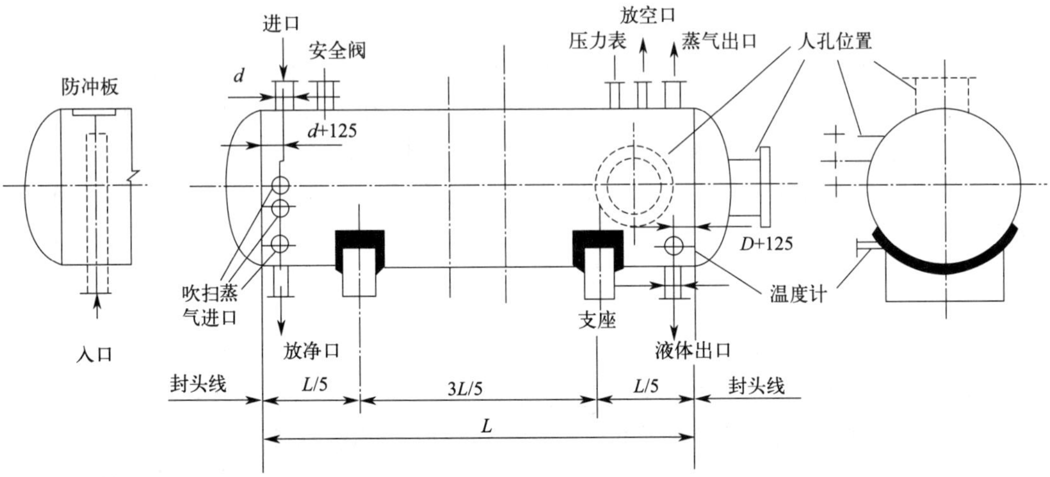

图 2-11　卧式容器的管口方位

a. 液体和气体的进口一般布置在容器一端的顶上，液体出口一般在另一端的底部，蒸气出口则在液体出口的顶上。进口也能从底部伸入，在对着管口的地方设防冲板，这种布置适合于大口径管道，可节约管子与管件。

b. 放空管在容器一端的顶上，放净口在另一端的底下，同时使容器向放净口那头倾斜。若容器水平安装，则放净口可安装在易于操作的任何位置或出料管上。如果人孔设在顶部，放空口则设在人孔盖上。

c. 安全阀可设在顶部任何地方，最好放在有阀的管道附近，可与阀共用平台和通道。

d. 吹扫蒸汽进口在排气口另一侧的侧面，可以切线方向进入，使蒸气在罐内回转前进。

e. 进出口分布在容器的两端，若进出料引起的液面波动不大，则液位计的位置不受限制，否则应放在容器的中部。压力表则装在顶部气相部位，在地面上或操作台上看得见的地方。温度计装在近底部的液相部位，从侧面水平进入，通常与出口在同一断面上。

f. 人孔可布置在顶上、侧面或封头中心，以侧面较为方便。人孔中心高出地面 3.6m 以上应设操作平台。支座以布置在离封头 $L/5$ 处为宜，可依实际情况而定。

g. 接口要靠近相连的设备，如排出口应靠近泵入口，工艺、公用工程和安全阀接管尽可能组合起来并对着管架。

② 管道布置。卧式容器的管道布置见图 2-12。管口一般布置在一条直线上，各种阀门也直接安装在管口上。若容器底部离操作台面较高，则可将出料管阀门布置在台面上，在台面上操作；否则应将出料管阀门布置在台面下，并将阀杆接长，伸到台面上进行操作。

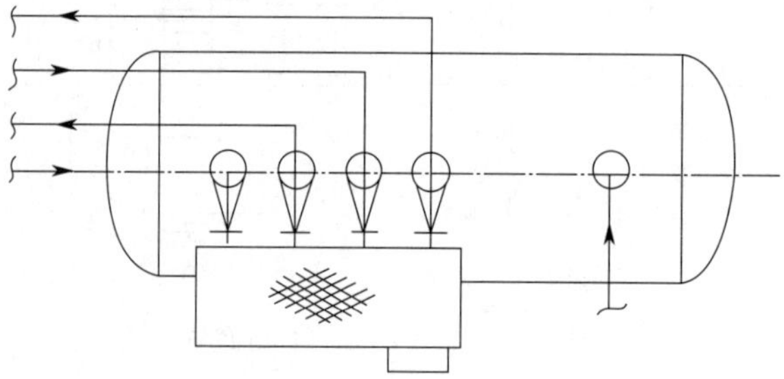

图 2-12 卧式容器的管道布置

2.5.7.2 换热器的管道布置

(1) 管口布置与流体流动方向

合适的流动方向和管口布置能简化和改善换热器管道布置的质量，节约管件，便于安装。例如图 2-13 中（a）、（c）、（e）是习惯的流向布置，实际上是不合理的。而（b）、（d）、（f）则是改变了流动方向的合理布置。（a）改成（b）后简化了塔到冷凝器的大口径管道，而且节约了两个弯头和相应管道；（c）改成（d）后，消除了泵吸入管道上的气袋，而且节约了四个弯头、一个排液阀和一个放空阀，缩短了管道，还改善了泵的吸入条件；（e）改成（f）后缩短了管道，流体的流动方向更为合理。

(2) 换热器的管道布置

① 平面配管。换热器的平面配管见图 2-14。平面布置时换热器的管箱正对道路，便于抽出管箱，顶盖对着管廊。配管前先确定换热器两端和法兰周围的安装和维修空间（如图 2-14 中的扳手空间、摇开封头空间等），在这个空间内不能有任何障碍物。

配管时管道要尽量短，操作、维修要方便。在管廊上有转弯的管道布置在换热器的右侧，从换热器底部引出的管道也从右侧转弯向上。从管廊的总管引来的公用工程管道，可以

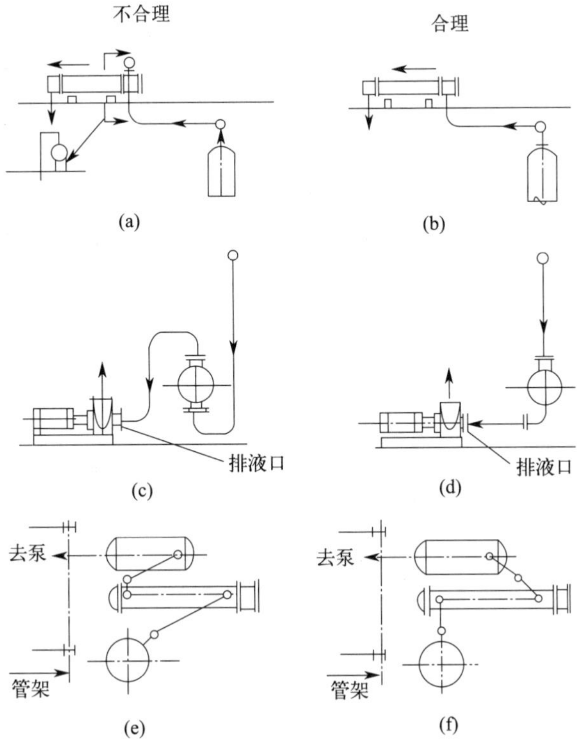

图 2-13　流体的流动方向与管口布置

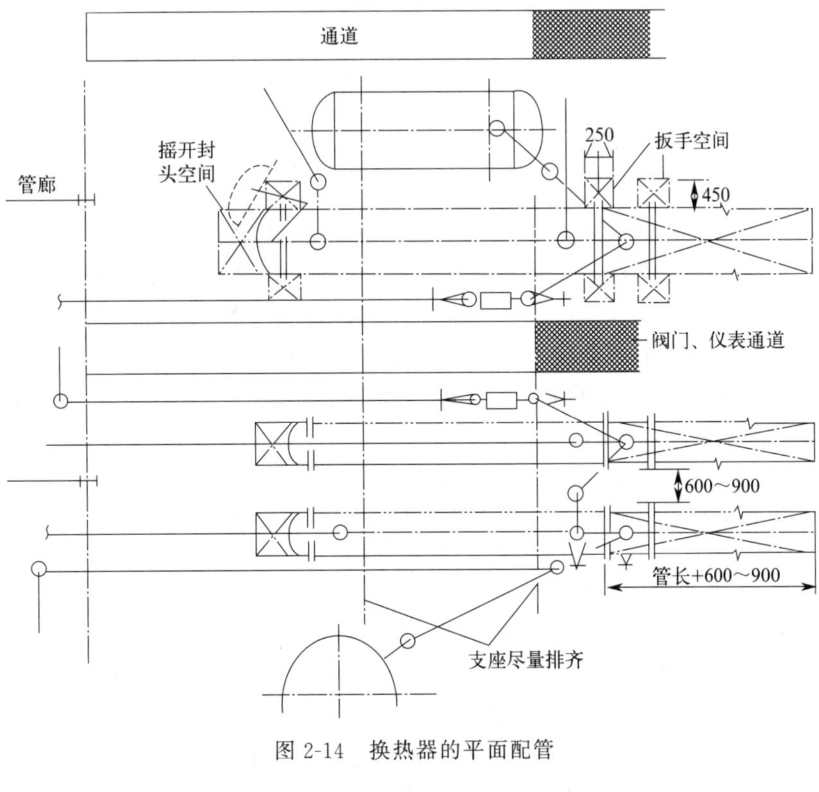

图 2-14　换热器的平面配管

布置在换热器的任何一侧。将管箱上的冷却水进口排齐，并将其布置在冷却水地下总管的上方，回水管布置在冷却水总管的管边。换热器与邻近设备间可用管道直接架空连接。管箱上下的连接管道要及早转弯，并设置一短弯管，便于管箱的拆卸。

阀门和仪表应沿操作通道并靠近换热器布置，使人站在通道上可以进行操作。

② 立面配管。换热器的立面配管见图 2-15。与管廊连接的管道、管廊下泵的出口管、高度比管廊低的设备和换热器的接管的标高，均应比管廊低 0.5～0.8m。若一层排不下，可置于再下一层上，两层之间相隔 0.5～0.8m。蒸汽支管应从总管上方引出，以防止凝液进入，换热器应有合适的支架，不能让管道重量都压在换热器的接口上。仪表应布置在便于观测和维修的地方。

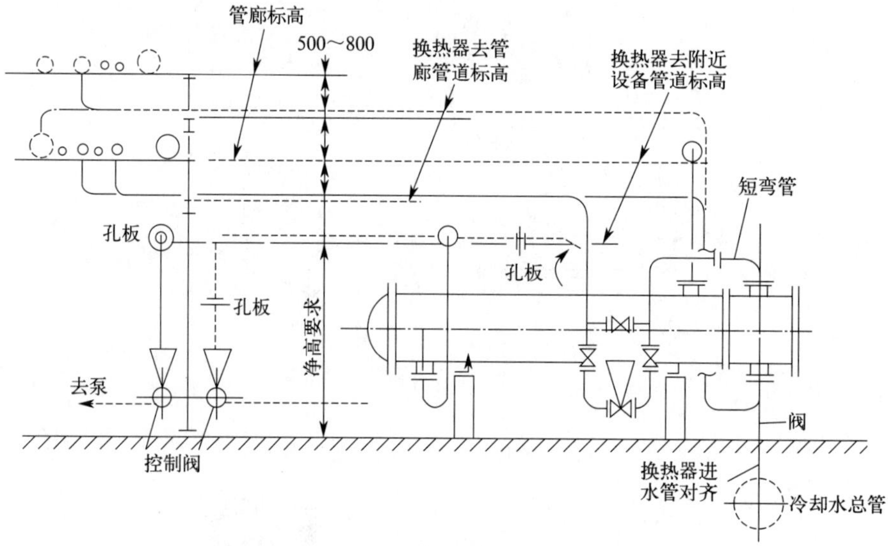

图 2-15　换热器的立面配管

2.5.7.3　塔的管道布置

(1) 塔的管口方位

塔的布置常分成操作区和配管区两部分。为运转操作和维修而设置的登塔的梯子、人孔、操作阀门、仪表、安全阀及塔顶上的吊柱和操作平台均布置在操作区内，操作区与道路直连。塔与管廊、泵等设备连接的管道均铺设在配管区内。塔的管口布置见图 2-16。

① 人孔。人孔应布置在操作区，并将同一塔上的几个人孔布置在一条垂线上，正对着道路。人（手）孔不能设在塔盘的降液管或密封盘处，只能按图 2-16(a) 所示设在 $b°$或 $c°$扇形区内，人孔中心离操作平台 0.5～1.5m。填料塔每段填料上应设人（手）孔[见图 2-16(b)]。

② 再沸器连接管口。塔的出液口可布置在角度为 $2\times a°$的扇形区内[见图 2-16(c)]。再沸器返回管或塔底蒸气进口气流不能对着液封板，最好与它平行。

③ 回流液管口。回流管不需切断阀，故可以布置在配管区内任一地方。

④ 进料管口。塔上往往有几个进料管口，在进料的支管上设有切断阀，因此进料阀宜布置在操作区的边缘。

⑤ 塔顶蒸气出口。塔的上升蒸气可以从塔的顶部向上引出，也可采用内部弯管从塔顶中心引向侧面[见图 2-16(d)]，使塔顶出口蒸气管口靠近塔顶操作平台。

⑥ 仪表液面计、温度计及压力计等要常观测的仪表应布置在操作区的平台上方，便于观测。塔釜液面计不能布置在正对蒸气进口的位置[见图 2-16(e)中角度 $d°$的扇形区]，液面

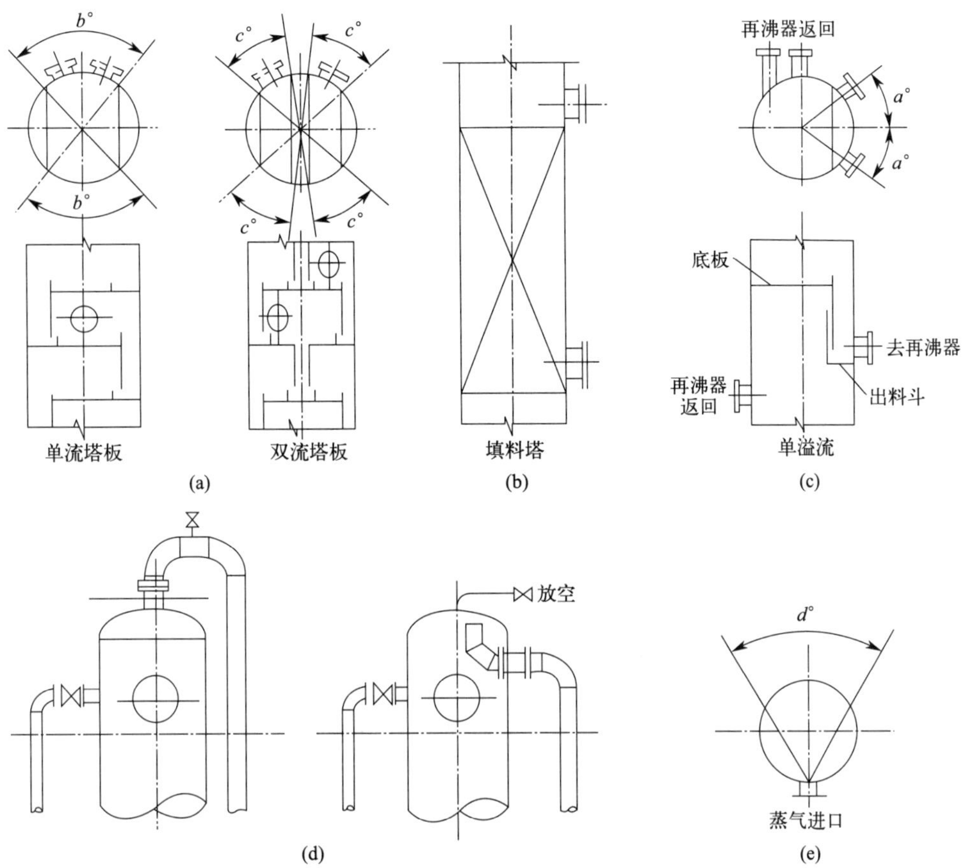

图 2-16　塔的管口布置

计的下侧管口应从塔身引出，不能从出料管上引出。

(2) 塔的配管

塔的配管比较复杂，在配管前应对流程图做一个总的规划，要考虑主要管道的走向及布置要求、仪表和调节阀的位置、平台的设置及设备的布置要求等（见图 2-17）。

① 塔的平面配管。塔的管道、管口、人孔、操作平台支架和梯子在平台上的布置可参考图 2-17(a) 的方案。人孔方向正对主要通道，人孔布置区内不能有任何管道。梯子布置在 90°与 270°两个扇形区内，也不能安排管道。没有仪表和阀门的管道布置在 180°处扇形区内。在管廊上左转弯的管道布置在塔的左边，右转弯的管道布置在右边，与地面上的设备相连的管道布置在梯子和人孔的两侧。先将大口径的塔顶蒸气管布置好，即在塔顶转弯后沿塔壁垂直下降，然后再布置其他管道。

② 塔的立面配管。塔的立面配管可参考图 2-17(b)，塔上管口的标高由工艺确定，人孔标高则取决于安装维修的要求。塔的连接管道在离开管口后应立即向上或向下转弯，其垂直部分应尽量接近塔身。垂直管道在什么位置转成水平，取决于管廊的高度。塔至管廊的管道的标高可高于或低于管廊标高 0.5～0.8m。再沸器的管道标高取决于塔底的出料口和蒸气进气口位置。再沸器的管道和塔顶蒸气管道要尽量直，以减小流体阻力。塔至泵或低于管廊的设备的管道的标高，应低于管廊标高 0.5～0.8m。

2.5.7.4　管道布置设计

在完成车间设备布置后，车间内的设备只是单独、孤立的单体设备，只有通过工业管道

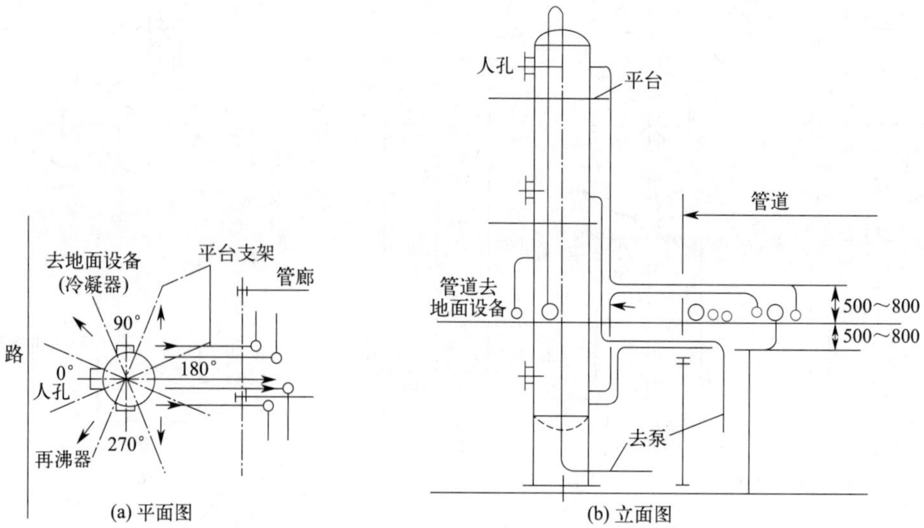

图 2-17　塔的配管示意图

的连接，组成完整连贯的生产工艺流程，才能生产出我们所需要的产品。管道布置设计的任务就是用管道把由车间布置固定下来的设备连接起来，使之形成一条完整连贯的生产工艺流程。管道布置设计是车间设计中的重要内容之一。车间管道布置合理、正确，管道运转就顺利通畅，设备运转也就顺畅，就能使整个车间各个工段甚至整个工厂的生产操作卓有成效。因此，在车间布置设计中，设备布置与管道布置是相辅相成的，可组成一个工艺流程的生产整体。

管道布置设计除了把设备与设备连接起来外，有些管道输送的介质有腐蚀性，有的容易沉积堵塞管道，有的含有有害气体，有的有冷凝液体产生。为了保证生产流程的通畅顺利，在管道的布置和安装设计中，要考虑和满足一定的特殊技术要求。

管道布置设计主要通过管道布置图来体现设计思想，指导具体的管道安装工作。因此，管道布置设计的内容，也就是管道布置图的内容。其主要设计内容如下：

① 绘制管道布置图（配管图）。表示车间内管道空间位置的连接，阀件、管件及控制仪表安装情况的图样。

② 绘制蒸汽伴管系统布置图。表示车间内蒸汽分配管与冷凝液收集管系统平面、立面布置的图样，对于较简单的系统也可与管道布置图画在一起。

③ 绘制管道轴测图。表示一个设备至另一个设备（或另一管道）的一段管道及其阀件、管件及控制点具体配置情况的立体图样。

④ 绘制管架和特殊管件制造图。

⑤ 作材料表。包括管道安装材料表、管架材料表及综合材料表、设备支架材料表、保温防腐材料表。

⑥ 编写施工说明书。包括管道、管件图例和施工安装要求。

⑦ 做管道投资概算。

此外，在给设备专业提供设计条件时，如果没有确定管口方位，在管道布置设计基本完成之后，还需绘制设备管口方位图，附在相应的设备制造图中，一起发送到设备制造厂。

2.5.8 管道轴测图

管道轴测图也叫管段图、空视图，是用来表达一个设备至另一设备或某区间一段管道的空间走向，以及管道上所附管件、阀门、仪表控制点等具体安装布置情况的立体图样。这种管道轴测图是按轴测投影原理绘制的，图样立体感强，便于识读，有利于管段的预制和安装施工。但这种图样由于要求表达的内容十分详细，所能表达的范围较小，仅限于一段管道，故它反映的只是个别局部。若要了解整套装置（或整个车间）设备与管道安装布置的全貌，还需要有反映整套装置（或整个车间）设备与管道安装布置全貌的管道平面布置图、立面剖视图或设计模型与之配合。模型设计就是把整套装置（或整个车间）的所有化工设备和建（构）筑物，根据工艺设计的要求与计算结果，按一定比例（通常采用 1∶20 或 1∶50）做成实物模型装配起来，再配置相应的管道模型的一种新型施工方案设计方法。设计模型除能提供整套装置（或整个车间）设备与管道安装布置的全貌外，还可直观地反映装置设备、管道与建（构）筑物之间的各种复杂装配关系，可以避免发生在图纸上不易发觉的管道相碰等布置不合理的情况，因此，设备布置图、管道布置图配合模型设计（特别是大、中型工程项目）的施工图设计方法，将是今后发展的必然趋势。

管道轴测图的图幅为 A3，宜使用带材料表的专用图纸绘制，图示内容要求如下：

① 图形。按正等轴测投影原理绘制管道及其所附管件、阀门等图形与符号。

② 尺寸及标注。管道编号、管道所连设备位号以及管口序号和安装尺寸等。

③ 方向标。

④ 技术要求。预制管段处理、试压等要求。

⑤ 材料表。预制管段所需的材料名称、尺寸、规格、数量等。

⑥ 标题栏。

2.5.9 管架图与管件图

2.5.9.1 管架图

在管道布置图中采用的管架有两类，即标准管架和非标准管架。无论采用哪一种，均需要提供管架的施工图样。标准管架可套用标准管架图，特殊管架可依据 HG/T 20519.4—2009 的要求绘制，其绘制方法与机械制图基本相同。图面上除要求绘制管架的结构总图外，还需编制相应的材料表。

管架的结构总图应完整地表达管架的详细结构与尺寸，以供管架的制造和安装使用。每一种管架都应单独绘制图纸，不同结构的管架图不得分区绘制在同一张图纸上，以便施工时分开使用。图面上表达管架结构的轮廓线以粗实线表示，被支撑的管道以细实线表示。管架图一般采用 A3 或 A4 图幅，比例一般采用 1∶10 或 1∶20，图面上常采用主视图和俯视图结合表达其详细结构，编制明细表说明所需的各种配件，在标题栏中还应标注该管架的代号，必要时，应标注技术要求和施工要求，以及采用的相关标准与规范。

2.5.9.2 管件图

标准管件一般不需要单独绘制图纸，在管道布置平面图编制相应材料表加以说明即可。非标准的特殊管件，应单独绘制详细的结构图，并要求一种管件绘制一张图纸以供制造和安装使用，图面要求和管架图基本相同，在附注中应说明管件所需的数量、安装的位置和所在图号，以及加工制作的技术要求和所采用的相关标准与规范。

思考题

1. 工艺流程设计的原则是什么?
2. 工艺流程设计的步骤是什么?
3. 工艺流程图图样有几种?
4. 工艺包包括哪些内容?
5. 物料衡算的依据及步骤是什么?
6. 热量衡算的依据及步骤是什么?
7. 设备选型和设计的原则是什么?
8. 如何进行泵的选型和设计?
9. 如何进行换热器的选型和设计?
10. 如何进行反应器的设计?
11. 设备布置设计的原则是什么?
12. 如何进行塔器的布置?
13. 管道压力降如何计算?
14. 管道布置时为什么要进行热补偿及保温?
15. 如何进行管道布置设计?

第3章 化工过程设备设计

3.1 过程设备设计基础

化工过程设备（压力容器）广泛用于石油化工、医药、纺织、食品、冶金、动力、核能及运输等工业部门，是生产过程中必不可少的重要设备，甚至是核心设备，如化工生产中的反应设备、换热设备、分离设备、储罐及核动力反应堆压力壳、锅炉汽包等。随着科学技术的发展和工业生产规模的扩大，过程设备趋向大型化，操作条件更为严苛，结构型式越来越复杂，同时，设备所处理的介质往往易爆或有毒。这些条件很自然地对过程设备和容器的安全可靠性提出了更严格的要求。要求设计、制造、安装、检验、使用及监督管理人员，必须十分重视它的全面质量及安全性，其中制造质量的优劣是最关键的，它将直接影响设备的安全运行。

3.1.1 压力容器结构

在工厂中可以看到许多设备。在这些设备中，有的用来储存物料，如各种储罐、计量罐；有的进行热量交换，如各种换热器、蒸发器、冷凝器、结晶器等；有的用来进行化学反应，如反应釜、聚合釜、发酵罐、合成塔等。这些设备虽然尺寸大小不一，形状结构不同，内部构件的型式更是多种多样，但是它们都有一个外壳，这个外壳就叫作容器。压力容器包括所有承受气液介质压力的密闭容器，一般是由筒体（圆筒）、封头（端盖）、法兰、支座、接管、人孔（手孔）、视镜、安全附件等组成（图 3-1），它们统称为压力容器通用零部件。低压压力容器通用零部件大都已有标准，设计时可根据压力及直径等相关参数直接选用。

3.1.2 压力容器分类

《中华人民共和国特种设备安全法》及国务院《特种设备安全监察条例》（简称《条例》）将涉及生命安全、危险性较大的锅炉、压力容器（含气瓶）、压力管道、电梯、起重机械、客运索道、大型游乐设施和场（厂）内专用机动车辆等 8 大类设备列入国家特种设备监督管理范畴。目前纳入 TSG 21—2016《固定式压力容器安全技术监察规程》（简称《容规》）范围的压力容器必须是同时具备下列三个条件的压力容器：

① 工作压力大于或者等于 0.1MPa（表压，不含液体静压力）；

② 容积大于或者等于 $0.03m^3$ 且内直径（非圆形截面指截面内边界最大几何尺寸）大

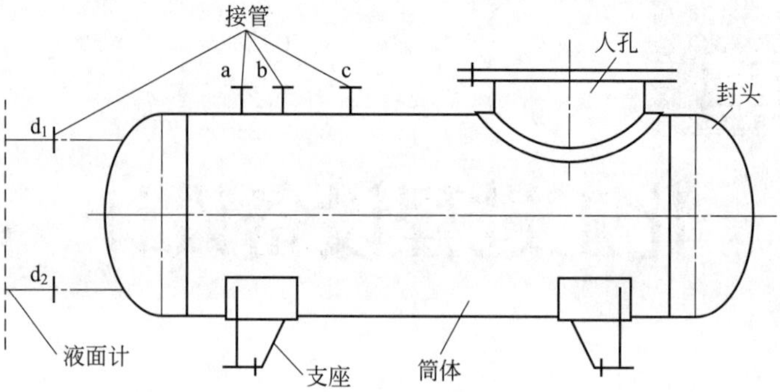

图 3-1　压力容器的结构

于或者等于 150mm；

③ 盛装介质为气体、液化气体或者最高工作温度高于或者等于其标准沸点的液体。

压力容器的型式很多，根据不同的要求，分类方法有很多种。按容器的壁厚分为薄壁容器（外直径与内直径比值小于或等于 1.2）和厚壁容器；按承压方式分为内压容器和外压容器；按工作壁温分为高温容器、常温容器和低温容器；按壳体的几何形状分为球形容器、圆筒形容器、圆锥形容器和异形容器等；按制造方法分为焊接容器、锻造容器、铸造容器和铆接容器；按制造材料分为钢制容器、铸铁容器、有色金属容器和非金属容器。从安全管理和技术监督的角度，一般把压力容器分为两大类，即固定式压力容器和移动式压力容器。

3.1.2.1　固定式压力容器

固定式压力容器有固定的安装和使用地点，工艺条件和使用操作人员也比较固定。固定式压力容器还可以按其工作压力和用途进行分类。

(1) 按压力分类

压力是压力容器最主要的一个工作参数。从安全角度讲，压力越高，发生爆炸事故的危害越大。为了便于对压力容器进行分级管理和技术监督，《容规》将压力容器的设计压力（p）分为四个压力级别，即：

①低压（代号 L）0.1MPa$\leqslant p<$1.6MPa；②中压（代号 M）1.6MPa$\leqslant p<$10.0MPa；③高压（代号 H）10.0MPa$\leqslant p<$100.00MPa；④超高压（代号 U）$p\geqslant$100.0MPa。

(2) 按用途分类

按照在生产工艺过程中的作用原理，划分为反应压力容器、换热压力容器、分离压力容器、储存压力容器。

① 反应压力容器（代号 R），主要是用于完成介质的物理、化学反应的压力容器，例如各种反应器、反应釜、聚合釜、合成塔、变换炉、煤气发生炉等；

② 换热压力容器（代号 E），主要是用于完成介质的热量交换的压力容器，例如各种热交换器、冷却器、冷凝器、蒸发器等；

③ 分离压力容器（代号 S），主要是用于完成介质的流体压力平衡缓冲和气体净化分离的压力容器，例如各种分离器、过滤器、集油器、洗涤器、吸收塔、铜洗塔、干燥塔、汽提塔、分汽缸、除氧器等；

④ 储存压力容器（代号 C，其中球罐代号 B），主要是用于储存或者盛装气体、液体、液化气体等介质的压力容器，例如各种型式的储罐。

(3) 按监督管理分类

为了在设计制造中对安全要求不同的压力容器有区别地进行技术管理和监督检查，《容规》根据压力容器介质危险程度及 pV 值大小，将适用范围内的压力容器划分为Ⅰ、Ⅱ、Ⅲ类，具体划分原则如下。

① 介质分组　压力容器的介质分为以下两组：

a. 第一组介质，毒性程度为极度危害、高度危害的化学介质、易爆介质、液化气体；

b. 第二组介质，除第一组以外的介质。

② 介质危害性　指压力容器在生产过程中因事故致使介质与人体大量接触，发生爆炸或者因经常泄漏引起职业性慢性危害的严重程度，用介质毒性程度和爆炸危害程度表示。

a. 毒性程度　综合考虑急性毒性、最高容许浓度和职业性慢性危害等因素，极度危害最高容许浓度小于 $0.1mg/m^3$；高度危害最高容许浓度 $0.1\sim1.0mg/m^3$；中度危害最高容许浓度 $1.0\sim10.0mg/m^3$；轻度危害最高容许浓度大于或者等于 $10.0mg/m^3$。

b. 易爆介质　指气体或者液体的蒸气、薄雾与空气混合形成的爆炸混合物，并且其爆炸下限小于 10%，或者爆炸上限和爆炸下限的差值大于或者等于 20%的介质。

c. 介质毒性危害程度和爆炸危险程度的确定　按照 HG/T 20660—2017《压力容器中化学介质毒性危害和爆炸危险程度分类标准》确定。HG/T 20660 没有规定的，由压力容器设计单位参照 GBZ/T 230—2010《职业性接触毒物危害程度分级》的原则，确定介质组别。

③ 压力容器类别划分方法　压力容器类别的划分应当根据介质特性，按照以下要求选择类别划分图，再根据设计压力 p（单位 MPa）和容积 V（单位 L），标出坐标点，确定压力容器类别：

a. 第一组介质，压力容器类别的划分见图 3-2；

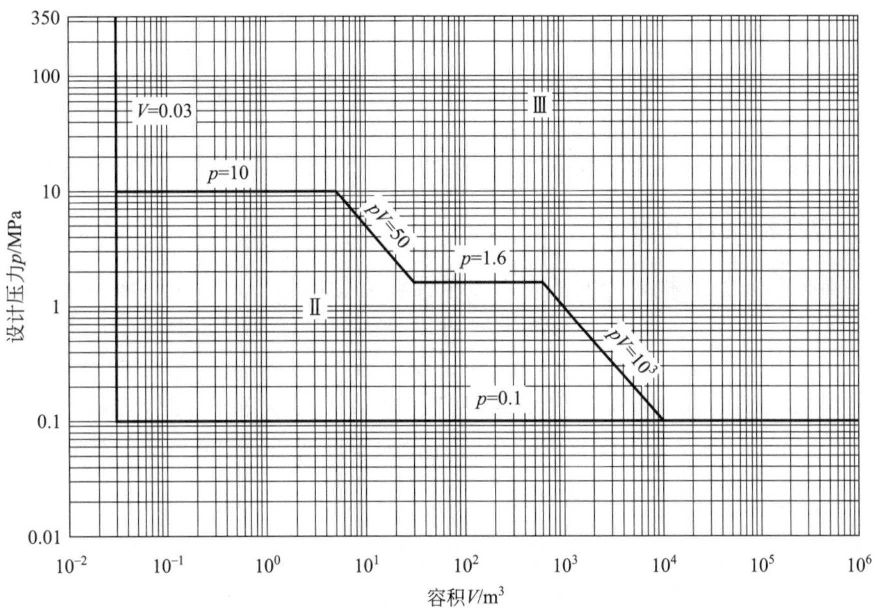

图 3-2　压力容器类别划分图——第一组介质

b. 第二组介质，压力容器类别的划分见图 3-3。

(4) 按容器的壁温分类

根据容器的壁温，可分为常温容器、低温容器和高温容器。

①常温容器，指在温度－20～200℃条件下工作的容器；②低温容器，指在温度低于－20℃条件下工作的容器；③高温容器，指在温度达到材料蠕变温度下工作的容器。碳素钢

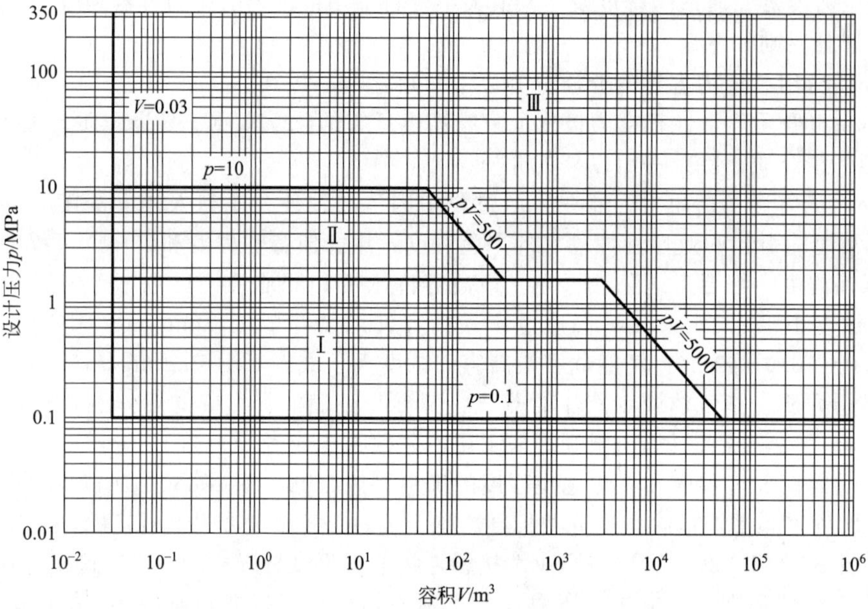

图 3-3　压力容器类别划分图——第二组介质

或低合金钢容器温度超过 420℃、合金钢（如 Cr-Mo 钢）超过 450℃、奥氏体不锈钢超过 550℃的情况，属此范围。

3.1.2.2　移动式压力容器

移动式压力容器是一种储运容器，它的主要用途是装运永久气体、液化气体和溶解气体。这类容器没有固定的使用地点，一般使用环境经常变迁，管理比较复杂，也比较容易发生事故。移动式容器按其用途不同分为铁路罐车、汽车罐车或长管拖车、罐式集装箱三种。

3.1.3　压力容器受压元件

压力容器中按几何形状划分的基本承压单元称为受压元件。一个封闭的承压结构往往包括多个受压元件。例如，一个圆筒形容器，可以分为圆筒体和封头两大受压元件，圆筒上的接管、人孔及人孔盖则又是另外的受压元件。按《容规》，压力容器本体中的主要受压元件包括壳体、封头（端盖）、膨胀节、设备法兰、球罐的球壳板，换热器的管板和换热管，M36 以上（含 M36）的设备主螺柱以及公称直径大于或者等于 250mm 的接管和管法兰。

3.1.3.1　球壳

球形容器的本体是一个球壳，一般都是焊接结构。球形容器的直径一般都比较大，难以整体或半整体压制成形，所以它大多是由许多块按一定的尺寸预先压制成形的球面板组焊而成。这些球面板的形状不完全相同，但板厚一般都相同。只有一些特大型、用以储存液化气体的球形储罐，球体下部的壳板才比上部的壳板要稍微厚一些。

从壳体受力的情况来看，最适宜的形状是球形。因为在内压力作用下，球形壳体的应力是圆筒形壳体的 1/2，如果容器的直径、制造材料和工作压力相同，则球形容器所需要的壁厚也仅为圆筒形的 1/2。从壳体的表面积来看，球形壳体的表面积要比容积相同的圆筒形壳体小 10％～30％（视圆筒形壳体高度与直径之比而定）。球形容器表面积小，所使用的板材也少，再加上需要的壁厚较薄，因而制造同样容积的容器，球形容器要比圆筒形容器节省板材 30%～40%。但是球形容器制造比较困难，工时成本较高，而且作为反应或传热、传质用容器，既不便于在内部安装工艺附件装置，也不便于内部相互作用的介质的流动，因此球形容器仅用作储存容器。

3.1.3.2 圆筒壳

圆筒形容器是使用得最为普遍的一种压力容器。圆筒形容器比球形容器易于制造，便于在内部装设工艺附件及内部工作介质的流动，因此它广泛用作反应、换热和分离容器。圆筒形容器由一个圆筒体和两端的封头（端盖）组成。

(1) 薄壁圆筒壳

中、低压容器的筒体为薄壁（其外径与内径之比不大于 1.2）圆筒壳。薄壁圆筒壳除了直径较小者可以采用无缝钢管外，一般都是焊接结构，即用钢板卷成圆筒后焊接而成。直径小的圆筒体只有一条纵焊缝；直径大的可以有两条甚至多条纵焊缝。同样，长度小的圆筒体只有两条环焊缝，长度大的则有多条。圆筒体有一个连续的轴对称曲面，承压后应力分布比较均匀。由于圆筒体的周向（环向）应力是轴向应力的两倍，所以制造圆筒时一般都使纵焊缝减至最少。

容器的筒体直径以公称直径 *DN* 表示。用无缝钢管制作的圆筒体，其公称直径是指它的外径；对于焊接的圆筒体，公称直径指它的内径。按 GB/T 9019—2015《压力容器公称直径》，筒体用钢板卷制时，容器公称直径按表 3-1 规定。

表 3-1 压力容器公称直径 单位：mm

300	350	400	450	500	550	600	650	700	750
800	850	900	950	1000	1100	1200	1300	1400	1500
1600	1700	1800	1900	2000	2100	2200	2300	2400	2500
2600	2700	2800	2900	3000	3100	3200	3300	3400	3500
3600	3700	3800	3900	4000	4100	4200	4300	4400	4500
4600	4700	4800	4900	5000	5100	5200	5300	5400	5500

(2) 厚壁圆筒壳

高压容器一般都不是储存容器，除少数是球体外，绝大部分是圆筒形容器。因为工作压力高，所以壳壁较厚，同样是由圆筒体和封头构成。厚壁圆筒的结构可分为单层筒体、多层板筒体和绕带式筒体等三种形状。

① 单层筒体 单层厚壁筒体主要有三种结构型式，即整体锻造式、锻焊式和厚板焊接式。

a. 整体锻造式厚壁筒体是全锻制结构，没有焊缝。它是用大型钢锭在中间冲孔后套入一根芯轴，在水压机上锻压成形，再经切削加工制成的。这种结构，金属消耗量特别大，其制造还需要一整套大型设备，所以目前已很少采用。

b. 锻焊式厚壁筒体是在整体锻造式的基础上发展起来的。它由多个锻制的筒节组装焊接而成，只有环焊缝而没有纵焊缝。它常用于直径较大的高压容器（直径可达 5～6m）。

c. 厚板焊接式厚壁筒体是用大型卷板机将厚钢板热卷成圆筒，或用大型水压机将厚钢板压制成圆筒瓣，然后用电渣焊焊接纵缝制成圆筒节，再由若干段筒节焊制而成。这种结构的金属耗量小，生产效率较高。

对于单层厚壁筒体来说，由于壳壁是单层的，当筒体金属存在裂纹等缺陷且缺陷附近的局部应力达到一定程度时，裂纹将沿着壳壁扩展，最后导致整个壳体的破坏。同样的材料，厚板不如薄板的抗脆性好，综合性能也差一些。当壳体承受内压时，壳壁上所产生的应力沿壁厚方向的分布是不均匀的，壁厚越厚，内外壁上的应力差别也越大。单层筒体无法改变这种应力分布不均匀的状况。

② 多层板筒体　多层板筒体的壳壁由数层或数十层紧密结合的金属板构成。由于是多层结构，可以通过制造工艺在各层板间产生预应力，使壳壁上的应力沿壁厚分布比较均匀，壳体材料可以得到较充分的利用。如果容器的介质具有腐蚀性，可采用耐腐蚀的合金钢做内筒，而用碳钢或其他低合金钢做层板，以节约贵重金属。当壳壁材料中存在裂纹等严重缺陷时，缺陷一般不易扩散到其他各层，同时各层均是薄板，具有较好的抗脆断性能。多层板筒体按其制造工艺的不同可以分为多层包扎焊接式、多层绕板式、多层卷焊式和多层热套式等型式。

a. 多层包扎焊接式筒体是由若干段筒节和端部法兰组焊而成。筒节由一个卷焊成的内筒（一般厚 15～25mm）再在外面包扎焊上多层薄钢板（厚 6～12mm）构成。每层层板一般先卷压成两块半圆形，然后一层一层包扎进行纵缝焊接，层板间的纵缝相互错开，使其分布在圆筒的各个方位。

b. 多层绕板式厚壁筒体也是由若干段筒节组焊而成。筒节由内筒、绕板层和外筒三部分组成。内筒是用稍厚的钢板卷焊而成的；绕板层是用 3～5mm 厚的带状钢板在内筒外面连续卷绕的多层非同心圆螺旋状层板。在绕板的始端和末端都焊上一段较长的楔形板，使其厚度逐渐变化。绕板时用压力辊对内筒及绕板层施加压力，使层板紧贴在内筒上。外筒是两块半圆柱壳体，用机械方法紧包在绕板层外面，然后焊接纵缝。由于带状钢板宽度有限，筒节长度一般不超过 2.2m，所以筒体环焊缝较多。绕板式厚壁筒体的优点是纵缝较少，生产效率高。

c. 多层热套式厚壁筒体是由几个用中等厚度（一般为 20～50mm）的钢板卷焊成的圆筒体，经加热套合制成筒节，再由若干段筒节和端部法兰（也可采用多层热套结构）组焊而成。由于筒节中的每一层圆筒与其外面一层之间都是过盈配合，因而在层间产生预应力，可以改善筒体在承受内压时应力分布不均匀的状况，近年已大量应用于高压容器的筒体上。我国自行设计制造的年产 15 万吨和 30 万吨合成氨厂的合成塔，就采用这种多层热套式厚壁筒体结构。这种结构制造工艺简单，制造周期较短，制造成本也较低。但由于使用中厚钢板，其抗裂性能要比薄板稍差一些。

③ 绕带式筒体　绕带式筒体的壳体是由一个用钢板卷焊成的内筒和在其外面缠绕的多层钢带构成。它具有与多层板筒体相同的一些优点，而且可以直接缠绕成较长的整个筒体，不需要由多段筒节组焊，因而可以避免多层板筒体所具有的深而窄的环焊缝。但其制造工艺较复杂，生产效率低，制造周期长，因而采用较少。

3.1.3.3　封头

在中、低压压力容器中，与筒体焊接连接而不可拆的端部结构称为封头，与筒体以法兰等连接的可拆端部结构称为端盖。通常所说的封头则包含了封头和端盖两种连接型式在内。压力容器的封头或端盖，按其形状可以分为三类，即凸形封头、锥形封头和平板封头。我国封头标准为 GB/T 25198—2023《压力容器封头》。

(1) 凸形封头

凸形封头有半球形封头、碟形封头（带折边的球形封头）、椭球形封头（椭圆封头）和无折边球形封头（球冠形封头）四种。凸形封头较平板封头承压能力高，制造也较方便，故在中、低压压力容器中获得广泛应用。

① 半球形封头是一个空心半球体，由于它的深度大，整体压制成形较为困难，所以直径较大的半球形封头一般都是由几块大小相同的梯形球面板和顶部中心的一块圆形球面板（球冠）组焊而成。中心圆形球面板的作用是把梯形球面板之间的焊缝隔开一定距离。半球

形封头加工制造比较困难，只有压力较高、直径较大或有其他特殊需要的储罐才采用半球形封头。

② 碟形封头又称带折边的球形封头，由几何形状不同的三个部分组成：中央是半径为 R 的球面，与筒体连接部分是高度为 h_0 的圆筒体（直边），球面体与圆筒体由曲率半径为 r 的过渡圆弧（折边）所连接。碟形封头在旧式容器中采用较多，现已被椭球形封头所取代。

③ 椭球形封头是中低压容器中使用得最为普遍的封头结构型式，它一般由半椭球体和圆筒体两部分组成。半椭球体的纵剖面中线是半个椭圆，它的曲率半径是连续变化的。椭球形封头的深度取决于椭圆长短轴之比（即封头内直径 D_i 与封头深度的两倍 $2h_i$ 之比）。椭圆长短轴之比越大，封头深度越小。标准椭球封头的长短轴之比$[D_i/(2h_i)]$为 2，即封头深度（不包括直边部分）为其内直径的 1/4。

④ 无折边球形封头是一块深度很小的球面壳体（球缺）。这种封头结构简单，制造容易，成本也较低。但是由于它与筒体连接处结构不连续，存在很高的局部应力，一般只用于直径较小、压力很低的低压容器上。

(2) 锥形封头

锥形封头有两种结构型式。一种是无折边的锥形封头。由于锥体与圆筒体直接连接，结构形状突然不连续，在连接处附近产生较大的局部应力。因此只有一些直径较小、压力较低的容器有时采用半锥角 $\alpha \leqslant 30°$ 的无折边锥形封头，且多采用局部加强结构。局部加强结构型式较多，可以在封头与筒体连接处附近焊加强圈，也可以在筒体与封头的连接处局部加大壁厚。另一种为带折边的锥形封头，由圆锥体、过渡圆弧和圆筒体三部分组成。标准带折边锥形封头的半锥角 α 有 30°和 45°两种，过渡圆弧曲率半径 r 与直径 D_o 之比规定为 0.15。

(3) 平封头

平板结构简单，制造方便，但受力状况最差。中低压容器用平板作人孔和手孔的盖板；高压容器，除整体锻造式直接在筒体端部锻造出凸形封头以及采用冲压成形的半球形封头外，多采用平封头和平端盖。

3.1.3.4 法兰

法兰的基本结构型式按组成法兰的圆筒、法兰环、锥颈三部分的整体性程度分为松式法兰、整体法兰、任意式法兰。

(1) 松式法兰

松式法兰指法兰不直接固定在壳体上或者虽固定但不能保证与壳体作为一个整体承受螺栓载荷的结构。如活套法兰、螺纹法兰、搭接法兰等，这些法兰可以带颈或者不带颈。

其中活套法兰是典型的松式法兰，其法兰的力矩完全由法兰环本身来承担，对设备或管道不产生附加弯曲应力。因而适用于有色金属和不锈钢制设备或管道，且法兰可采用碳素钢制作，以节约贵重金属。但法兰刚度小，厚度较厚，一般只适用于压力较低的场合。

(2) 整体法兰

将法兰与壳体锻或铸成一体或全熔透。这种结构能保证壳体与法兰同时受力，使法兰厚度适当减薄，但会在壳体上产生较大应力。其中的带颈法兰可以提高法兰与壳体的连接刚度，适用于压力、温度较高的重要场合。

(3) 任意式法兰

从结构来看，这种法兰与壳体连成一体，但刚性介于整体法兰和松式法兰之间。这类法兰结构简单，加工方便，故在中低压容器或管道中得到广泛应用。

法兰按用途又分为压力容器法兰（与钢板卷焊筒体配用）和管法兰（与钢管配用），其现行标准分别为 NB/T 47020～47027—2012 和 HG/T 20592～20635—2009。设计时可根据公称压力 PN、公称直径 DN 等相关参数进行选用，但相同公称直径、公称压力的管法兰与容器法兰的连接尺寸不同，二者不能相互套用。具体选用要求见相关标准规定。

3.1.3.5　支座

压力容器支座用来支承设备重量和固定设备的位置。支座一般分为卧式容器支座、立式容器支座和球形容器支座。

立式容器支座包括：耳式支座（NB/T 47065.3—2018）、支承式支座（NB/T 47065.4—2018）、腿式支座（NB/T 47065.2—2018）、裙式支座。卧式容器支座包括：鞍式支座（NB/T 47065.1—2018）、圈式支座、支腿支座。球形容器支座分为柱式、裙式、半埋式、高架式四种。

压力容器支座主要根据容器直径、容器最大质量、风载或地震载荷等相关参数进行选用，具体选用要求见支座相关标准规定。

3.1.4 压力容器法规与标准

压力容器具有潜在的危险性，故不论国内还是国外，其设计制造都是依据有关技术标准和技术法规进行的。并且随着科学技术的进步与经验的积累，各国的法规与标准也在不断修改、补充完善和提高，从而形成了本国的压力容器标准和法规体系。

3.1.4.1　国外压力容器法规与标准

(1) 美国压力容器法规与标准

美国是世界上制定压力容器标准最早的国家，但美国没有全国统一的压力容器安全法律法规。有关压力容器安全管理的联邦或各州法规，则大量引用相关标准，如美国国家标准或美国机械工程师协会（ASME）标准等。其中在世界上影响广泛并具有权威的是 ASME 标准，该标准为世界许多国家所借鉴或应用，现已成为美国的国家标准。ASME 标准有如下特点。

① 规模庞大、内容全面、体系完整，是目前世界上最大的封闭型标准体系。即它不必借助其他标准或法规，仅依靠自身就可以完成压力容器的选材、设计、制造、检验、试验、安装及运行等全部环节。

② 技术先进、安全可靠，修改更新及时，每三年出版一个新的版本，每年有两次增补。

目前，ASME 标准共有 12 卷，外加两个设计案例。其中与压力容器有关的主要是第Ⅷ卷《压力容器》、第Ⅹ卷《玻璃纤维增强塑料压力容器》和第Ⅻ卷《移动式压力容器》。而其中第Ⅷ卷又分为以下三个分篇。

ASMEⅧ-1，即第 1 分篇《压力容器》。系常规设计标准，采用弹性失效设计准则，仅对总体薄膜应力加以限制，具有较强的经验性，设计计算简单，适用于设计压力≤20MPa 的情况。

ASMEⅧ-2，即第 2 分篇《压力容器——另一规则》。系分析设计标准，采用不同的失效设计准则，对不同性质的应力，视其对容器危害程度的不同分别加以限制，适用于设计压力≤70MPa 的情况。

ASMEⅧ-3，即第 3 分篇《高压容器——另一规则》。系分析设计标准，适用于设计压力＞70MPa 的情况。

(2) 欧盟压力容器法规与标准

欧洲原来的压力容器标准较为著名的有英国的 BS5500、德国的 AD 和法国的 CODAP

等，但这些标准正逐步被废止。正在欧盟各国强制执行的承压设备法规（简称 PED，属法规类），对于工作压力大于 0.05MPa 的锅炉、压力容器、管道、承压附件等的基本安全要求做出了规定。而与 PED 配套的 EN 协调标准共有 700 余件，内容涉及压力容器和工业管道的材料、部件、设计、制造、安装、使用、检验等诸多方面。其中 EN13445 系列标准是压力容器方面的基础标准，由总则、材料、设计、制造、检测和试验、铸铁压力容器和压力容器部件设计与生产要求、合格评定程序使用指南等 7 部分构成。此外还有简单压力容器通用标准 EN286，系列基础标准 EN764 和一些特定压力容器产品标准，如换热器、液化气体容器、低温容器、医疗用容器等。

(3) 日本压力容器法规与标准

日本对锅炉、压力容器、气瓶等特种设备颁布有许多法规，如《高压气体保安法》《高压气体保安法实施令》及《一般高压气体保安规则》等，并配套执行相关的压力容器标准体系。

日本的压力容器标准体系与美国的 ASME 较为接近，且随着技术的进步，修改调整版本较多。现执行的是 2017 年颁布的 JIS B 8265《压力容器的构造——一般事项》和 2003 年颁布的 JIS B 8266《压力容器的构造——特定标准》体系。其中 JIS B 8265 标准包含材料、设计、焊接、加工、试验和检验等内容。

3.1.4.2 中国压力容器法规与标准

(1) 中国压力容器法规体系

为保证压力容器产品质量与安全生产，我国还建立了较为完整的压力容器法规体系，相应颁布了《条例》《压力容器使用管理规则》《锅炉压力容器制造许可条件》和《压力容器压力管道设计许可规则》等。2016 年修订颁布的 TSG 21《容规》是容器法规体系中的核心，它根据国内多年来压力容器事故和管理实践经验教训，制定了某些较国家标准规定更为严格细致的条款，对最高工作压力大于等于 0.1MPa 的压力容器，从设计、制造（含现场组焊）、安装、改造、维修、使用、检验检测等 7 个环节做出了监督检验要求。以《容规》为核心的技术法规体系促使中国压力容器的管理与监督工作规范化。国家和地方有关行政安全管理机构，依据这些法规来控制和监管压力容器的设计、制造、使用、维修等各个环节。

(2) 中国压力容器标准系列

中国标准由四个层次组成：国家标准（代号为 GB）；行业标准（曾经称为部标准或专业标准）；企业标准；地方标准。此处要明确，国家标准是最高级别的和应用最广的标准，但其技术要求和质量指标往往是最低的，即仅是保证压力容器安全的底线。一般而言，仅满足国家标准的产品，可能只是一个合格的产品，而不一定是优质产品。通常行业或企业标准的技术指标高于相应国家标准指标。

目前以 GB/T 150 为核心的压力容器产品标准系列中，共有近 10 个国家标准和 50 个行业标准。其中有基础标准、材料标准、焊接标准、检验标准、设备元件标准、标准零部件标准和单项设备标准等，形成了压力容器标准体系的基本框架。我国的压力容器标准在技术内容上既参照了国外先进国家标准的相应要求，也考虑了我国压力容器行业各生产环节的现状，基本上能够满足行业的需要。

GB/T 150 是针对固定式压力容器的常规设计标准，其技术内容与 ASME Ⅷ-1 大致相当，是基于经验的设计方法，适用于设计压力 $0.1\text{MPa} \leqslant p \leqslant 35\text{MPa}$，真空度不低于 0.02MPa。它采用弹性及失稳失效设计准则与最大主应力理论，设计计算简单，应用方便且使用面广。该标准基本内容包括圆筒和球壳的设计计算、压力容器零部件结构和尺寸的确定、密封设计、超压泄放装置的设置及容器的制造、检验与验收要求等。

JB 4732—1995《钢制压力容器——分析设计标准》是分析设计标准，适用于设计压力0.1MPa≤p<100MPa，真空度不低于0.02MPa。其基本思路与ASMEⅧ-2相同，以应力分析为基础，采用最大切应力理论对容器进行分析设计和疲劳设计，是一种先进合理的设计方法，但设计计算工作量大。

GB/T 34019—2017《超高压容器》是分析设计标准，其基本思路与ASMEⅧ-3相同，以应力分析为基础，采用塑性失效和爆破失效设计准则，适用于设计压力>100MPa的情况。代号中的"T"表示推荐性标准。

3.1.4.3 压力容器法规与标准使用中应注意的几个问题

技术法规与标准是压力容器设计、制造及管理人员不可缺少的常用资料，在使用中应注意各自的使用条件与区别。

(1) 法规与标准同时并用，但功能内容有区别

在我国，容器技术标准与技术法规同时实施，二者相辅相成，形成了压力容器产品完整的国家质量标准和安全管理法规体系。但是应注意，二者性质功用及内容的区别。例如，GB/T 150是压力容器设计、制造、检验与验收的依据，而《容规》属法规范畴，是对压力容器进行安全技术监督和管理的依据。因此，在压力容器设计图纸的技术要求中，不应写成"本设备按GB/T 150和《容规》进行制造、检验和验收"，而应为"本设备按GB/T 150进行制造、检验和验收，并接受《容规》的监督"。

GB/T 150仅适用于设计压力0.1MPa≤p≤35MPa，真空度不低于0.02MPa的各类钢制容器；而《容规》监管的范围包括最高工作压力大于等于0.1MPa的钢、铸铁及铝、钛等有色金属制压力容器，其范围较GB/T 150要广。特别是对于有关安全的技术要求与措施，《容规》较GB/T 150更具体详尽。而压力容器的设计和制造，既要符合国家标准，也要遵循和满足《容规》的相关要求。在实际工作中，有时会遇到法规与标准不一致的情况，此时通常以较严者为准，以避免造成麻烦。

(2) GB/T 150与JB 4732等基础标准的合理选用

GB/T 150《压力容器》设计压力的上限值为35MPa，而JB 4732《钢制压力容器——分析设计标准》的上限值为小于100MPa。显然前者的使用范围为后者全部涵盖，这就存在一个究竟选用何者的问题。如前所述，GB/T 150为常规设计标准，具有计算简单、使用方便的特点；而JB 4732为分析设计标准，其计算复杂，且选材、制造、检验及验收等要求较为严格。故后者只推荐用于重量大、结构复杂且设计参数较高或需作疲劳分析的压力容器设计。而对于面广量大的中、低压容器，一般是采用GB/T 150进行设计。

上述两个标准不涵盖<0.1MPa的压力。对于设计压力−0.02MPa<p<0.1MPa的压力容器应按NB/T 47003.1—2022《常压容器　第1部分：钢制焊接常压容器》进行设计。

(3) GB/T 150与ASMEⅧ-1的主要区别

GB/T 150在很大程度上是参照ASMEⅧ-1制订的，产品质量水平二者相当。但在适用范围和安全系数、检测比例、压力试验等技术指标上有所不同。GB/T 150的压力有明确的限定值，而且仅适用于钢制容器；而ASME虽有压力限定值，但在满足特定条件后，可以突破限制，且除钢材以外，还适用于有色金属、镍基合金等材料。例如，ASMEⅧ-1的水压试验压力为1.5倍的设计压力，碳钢及低合金钢的抗拉强度安全系数为3.5；而GB/T 150相应则分别为1.25倍和3.0倍。这种差异不应孤立地去看，而应是与各自标准体系中的其

他技术参数相互对应。故在采用 GB/T 150 时，不能忽视标准体系中其他参数而简单地取用 ASME 规定的试验压力或其他参数指标，反之亦然。

3.1.5 压力容器材料

压力容器材料费用占总成本的比例很大，一般超过 30%。材料性能对压力容器运行的安全性有显著的影响。选材不当，不仅会增加总成本，而且有可能导致压力容器破坏事故。过程生产的多样性和过程设备的多功能性，给选材带来了一定的复杂性，材料科学所具有的半科学半经验（技艺）性质给选材增加了难度，材料在过程设备设计、制造、检验各环节中相对处于比较落后的状态。因此，合理选材是压力容器设计的难点之一。

选材要综合考虑板材、管材、锻材、棒材等不同类型钢材之间的匹配，而不仅仅是确定钢材牌号及其相应的标准。必要时，还要根据实际需要，确定钢材采购的附加保证要求，如敏感元素的控制、较高性能的要求、由供需双方商议的检测检验项目的确定等。

压力容器使用的材料多种多样，有钢、有色金属、非金属、复合材料等，使用得最多的还是钢。

3.1.5.1 压力容器用钢的基本要求

压力容器用钢的基本要求是有较高的强度，良好的塑性、韧性、制造性能和与介质相容性。改善钢材性能的途径主要有化学成分的设计、组织结构的改变和零件表面改性。现对压力容器用钢的基本要求做进一步分析。

(1) 化学成分

钢材化学成分对其性能和热处理有较大的影响。提高碳含量可能使强度增加，但可焊性变差，焊接时易在热影响区出现裂纹。因此，压力容器用钢的含碳量一般不大于 0.25% 。在钢中加入钒、钛、铌等元素，可提高钢的强度和韧性。硫和磷是钢中最主要的有害元素。硫能促进非金属夹杂物的形成，使塑性和韧性降低。磷能提高钢的强度，但会增加钢的脆性，特别是低温脆性。将硫和磷等有害元素含量控制在很低水平，即大大提高钢材的纯净度，可提高钢材的韧性、抗中子辐照脆化能力，改善抗应变时效性能、抗回火脆化性能和耐腐蚀性能。因此，与一般结构钢相比，压力容器用钢对硫、磷等有害杂质元素含量的控制更加严格。例如，中国压力容器专用碳素钢和低合金钢的硫和磷含量分别应低于 0.020% 和 0.030%。随着冶炼水平的提高，目前已可将硫的含量控制在 0.002% 以内。

另外，化学成分对热处理也有决定性的影响，如果对成分控制不严，就达不到预期的热处理效果。

(2) 力学性能

材料力学性能是指材料在不同环境（温度、介质等）下，承受各种外加载荷时所表现出的力学行为。例如，低碳钢拉伸试件缩颈中心部位处于三向应力状态，出现的是大体上与载荷方向垂直的纤维状断口，而边缘区域接近平面应力状态，产生的是与载荷成 45°的剪切唇。因此，钢材的力学行为，不仅与钢材的化学成分、组织结构有关，而且与材料所处的应力状态和环境有密切的关系。

钢材的力学性能主要是表征强度、韧性和塑性变形能力的判据，是机械设计时选材和强度计算的主要依据。压力容器设计中，常用的强度判据包括抗拉强度 R_{m}、屈服强度 R_{eL}、持久极限 R_{D}^{t}、蠕变极限 R_{n}^{t} 和疲劳极限；塑性判据包括断后伸长率 A、断面收缩率 Z；韧性判据包括冲击吸收功 A_{KV}、韧脆转变温度、断裂韧性等。按机械设计观念，静载荷下工作的零件的主要失效形式是断裂或塑性变形。因此，对于塑性材料，许用应力由材料屈服强

度 R_{eL} 和相应的材料设计系数确定；对于脆性材料，许用应力由材料抗拉强度 R_m 和相应的材料设计系数确定。压力容器采用了与上述观点不同的设计理念。压力容器用钢具有良好的塑性，确定许用应力时综合考虑了抗拉强度 R_m 和屈服强度 R_{eL}，许用应力取抗拉强度 R_m、屈服强度 R_{eL} 除以各自的材料设计系数 n_b、n_s 后所得的较小值。以抗拉强度 R_m 为判据是为了防止容器的断裂失效；以屈服强度 R_{eL} 为判据是为了防止塑性失效，体现了在满足韧性的前提下提高强度、提高塑性储备量的压力容器选材原则。机械产品通常希望提高材料的屈强比，压力容器对材料的要求则相反，一般情况下应避免采用调质热处理等方法不恰当地提高材料的强度，以留有一定的塑性储备量。钢制压力容器对材料力学性能的要求是重视钢材的韧性，重视钢材的塑性储备量。

韧性对压力容器安全运行具有重要意义。韧性是材料在断裂前吸收变形能量的能力，是衡量材料对缺口敏感性的力学性能指标，尤其能反映材料在低温或有冲击载荷作用时对缺口的敏感性。韧性是材料的强度和塑性的综合反映。塑性好的材料其韧性值一般也较高，强度高而且塑性也好的材料其韧性值更高。在载荷作用下，压力容器中的裂纹常会发生扩展，当裂纹扩展到某一临界尺寸时将会引起断裂事故，此临界裂纹尺寸的大小主要取决于钢的韧性和应力水平。钢的韧性越高，压力容器所允许的临界裂纹尺寸就越大，安全性也越高。因此，为防止发生脆性断裂和裂纹快速扩展，压力容器常选用韧性好的钢材。

夏比 V 形缺口冲击吸收功 A_{KV} 对温度变化很敏感，能较好地反映材料的断裂韧性。世界各国压力容器规范标准都对钢材的冲击试验温度和 A_{KV} 提出了相应的要求。如 Q345R 钢板，要求在 0℃时的横向（指冲击试件的取样方向）A_{KV} 不小于 41J。钢材的 A_{KV} 与钢材种类、应力水平、热处理状态、使用温度、钢材厚度等因素有关。钢制压力容器产品大都采用焊接制造，与母材相比焊接接头是薄弱环节，设计中需要考虑对接接头冲击韧性相对较低这一因素。应当要求焊接接头在低温冲击试验时的冲击功不低于其母材在设计规定中的相应值，否则容器的最低使用温度应高于低温冲击试验温度。

在一般设计中，力学性能判据数值可从相关的规范标准中查到。但这些数据仅为规定的必须保证值，实际使用的材料是否满足要求，除要查看质量证明书外，有时还要对材料进行复验；必要时，还应模拟使用环境进行测试。现行的最基本试验方法是拉伸试验和冲击试验，其目的是测量钢材的抗拉强度 R_m、屈服强度 R_{eL}、断后伸长率 A、断面收缩率 Z 和冲击吸收功 A_{KV}。

(3) 制造工艺性能

材料制造工艺性能的要求与容器结构型式和使用条件紧密相关。制造过程中进行冷卷、冷冲压加工的零部件，要求钢材有良好的冷加工成型性能和塑性，其延伸率 δ_5 应在 17%以上。为检验钢板承受弯曲变形能力，一般应根据钢板的厚度，选用合适的弯心直径，在常温下做弯曲角度为 180°的弯曲试验。试样外表面无裂纹的钢材方可用于压力容器制造。

压力容器各零件间主要采用焊接连接，良好的可焊性是压力容器用钢极重要的一项指标。可焊性是指在一定焊接工艺条件下，获得优质焊接接头的难易程度。钢材的可焊性主要取决于它的化学成分，其中影响最大的是含碳量。含碳量愈低，愈不易产生裂纹，可焊性愈好。各种合金元素对可焊性亦有不同程度的影响，这种影响通常是用碳当量 C_{eq} 来表示。中国《锅炉压力容器制造许可条件》中，碳当量的计算公式为

$$C_{eq}=C+\frac{Mn}{6}+\frac{Si}{24}+\frac{Ni}{40}+\frac{Cr}{5}+\frac{Mo}{4}+\frac{V}{14}$$

按上式计算的碳当量不得大于 0.45%。

3.1.5.2 压力容器钢材的选择

压力容器所承受的压力载荷与非压力载荷是影响强度、刚度和稳定性计算的主要因素，通常不是影响选材的主要因素。压力容器零件材料的选择，应综合考虑容器的使用条件、相容性、零件的功能和制造工艺、材料性能、材料使用经验（历史）、综合经济性和规范标准。

(1) 压力容器的使用条件

使用条件包括设计温度、设计压力、介质特性和操作特点，材料选择主要由使用条件决定。例如，容器使用温度低于0℃时，不得选用Q235系列钢板；对于高温、高压、临氢压力容器，材料必须满足高温下的热强性（蠕变极限、持久强度）、抗高温氧化性能、氢脆性能，应选用抗氢钢，如15CrMoR、12Cr2Mo1R等。用碳素钢或珠光体耐热钢作为抗氮钢时，应按Nelson设计曲线选用。

流体速度也会影响材料的选择，流体高速流动会产生冲蚀或汽蚀。流体中含有固体颗粒时，冲蚀速度有可能显著增加。

对于压力很高的容器，常选用高或超高强度钢。由于钢的韧性往往随着强度的提高而降低，此时应特别注意强度和韧性的匹配，在满足强度要求的前提下，尽量采用塑性和韧性好的材料。这是因为塑性、韧性好的高强度钢，能降低脆性破坏的概率。在承受交变载荷时，可将失效形式改变为未爆先漏，提高运行安全性。

(2) 相容性

相容性一般是指材料必须与其相接触的介质或其他材料相容。对于腐蚀性介质，应选用耐腐蚀材料。当压力容器零部件由多种材料制造时，各种材料必须相容，特别是需要焊接连接的材料。当电负性相差较大的金属在电解质溶液中被不恰当地组合在一起时，会加快腐蚀速率。例如，钢在海水中与铜合金接触时，腐蚀速率明显加快。

(3) 零件的功能和制造工艺

明确零件的功能和制造工艺，据此提出相应的材料性能要求，如强度、耐腐蚀性等。例如，筒体和封头的功能主要是形成所需要的承压空间，属于受压元件，且与介质直接接触，对于盛装腐蚀性很强介质的中、低压压力容器，应选用耐腐蚀的压力容器专用钢板；而支座的主要功能是支承容器并将其固定在基础上，属于非受压元件，且不与介质接触，除垫板外，可选用一般结构钢，如普通碳素钢。

选材时还应考虑制造工艺的影响。例如，主要用于强腐蚀场合的搪玻璃压力容器，其耐腐蚀性能主要靠搪玻璃层来保证，由于含碳量超过0.19%时玻璃层不易搪牢，且沸腾钢的搪玻璃效果比镇静钢好，可选用沸腾钢。

(4) 材料的使用经验（历史）

对成功的材料使用实例，应搞清楚所用材料化学成分（特别是硫和磷等有害元素）的控制要求、载荷作用下的应力水平和状态、操作规程和最长使用时间等。因为这些因素，会影响材料的性能。即使使用相同钢号的材料，由于上述因素的改变，也会使材料具有不同的力学行为。对不成功的材料使用实例，应查阅有关的失效分析报告，根据失效原因，采取有针对性的措施。

(5) 综合经济性

影响材料价格的因素主要有冶炼要求（如化学成分、检验项目和要求等）、尺寸要求（厚度及其偏差、长度等）和可获得性（availability）等。

一般情况下，相同规格的碳素钢的价格低于低合金钢，低合金钢的价格低于不锈钢。不锈钢的价格低于大多数有色金属。综合考虑腐蚀裕量、设备规模及重要性、结构复杂程度、加工难度诸因素后，当各种复合结构成本明显低于不锈钢或有色金属成本时，选择复合结构才是合理的。

对于一些特定场合，虽然有色金属的价格高，但由于耐腐蚀性强，使用寿命长，采用有色金属可能更加经济。

(6) 规范标准

和一般结构钢相比，压力容器用钢有不少特殊要求，应符合相应国家标准和行业标准的规定。钢材设计温度上限和下限、使用条件应满足标准要求。在中国，钢材的使用温度下限，除奥氏体钢或另有规定的材料外，均高于－20℃。许用应力也应按标准选取或计算。采用境外牌号材料时，应选用境外压力容器现行标准规范允许使用且已有成功使用实例的材料，其使用范围应符合材料境外相应产品标准的规定。境外牌号材料的技术要求不得低于境内相近牌号材料的技术要求。

3.1.5.3 压力容器常用钢材

(1) 钢材分类

钢材的形状包括板、管、棒、丝、锻件、铸件等。压力容器本体主要采用板材、管材和锻件，其紧固件采用棒材。

① 钢板。钢板是压力容器最常用的材料，如圆筒一般由钢板卷焊而成，封头一般由钢板通过冲压或旋压制成。在制造过程中，钢板要经过各种冷热加工，如下料、卷板、焊接、热处理等，因此，钢板应具有良好的加工工艺性能。

② 钢管。压力容器的接管、换热管等常用无缝钢管制造。当压力容器直径较小时，可采用无缝钢管作为容器的筒体。

③ 锻件。高压容器的平盖、端部法兰、中（低）压设备法兰、接管法兰等常用锻件制造。根据锻件检验项目和数量的不同，中国压力容器锻件标准将锻件分为Ⅰ、Ⅱ、Ⅲ、Ⅳ四个级别。例如，Ⅰ级锻件只需逐件检验硬度，而Ⅳ级锻件却要逐件进行超声检测，并进行拉伸和冲击试验。由于检验项目的不同，同一材料锻件的价格随级别的提高而升高。钢材及锻件的本质质量并不因检验项目的增加而改变。

(2) 钢材类型

压力容器用钢可分为碳素钢、低合金钢和高合金钢。

① 碳素钢又称碳钢，是含碳量0.02%～2.11%（一般低于1.35%）的铁碳合金。

压力容器用碳素钢主要有三类：第一类是碳素结构钢，如Q235-B和Q235-C钢板；第二类是优质碳素结构钢，如10、20钢钢管，20、35钢锻件；第三类是压力容器专用钢板，如Q245R（R读音为容，表示压力容器专用钢板）、20G（G读音为高，表示高压无缝钢管）。Q245R是在20钢基础上发展起来的，主要是对硫、磷等有害元素的控制更加严格，对钢材的表面质量和内部缺陷控制的要求也较高。碳素钢强度较低，塑性和可焊性较好，价格低廉，故常用于常压或中、低压容器的制造，也用作支座、垫板等零部件的材料。

② 低合金钢是在碳素钢基础上加入少量合金元素的合金钢。合金元素的加入使其在热轧或热处理状态下除具有高的强度外，还具有优良的韧性、焊接性能、成形性能和耐腐蚀性能。采用低合金钢，不仅可以减小容器的厚度，减轻重量，节约钢材，而且能解决大型压力容器在制造、检验、运输、安装中因厚度太大所带来的各种困难。

压力容器常用的低合金钢，包括专用钢板Q345R、15CrMoR、16MnDR、15MnNiDR、09MnNiDR、07MnCrMoNbR、07MnCrMoNbDR；钢管16Mn、09MnD；锻件16Mn、20MnMo、16MnD、09MnNiD、12Cr2Mo。符号D表示低温用钢。

a. Q345R 是屈服强度为 340MPa 级的压力容器专用钢板，也是中国压力容器行业使用量最大的钢板，它具有良好的综合力学性能和制造工艺性能，主要用于制造中低压压力容器和多层高压容器。

b. 16MnDR、15MnNiDR 和 09MnNiDR 三种钢板是使用温度小于等于－20℃的压力容器专用钢板。16MnDR 是制造－40℃压力容器的经济而成熟的钢板，可用于制造液氨储罐等设备。在 16MnDR 的基础上，降低碳含量并加镍和微量钒而研制成功的 15MnNiDR，提高了低温韧性，常用于制造－40℃级低温球形容器。09MnNiDR 是一种－70℃级低温压力容器用钢，用于制造液丙烯储罐（－47.7℃）、液硫化氢储罐（－61℃）等设备。

c. 15CrMoR 属低合金珠光体热强钢，是中温抗氢钢板，常用于设计温度不超过 550℃的压力容器。

d. 20MnMo 锻件有良好的热加工和焊接工艺性能，常用于设计温度为－19～470℃的重要大中型锻件。09MnNiD 锻件有优良的低温韧性，用于设计温度为－70～45℃的低温容器。

12Cr2Mo1 锻件及其加钒的改进型锻件（如 2.25Cr-1Mo-0.25V）具有较高的热强性、抗氧化性和良好的焊接性能，常用于制造高温（350～480℃）、高压（约 25MPa）、临氢压力容器，如大型煤液化装置和热壁加氢反应器。中国已将此钢用于制造直径达 4800mm、重达 2100t 的煤液化加氢反应器。

③ 高合金钢压力容器中采用的低碳或超低碳高合金钢大多是耐腐蚀、耐高温钢，主要有铬钢、铬镍钢和铬镍钼钢。除铬钢外，高合金钢具有良好的低温性能。

铬钢 0Cr13（S11306）是常用的铁素体不锈钢，有较高的强度、塑性、韧性和良好的切削加工性能，在室温的稀硝酸以及弱有机酸中有一定的耐腐蚀性，但不耐硫酸、盐酸、热磷酸等介质的腐蚀。

0Cr18Ni9（S30408）、0Cr18Ni10Ti（S32168）、00Cr19Ni10（S30403）这三种钢均属于奥氏体不锈钢。0Cr18Ni9 在固溶态下具有良好的塑性、韧性、冷加工性，在氧化性酸和大气、水、蒸汽等介质中耐腐蚀性亦佳。但长期在高温水及蒸汽环境下，0Cr18Ni9 有晶间腐蚀倾向，并且在氯化物溶液中易发生应力腐蚀开裂。0Cr18Ni10Ti 具有较高的抗晶间腐蚀能力。0Cr18Ni10Ti 与 0Cr18Ni9 可在－196～600℃温度范围内长期使用。00Cr19Ni10 为超低碳不锈钢，具有更好的耐蚀性和低温性能。

00Cr18Ni5Mo3Si2（S21953）是奥氏体-铁素体双相不锈钢，兼有铁素体不锈钢的强度与耐氯化物应力腐蚀能力和奥氏体不锈钢的韧性与焊接性。

除上述钢材外，耐腐蚀压力容器还采用复合板。复合板由复层和基层组成。复层与介质直接接触，要求与介质有良好的相容性，通常为不锈钢、有色金属等耐腐蚀材料，其厚度一般为基层厚度的 1/10～1/3。基层与介质不接触，主要起承载作用，通常为碳素钢和低合金钢。采用复合板制造耐腐蚀压力容器，可节省大量昂贵的耐腐蚀材料，从而降低压力容器的制造成本。但复合钢板的冷热加工及焊接通常比单层钢板复杂。

压力容器零部件间焊接还需要焊条、焊丝、焊剂、电极和衬垫等焊接材料。一般应根据待连接件的化学成分、力学性能、焊接性能，结合压力容器的结构特点和使用条件综合考虑选用焊接材料，必要时还应通过试验确定。压力容器用钢的焊接材料可参阅有关标准。

3.2 过程设备强度与稳定性设计

压力容器在设定的操作条件下，因尺寸、形状或材料性能发生改变而完全失去或不能达到原设计要求（包括功能和寿命等）的现象，称为压力容器失效。尽管失效的原因多种多样，失效的最终表现形式均为泄漏、过度变形和断裂。压力容器的失效形式大致可分为强度失效、刚度失效、稳定失效和泄漏失效四大类。在拉应力作用下，因材料屈服或断裂引起的压力容器失效，称为强度失效，包括韧性断裂、脆性断裂、疲劳断裂、蠕变断裂、腐蚀断裂等，内压容器主要失效形式为强度失效。由构件的过量弹性变形引起的失效，称为刚度失效，如制造、运输和吊装过程中，若发生过量弹性变形，易引起刚度失效。在压应力作用下，压力容器突然失去其原有的规则形状而坍塌所引起的失效称为稳定失效，外压容器主要失效形式为稳定失效。由于泄漏而引起的失效，称为泄漏失效。泄漏不仅有可能引起中毒、燃烧和爆炸等事故，而且会造成环境污染。设计压力容器时，应重视各可拆式接头和不同压力腔之间连接接头的密封性能。

3.2.1 内压设备的强度计算

本节主要按照 GB/T 150—2024《压力容器》标准的规定，给出内压圆筒体、球壳及椭圆封头的强度计算，其余受压元件的强度计算详见 GB/T 150 相关章节的计算要求。

3.2.1.1 内压圆筒体的强度计算

本节公式的适用范围为 $p_c \leqslant 0.4[\sigma]^t\phi$（$k \leqslant 1.5$），设计温度下圆筒的计算厚度：

$$\delta=\frac{p_c D_i}{2[\sigma]^t\phi-p_c}\text{（按筒体内径计算）} \tag{3-1}$$

$$\delta=\frac{p_c D_o}{2[\sigma]^t\phi+p_c}\text{（按筒体外径计算）} \tag{3-2}$$

设计温度下圆筒的最大允许工作压力：

$$[p_w]=\frac{2\delta_e[\sigma]^t\phi}{D_i+\delta_e}\text{（按筒体内径计算）} \tag{3-3}$$

$$[p_w]=\frac{2\delta_e[\sigma]^t\phi}{D_o-\delta_e}\text{（按筒体外径计算）} \tag{3-4}$$

式中 p_c——计算压力，MPa；

D_i——壳体内直径，mm；

D_o——壳体外直径，mm；

$[\sigma]^t$——设计温度下壳体材料的许用应力，MPa；

ϕ——焊接接头系数；

δ——计算厚度，mm；

δ_d——设计厚度，mm，$\delta_d=\delta+C_2$；

δ_n——名义厚度，mm，$\delta_n=\delta_d+C_2+C_1+\Delta$；

C_1——材料厚度负偏差，mm；

C_2——腐蚀裕量，mm；

C——厚度附加量，mm，$C=C_1+C_2$；

δ_e——有效厚度，mm，$\delta_e=\delta_n-C$；

$[p_w]$——壳体的许用内压力，MPa；

k——壳体的外直径与内直径之比，$k=D_o/D_i$。

3.2.1.2 内压球壳的强度计算

本节公式的适用范围为 $p_c \leqslant 0.6[\sigma]^t\phi$ ($k \leqslant 1.353$)；设计温度下球壳的计算厚度：

$$\delta=\frac{p_c D_i}{4[\sigma]^t\phi-p_c}\text{(按球壳内径计算)} \tag{3-5}$$

$$\delta=\frac{p_c D_o}{4[\sigma]^t\phi+p_c}\text{(按球壳外径计算)} \tag{3-6}$$

设计温度下球壳的最大允许工作压力：

$$[p_w]=\frac{4\delta_e[\sigma]^t\phi}{D_i+\delta_e}\text{(按球壳内径计算)} \tag{3-7}$$

$$[p_w]=\frac{4\delta_e[\sigma]^t\phi}{D_o-\delta_e}\text{(按球壳外径计算)} \tag{3-8}$$

3.2.1.3 内压椭圆形封头的强度计算

内压椭圆形封头的计算厚度：

$$\delta_h=\frac{Kp_c D_i}{2[\sigma]^t\phi-0.5p_c}\text{(按内径计算)} \tag{3-9}$$

$$\delta_h=\frac{Kp_c D_o}{2[\sigma]^t\phi+(2K-0.5)p_c}\text{(按外径计算)} \tag{3-10}$$

$$K=\frac{1}{6}\left[2+\left(\frac{D_i}{2h_i}\right)^2\right]$$

式中，K 为椭圆形封头形状系数，$D_i/(2h_i)=2.0$ 属于标准椭圆形封头，其 $K=1.0$。

$D_i/(2h_i)\leqslant 2$ 的椭圆形封头的有效厚度应不小于封头内直径的 0.15%；$D_i/(2h_i)>2$ 的椭圆形封头的有效厚度应不小于封头内直径的 0.30%。但当确定封头厚度时已考虑了内压下的弹性失稳问题，可不受此限制。

3.2.1.4 设计参数的确定

(1) 压力

除注明外，压力均指表压力。

① 工作压力（p_w）：指在正常工作情况下，容器顶部可能达到的最高压力。

② 设计压力（p）：指设定的容器顶部的最高压力，与相应的设计温度一起作为设计载荷条件，其值不低于工作压力。

③ 计算压力（p_c）：指在相应设计温度下，用于确定元件厚度的压力，其值等于设计压力与液柱静压力之和，若液柱静压力低于设计压力的 5%可不计入。

确定设计压力或计算压力时，应考虑：

① 容器上装有超压泄放装置时，应按 GB/T 150.1 附录 B 的规定确定设计压力；装安全阀一般取 1.05～1.1 倍工作压力，装爆破片装置一般取 1.3～1.7 倍工作压力。

② 对于盛装液化气体的容器，如果具有可靠的保冷设施，在规定的装量系数范围内，设计压力应根据工作条件下容器内介质可能达到的最高温度确定；否则按相关法规，一般工作压力取 50℃饱和蒸汽压力。

③ 对于外压容器（例如真空容器、液下容器和埋地容器），确定计算压力时应考虑在正常工作情况下可能出现的最大内外压力差。

④ 确定真空容器的壳体厚度时，设计压力按承受外压考虑，当装有安全控制装置（如真空泄放阀）时，设计压力取 1.25 倍最大内外压力差或 0.1MPa 两者中的低值；当无安全控制装置时，取 0.1MPa。

⑤ 由 2 个或 2 个以上压力室组成的容器，如夹套容器，应分别确定各压力室的设计压力。确定公用元件的计算压力时，应考虑相邻室之间的最大压力差。

(2) 温度

① 工作温度：指工作介质的进口或出口温度。

② 金属温度：指元件金属截面的温度平均值。

③ 设计温度：指在正常操作条件下，设定的元件金属温度。设计温度与设计压力一起作为设计载荷条件，它是选材和确定许用应力的必备参数。

确定设计温度时，应考虑：

① 设计温度不得低于元件金属在工作状态可能达到的最高温度，对于 0℃以下的金属温度，设计温度不得高于元件金属可能达到的最低温度；

② 容器各部分在工作状态下的金属温度不同时，可分别设定每部分的设计温度；

③ 在确定最低设计金属温度时，应当充分考虑在运行过程中，大气环境低温条件对容器壳体金属温度的影响，大气环境低温条件系指历年来月平均最低气温（指当月各天的最低气温值之和除以当月天数）的最低值。

(3) 厚度

各种厚度的关系如表 3-2 所示。

表 3-2　各种厚度的关系

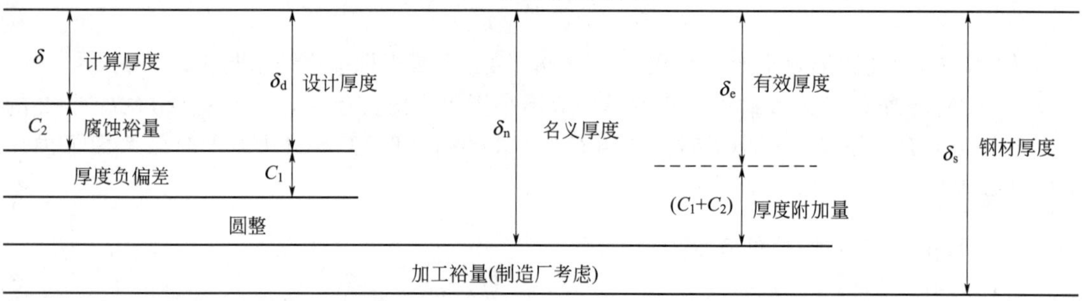

(4) 许用应力

材料的许用应力按表 3-3 的规定，不同设计温度下的材料许用应力值按 GB/T 150.2 标准选取，设计温度低于 20℃时，取 20℃时的许用应力。

表 3-3　许用应力确定方法

材料	许用应力 （取下列各值中的最小值）/MPa
碳素钢、低合金钢	$\frac{R_m}{2.7},\frac{R_{eL}}{1.5},\frac{R_{eL}^t}{1.5},\frac{R_D^t}{1.5},\frac{R_n^t}{1.0}$
高合金钢	$\frac{R_m}{2.7},\frac{R_{eL}(R_{p0.2})}{1.5},\frac{R_{eL}^t(R_{p0.2}^t)^{①}}{1.5},\frac{R_D^t}{1.5},\frac{R_n^t}{1.0}$

① 对奥氏体高合金钢制受压元件，当设计温度低于蠕变范围，且允许有微量的永久变形时，可适当提高许用应力至 $0.9R_{eL}^t$（$R_{p0.2}^t$），但不超过$\frac{R_{eL}\ (R_{p0.2})}{1.5}$。此规定不适用于法兰或其他有微量永久变形就产生泄漏或故障的场合。

(5) 焊接接头系数

压力容器的承压部件大都是用钢板焊接的，焊接部件的强度要受焊接质量的影响。焊接

接头系数 ϕ 表示由于焊接或焊缝中可能存在的缺陷对结构原有强度削弱的程度。很明显，这个系数的大小在很大程度上取决于实际的施焊质量，很难预先确定。按《容规》的规定，由经过考试合格的焊工按规定的焊接工艺规程施焊的容器，焊接接头系数 ϕ 根据焊接接头的型式和焊缝无损检验要求，按表 3-4 规定选取。

表 3-4　压力容器的焊接接头系数 ϕ

接头型式	全部探伤				局部探伤				无法探伤
	钢	有色金属			钢	有色金属			钢
		铝①	铜①	钛		铝①	铜①	钛	
双面焊或相当于双面焊全焊透的对接焊缝	1.0	0.85～0.95	0.85～0.95	0.90	0.85	0.85～0.90	0.80～0.85	—	—
有金属垫板的单面焊对接焊缝	0.9	0.80～0.85	0.80～0.85	0.85	0.80	0.70～0.85	0.70～0.80	—	—
无垫板的单面焊环向对接焊缝	—	—				—	0.65～0.70	—	0.60②

① 有色金属焊缝系数均指熔化极惰性气体保护焊，否则应按表中所列系数适当减少。

② 此系数仅适用于厚度不超过 16mm 的壳体环向焊缝。

(6) 厚度附加量

厚度附加量是考虑部件在用材、加工和使用期间器壁有可能减薄而需要增加的厚度。从选定钢板最小厚度的角度要求，厚度附加量 C 应包括三部分：钢板（管）负偏差 C_1、腐蚀裕量 C_2、加工减薄量 C_3。C_1 和 C_3 是为了使部件制成品的厚度不小于需要的厚度（计算壁厚加腐蚀裕量）。C_2 是要使部件在设计使用期限内的壁厚始终不小于计算壁厚，以保证设备使用寿命。

① 钢板或钢管负偏差（即实际厚度与名义厚度的最大偏差）C_1 可根据钢板或钢管标准规定的数据选用。

② 腐蚀裕量 C_2 可根据工作介质对材料的腐蚀速度和设备的设计使用寿命而定（理论上的 C_2 为此二者的乘积），同时应考虑机械磨损而导致厚度的削弱减薄。一般按经验数据选用。对介质无明显腐蚀作用的碳素钢和低合金钢容器，一般可取 C_2 不小于 1mm；对介质腐蚀性极微的不锈钢容器，取 $C_2=0$。

③ 加工减薄量 C_3 可视部件的加工变形程度和是否加热而定，由制造单位依据加工工艺和加工能力自行选取。按 GB/T 150—2024 的规定，钢制压力容器设计图纸上注明的厚度不包括加工减薄量。

3.2.2　外压设备的稳定性计算

容器承受均布外压作用时，器壁中产生压缩薄膜应力，其大小与受内压时相同。此时，容器有两种可能的失效形式，一种是发生压缩屈服破坏，另一种是当外压达到一定的数值时，壳体的径向挠度随压缩应力的增加急剧增大，直至容器压瘪，这种现象称为外压容器的失稳。本节主要按照 GB/T 150—2024《压力容器》标准的规定，给出外压圆筒、外压球壳的稳定性计算，其余受压元件的稳定性计算详见 GB/T 150 相关章节的计算要求。

3.2.2.1　符号说明

A——外压应变系数；B——外压应力系数，MPa；$[p]$——许用外压力，MPa；D_0——圆筒外直径，mm；E——常温下材料弹性模量，MPa；L——圆筒计算长度，应取圆筒两相邻支撑线之间的距离（见图 3-4），mm。

外压计算长度如图 3-4。

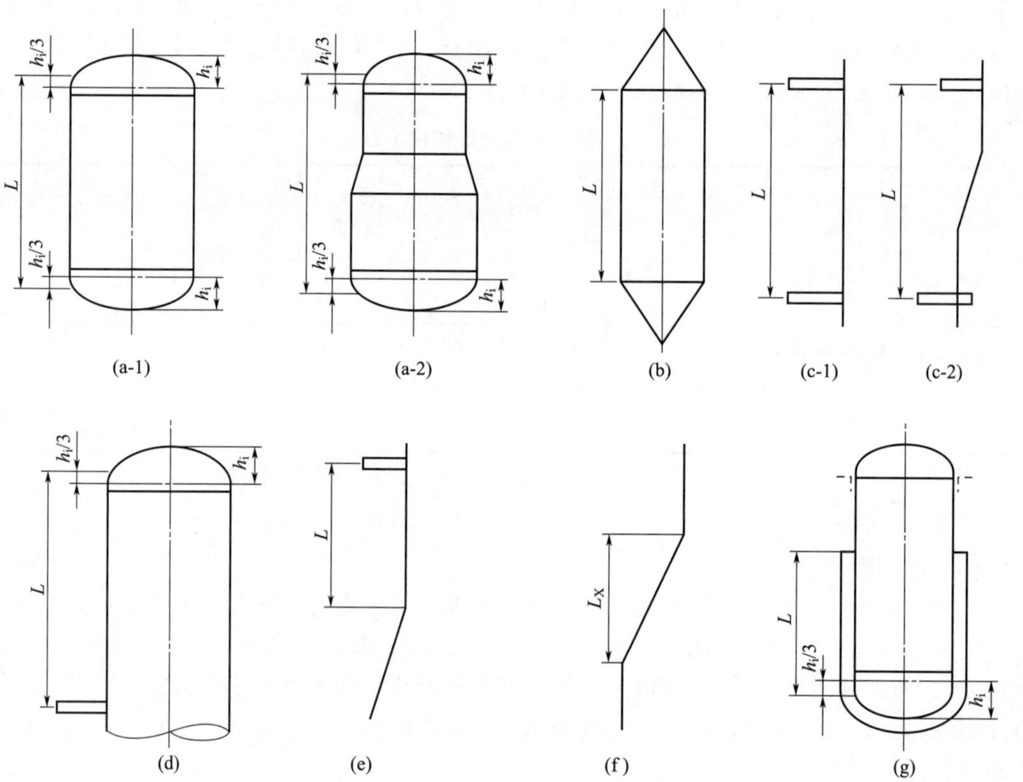

图 3-4　外压计算长度

支承线系指该处的截面有足够的惯性矩，以确保外压作用下该处不出现失稳现象。图 3-4(a-2)、图 3-4(c-2) 中的锥壳或折边段的有效厚度不得小于相连接圆筒的有效厚度。

3.2.2.2　外压圆筒的稳定计算

(1) 确定外压应变系数 A

① 根据 L/D_o 和 D_o/δ_e 由 GB/T 150.3 中的图 6-2（本书中的图 3-5）查取外压应变系数 A 值；

② 若 L/D_o 值大于 50，则用 $L/D_o=50$ 查图；若 L/D_o 值小于 0.05，则用 $L/D_o=0.05$ 查图。

(2) 确定外压应力系数 B

① 按所用材料，查 GB/T 150.3 中的表 6-1，确定对应的外压应力系数 B 曲线图（GB/T 150.3 中的图 6-3～图 6-11）（图 3-6），由 A 值查取 B 值；

② 若 A 值超出设计温度曲线的最大值，则取对应温度曲线右端点的纵坐标值为 B 值；

③ 若 A 值小于设计温度曲线的最小值，则按下式计算 B 值：

$$B=\frac{2AE^t}{3} \tag{3-11}$$

式中，E^t 为设计温度下材料弹性模量，MPa。

(3) 确定许用外压力 $[p]$

根据 B 值，按下式计算许用外压力：

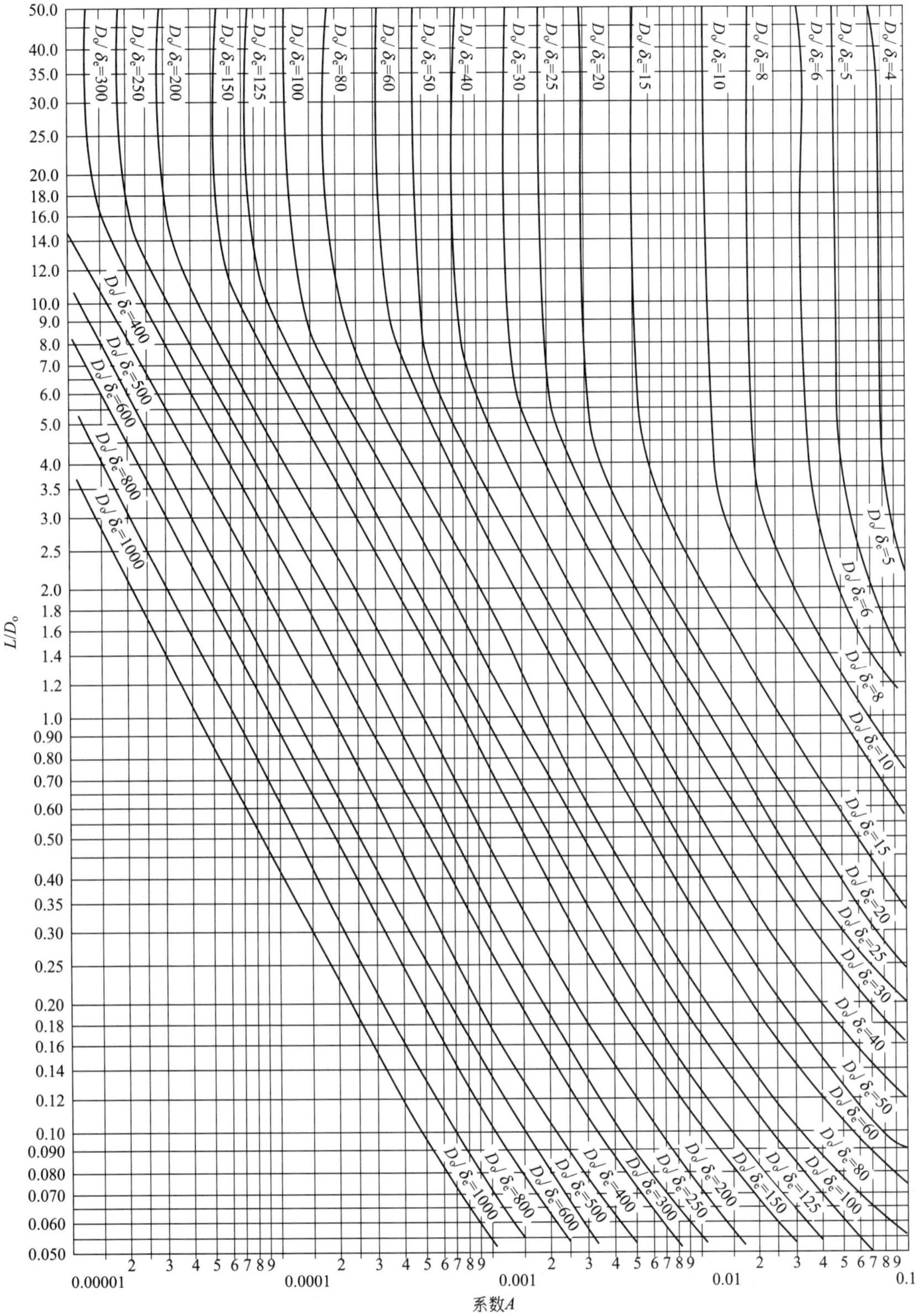

图 3-5　外压或轴向受压圆筒和管子几何参数计算图

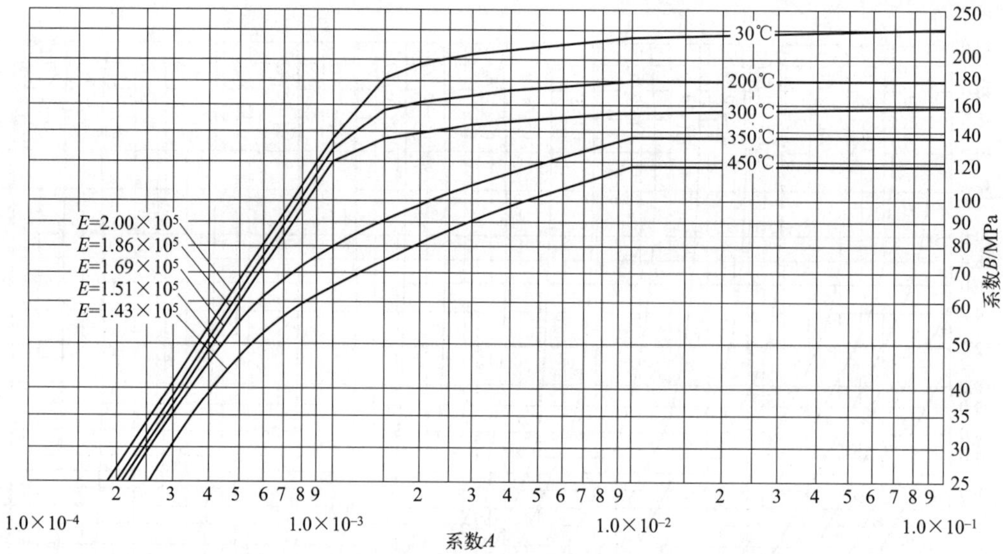

图 3-6　外压圆筒、管子和球壳厚度计算图（Q345R、15CrMo 钢）

$$[p]=\frac{B}{D_o/\delta_e} \tag{3-12}$$

计算得到的 $[p]$ 应大于或等于 p_c，否则须调整设计参数，重复上述计算，直到满足要求。

3.2.2.3　外压球壳的稳定计算

(1) 确定外压应变系数 A

$$A=\frac{0.125}{R_o/\delta_e} \tag{3-13}$$

式中，R_o 为球壳外半径，mm。

(2) 确定外压应力系数 B

① 按所用材料，查 GB/T 150.3 表 6-1，确定对应的外压应力系数 B 曲线图（GB/T 150.3 中的图 6-3～图 6-11）（图 3-6），由 A 值查取 B 值；

② 若 A 值超出设计温度曲线的最大值，则取对应温度曲线右端点的纵坐标值为 B 值；

③ 若 A 值小于设计温度曲线的最小值，则按式(3-11) 计算 B 值。

(3) 确定许用外压力 $[p]$

根据 B 值，按式(3-12) 计算许用外压力。

计算得到的 $[p]$ 应大于或等于 p_c，否则须调整设计参数，重复上述计算，直到满足要求。

3.2.3　压力试验的强度计算

压力容器制造完毕后应经耐压试验。耐压试验的种类、要求和试验压力值应在图样上注明。耐压试验一般采用液压试验，对于不适合液压试验的容器（不允许有微量残留液体或由于结构原因不能充满液体的容器）可采用气压试验。

(1) 耐压试验压力

① 内压容器

液压试验：

$$p_T = 1.25p \frac{[\sigma]}{[\sigma]^t} \tag{3-14}$$

气压试验：

$$p_T = 1.1p \frac{[\sigma]}{[\sigma]^t} \tag{3-15}$$

② 外压容器

液压试验：

$$p_T = 1.25p \tag{3-16}$$

气压试验：

$$p_T = 1.1p \tag{3-17}$$

式中，p 为设计压力，MPa；p_T 为试验压力，MPa；$[\sigma]$ 为容器元件材料的许用应力，MPa；$[\sigma]^t$ 为容器元件材料在试验温度下的许用应力，MPa。

(2) 试验压力下圆筒应力校核

压力试验前，应进行圆筒应力校核，试验压力下圆筒的应力：

$$\sigma_T = \frac{p_T(D_i + \delta_e)}{2\delta_e \phi} \tag{3-18}$$

式中，σ_T 为试验压力下圆筒的应力，MPa；D_i 为圆筒内直径，mm；p_T 为试验压力，MPa；δ_e 为圆筒的有效厚度，mm；ϕ 为圆筒的焊接接头系数。

液压或气压试验时，σ_T 应分别小于或等于试验温度下材料屈服强度 R_{eL} 的 90% 或 80%。

(3) 泄漏试验

介质毒性程度为极度、高度危害或者不允许有微量泄漏的容器，应在耐压试验合格后进行泄漏试验。泄漏试验包括气密性试验以及氨检漏试验、卤素检漏试验和氦检漏试验等。需进行泄漏试验时，试验压力、试验介质和相应的检验要求在图样上和设计文件中注明；气密性试验压力等于设计压力。

3.2.4 过程设备强度计算软件

SW6—2011《过程设备强度计算软件》依据 GB/T 150—2024、GB/T 151—2014、GB/T 12337—2014、NB/T 47041—2014 及 NB/T 47042—2014 等一系列与压力容器、化工过程设备设计计算有关的国家标准、行业标准进行编制，包括 12 个计算程序，分别为卧式容器、塔器、固定管板式换热器、浮头式换热器、填料函式换热器、U 形管换热器、带夹套立式容器、球形储罐、高压容器、非圆形容器共 10 个设备计算程序及 1 个零部件计算程序和 1 个用户材料数据库管理程序等；发行单位为全国化工设备设计技术中心站。

由于 SW6—2011 以 Windows 为操作平台，不少操作借鉴了类似于 Windows 的用户界面，因而允许用户分多次输入同一台设备的原始数据、在同一台设备中对不同零部件原始数据的输入次序不作限制、输入原始数据时还可借助于示意图或帮助按钮给出提示等，极大地方便用户使用。一个设备中各个零部件的计算次序，既可由用户自行决定，也可由程序来决定，十分灵活。

零部件计算程序可单独计算最为常用的受内、外压的圆筒和各种封头，以及开孔补强、法兰等受压元件，也可对 HG/T 20582—2020《钢制化工容器强度计算规范》中的一些较为特殊的受压元件进行强度计算。10 个设备计算程序则几乎能对该类设备各种结构组合的受压元件进行逐个计算或整体计算。

计算结束后，分别以屏幕显示简要结果及直接采用 WORD 表格形式形成按中、英文编排的《设计计算书》等多种方式，给出相应的计算结果，满足用户查阅简要结论或输出正式文件存档的不同需要。该软件简便的操作、良好的服务，已成为压力容器、化工设备行业设计必备软件之一。

3.3 换热设备设计

实现冷热流体热量交换的设备称为换热设备。按作用原理和传热方式分为直接接触式换热器、蓄热式换热器、间壁式换热器、中间载热体式换热器等。其中间壁式换热器中的管壳式换热器是目前使用最广泛的一类换热器。其优点是结构坚固、可靠性高、适应性广、易于制造、处理能力大、生产成本较低、选用材料范围广、换热表面清洗较方便、可用于高温和高压。缺点是传热效率、结构紧凑性及单位换热面积所需金属消耗量等方面均不如一些新型高效紧凑式换热器。本节依据 GB/T 151—2014《热交换器》标准，主要讨论管壳式换热器的设计。

3.3.1 管壳式换热器基本类型

GB/T 151 中管壳式换热器基本类型包括固定管板式换热器、浮头式换热器、U 形管式换热器、填料函式换热器及釜式再沸器等。

① 固定管板式换热器适用于壳侧介质清洁且不易结垢并能进行溶解清洗，管、壳程两侧温差不大或温差较大但壳侧压力不高的场合。当管束与壳体的壁温或材料的线膨胀系数相差较大时，壳体和管束中将产生较大的热应力。为减少热应力，通常在固定管板式换热器中设置柔性元件（如膨胀节、挠性管板等），来吸收热膨胀差。

② 浮头式换热器浮头端可自由伸缩，无热应力。适用于壳体和管束之间壁温差较大或壳程介质易结垢的场合。

③ U 形管式换热器适用于管、壳壁温差较大或壳程介质易结垢需要清洗，又不宜采用浮头式和固定管板式的场合，特别适用于管内走清洁而不易结垢的高温、高压、腐蚀性大的物料。

④ 填料函式换热器适用于管、壳壁温差较大且压力小于 4MPa，但不适用于易挥发、易燃、易爆、有毒及贵重介质，使用温度受填料的物性限制。

⑤ 釜式再沸器适用于壳程带有蒸发空间的场合。与浮头式、U 形管式换热器一样，清洗维修方便；可处理不清洁、易结垢介质，能承受高温、高压。

3.3.2 管壳式换热器结构设计

3.3.2.1 管程结构

(1) 管箱

管箱的作用是将流体送入换热管和送出换热器，在多管程结构中，还起到改变流体流向的作用。结构型式如图 3-7 所示。

多管程管箱平盖上的隔板槽深不小于 4.8mm；槽宽、倒角等，应与管板的隔板槽结构尺寸一致。紧固件宜采用双头螺柱。公称直径小于 800mm 时，径向接管结构宜采用整体补

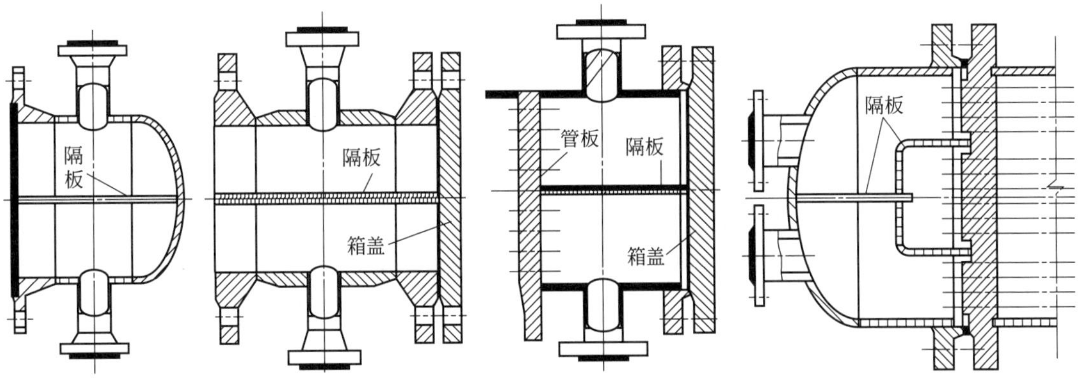

(a) (b) (c) (d)

图 3-7 管箱结构型式

强形式。轴向开口的管箱，接管中心线处的最小深度应不小于接管内直径的 1/3。对于多程管箱，其内侧深度应使相邻管程之间的最小流通面积不小于每程换热管流通面积的 1.3 倍；当压降允许时，可适当减小，但不得小于每程换热管的流通面积。

(2) 管程防冲结构

当采用轴向入口接管，且液体 $\rho v^2 > 9000\mathrm{kg/(m/s^2)}$（$\rho$ 为密度，$\mathrm{kg/m^3}$；v 为流速，m/s）时，应考虑设置防冲结构。

(3) 布管

换热管常用排列形式包括正三角形、转正三角形、正方形、转正方形 4 种，流向垂直于折流板缺口。

换热管中心距宜不小于 1.25 倍的换热管外径，常用的换热管中心距见表 3-5。换热器管间需要机械清洗时，应采用正方形排列，相邻两管间的净空距离（$S-d$）不宜小于 6mm。对于外径为 10mm、12mm 和 14mm 的换热管的中心距分别不得小于 17mm、19mm 和 21mm；外径为 25mm 的换热管，当用转正方形排列时，其分程隔板槽两侧相邻的管中心距应为 32mm×32mm 正方形的对角线场，即 $S_n=45.25$mm。

表 3-5 换热管中心距 单位：mm

换热管外径	10	12	14	16	19	20	22	25	30	32	35	38	45	50	55	57
换热管中心距 S	13～14	16	19	22	25	26	28	32	38	40	44	48	57	64	70	72
分程隔板槽两侧相邻管中心距 S_n	28	30	32	35	38	40	42	44	50	52	56	60	68	76	78	80

(4) 管程分程

管程数一般有 1、2、4、6、8、10、12 七种，常用的分程布置形式可参照图 3-8。对于多管程结构，应尽可能使各管程的换热管数大致相等；分程隔板槽形状简单，密封面长度较短。

(5) 分程隔板

分程隔板承受脉动流体或隔板两侧压差很大时，隔板的厚度应适当增厚，或改变隔板的结构；大直径换热器隔板应设计成图 3-9 所示的双层结构；隔板端部的厚度应比对应的隔板槽宽度小 2mm；厚度大于 10mm 的分程隔板，密封面处应按图 3-10 削边至 10mm。必要时，分程隔板上可开设排净孔，排净孔的直径宜为 4～8mm。分程隔板应与管箱双面连接

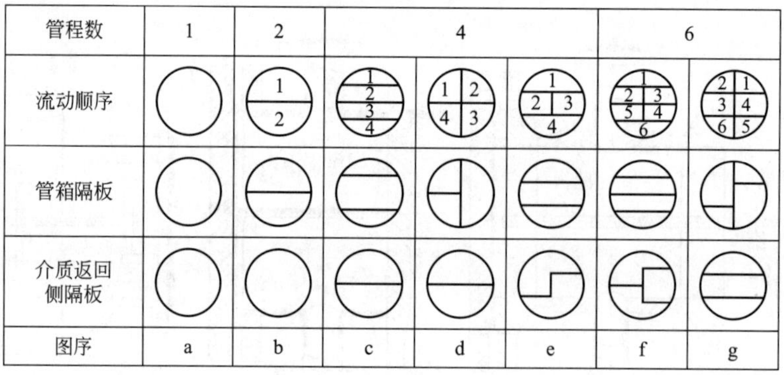

图 3-8　分程布置

焊，最小焊脚尺寸为 3/4 倍的分程隔板厚度；必要时隔板与管箱内壁焊接边缘可开坡口，允许采用与焊接连接等强度的其他连接方式。

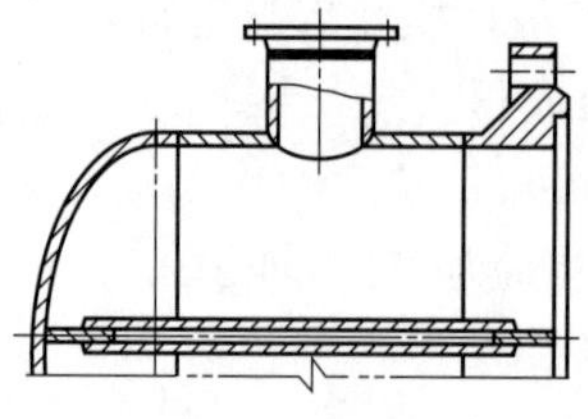

图 3-9　双层分程隔板连接

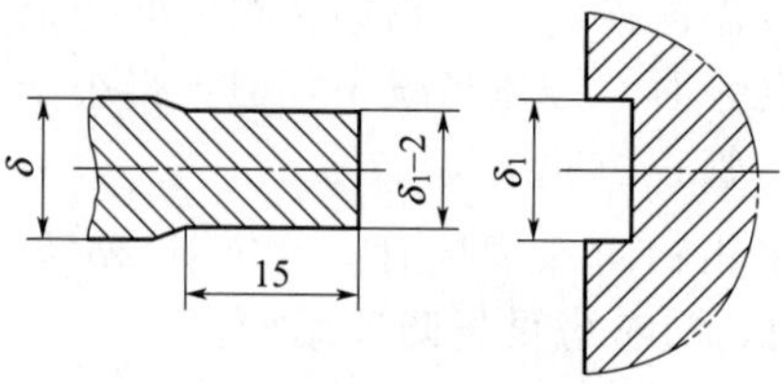

图 3-10　隔板端部与管板槽配合

(6) 换热管

换热管的长度推荐采用：1.0m，1.5m，2.0m，2.5m，3.0m，4.5m，6.0m，7.5m，9.0m，12.0m。钢换热管外径及允许偏差见表 3-6 和表 3-7。常用钢管有 ϕ19mm×2mm、ϕ25mm×2.5mm 和 ϕ38mm×2.5mm 无缝钢管；ϕ25mm×2mm 和 ϕ38mm×2.5mm 不锈钢管。

表 3-6　Ⅰ级管束换热管外径及允许偏差　　单位：mm

外径	≤25	>25～38	>38～50	>50～57
偏差	±0.10	±0.15	±0.20	±0.25

表 3-7　Ⅱ级管束换热管外径及允许偏差　　单位：mm

外径	≤25	>25～38	>38～50	>50～57
偏差	±0.15	±0.20	±0.25	±0.40

注：Ⅰ级管束采用较高精度钢管、Ⅱ级管束采用普通精度钢管，不锈钢均采用Ⅰ级管束。

U 形换热管弯管段的最小弯曲半径 R 不宜小于两倍的换热管外径，常用 U 形换热管的最小弯曲半径 R_{min} 可按表 3-8 选取。强化传热管与管板连接的端部光管长度不小于管板厚度加 30mm；当订货合同未作规定时，光管长度为 120mm。

表 3-8　U 形换热管的最小弯曲半径 R_{min}　　单位：mm

换热管外径	10	12	14	16	19	20	22	25	30	32	35	38	45	50
R_{min}	20	24	30	32	40	40	45	50	60	65	70	76	90	100

(7) 管板

管板的作用是用来排布换热管；将管程和壳程流体分开，避免冷、热流体混合；承受管程、壳程压力和温度的载荷作用。结构型式分厚管板（图 3-11)、薄管板（图 3-12)、挠性椭圆形管板（图 3-13）和双管板（图 3-14)。

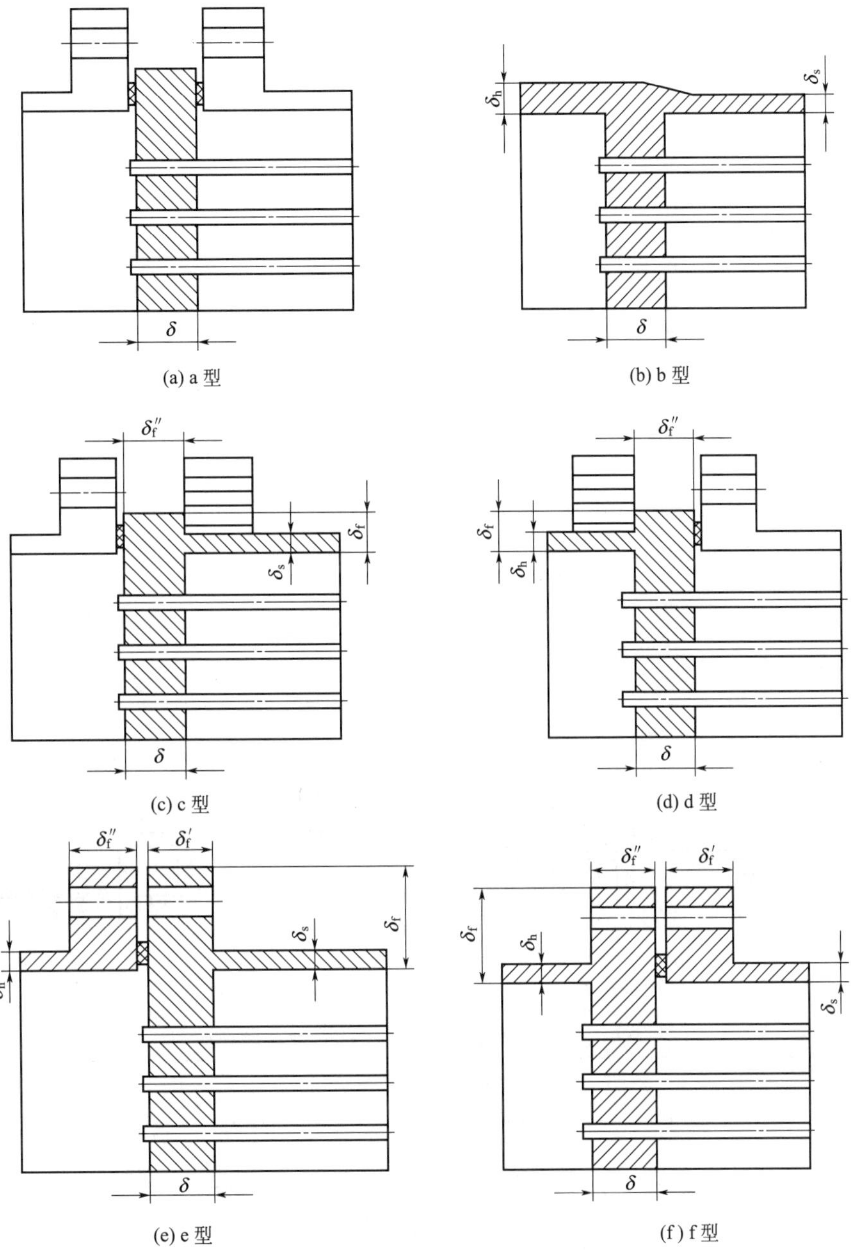

(a) a 型　(b) b 型　(c) c 型　(d) d 型　(e) e 型　(f) f 型

图 3-11　厚管板

钢制Ⅰ级管束的管板管孔公称直径及允许偏差应符合表 3-9；钢制Ⅱ级管束的管板管孔公称直径及允许偏差应符合表 3-10。

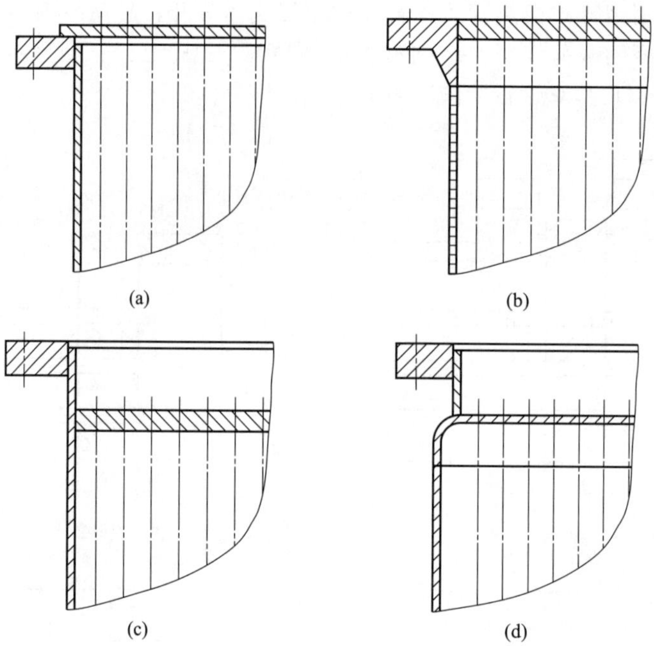

图 3-12 薄管板

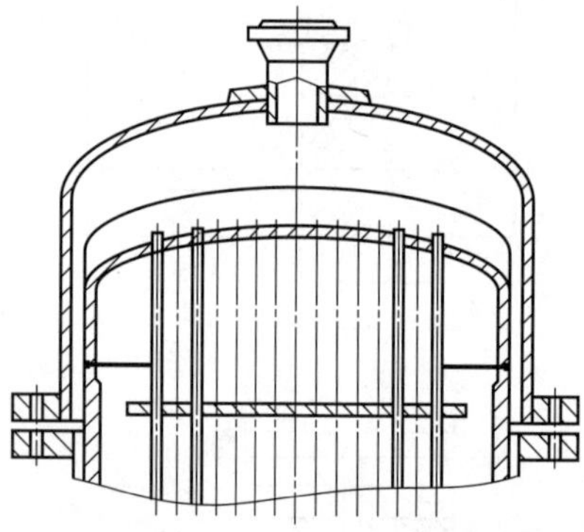

图 3-13 挠性椭圆形管板

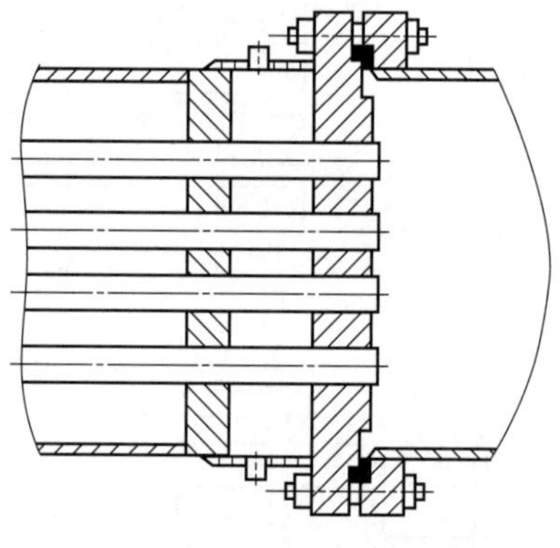

图 3-14 双管板

表 3-9 Ⅰ级管束管板的管孔公称直径及允许偏差 单位：mm

换热管外径	14	16	19	25	30	32	35	38	45	50	55	57
管孔公称直径	14.25	16.25	19.25	25.25	30.35	32.40	35.40	38.45	45.50	50.55	55.65	57.65
允许偏差	+0.05 −0.10		+0.10 −0.10		+0.10 −0.15			+0.10 −0.20			+0.15 −0.25	

表 3-10 Ⅱ级管束管板的管孔公称直径及允许偏差 单位：mm

换热管外径	14	16	19	25	30	32	35	38	45	50	55	57
管孔公称直径	14.30	16.30	19.30	25.30	30.40	32.40	35.40	38.45	45.55	50.55	55.75	57.75
允许偏差	+0.05 −0.10		+0.10 −0.10		+0.10 −0.15			+0.10 −0.20			+0.15 −0.25	

(8) 换热管与管板的连接

换热管与管板的连接方式有强度胀接、贴胀、强度焊接、焊胀并用、内孔焊接。

① 强度胀接　适用于设计压力不小于 4.0MPa、设计温度小于等于 300℃，操作中无振动、无过大的温度波动及无明显的应力腐蚀的场合。

强度胀接的最小胀接长度 l 应取管板的名义厚度减去 3mm、50mm 二者的最小值；管板名义厚度减去 3mm 与 50mm 之间的差值可采用贴胀；当有要求时，管板名义厚度减去 3mm 的全长强度焊接；机械胀接的结构型式及尺寸按图 3-15 和表 3-11 的规定，需要时，可多开几个槽，以增加拉脱力。

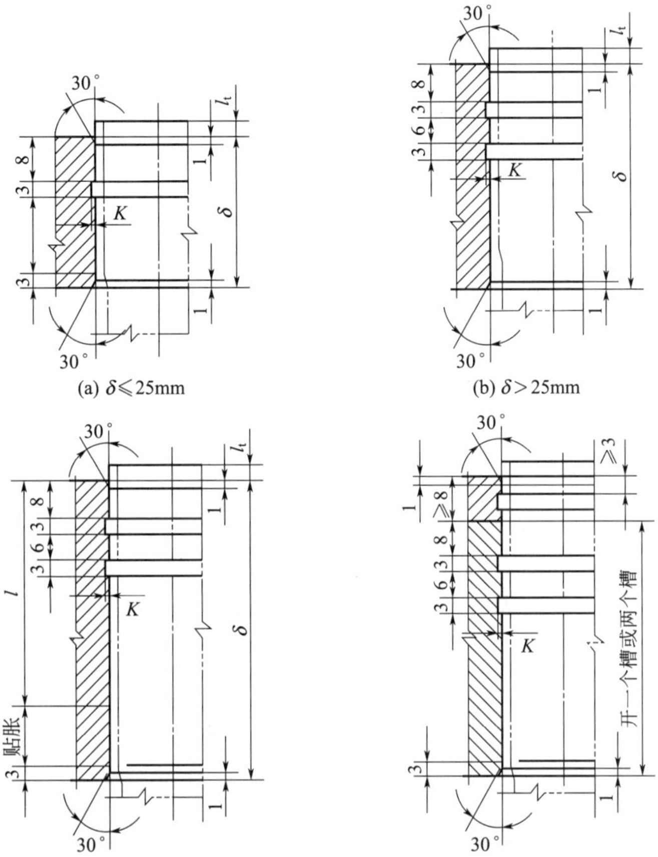

(a) $\delta \leqslant 25$mm　(b) $\delta > 25$mm

(c) 厚管板及避免间隙腐蚀场合　(d) 覆层开槽结构

图 3-15　强度胀接（机械胀接）管孔结构

当采用柔性胀接工艺时，开槽宽度可按式(3-19）进行计算，H 不得大于 13mm。

$$H = 1.56\sqrt{d\delta_t} \tag{3-19}$$

式中，d 为换热管外径，mm；δ_t 为换热管壁厚，mm。

表 3-11　胀接连接尺寸　　单位：mm

换热管外径	≤14	16～25	30～38	45～57
伸出长度 l_1	4		3^{+1}	5^{+1}
槽深 K	可不开槽	0.5	0.6	0.8

② 贴胀　贴胀一般不开槽，胀度控制在 2%～3%。

③ 强度焊接　强度焊接的接头型式见图 3-16，其中图 3-16(a）的焊脚高度 $l = a_f$；图 3-16(b) $l = a_g$；图 3-16(c) $l = a_c$。全强度焊接的焊脚高度 l 应不小于 $1.4\delta_t$；部分强度焊接 l 应不小于 δ_t。常用的换热管与管板的焊接接头型式参见图 3-17。

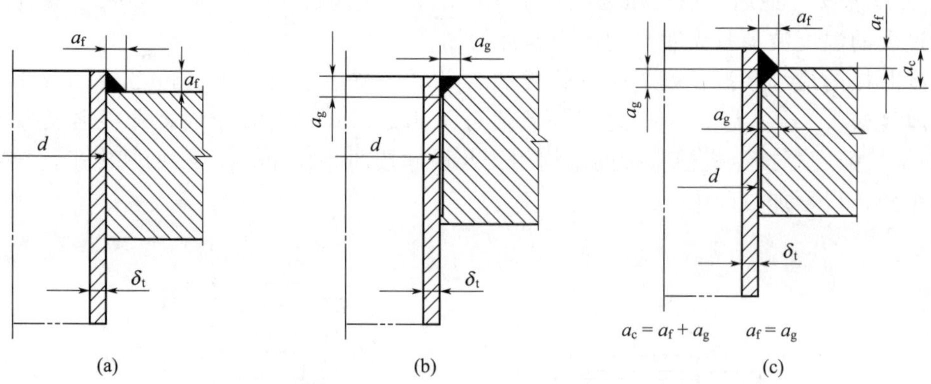

图 3-16 强度焊接的接头型式

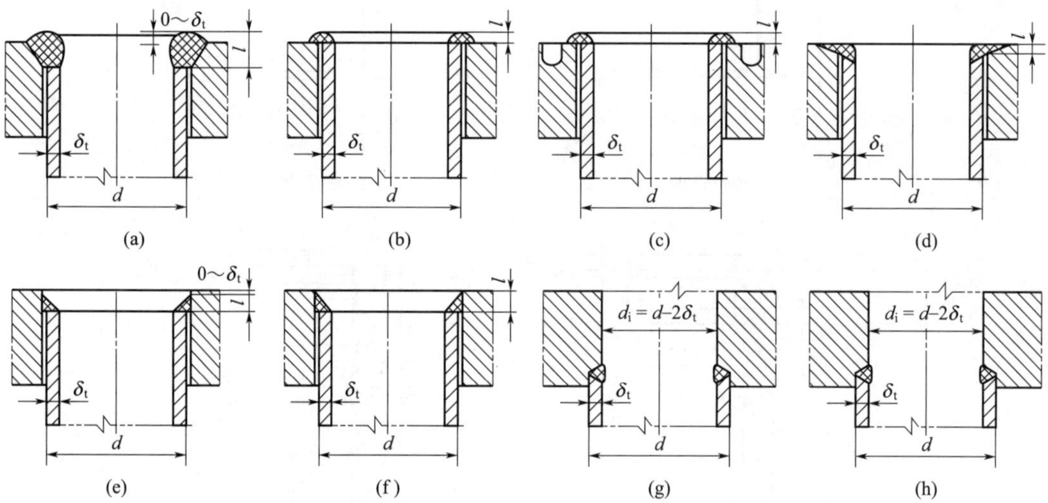

图 3-17 换热管与管板的焊接接头型式

④ 焊胀并用 焊胀并用适合于密封性能要求较高、承受振动或疲劳载荷、有间隙腐蚀及采用复合管板的场合。结构型式尺寸按图 3-18 和图 3-19，适用于先焊后胀的制造工艺。

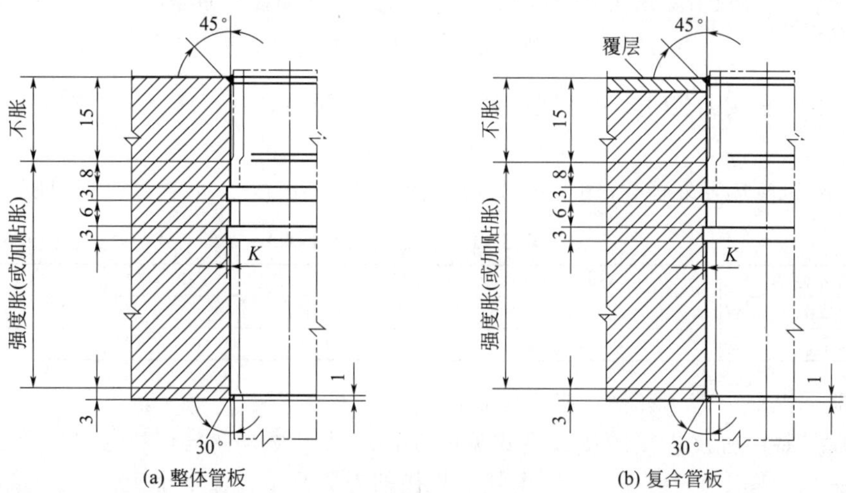

图 3-18 强度胀加密封焊管孔结构

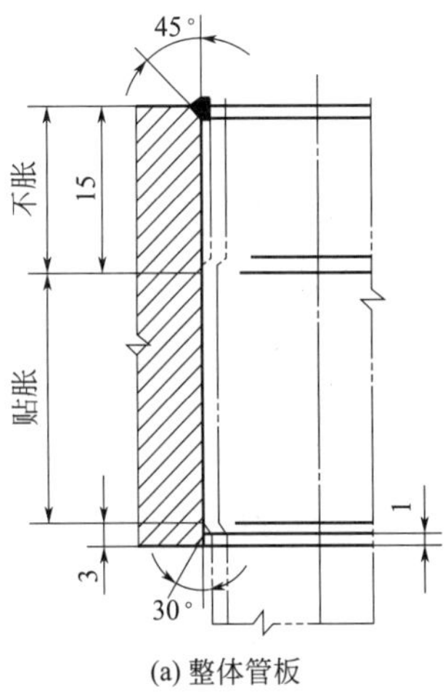

图 3-19　强度焊加贴胀管孔结构

当采用先胀后焊工艺时，图 3-18 和图 3-19 中管程侧 15mm 与管板坡口的差值应满胀。

⑤ 内孔焊接　内孔焊接接头型式见图 3-20，适用于换热管轴向载荷较大及避免间隙腐蚀的场合。对接接头应为全焊透结构型式；对接接头的拉伸许用应力应不小于换热管和管板材料许用应力较小者的 0.85 倍。

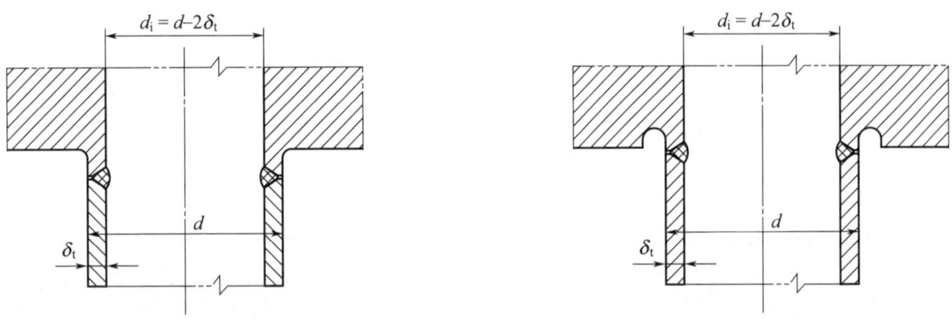

图 3-20　内孔焊接接头型式

(9) 管板和筒体的连接

常用管板和筒体的连接接头见图 3-21、图 3-22。

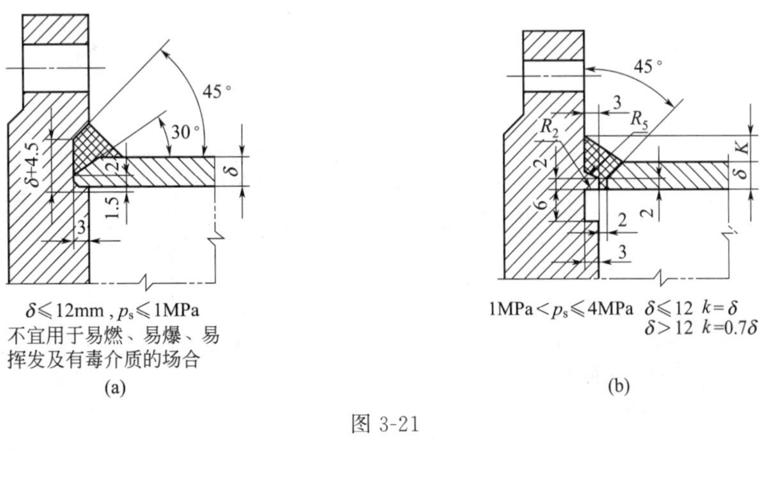

图 3-21

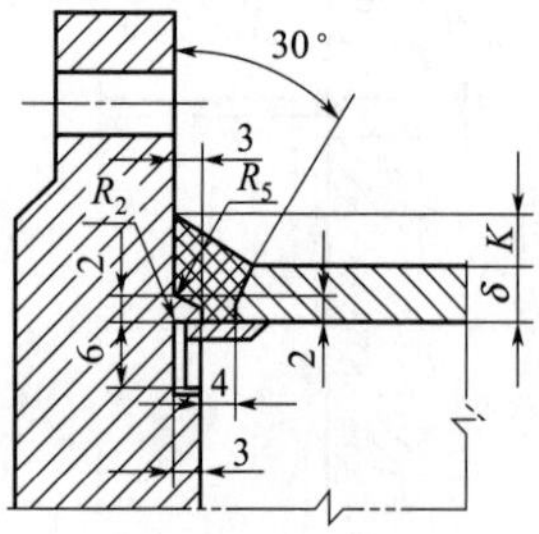

1MPa<p_s≤4MPa $k=\delta$
$k=0.7\delta$

(c)

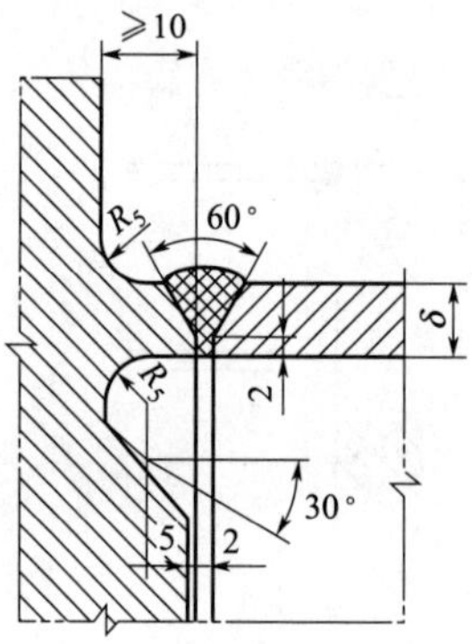

p_s>4MPa

(d)

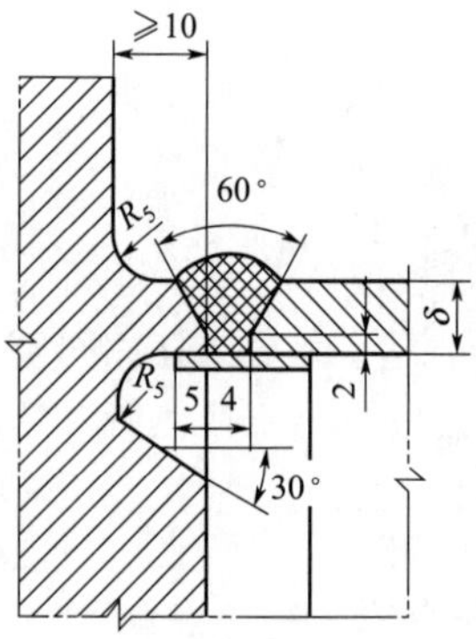

p_s>4MPa

(e)

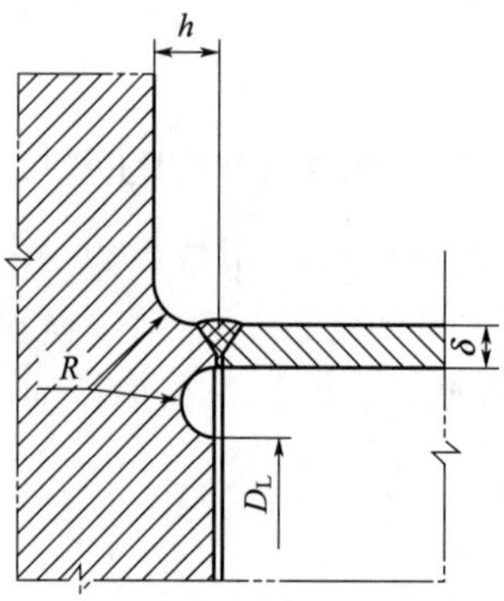

p_s≥4MPa

(f)

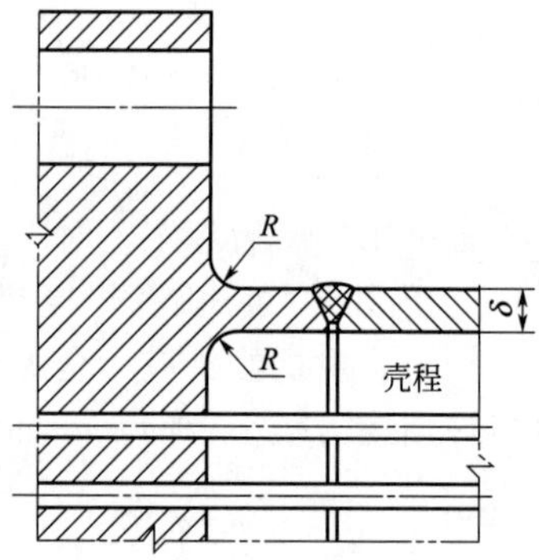

p_s>4

(g)

图 3-21 延长部分兼作法兰的管板与筒体连接

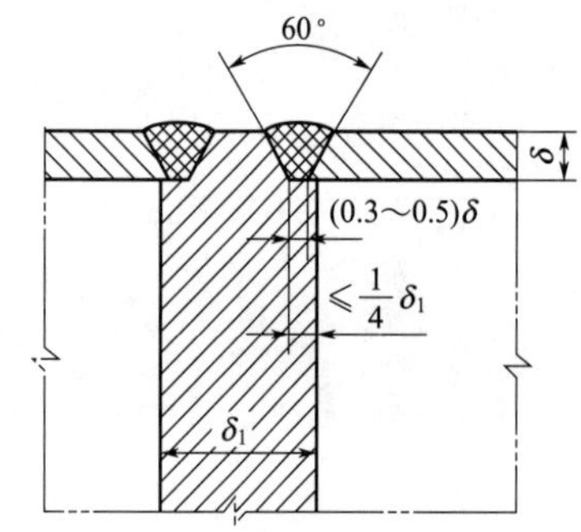

p≤4MPa

(a)

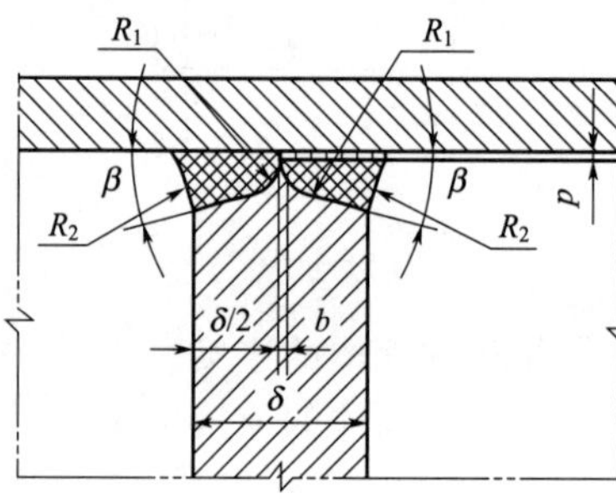

p≤35MPa

(b)

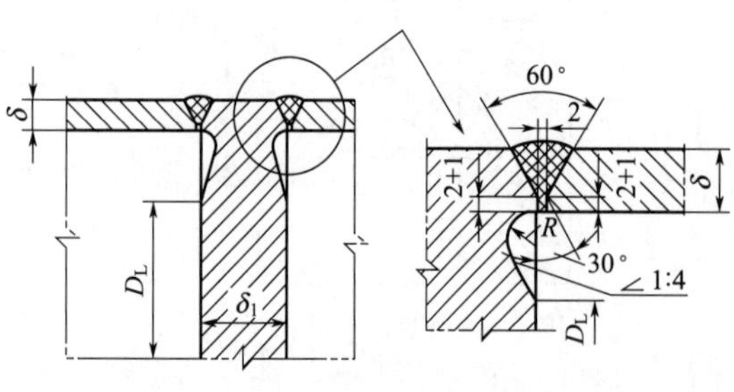

p<6.4MPa

(c)

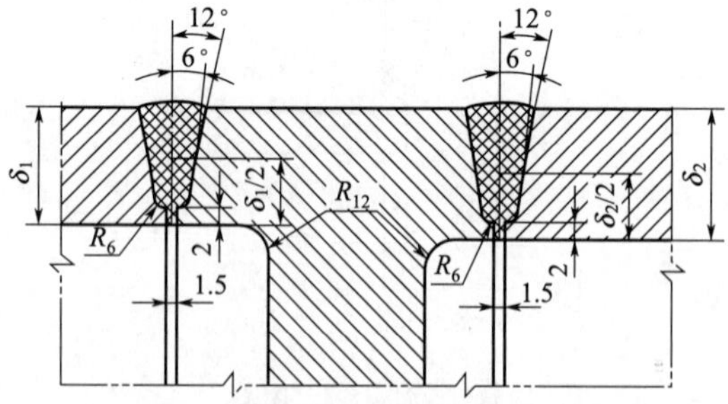

p≥6.4MPa

(d)

图 3-22 不兼作法兰的管板与筒体连接

3.3.2.2 壳程结构

(1) 导流与防冲

下列场合，应在壳程进口管处设置防冲挡板：①液体，包括沸点下的液体，$\rho v^2>740\text{kg}/(\text{m}\cdot\text{s}^2)$（$\rho$ 为密度，kg/m^3；v 为流速，m/s)；②非腐蚀、非磨蚀性的单相流体，$\rho v^2>2230\text{kg}/(\text{m}\cdot\text{s}^2)$；③有腐蚀或磨蚀的气体、蒸气及气液混合物。

(2) 折流板与支持板

常用的折流板形式有单弓形、双弓形及圆盘圆环形 3 种。弓形折流板缺口大小应使流体通过缺口与横过管束的流速相近，缺口大小用其弦高占圆筒内直径的百分比来表示，单弓形折流板弦高 h 值，宜取 0.20～0.45 倍的圆筒内直径。弓形折流板的缺口宜切在管排中心线以下，见图 3-23，或切于两排管孔的小桥之间。

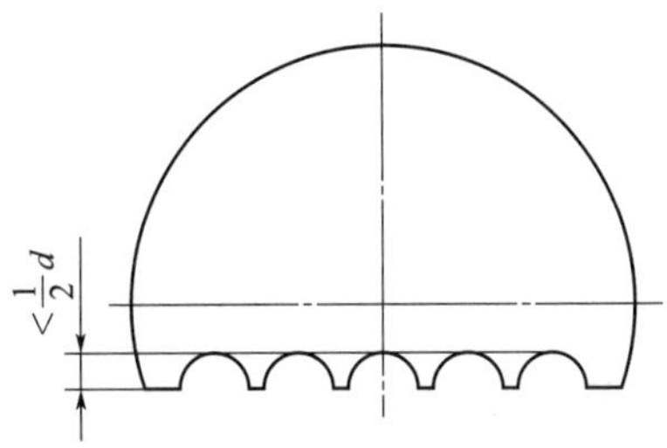

图 3-23　折流板缺口切割位置

折流板和支持板外直径及允许偏差应符合表 3-12 的规定；最小厚度应符合表 3-13 的规定；管孔直径及允许偏差按表 3-14、表 3-15 选用。

折流板一般应按等间距布置，管束两端的折流板应尽可能靠近壳程进、出口接管。折流板最小间距一般不小于圆筒内直径的五分之一，且不小于 50mm；特殊情况下也可取较小的间距。换热管的无支撑跨距，应不小于表 3-16 中所示的换热管直管最大无支撑跨距；考虑液体脉动载荷的场合，在压力降允许的范围内，换热管的无支撑跨距应尽可能减小，或通过改变流动方式来防止管束振动。

表 3-12　折流板和支持板外直径及允许偏差　　单位：mm

公称直径 DN		<400	400～<500	500～<900	900～<1300	1300～<1700	1700～<2100	2100～<2300	2300～≤2600	>2600～3200	>3200～4000
折流板名义外直径		$DN-2.5$	$DN-3.5$	$DN-4.5$	$DN-6$	$DN-7$	$DN-8.5$	$DN-12$	$DN-14$	$DN-16$	$DN-18$
折流板外直径允许偏差	上	0		0		0		0	0	0	0
	下	−0.5		−0.8		−1.0		−1.4	−1.6	−1.8	−2.0

注：1. 用 DN≤426mm 无缝钢管作圆筒时，折流板名义外直径为无缝钢管实测最小内径减 2mm。

2. 对传热影响不大时，折流板外径的允许偏差可比表中值大一倍。

3. 换热器采用内导流结构时，支持板与圆筒内径的间隙应比表中值小。

表 3-13　折流板或支持板的最小厚度　　单位：mm

公称直径 DN	换热管无支撑跨距 L					
	≤300	>300～600	>600～900	>900～1200	>1200～1500	>1500
	折流板或支持板最小厚度					
<400	3	4	5	8	10	10
400～700	4	5	6	10	10	12
>700～900	5	6	8	10	12	16

续表

公称直径 DN	换热管无支撑跨距 L					
	≤300	>300～600	>600～900	>900～1200	>1200～1500	>1500
	折流板或支持板最小厚度					
>900～1500	6	8	10	12	16	16
>1500～2000	—	10	12	16	20	20
>2000～2600	—	12	14	18	22	24
>2600～3200	—	14	18	22	24	26
>3200～4000	—	—	20	24	26	28

表 3-14　Ⅰ级管束折流板和支持板管孔直径及允许偏差　　单位：mm

换热管外径 d、无支撑跨距 L		d≤32 且 L>900	d>32 或 L≤900
管孔直径		d+0.40	d+0.70
允许偏差	上	+0.30	
	下	0	

注：4%的管孔其允许偏差可为$^{+0.40}_{0}$。

表 3-15　Ⅱ级管束折流板和支持板管孔直径及允许偏差　　单位：mm

换热管外径 d、无支撑跨距 L		d≤32 且 L>900	d>32 或 L≤900
管孔直径		d+0.50	d+0.70
允许偏差	上	+0.40	
	下	0	

注：4%的管孔其允许偏差可为$^{+0.50}_{0}$。

表 3-16　换热管直管最大无支撑跨距　　单位：mm

管外径	换热管材料及温度限制/℃	
	碳素钢和高合金钢 400℃ 低合金钢 450℃ 镍-铜合金 300℃ 镍 450℃ 镍铬铁合金 540℃	在标准允许的温度范围内： 铝和铝合金 铜和铜合金 钛和钛合金 锆和锆合金
10	900	750
12	1000	850
14	1100	950
16	1300	1100
19	1500	1300
25	1850	1600
30	2100	1800
32	2200	1900
35	2350	2050
38	2500	2200
45	2750	2400
50	3150	2750
55		
57		

卧式换热器的壳程为单相清洁液体时，折流板缺口应水平上下布置；若气体中含有少量液体，则应在缺口朝上的折流板的最低处开通液口，如图 3-24(a) 所示；若液体中含有少量气体，则应在缺口朝下的折流板的最高处开通气口，如图 3-24(b) 所示。卧式换热器、冷凝器和再沸器的壳程介质为气、液相共存或液体中含有少量固体物料时，折流板缺口应垂直左右布置，并在折流板最低处开通液口，如图 3-24(c) 所示。

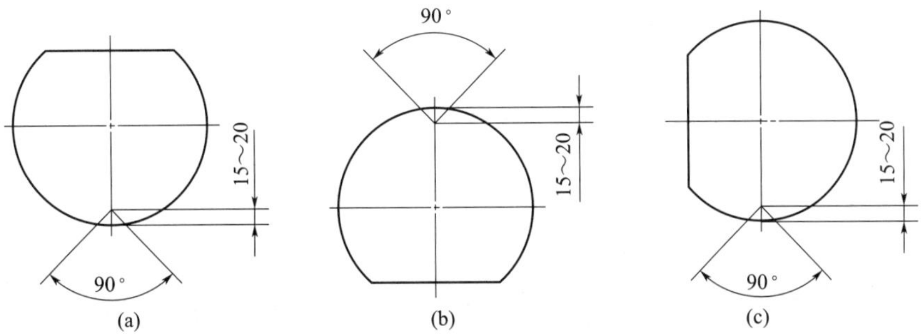

图 3-24　折流板通液口或通气口布置

(3) 防短路结构

壳程非等温传热场合，短路宽度超过 16mm 时，应设置防短路结构。常用的防短路结构有旁路挡板、挡管、中间挡板等。

① 旁路挡板　两折流板缺口间少于 6 个管心距时，设置一对旁路挡板；超过 6 个管心距时，每增加 5～7 个管心距增设一对旁路挡板，如图 3-25 所示。旁路挡板应与折流板焊接牢固；旁路挡板的厚度可取与折流板相同的厚度。

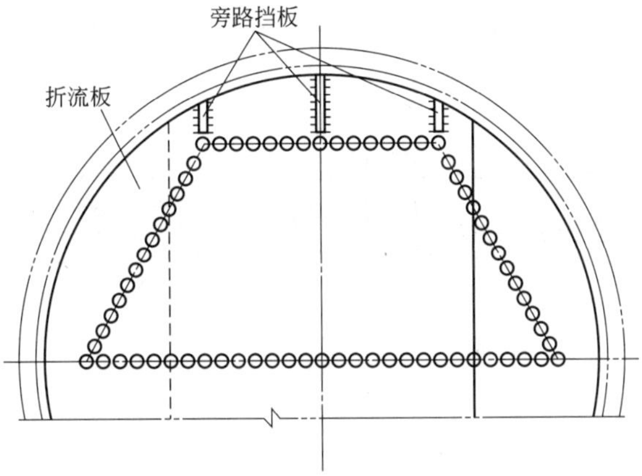

图 3-25　旁路挡板布置

② 挡管　分程隔板槽背面可设置挡管，挡管为两端堵死的盲管，也可用带定距管的拉杆代替；挡管应每隔 4～6 排换热管设置一根，但不应该设置在折流板缺口区，如图 3-26 所示。挡管伸出第一块及最后一块折流板或支持板的长度一般不大于 50mm；挡管应与任意一块折流板焊接固定。

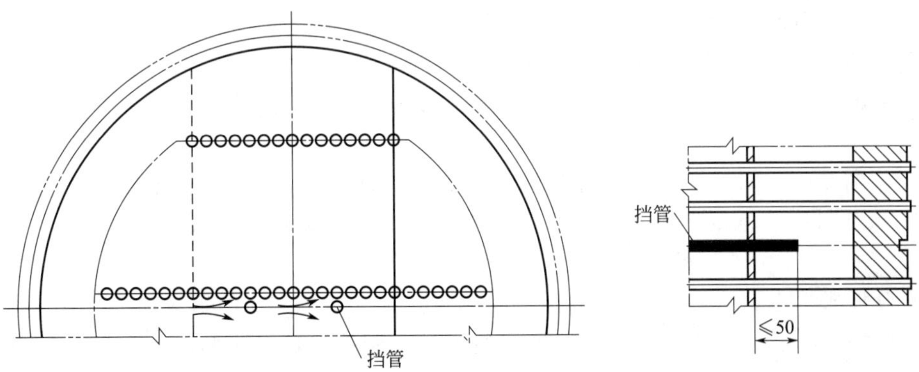

图 3-26　挡管布置

③ 中间挡板　U形换热器分程隔板槽背面短路宽度较大时应设置中间挡板，如图3-27(a)所示；也可按图3-27(b)将最里面一排的U形弯管倾斜布置使中间通道变窄，同时设置挡管。挡板应每隔4～6排换热管设置一个，但不应设置在折流板缺口区；挡板应与折流板焊接固定。

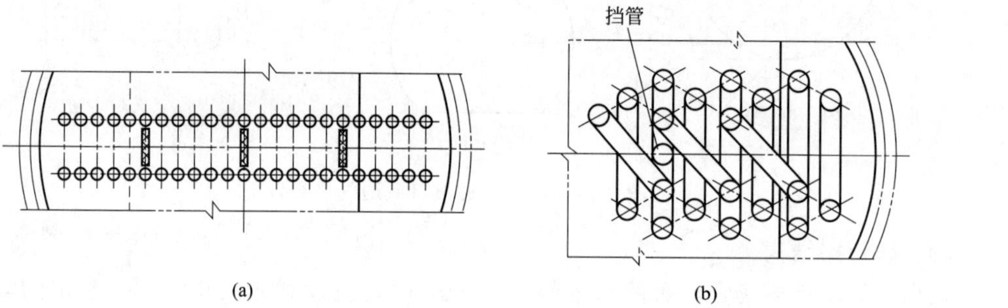

图3-27　中间挡板、挡管布置

(4) 拉杆定距管

拉杆定距管连接结构，适用于换热管外径大于或等于19mm的管束，如图3-28(a)所示；焊接连接结构，适用于换热管外径小于或等于14mm的管束，如图3-28(b)所示。焊接连接的拉杆直径可等于换热管外径；当管板较薄时，也可采用其他的连接结构。

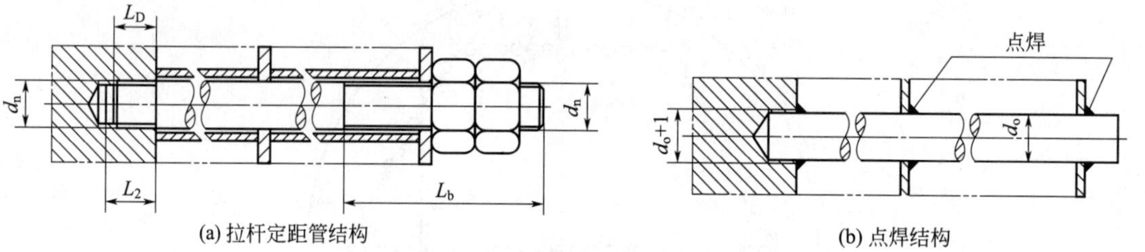

图3-28　拉杆连接

(5) 滑道

可抽管束应设滑道，滑道的结构可为滑板、滚轮和滑条等型式。滑板的连接与布置见图3-29。滑板应为整体结构，滑板与折流板或支持板焊接牢靠；滑板底面应高出折流板或支持板外径0.5～1.0mm；地面边缘应倒角或倒圆；滑板的截面尺寸可根据换热器直径、长度和管束质量确定。

3.3.2.3　壳体

(1) 圆筒公称直径

卷制圆筒的公称直径以400mm为基数，以100mm为进级档；必要时，也可采用50mm为进级档。公称直径小于或等于400mm的圆筒，可用钢管制作。

(2) 外头盖

外头盖圆筒、凸形封头及开孔补强的计算除应符合GB/T 150.3的有关规定外，尚应满足标准法兰对圆筒最小厚度的要求。外头盖圆筒的长度应满足管束膨胀的要求，一般不小于10mm。

(3) 膨胀节

波形膨胀节应按GB/T 16749—2018进行设计、制造、检验与验收；允许采用Ω形膨胀节等成熟的结构。

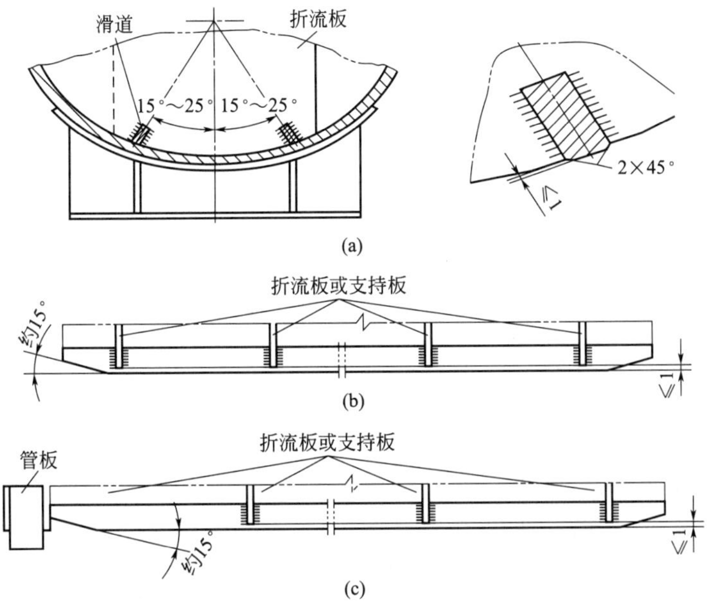

图 3-29 滑板式滑道

3.3.2.4 接管

结构设计参考 GB/T 150.3—2024 附录 D 中的 D.3“接管、凸缘与壳体的连接”的相关型式；壳体接管宜与壳体内表面平齐，必须内伸的接管不应妨碍管束的拆装；接管和法兰组件与壳体组装应保证法兰面的水平或垂直（有特殊要求的，如斜接管应按图样规定）；必要时可设置温度计、压力表及液面计接口；如果不能利用接管（或接口）进行排气和排液，应在管程和壳程的最高点设置排气口，最低点设置排液口。立式换热器可设置溢流口。当设计条件提出接管外载荷时，设计应予以考虑。

3.3.3 管壳式换热器设计计算

3.3.3.1 承压壳体与隔板

(1) 管箱平盖

本节只适用于螺柱连接、垫片密封的圆形管箱平盖的设计计算。

① 管箱内无分程隔板时，管箱平盖厚度按式(3-20) 和式(3-22) 计算，取大值。

操作时：

$$\delta_p = D_G\sqrt{\frac{Kp_c}{[\sigma]^t\phi}} \tag{3-20}$$

其中

$$K = 0.3 + \frac{1.78WL_G}{p_c D_G^3} \tag{3-21}$$

预紧时：

$$\delta_p = D_G\sqrt{\frac{Kp_c}{[\sigma]\phi}} \tag{3-22}$$

其中

$$K=\frac{1.78WL_G}{p_c D_G^3} \tag{3-23}$$

② 管箱内有分程隔板时，管箱平盖厚度按式(3-20)、式(3-22)、式(3-24) 计算，取大者。

$$\delta_p=D_G\left[\frac{D_G}{E^t[Y]}\left(0.0435p_c+\frac{0.5[\sigma]_b^t A_b L_G}{D_G^3}\right)\right]^{\frac{1}{3}} \tag{3-24}$$

③ 管箱平盖的许用挠度 [Y] 一般选取如下：

$DN \leqslant 600$mm，$[Y]=0.8$mm；

$DN>600$mm，$[Y]=\frac{DN}{800}$mm，且不大于 2.0mm。

④ 管箱平盖中心处的挠度按式(3-25) 计算。

$$y=\frac{D_G}{E^t\delta_{ep}^3}\{0.0435D_G^3 p_c+0.25[\sigma]_b^t A_b(D_b-D_G)\} \tag{3-25}$$

⑤ 挠度校核要求 $y \leqslant [Y]$。

⑥ 符号说明

A_b——实际使用的螺柱总截面积，以螺纹小径或以无螺纹部分的最小直径计算，取小者，mm²；

D_b——螺柱中心圆直径，mm；

D_G——垫片压紧力作用中心圆直径（按 GB/T 150.3 选取），mm；

DN——换热器公称直径，mm；

E^t——管箱平盖材料在设计温度下的弹性模量，MPa；

K——结构特征系数；

p_c——管箱平盖计算压力，MPa；

L_G——垫片压紧力的力臂，为螺柱中心圆直径 D_b 与垫片压紧力作用中心圆直径 D_G 之差的一半，mm；

W——预紧状态或操作时的螺柱设计载荷按 GB/T 150.3 计算，当管箱带有分程隔板时，还应计入分程隔板垫片产生的反力，N；

y——管箱平盖中心处的挠度，mm；

$[Y]$——许用挠度值，mm；

ϕ——焊接接头系数；

δ_p——管箱平盖计算厚度，mm；

δ_{ep}——管箱平盖有效厚度，无分程隔板槽时为管箱平盖名义厚度减去管箱平盖的厚度附加量；有分程隔板槽时为管箱的名义厚度减去管箱平盖的厚度附加量或分程隔板槽深（取大者），mm；

$[\sigma]^t$——设计温度下管箱平盖材料的许用应力，MPa；

$[\sigma]$——常温下管箱平盖材料的许用应力，MPa；

$[\sigma]_b^t$——设计温度下螺柱材料的许用应力，MPa。

(2) 管箱

① 管箱圆筒和凸形封头的厚度计算应符合 GB/T 150.3 的有关规定。

② 管箱上的开孔补强计算应符合 GB/T 150.3 的有关规定，且宜采用整体补强形式。

(3) 壳程承压部件

壳体圆筒、外导流筒、凸形封头及接管等壳体元件厚度计算及开孔补强计算应符合

GB/T 150.3 的有关规定。最小厚度应满足表 3-17 的规定。

表 3-17　最小厚度　　单位：mm

壳体公称直径		碳素钢和低合金钢、复合板		高合金钢
		可抽管束	不可抽管束	
管制	<100	5.0	5.0	3.2
	≥100～200	6.0	6.0	3.2
	>200～400	7.5	6.0	4.8
板制	>400～500	8	6	5
	>500～700	8	6	5
	>700～1000	10	8	7
	>1000～1500	12	10	8
	>1500～2000	12	10	8
	>2000～2600	14	12	10
	>2600～3200	—	14	13
	>3200～4000		18	17

注：1. 碳素钢和低合金钢制圆筒和凸形封头的最小厚度包含 1.0mm 腐蚀裕量。

2. 复合板指复合钢板或内壁有耐蚀堆焊层。

(4) 分程隔板

管箱分程隔板不包含腐蚀裕量的最小厚度应不小于表 3-18 的规定。

表 3-18　管箱分程隔板的最小厚度　　单位：mm

换热器公称直径 *DN*	碳素钢和低合金钢	高合金钢
<600	10	6
600～1200	12	10
1200～1800	14	11
1800～2600	16	12
2600～3200	18	14
3200～4000	20	16

3.3.3.2　浮头盖与钩圈

浮头盖与钩圈的强度计算详见 GB/T 151—2014 相关章节的计算要求。

3.3.3.3　换热管

(1) 强度计算

① 换热管的壁厚按 GB/T 150.3 中的外径公式进行计算。

② U 形管弯制前的最小壁厚按式(3-26) 计算：

$$\delta_0=\delta_1\times\left(1+\frac{d}{4R}\right) \tag{3-26}$$

式中，d 为换热管外径，mm；R 为弯管段的弯曲半径，mm；δ_0 为弯曲前换热管的最小壁厚，mm；δ_1 为直管段按 GB/T 150.3 强度计算所需壁厚，mm。

(2) 轴向应力

换热管的轴向应力见管板计算，轴向应力应满足校核条件。换热管稳定许用压应力 $[\sigma]_{cr}$ 按式(3-29) 或式(3-30) 计算，且 $[\sigma]_{cr}$ 值应不大于换热管在设计温度下的许用应力 $[\sigma]_t^t$。

系数计算见式(3-27)、式(3-28)：

$$C_r = \pi \sqrt{\frac{2E^t}{\sigma_s^t}} \tag{3-27}$$

$$i = 0.25\sqrt{d^2 + (d - 2\delta_t)^2} \tag{3-28}$$

当 $C_r \leqslant l_{cr}/i$ 时

$$[\sigma]_{cr} = \frac{\sigma_s^t C_r^2}{3(l_{cr}/i)^2} = \frac{E^t}{1.5} \times \frac{\pi^2}{(l_{cr}/i)^2} \tag{3-29}$$

当 $C_r > l_{cr}/i$ 时

$$[\sigma]_{cr} = \frac{E^t}{1.5}\left[1 - \frac{l_{cr}/i}{2C_r}\right] \tag{3-30}$$

式中，d 为换热管外径，mm；E^t 为设计温度下换热管材料的弹性模量，MPa；i 为换热管的回转半径，mm；l_{cr} 为换热管受压失稳当量长度，按图 3-30 确定，且应分别不小于各模型中 a，b，c，d，L 中的较大值，mm；δ_t 为换热管壁厚，mm；σ_s^t 为设计温度下换热管材料的屈服强度，MPa。

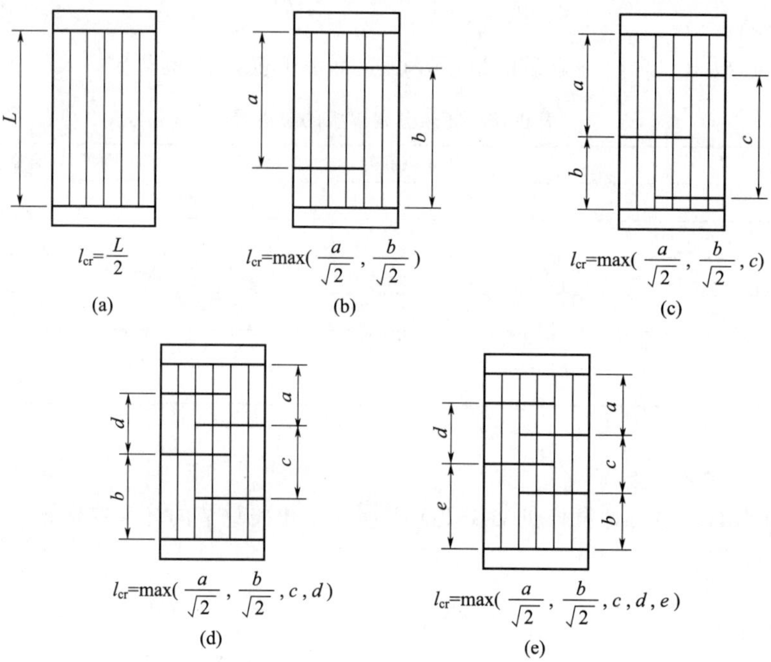

图 3-30 换热管受压失稳当量长度 l_{cr}

3.3.3.4 管板计算

本计算方法适用于 U 形管式、浮头式、填料函式和固定管板式换热器的管板及其相关元件（如换热管、壳体等）的强度校核和设计计算。管板与壳程圆筒、管箱圆筒之间可以有不同的连接方式，如图 3-11 所示为厚管板。

(1) 管板最小厚度

① 管板与换热管采用胀接连接时，管板的最小厚度 δ_{min}（不包括腐蚀裕量）按如下规定：

a. 易爆及毒性程度为极度危害、高度危害的介质场合，管板最小厚度应不小于换热管的外径 d；

b. 其他场合的管板最小厚度，应符合以下要求：

$d \leqslant 25$ 时，$\delta_{min} \geqslant 0.75d$；

$25 < d < 50$ 时，$\delta_{min} \geqslant 0.70d$；

$d \geqslant 50$ 时，$\delta_{min} \geqslant 0.65d$。

② 管板与换热管采用焊接连接时，管板的最小厚度应满足结构设计和制造要求，且不小于 12mm。

(2) U 形管式换热器管板

本计算适用于图 3-11 中所示各种连接方式的 U 形管式换热器管板的计算。

(3) 浮头式与填料函式换热器管板

本计算适用于不带法兰的管板，即图 3-11 中所示 a 型连接方式的管板。对于固定端为 b、c、d 型连接方式的管板设计可按 JB 4732—1995（2005 年确认）附录Ⅰ。

(4) 固定管板式换热器管板

① 本节使用的管板型式：图 3-11 中所示 b、c 型连接方式的不带法兰的管板；或 e 型连接方式的延长部分兼作法兰的管板。

② 本节计算用于管板周边不布管区较窄的管板，参数范围如下：

$K < 2.0$ 时，$k \leqslant 1.0$ 且 $\rho_t \geqslant 0.7$；

$K \geqslant 2.0$ 时，$k \leqslant 1.0$ 且 $\rho_t \geqslant 0.8$。

③ 对于结构特殊，如管板周围不布管区较宽（超出②条所列范围的管板），或与法兰搭焊连接的固定式管板，可按 JB 4732—1995（2005 年确认）进行计算。

(5) 管板设计计算的危险工况

如果不能保证换热器壳程压力 p_s 与管程压力 p_t 在任何情况下都能同时作用，则不允许以壳程压力和管程压力的压差进行管板设计。如果 p_s 和 p_t 之一为负压，则应考虑压差的危险组合。管板是否兼作法兰等不同结构，危险工况组合也不同。

① U 形管、浮头式换热器管板　计算压力：

$$p_d = |p_s - p_t| \quad 或 \quad p_d = \max[|p_s|, |p_t|]$$

② 固定管板　设计条件下的 6 种计算工况的组合，如表 3-19 所示。

表 3-19　固定管板计算工况组合

计算工况	①	②	③	④	⑤	⑥
壳程压力 p_s 作用	p_s	p_s	0	0	p_s	p_s
管程压力 p_t 作用	0	0	p_t	p_t	p_t	p_t
膨胀变形差 γ	0	γ	0	γ	0	γ

(6) 管板设计计算的应力校核

① U 形管、浮头式换热器管板

a. 管板中心（$r=0$）、布管区周边（$r=R_t$）、边缘处（$r=R$）径向应力：$\sigma_r \leqslant 1.5\ [\sigma]_r^t$；

b. 换热管轴向应力：$\sigma_t \leqslant 1.5\ [\sigma]_t^t$ 或 $[\sigma]_{cr}^t$（换热管稳定许用应力）；

c. 换热管与管板连接拉脱力：$q \leqslant [q]$。

② 固定管板　固定管板应力强度条件见表 3-20。

表 3-20 固定管板应力强度条件

应力种类		不计温差	计温差
管板径向弯曲应力 σ_r	≤	$1.5[\sigma]_r^t$	$3[\sigma]_r^t$
壳体轴向应力 σ_c	≤	$[\sigma]_c^t$	$3[\sigma]_c^t$
换热管轴向应力 σ_t	≤	$[\sigma]_t^t/[\sigma]_{cr}^t$	$3[\sigma]_t^t/1.2[\sigma]_{cr}^t$
拉脱力 q	≤	$[q]$	$[q]$(胀接)/$3[q]$(焊接)

注：$[\sigma]_r^t$ 为在设计温度下管板材料的许用应力，MPa；$[\sigma]_c^t$ 为在设计温度下壳程圆筒材料的许用应力，MPa；$[\sigma]_t^t$ 为在设计温度下换热管材料的许用应力，MPa；$[\sigma]_{cr}^t$ 为在设计温度下换热管稳定的许用压应力，MPa。

(7) 固定管板应力的调整

固定管板应力的调整方法有：①增加管板厚度，提高管板的抗弯截面模量；②降低壳体轴向刚度，壳程设置膨胀节，降低由温差引起的膨胀差导致的管板应力增加；该方法经济合理，故在固定管板中常用。

膨胀节包括 U 形膨胀节、Ω 形膨胀节和平板形膨胀节，其中 U 形膨胀节结构简单，最为常用。

在固定管板的计算中，按有温差的各种工况计算壳体轴向应力 σ_c、换热管轴向应力 σ_t、换热管与管板之间的拉脱力 q 中，有一个不能满足强度（或稳定）条件时，就需要设置膨胀节。一般 $\Delta t>50$℃需设膨胀节。膨胀节的设计计算详见 GB/T 16749—2018《压力容器波形膨胀节》的规定。

3.4 塔设备设计

塔设备实现气相-液相或液相-液相之间的充分接触，使相际间进行传质及传热，可实现蒸馏、吸收、介吸（气提）、萃取、气体的洗涤、增湿及冷却等单元操作。在石油、化工、医药、食品及环境保护等过程工业获得广泛应用。

3.4.1 塔设备基本类型

塔设备按操作压力分为加压塔、常压塔及减压塔。按单元操作分为精馏塔、吸收塔、萃取塔、反应塔、干燥塔等。按内件结构分为填料塔、板式塔。

填料塔属于微分接触型气液传质设备。填料是气液接触和传质的基本构件，液体在填料表面呈膜状自上而下流动；气体呈连续相自下而上与液体做逆流流动，并进行气液两相间的传质和传热。两相的组分浓度或温度沿塔高呈连续变化。

板式塔属于逐级（板）接触的气液传质设备。塔板是气液接触和传质的基本构件。气体自塔底向上以鼓泡或喷射的形式穿过塔板上的液层，使气液相密切接触而进行传质与传热，两相的组分浓度呈阶梯式变化。

3.4.2 塔设备结构设计

塔设备一般由塔内件、塔体、支座、人孔或手孔、除沫器、接管、吊柱及扶梯、操作平台等组成。对于高度 H 与平均直径 D 之比大于 5 的裙座自支承金属制塔式容器需按 NB/T 47041—2014《塔式容器》进行设计制造检验验收。

① 塔体 塔设备的外壳。除操作压力（内压或外压）、温度外，要考虑风载、地震载荷、偏心载荷及试压、运输、吊装时的强度及刚度等要求。

② 支座　塔体与基础的连接结构，采用裙式支座。裙座由裙座筒体、基础环、地脚螺栓座、人孔、排气孔、引出管通道、保温支承圈等组成。圆筒形裙座制造方便，经济上合理，故应用广泛。圆锥形裙座用于受力情况比较差、塔径小且很高的塔（如 $DN<1\text{m}$ 且 $H/DN>25$，或 $DN>1\text{m}$ 且 $H/DN>30$），为防止风载或地震载荷引起的弯矩造成塔翻倒，要配置较多地脚螺栓及具有足够大承载面积的基础环。具体结构设计要求详见 NB/T 47042—2014 的相关规定。

③ 人孔及手孔　为安装、检修、检查等需要所设置，具体结构尺寸按人孔及手孔标准选用。

④ 接管　可分为进液管、出液管、回流管、进气出气管、侧线抽出管、取样管、仪表接管、液位计接管等，具体结构参见相关设计手册，开孔补强计算需符合 GB/T 150.3 的规定。

⑤ 除沫器　捕集夹带在气流中的液滴，分为丝网除沫器、折流板除沫器、旋流板除沫器、多孔材料除沫器、玻璃纤维除沫器、干填料层除沫器等，具体结构及尺寸参见相关标准的规定。

⑥ 塔板　具体结构参见相关设计手册及专业生产商的设计规定。

⑦ 填料　具体结构参见相关设计手册及专业生产商的设计规定。

⑧ 液体分布器及再分布器　液体分布器的作用是使液相加料及回流液均匀地分布到填料的表面上，形成液体的初始分布，结构型式有管式、槽式、喷洒式及盘式等。液体再分布器的作用是消除“壁流”，避免“干锥”。通常在各段填料之间加液体收集再分布器。结构型式有组合式液体再分布器、盘式液体再分布器及壁流收集再分布器。液体分布器及再分布器的具体结构及尺寸参见相关标准的规定。

⑨ 吊柱　安装于塔顶，安装、检修时用于吊运塔内件，具体结构及尺寸参见相关标准的规定。

3.4.3 塔设备设计计算

塔设备一般安装在室外，靠裙座底部的地脚螺栓固定在混凝土基础上。承受介质压力、各种重量（包括塔体、塔内件、介质、保温层、操作平台、扶梯等附件的重量）、管道推力、偏心载荷、风载荷、地震载荷等。计算时需考虑正常操作、停工检修、压力试验三种工况下塔体的轴向应力强度或稳定性。本节依据 NB/T 47041—2014《塔式容器》，讨论塔设备的设计计算。其主要步骤如下：

① 按设计条件，依据 GB/T 150.3 初步确定塔的壁厚和其他尺寸；

② 计算塔设备危险截面的载荷，包括重量、风载荷、地震载荷和偏心载荷等；

③ 危险截面的轴向强度和稳定性校核；

④ 设计计算裙座、基础环板、地脚螺栓等。

3.4.3.1 塔的固有周期

在动载荷（风载荷、地震载荷）作用下，塔设备各截面变形及内力与塔的自由振动周期（或频率）及振动形式有关。在进行塔设备载荷计算及强度校核之前，必须首先计算固有（或自振）周期。

(1) 等直径、等壁厚塔的固有周期

力学模型为顶端自由、底部固定、质量沿高度均匀分布的悬臂梁。在动载荷作用下的振型包括第一振型、第二振型、第三振型，其前三个振型时的固有周期为：

$$T_1=1.79\sqrt{\frac{mH^4}{EI}} \tag{3-31}$$

$$T_2=0.285\sqrt{\frac{mH^4}{EI}} \tag{3-32}$$

$$T_3=0.102\sqrt{\frac{mH^4}{EI}} \tag{3-33}$$

(2) 不等直径或不等壁厚塔设备的固有周期

工程上将这种塔视为由多个塔节组成，将每个塔节化为质量集中于其重心的质点，并采用质量折算法计算第一振型的固有周期。直径和壁厚相等的圆柱壳、改变直径用的圆锥壳可视为塔节。将一个多自由度体系，用一个折算的集中质量代替，将一个多自由度体系简化成一个单自由度体系。不等直径或不等壁厚塔设备第一振型的固有周期为：

$$T_1=2\pi\sqrt{\frac{1}{3}\sum_{i=1}^{n}m_i\left(\frac{h_i}{H}\right)^3\left(\sum_{i=1}^{n}\frac{H_i^3}{E_iI_i}-\sum_{i=2}^{n}\frac{H_i^3}{E_{i-1}I_{i-1}}\right)} \tag{3-34}$$

3.4.3.2 塔的载荷分析

(1) 质量载荷

① 塔设备在正常操作时的质量

$$m_0=m_{01}+m_{02}+m_{03}+m_{04}+m_{05}+m_a+m_e \tag{3-35}$$

② 塔设备在水压试验时的最大质量

$$m_{max}=m_{01}+m_{02}+m_{03}+m_{04}+m_{05}+m_a+m_e+m_w \tag{3-36}$$

③ 塔设备在停工检修时的最小质量

$$m_{min}=m_{01}+0.2m_{02}+m_{03}+m_{04}+m_a \tag{3-37}$$

式中，m_{01} 为塔体、裙座质量，kg；m_{02} 为塔内件如塔盘或填料的质量，kg；m_{03} 为保温材料的质量，kg；m_{04} 为操作平台及扶梯的质量，kg；m_{05} 为操作时物料的质量，kg；m_a 为塔附件如人孔、接管、法兰等质量，kg；m_w 为水压试验时充水的质量，kg；m_e 为偏心载荷，kg。

(2) 偏心载荷

偏心载荷为塔体上悬挂的再沸器、冷凝器等附属设备或其他附件所引起的载荷。载荷产生的偏心弯矩为：

$$M_e=m_ege \tag{3-38}$$

式中，e 为偏心载荷质心到塔体轴线的偏心距离；mm。

(3) 风载荷

风载荷使塔体产生顺风向的振动（纵向振动）和垂直于风向的诱导振动（横向振动），使塔体产生附加的弯曲和变形。过大的塔体弯曲会导致塔体的强度及稳定失效、太大的塔体挠度会造成塔盘上流体分布不均，分离效率下降。

风载荷是一种随机载荷。对于顺风向风力，由平均风力（稳定风力）和脉动风力（阵风脉动）两部分组成。平均风力对结构的作用相当于静力的作用；平均风力是风载荷的静力部分，其值等于风压和塔设备迎风面积的乘积。脉动风力对结构的作用是动力的作用。脉动风力是非周期性的随机作用力，它是风载荷的动力部分，会引起塔设备的振动。计算时，折算成静载荷，即在静力基础上考虑与动力有关的折算系数，称风振系数。

① 水平风力计算　在计算水平风力时，必须对塔进行分段（见图 3-31），对于等截面的

塔，每段小于 10m。对于变截面的塔宜按截面变化的情况分段，需要计算应力的危险截面亦需分段。

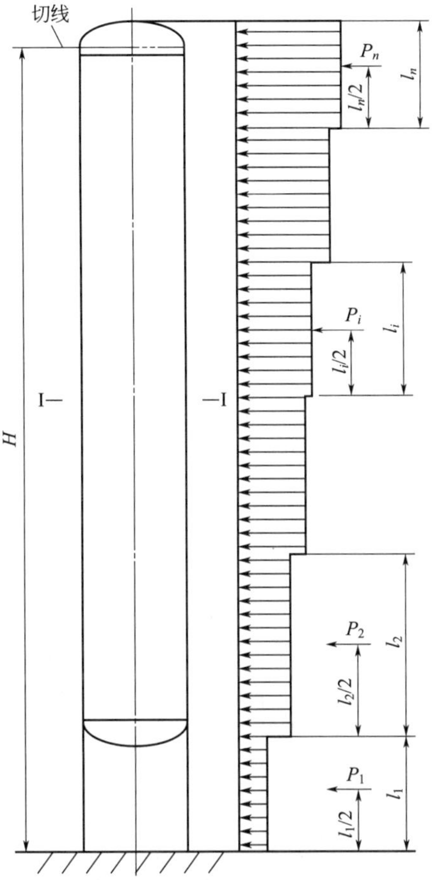

图 3-31　风载荷计算简图

塔设备中第 i 计算段所受的水平风力可由下式计算：

$$P_i = K_1 K_{2i} f_i q_0 l_i D_{ei} \tag{3-39}$$

式中，P_i 为塔设备中第 i 段的水平风力，N；K_1 为体型系数，对细长圆柱形塔体结构，体型系数 $K_1=0.7$；K_{2i} 为塔设备中第 i 计算段的风振系数；f_i 为风压高度变化系数（见表 3-21）；q_0 为各地区的基本风压，N/m^2，查 GB 50009—2012《建筑结构荷载规范》，按 50 年查取；l_i 为塔设备各计算段的计算高度，m；D_{ei} 为塔设备中第 i 段迎风面的有效直径，mm。

风振系数 K_{2i} 是考虑风载荷的脉动性质和塔体的动力特性的折算系数。塔的振动会影响风力的大小。塔设备越高时，基本周期越大，塔体摇晃越甚，则反弹时在同样的风压下引起的风力越大。塔高 $H \leqslant 20$m 的塔设备，取 $K_{2i}=1.70$。塔高 $H>20$m 时，K_{2i} 按下式计算：

$$K_{2i} = 1 + \frac{\xi \upsilon_i \phi_{2i}}{f_i} \tag{3-40}$$

式中，ξ 为脉动增大系数（见表 3-22）；υ_i 为第 i 段的脉动影响系数（见表 3-23）；ϕ_{2i} 为第 i 段的振型系数（见表 3-24）。

表 3-21　风压高度变化系 f_i

距地面高度 H_n/m	地面粗糙度类别			
	A	B	C	D
5	1.17	1.00	0.74	0.62
10	1.38	1.00	0.74	0.62
15	1.52	1.14	0.74	0.62
20	1.63	1.25	0.84	0.62
30	1.80	1.42	1.00	0.62
40	1.92	1.56	1.13	0.73
50	2.03	1.67	1.25	0.84
60	2.12	1.77	1.35	0.93
70	2.20	1.86	1.45	1.02
80	2.27	1.95	1.54	1.11
90	2.34	2.02	1.62	1.19
100	2.40	2.09	1.70	1.27
150	2.64	2.38	2.03	1.61

注：1. A类系指近海海面及海岛、海岸、湖岸及沙漠地区；
B类系指田野、乡村、丛林、丘陵以及房屋比较稀疏的乡镇和城市郊区；
C类系指有密集建筑群的城市市区；
D类系指有密集建筑群且房屋较高的城市市区。
2. 中间值可采用线性内插法求取。

表 3-22　脉动增大系数 ξ

$q_1T_1^2$/(N·s²/m²)	10	20	40	60	80	100
ξ	1.47	1.57	1.69	1.77	1.83	1.88
$q_1T_1^2$/(N·s²/m²)	200	400	600	800	1000	2000
ξ	2.04	2.24	2.36	2.46	2.53	2.80
$q_1T_1^2$/(N·s²/m²)	4000	6000	8000	10000	20000	30000
ξ	3.09	3.28	3.42	3.54	3.91	4.14

注：1. T_1 为基本振型自振周期，s；计算 $q_1T_1^2$ 时，对B类可直接代入基本风压，即 $q_1=q_0$，而对A类以 $q_1=1.38q_0$、C类以 $q_1=0.62q_0$、D类以 $q_1=0.32q_0$ 代入。
2. 中间值可采用线性内插法求取。

表 3-23　脉动影响系数 υ_i

地面粗糙度类别	高度 H_n/m									
	10	20	30	40	50	60	70	80	100	150
A	0.78	0.83	0.86	0.87	0.88	0.89	0.89	0.89	0.89	0.87
B	0.72	0.79	0.83	0.85	0.87	0.88	0.89	0.89	0.90	0.89
C	0.64	0.73	0.78	0.82	0.85	0.87	0.90	0.90	0.91	0.93
D	0.53	0.65	0.72	0.77	0.81	0.84	0.89	0.89	0.92	0.97

注：中间值可采用线性内插法求取。

表 3-24　振型系数 ϕ_{2i}

相对高度 H_n/H	振型序号	
	1	2
0.10	0.02	−0.09
0.20	0.06	−0.30
0.30	0.14	−0.53
0.40	0.23	−0.68
0.50	0.34	−0.71
0.60	0.46	−0.59

续表

相对高度 H_n/H	振型序号	
	1	2
0.70	0.59	−0.32
0.80	0.79	0.07
0.90	0.86	0.52
1.00	1.00	1.00

注：中间值可采用线性内插法求取。

塔设备迎风面有效直径 D_{ei} 指该段所有受风构件迎风面宽度总和。

当笼式扶梯与塔顶管线布置成180°时：

$$D_{ei}=D_{oi}+2\delta_{si}+K_3+K_4+d_o+2\delta_{ps} \tag{3-41}$$

当笼式扶梯与塔顶管线布置成90°时，D_{ei} 取下列两式中的较大值。

$$D_{ei}=D_{oi}+2\delta_{si}+K_3+K_4 \tag{3-42}$$

$$D_{ei}=D_{oi}+2\delta_{si}+K_4+d_o+2\delta_{ps} \tag{3-43}$$

式中，D_{oi} 为塔设备各计算段的外径，m；δ_{si} 为塔设备各计算段保温层的厚度，m；d_o 为塔顶管线外径，m；δ_{ps} 为管线保温层的厚度，m；K_3 为笼式扶梯的当量宽度，当无确定数据时，可取 $K_3=0.40$m；K_4 为操作平台当量宽度，$K_4=\dfrac{2\sum A}{h_0}$，m；$\sum A$ 为第 i 段内操作平台构件投影面积（不计空挡的投影面积），m^2；h_0 为操作平台所在计算段的高度，m。

② 风弯矩计算　塔器任意计算截面I-I处的风弯矩为：

$$M_w^{I\text{-}I}=P_i\frac{L_i}{2}+P_{i+1}\left(L_i+\frac{L_{i+1}}{2}\right)+P_{i+2}\left(L_i+L_{i+1}+\frac{L_{i+2}}{2}\right)+\cdots \tag{3-44}$$

塔底截面0-0处产生的风弯矩为：

$$M_w^{0\text{-}0}=P_1\frac{L_1}{2}+P_2\left(L_1+\frac{L_2}{2}\right)+P_3\left(L_1+L_2+\frac{L_3}{2}\right)+\cdots \tag{3-45}$$

(4) 地震载荷

地震发生时，地面运动是一种复杂的空间运动，可分解为三个平动分量和三个转动分量。鉴于转动分量的实例数据很少，地震载荷计算时一般不予考虑。地面水平方向（横向）的运动会使设备产生水平方向的振动，危害较大。垂直方向（纵向）的危害较横向振动要小，只有当地震烈度为8度或9度的地区的塔设备才考虑纵向振动的影响。

① 地震力计算

a. 水平地震力　水平地震力为地震时地面运动对于设备的作用力，即为该设备质量相对于地面运动时的惯性力。底部刚性固定在基础上的塔设备，简化成多质点弹性体系。水平地震力第 k 段塔节重心处（k 质点处）产生的相当于第一振型（基本振型）的水平地震力为：

$$F_{1k}=\alpha_1\eta_{1k}m_kg \tag{3-46}$$

式中，F_{1k} 为集中质量 m_k 引起的基本振型水平地震力，N；m_k 为集中质点的质量，kg；α_1 为对应于塔式容器基本振型自振周期 T_1 的地震影响系数。地震影响系数 α 可以根据场地土特性周期及塔自振周期由图3-32确定。图3-32中，T_g 为特征周期，场地土的类型及震区类型由表3-25确定；T_i 为第 i 振型的自振周期；α_{max} 为地震影响系数的最大值，如表3-26所示；ξ_i 为一阶振型阻尼比，一般取0.01～0.03；γ 为曲线下降段的衰减指数，$\gamma=0.9+\dfrac{0.05-\xi_i}{0.5+5\xi_i}$；$\eta_1$ 为直线下降段下降斜率的调整系数，$\eta_1=0.02+(0.05-\xi_i)/8$；

η_2 为阻尼调整系数，$\eta_2=1+\dfrac{0.05-\xi_i}{0.06+1.7\xi_i}$；$\eta_{1k}$ 为阻尼调整系数，$\eta_{1k}=\dfrac{h_k^{1.5}\sum_i^n m_i h_i^{1.5}}{\sum_i^n m_i h_i^3}$；$h_i$ 为第 i 段集中质量距地面的高度，mm；h_k 为任意计算截面以上各段的集中质量距地面的高度，mm。

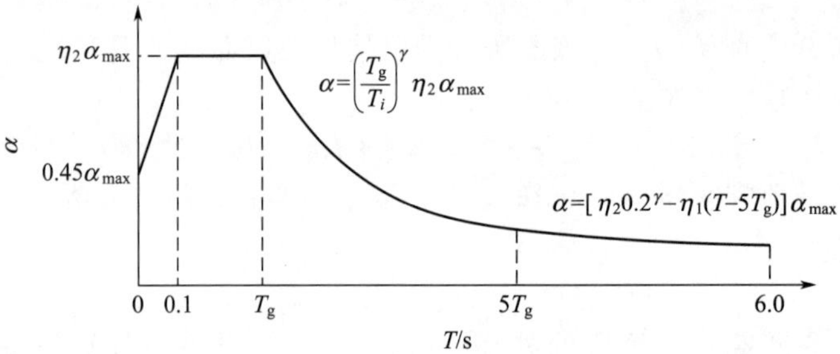

图 3-32　地震影响系数 α 值

表 3-25　各类场地土的特征周期 T_g　　单位：s

设计地震分组	场地土类别				
	$Ⅰ_0$	$Ⅰ_1$	Ⅱ	Ⅲ	Ⅳ
第一组	0.20	0.25	0.35	0.45	0.65
第二组	0.25	0.30	0.40	0.55	0.75
第三组	0.30	0.35	0.45	0.65	0.90

表 3-26　地震影响系数最大值 α_{max}

设防烈度	7		8		9
设计基本地震加速度	0.1g	0.15g	0.2g	0.3g	0.4g
对应于多遇地震的 α_{max}	0.08	0.12	0.16	0.24	0.32

注：如有必要，可按国家规定权限批准的设计地震动参数进行地震载荷计算。

b. 垂直地震力　在地震烈度为 8 度或 9 度的地区，考虑垂直地震力的作用。一个多质点体系在地面的垂直运动作用下，塔设备底部截面上的垂直地震力为：

$$F_v^{0-0}=\alpha_{vmax}m_{eq}g \tag{3-47}$$

式中，α_{vmax} 为垂直地震影响系数最大值，取 $0.65\alpha_{max}$；m_{eq} 为计算垂直地震力时塔器的当量质量，取 $0.75m_0$，kg。

塔任意质点 i 处垂直地震力为：

$$F_v^{i-i}=\frac{m_i h_i}{\sum_{k=1}^{n} m_k h_k}F_v^{0-0}\ (i=1,2,3,\cdots) \tag{3-48}$$

任意计算截面 I-I 处的垂直地震力为：

$$F_v^{I-I}=\sum_{k=1}^{n}F_{vk}\ (i=1,2,\cdots,n) \tag{3-49}$$

② 地震弯矩　在水平地震力的作用下，塔设备的任意计算截面 I-I 处，基本振型的地震弯矩为：

$$M_{E1}^{I-I}=\sum_{k=1}^{n}F_{1k}(h_k-h) \tag{3-50}$$

(5) 最大弯矩

确定最大弯矩时，偏保守地设为风弯矩、地震弯矩和偏心弯矩同时出现，且出现在塔设备的同一方向，但考虑到最大风速和最高地震级别同时出现的可能性很小。在正常或停工检修时，取计算截面处的最大弯矩为：

$$M_w+M_e \text{ 与 } 0.25M_w+M_e+M_E \text{ 中取较大值} \tag{3-51}$$

式中，M_w 为风弯矩，N·mm；M_e 为偏心弯矩，N·mm；M_E 为地震弯矩，N·mm。

在水压试验时，由于试验日期可以选择且持续时间较短，取最大弯矩为：

$$M_{max}=0.3M_w+M_e \tag{3-52}$$

3.4.3.3 筒体的强度及稳定性校核

根据操作压力（内压或真空）计算塔体厚度之后，对正常操作、停工检修及压力试验等工况，分别计算各工况下相应压力、重量和垂直地震力、最大弯矩引起的筒体轴向应力，再确定最大拉伸应力和最大压缩应力，并进行强度和稳定性校核。如不满足要求，则须调整塔体厚度，重新进行应力校核。

(1) 筒体轴向应力

① 内压或外压在筒体中引起的轴向应力 σ_1

$$\sigma_1=\frac{PD_i}{4\delta_{ei}} \tag{3-53}$$

② 重力及垂直地震力在筒壁中产生的轴向压应力 σ_2

$$\sigma_2=-\frac{9.8m_0^{I\text{-}I}\pm F_v^{I\text{-}I}}{\pi D_i\delta_{ei}} \tag{3-54}$$

式中，$m_0^{I\text{-}I}$ 为任意截面 I-I 以上塔设备承受的质量，kg；$F_v^{I\text{-}I}$ 为垂直地震力，仅在最大弯矩为地震弯矩参与组合时计入此项，N。

③ 最大弯矩在筒体中引起的轴向应力 σ_3

$$\sigma_3=\frac{M_{max}^{I\text{-}I}}{W_1} \tag{3-55}$$

式中，$M_{max}^{I\text{-}I}$ 为计算截面 I-I 处的最大弯矩，N·m；W_1 为计算截面 I-I 处的抗弯截面模量，m^3。

$$W_1=\frac{\pi}{4}D_i^2\delta_{ei} \tag{3-56}$$

(2) 轴向应力校核条件

最大弯矩在筒体中引起的轴向应力沿环向是不断变化的。与沿环向均布的轴向应力相比，这种应力对塔强度或稳定失效的危害要小一些。

轴向拉伸应力校核：

对内压塔 $$\sigma_1-\sigma_2+\sigma_3\leqslant 1.2[\sigma]^t\phi \tag{3-57}$$

对外压塔 $$-\sigma_2+\sigma_3\leqslant 1.2[\sigma]^t\phi \tag{3-58}$$

轴向压缩应力校核：

对内压塔 $$-\sigma_2+\sigma_3\leqslant[\sigma]_{cr}^t \tag{3-59}$$

对外压塔 $$\sigma_1+\sigma_2+\sigma_3\leqslant[\sigma]_{cr}^t \tag{3-60}$$

(3) 压力试验工况轴向应力校核条件

试验压力引起的轴向应力：

$$\sigma_1=\frac{p_T D_i}{4\delta_{ei}} \tag{3-61}$$

重力引起的轴向应力：

$$\sigma_2=\frac{m_T^{I\text{-}I} g}{\pi D_i^2 \delta_{ei}} \tag{3-62}$$

式中，$m_T^{I\text{-}I}$ 为计算截面 I-I 以上的质量（只计入塔壳、内构件、偏心质量、保温层、扶梯及平台质量），kg。

弯矩引起的轴向应力：

$$\sigma_3=\frac{4(0.3M_w^{I\text{-}I}+M_e)}{\pi D_i^2 \delta_{ei}} \tag{3-63}$$

轴向拉伸应力校核：

液压试验 $\sigma_1-\sigma_2+\sigma_3 \leqslant 0.9R_{eL}\phi$ (3-64)

气压试验 $\sigma_1-\sigma_2+\sigma_3 \leqslant 0.8R_{eL}\phi$ (3-65)

轴向压缩应力校核：

$$\sigma_2+\sigma_3 \leqslant [\sigma]_{cr} \tag{3-66}$$

3.4.4 裙座壳及地脚螺栓座的设计计算

裙座壳及地脚螺栓座的设计计算详见 NB/T 47041—2014《塔式容器》相关章节的计算规定。

3.5 储存设备设计

储存设备是储存或盛装气体、液体、液化气体等介质的设备。结构型式包括立式储罐、卧式储罐、球形储罐等，如液化石油气卧式储罐、原油立式储罐、天然气球形储罐。本节依据 NB/T 47042—2014《卧式容器》，主要讨论双鞍座卧式储罐的设计。

3.5.1 卧式储罐基本结构

双鞍座卧式储罐的基本结构主要由筒体、封头、双鞍座等组成。鞍座中心到封头切线的距离 A 尽量小于或等于 $0.5R_a$ 且不宜大于 $0.2L$。鞍式支座宜按 NB/T 47065.1—2018 选取，在满足该标准规定的条件下，可免除对鞍式支座的强度校核。当筒体长度 L 过长时可考虑采用 3 个鞍座支承的结构，此时中间鞍座固定，两端鞍座可以滑动或滚动。

3.5.2 卧式储罐强度及稳定性计算

卧式储罐受压元件应按 GB/T 150.3 的有关规定进行强度计算，并按本节进行强度及稳定性校核。具体计算内容包括筒体 δ_n 和封头厚度 δ_h、筒体轴向应力 $\sigma_{1\sim4}$、筒体切向应力 τ 和封头切向应力 τ_h、筒体周向应力 $\sigma_{5\sim8}$ 及鞍座应力，若应力校核不合格，需调整鞍座位或设置加强圈。

3.5.2.1 支座反力

支座反力按式(3-67) 计算：

$$F=\frac{mg}{2} \tag{3-67}$$

式中，m 为容器质量（包括容器自身质量、充水或充满介质的质量、所有梯子平台等附件质量即隔热层等质量），kg。

3.5.2.2 圆筒轴向应力及校核

(1) 圆筒轴向弯矩计算

圆筒轴向最大弯矩位于圆筒中间截面或鞍座平面内（图 3-33）。

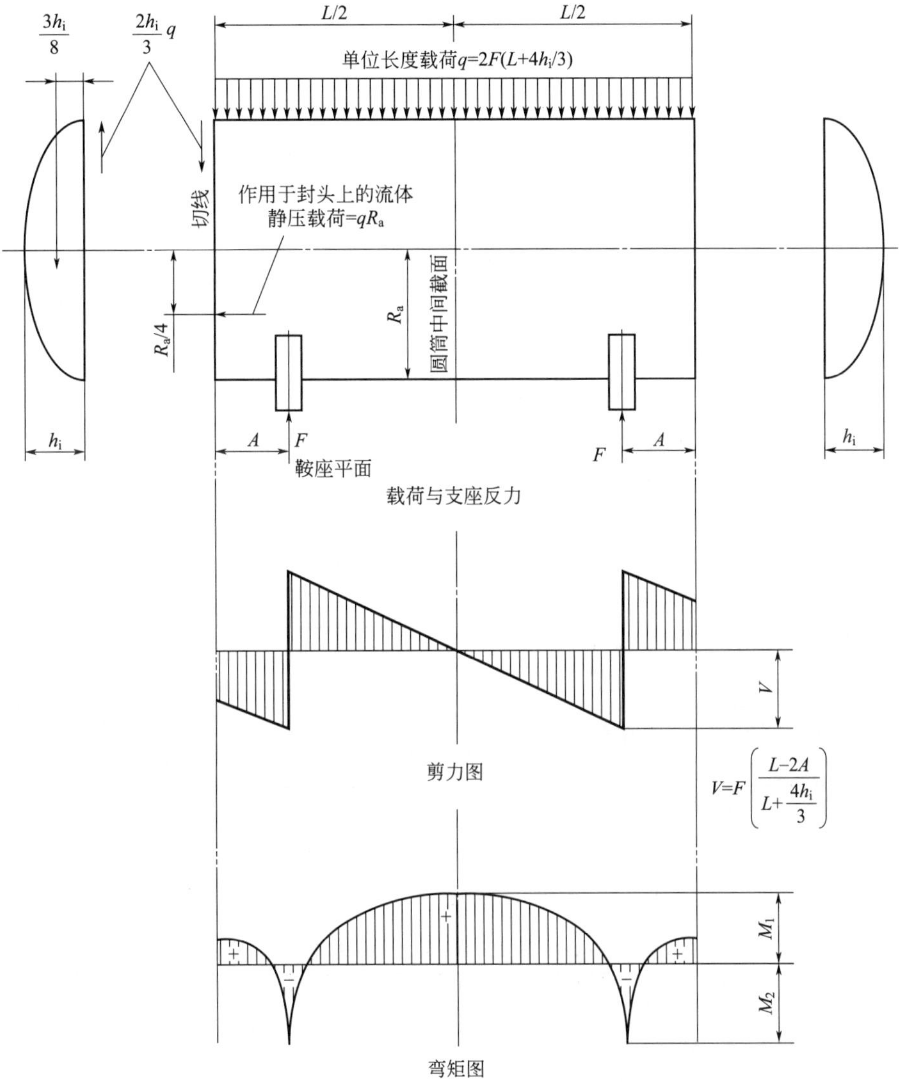

图 3-33　卧式容器载荷、支座反力、剪力及弯矩图

圆筒中间横截面内的轴向弯矩，按式(3-68) 计算：

$$M_1=\frac{FL}{4}\left[\frac{1+\frac{2(R_a^2-h_i^2)}{L^2}}{1+\frac{4h_i}{3L}}-\frac{4A}{L}\right] \tag{3-68}$$

圆筒鞍座平面内的轴向弯矩，按式(3-69) 计算：

$$M_2=-FA\left[1-\frac{1-\frac{A}{L}+\frac{R_a^2-h_i^2}{2AL}}{1+\frac{4h_i}{3L}}\right] \tag{3-69}$$

式中，R_a 为圆筒的平均半径，mm。

(2) 圆筒轴向应力计算

圆筒中间横截面最高点处轴向应力：

$$\sigma_1=\frac{p_c R_a}{2\delta_e}-\frac{M_1}{\pi R_a^2\delta_e} \tag{3-70}$$

圆筒中间横截面最低点处轴向应力：

$$\sigma_2=\frac{p_c R_a}{2\delta_e}+\frac{M_1}{\pi R_a^2\delta_e} \tag{3-71}$$

鞍座平面圆筒横截面最高点处轴向应力：

$$\sigma_3=\frac{p_c R_a}{2\delta_e}-\frac{M_2}{\pi K_1 R_a^2\delta_e} \tag{3-72}$$

鞍座平面圆筒横截面最低点处轴向应力：

$$\sigma_4=\frac{p_c R_a}{2\delta_e}+\frac{M_2}{\pi K_2 R_a^2\delta_e} \tag{3-73}$$

式中，系数 K_1、K_2 值由表 3-27 查得。

表 3-27　系数 K_1、K_2

条件	鞍座包角 θ/(°)	K_1	K_2
$A\leqslant R_a/2$,或在鞍座平面上有加强圈的圆筒	120	1.0	1.0
	135	1.0	1.0
	150	1.0	1.0
$A>R_a/2$,且在鞍座平面上无加强圈的圆筒	120	0.107	0.192
	135	0.132	0.234
	150	0.161	0.279

(3) 圆筒轴向应力的校核

按式(3-70)～式(3-73) 分别计算操作工况轴向应力 σ_1～σ_4 和水压试验工况轴向应力 σ_{1T}～σ_{4T}，圆筒轴向应力应满足表 3-28 的要求。

表 3-28　圆筒轴向应力的校核条件

工况	内压设计	外压设计	最大应力校核条件
操作工况（盛装物料）	加压	未加压	拉应力：$\max\{\sigma_1,\sigma_2,\sigma_3,\sigma_4\}\leqslant\phi[\sigma]^t$
	未加压	加压	压应力：$\lvert\min\{\sigma_1,\sigma_2,\sigma_3,\sigma_4\}\rvert\leqslant\phi[\sigma]_{ac}^t$
水压试验工况（充满水）	加压		拉应力：$\max\{\sigma_{T1},\sigma_{T2},\sigma_{T3},\sigma_{T4}\}\leqslant0.9\phi R_{eL}(R_{p0.2})$
	未加压		压应力：$\lvert\min\{\sigma_{T1},\sigma_{T2},\sigma_{T3},\sigma_{T4}\}\rvert\leqslant[\sigma]_{ac}$

注：$[\sigma]_{ac}^t$ 为设计温度下容器壳体材料的轴向许用压缩应力，$[\sigma]_{ac}^t=\min\{[\sigma]^t,B\}$，MPa；$[\sigma]_{ac}$ 为常温下容器壳体材料的轴向许用压缩应力，$[\sigma]_{ac}=\min\{0.9R_{eL},R_{p0.2},B^0\}$，MPa；$B$ 为设计温度下，按 GB/T 150.3 确定的外压应力系数，MPa；B^0 为常温下，按 GB/T 150.3 确定的外压应力系数，MPa。

3.5.2.3　圆筒及封头切向应力及校核

由于容器载荷所引起的最大竖直剪应力出现在鞍座截面处，因而需校核在鞍座截面处圆

筒的切向剪应力 τ，剪应力 τ 的大小与封头是否对圆筒起加强作用，以及在鞍座处是否设有加强圈等因素有关。

(1) 圆筒切向应力计算

① 圆筒未被封头加强（即 $A>0.5R_a$）时：

$$\tau=\frac{K_3F}{R_a\delta_e}\left(\frac{L-2A}{L+\frac{4}{3}h_i}\right) \tag{3-74}$$

② 圆筒被封头加强（即 $A\leqslant 0.5R_a$）时：

$$\tau=\frac{K_3F}{R_a\delta_e} \tag{3-75}$$

(2) 封头切向应力计算

圆筒被封头加强（即 $A\leqslant 0.5R_a$）时，尚需计算封头切向应力：

$$\tau_h=\frac{K_4F}{R_a\delta_{he}} \tag{3-76}$$

式中，δ_{he} 为封头有效厚度，mm；系数 K_3、K_4 值由表 3-29 查得。

表 3-29　系数 K_3、K_4

条件		鞍座包角 θ/(°)	K_3	K_4
圆筒在鞍座平面上有加强圈		120	0.319	—
		135	0.319	—
		150	0.319	—
圆筒在鞍座平面上无加强圈	$A>R_a/2$,或靠近鞍座处有加强圈	120	1.171	—
		135	0.958	—
		150	0.799	—
	$A\leqslant R_a/2$,圆筒被封头加强	120	0.880	0.401
		135	0.654	0.344
		150	0.485	0.295

(3) 圆筒及封头切向应力及校核

① 圆筒切向应力应满足：

$$\tau\leqslant 0.8[\sigma]^t$$

② 封头切向应力应满足：

$$\tau_h\leqslant 1.25[\sigma]^t-\sigma_h$$

式中，σ_h 为由于内压在封头中引起的应力，椭圆封头 $\sigma_h=\frac{Kp_cD_i}{2\delta_{he}}$，MPa。

3.5.2.4　圆筒周向应力计算及校核

(1) 圆筒周向弯矩计算

当无加强圈或加强圈在鞍座平面内时，其最大弯矩点在鞍座边角处。当加强圈靠近鞍座平面时，其最大弯矩点在靠近横截面水平中心线处。

(2) 圆筒周向应力计算

圆筒周向应力的位置如图 3-34 所示。无加强圈的圆筒按无垫板或垫板不起加强及垫板起加强 2 种情况计算；有加强圈的圆筒按加强圈位于鞍座平面内及加强圈靠近鞍座平面两种情况计算。

① 无垫板或垫板不起加强作用：

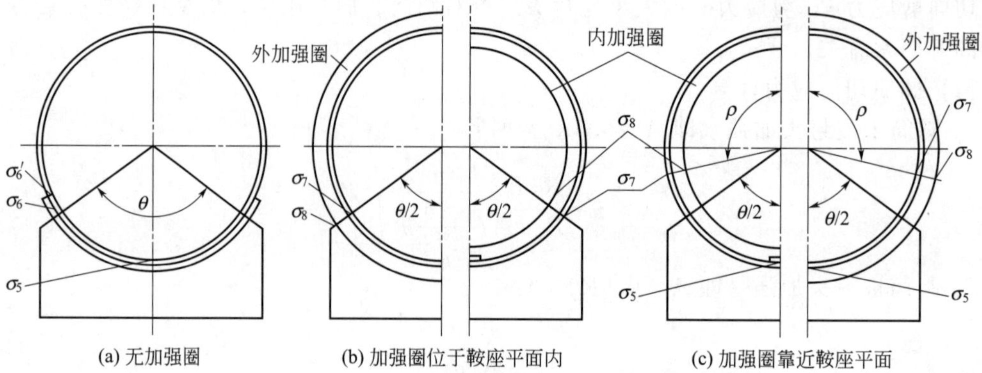

图 3-34 圆筒周向应力的位置

横截面的最低处：

$$\sigma_5=-\frac{kK_5F}{\delta_e b_2} \tag{3-77}$$

鞍座边角处：

$$\sigma_6=-\frac{F}{4\delta_e b_2}-\frac{3K_6F}{2\delta_e^2}(L/R_a\geqslant 8\text{ 时}) \tag{3-78}$$

$$\sigma_6=-\frac{F}{4\delta_e b_2}-\frac{12K_6FR_a}{L\delta_e^2}(L/R_a<8\text{ 时}) \tag{3-79}$$

式中，b_2 为圆筒的有效宽度，取 $b_2=b+1.56\sqrt{R_a\delta_n}$，mm；$\delta_n$ 为圆筒名义厚度，mm；b 为鞍座的轴向宽度，mm；k 为系数，当容器焊在鞍座上取 0.1，否则取 1.0。

② 垫板起加强作用：当鞍座垫板名义厚度 $\delta_m\geqslant 0.6\delta_n$，垫板宽度 $b_4\geqslant b_2$，垫板包角不小于鞍座包角 θ 加 12°时，垫板对圆筒起到加强作用。

横截面的最低处：

$$\sigma_5=-\frac{kK_5F}{(\delta_e+\delta_{re})b_2} \tag{3-80}$$

鞍座边角处：

$$\sigma_6=-\frac{F}{4(\delta_e+\delta_{re})b_2}-\frac{3K_6F}{2(\delta_e^2+\delta_{re}^2)}(L/R_a\geqslant 8\text{ 时}) \tag{3-81}$$

$$\sigma_6=-\frac{F}{4(\delta_e+\delta_{re})b_2}-\frac{12K_6FR_a}{L(\delta_e^2+\delta_{re}^2)}(L/R_a<8\text{ 时}) \tag{3-82}$$

鞍座垫板边缘处：

$$\sigma_6'=-\frac{F}{4\delta_e b_2}-\frac{3K_6F}{2\delta_e^2}(L/R_a\geqslant 8\text{ 时}) \tag{3-83}$$

$$\sigma_6'=-\frac{F}{4\delta_e b_2}-\frac{12K_6FR_a}{L\delta_e^2}(L/R_a<8\text{ 时}) \tag{3-84}$$

式中，δ_{re} 为鞍座垫板有效厚度，mm。式中系数 K_5、K_6 值由表 3-30 查得。

表 3-30 系数 K_5、K_6

鞍座包角 θ/(°)	K_5	K_6	
		$A/R_a\leqslant 0.5$	$A/R_a\geqslant 1$
120	0.760	0.013	0.053
132	0.720	0.011	0.043
135	0.711	0.010	0.041

续表

鞍座包角 θ/(°)	K_5	K_6	
		$A/R_a \leqslant 0.5$	$A/R_a \geqslant 1$
147	0.680	0.008	0.034
150	0.673	0.008	0.032
162	0.650	0.006	0.025

注：当 $0.5<A/R_a<1$ 时，K_6 值按表内数值线性内插求取。

③ 加强圈位于鞍座平面内：

鞍座边角处圆筒周向应力：

$$\sigma_7=-\frac{K_8F}{A_0}+\frac{C_4K_7FR_ae}{I_0} \tag{3-85}$$

鞍座边角处加强圈边缘表面周向应力：

$$\sigma_8=-\frac{K_8F}{A_0}+\frac{C_5K_7FR_ad}{I_0} \tag{3-86}$$

式中，对内加强圈，e 为加强圈与圆筒组合截面形心距圆筒外表面距离［见图 3-35(a)、(b)］；对外加强圈，e 为加强圈与圆筒组合截面形心距圆筒内表面距离［见图 3-35(c)］，mm；对内加强圈，d 为加强圈与圆筒组合截面形心距加强圈内表面距离［见图 3-35(a)、(b)］；对外加强圈，d 为加强圈与圆筒组合截面形心距加强圈外表面距离［见图 3-35(c)］，mm；A_0 为一个支座的所有加强圈与圆筒起加强作用有效段的组合截面积之和，mm^2；I_0 为一个支座的所有加强圈与圆筒起加强作用有效段的组合截面对该截面形心轴的惯性矩之和，mm^4。

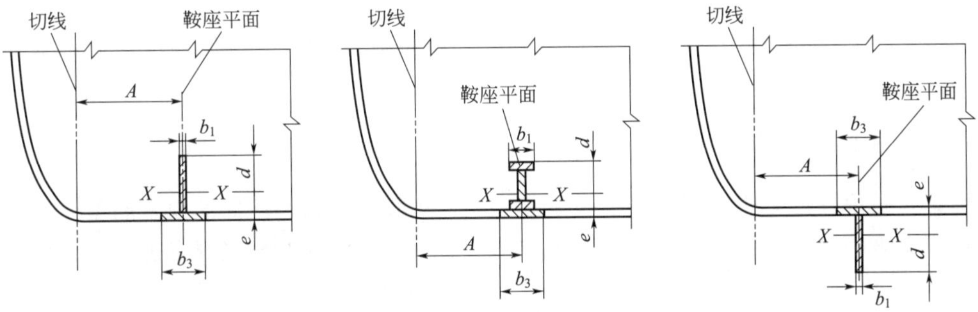

图 3-35 鞍座平面内加强圈

“加强圈位于鞍座平面内”是指加强圈位于图中所示“鞍座平面”两侧各小于或等于 $b_2/2$ 的范围内

式中系数 C_4、C_5、K_7、K_8 值由表 3-31 查得。

表 3-31 系数 C_4、C_5、K_7、K_8

加强圈位置		位于鞍座平面上(图 3-35)						靠近鞍座(图 3-36)		
θ/(°)		120	132	135	147	150	162	120	135	150
C_4	内加强圈	−1	−1	−1	−1	−1	−1	+1	+1	+1
	外加强圈	+1	+1	+1	+1	+1	+1	−1	−1	−1
C_5	内加强圈	+1	+1	+1	+1	+1	+1	−1	−1	−1
	外加强圈	−1	−1	−1	−1	−1	−1	+1	+1	+1
K_7		0.053	0.043	0.041	0.034	0.032	0.025	0.058	0.047	0.036
K_8		0.341	0.327	0.323	0.307	0.302	0.283	0.271	0.248	0.219

④ 加强圈靠近鞍座平面（见图 3-36）：

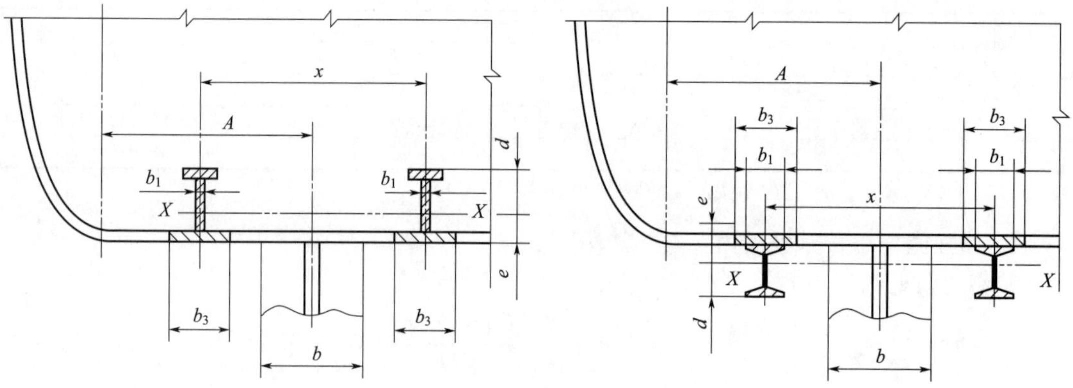

(a) 内加强圈　　(b) 外加强圈

图 3-36　靠近鞍座平面的加强圈

a. 横截面最低点的圆筒周向应力 σ_5：对无垫板或垫板不起加强作用，按式(3-77）计算；对垫板起加强作用，按式(3-80）计算。

b. 横截面上靠近水平中心线处的圆筒周向应力 σ_7 按式(3-85）计算。

c. 横截面上靠近水平中心线处的加强圈边缘表面的周向应力 σ_8 按式(3-86）计算。

d. 鞍座边角圆筒周向应力 σ_6 按式(3-81)～式(3-84）分别计算。

(3) 圆筒周向应力的校核

周向应力应满足下列条件：

$|\sigma_5| \leqslant [\sigma]^t$；$|\sigma_6| \leqslant 1.25[\sigma]^t$；$|\sigma_6'| \leqslant 1.25[\sigma]^t$；$|\sigma_7| \leqslant 1.25[\sigma]^t$；$|\sigma_8| \leqslant 1.25[\sigma]_r^t$

式中，$[\sigma]^t$ 为设计温度下容器壳体材料的许用应力，MPa；$[\sigma]_r^t$ 为设计温度下加强圈材料的许用应力，MPa。

3.5.3　卧式储罐用鞍式支座设计

卧式储罐用鞍式支座按 NB/T 47065.1—2018 选取，在满足该标准规定的条件下，可免除对鞍式支座的强度校核，否则应按 NB/T 47042—2014 标准的相关规定进行设计计算。

思考题

1. 压力容器如何进行分类？
2. 压力容器受压元件有哪些？
3. 压力容器钢材如何进行选择？
4. 如何进行内压设备的强度计算？
5. 管壳式换热器基本类型有哪些？
6. 如何进行管壳式换热器的设计计算？
7. 塔设备如何进行分类？
8. 如何进行塔设备的设计计算？
9. 如何进行卧式储罐强度及稳定性计算？

第4章

化工过程控制设计

4.1 过程控制系统设计

4.1.1 化工生产过程控制

在石油、化工、冶金、电力、轻工和建材等工业生产中连续的或按一定程序周期进行的生产过程的自动控制称为生产过程自动化。生产过程自动化是保持生产稳定、降低消耗、降低成本、改善劳动条件、保证生产安全和提高劳动生产率的重要手段。采用模拟或数字控制方式对生产过程的某一或某些物理参数进行的自动控制就称为过程控制。过程控制系统（process control systems）可以分为常规仪表过程控制系统与计算机过程控制系统两大类。随着工业生产规模走向大型化、复杂化、精细化、批量化，靠仪表控制系统已很难达到生产和管理要求，计算机过程控制系统是近几十年发展起来的以计算机为核心的控制系统。

过程控制（process control）是指根据工业生产过程的特点，采用测量仪表、执行机构和计算机等自动化工具，应用控制理论，设计工业生产过程控制系统，主要解决生产过程中的温度、压力、流量、液位（或物位）以及成分等参数的自动监测与控制问题，使得生产过程达到安全、稳定、长期运行，实现经济最大化、环境污染最小等目标。

过程控制与其他自动控制系统比较，主要有以下几个特点：

① 连续工业生产过程通常伴随着化学反应（包括生化反应）、相变过程、能量转换、传热传质等复杂反应或过程。这些反应或过程的进行，必须满足一定的内部和外部条件。满足这些条件，并且使这些条件保持稳定，生产过程就能正常、稳定进行，产品产量和质量就能得到保证。

② 连续生产过程工业是一个庞大的工业系统，设备多样化，工作机理各不相同，因而被控对象形式复杂多变，具有惯性大、延时大、时变、非线性、多变量相互耦合等特点，很难得出其精确的动态数学模型，因而控制难度较大。

③ 由于生产过程工艺复杂，要求高，有多个参数（被控量）需要控制，又有多个变量可用作控制量，变量之间存在交互影响的耦合关系。控制系统间既独立又相互影响，所以必须合理协调各控制系统间相互关联、相互制约的关系，从整个生产过程的全局出发，进行厂级控制系统的设计、操作、调优等，求得整个生产过程的最优条件。

④ 连续生产过程的生产条件和环境往往比较特殊，如高温高压、低温真空、易燃易爆、有毒、存在放射性等。因而必须将自动化、信息化技术与安全环保工程相结合，在正常生

产、非正常工况、事故工况下，都能确保人员安全以及不对环境造成污染。

⑤ 连续过程工业设备多，结构复杂，所以干扰因素也多，干扰的形式较复杂。这就要求过程控制的各个控制系统具有较强的抗干扰能力，能克服扰动因素对生产的影响。

⑥ 尽管连续生产过程工业部门间有时差别很大，如电力和化工，但由于被控参数相似或相同，过程控制系统中，不少控制系统在工作原理、系统组成上都有许多相似甚至完全相同的特点。过程控制系统的自动化装置都是标准化仪表，仪表的合理选型及调整也是过程控制的一项重要工作。

工业生产对过程控制系统的性能要求主要包含三个方面，即安全性、稳定性和经济性。安全性是指在整个生产过程中，要确保人身和设备的安全，这是最重要也是最基础的要求，通常采用参数越限警报、联锁保护等措施加以实现。随着工业生产过程的连续化和大型化，上述的措施已经不能满足要求，还必须设计在线故障诊断系统和容错控制系统等来进一步提高生产运行的安全性。稳定性是指系统具有抑制外部干扰、保持生产过程长期稳定运行的能力，这也是过程控制能够运行的基本保证。经济性是指要求生产成本低而效率高，这也是现代工业生产所追求的目标。为此，过程控制的任务是指在了解、掌握工艺流程和被控过程的静态与动态特性的基础上，应用控制理论分析和设计符合上述三项要求的过程控制系统，并采用适宜的技术手段加以实现。因此，过程控制是集控制理论、工艺知识、自动化仪表与计算机技术等为一体的综合性应用技术。

生产工艺过程的工艺变量（被控变量）要求保持在工艺操作所需要的指标（设定值），为此需要检测元件和变送器获得这些被控变量，在控制装置中与设定值比较后，按一定的控制规律输出信号到执行器，调整操纵变量，使被控变量达到和保持在设定值，以及按工艺要求，选择被控变量、操纵变量、控制算法、执行器，设计简单合理的控制方案。总的来说，过程控制系统要解决图 4-1 所示控制系统的方案设计、分析和应用问题。

4.1.2 简单控制系统

以经典控制理论为基础的单输入、单输出简单控制系统是负反馈控制系统的一般形式，其结构简单且应用广泛，可解决生产过程中大部分的过程控制问题。图 4-2 是一个简单的反馈控制系统，通过产品出料成分来控制物料 B 的进料量。

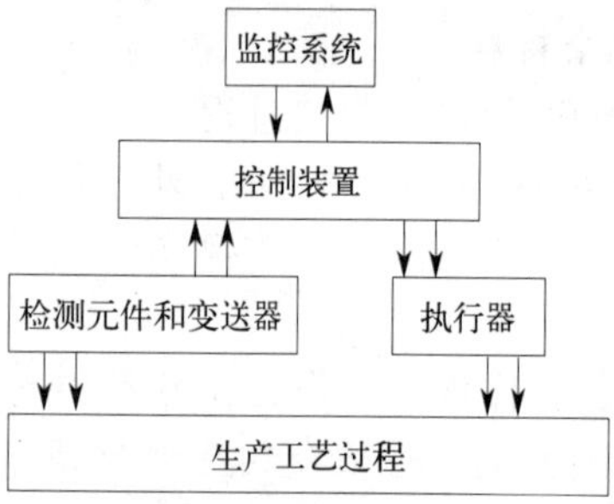

图 4-1 控制系统的控制结构

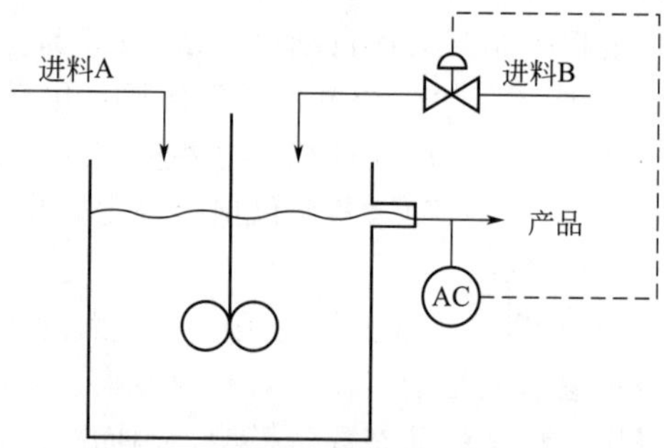

图 4-2 单回路反馈控制系统示意图

工业生产过程中，生产装置的温度、压力、流量、液位等工艺变量常常要求维持在一定的数值上或按一定的规律变化，以满足生产工艺的要求。PID 控制器是根据负反馈原理对整个控制系统进行偏差调节，从而使被控变量的实际值与工艺要求的预定值一致。不同的控制规律适用于不同的生产过程，必须合理选择相应的控制规律。

(1) PID 控制算法

比例-积分-微分（proportion integration differentiation，PID）控制器，由比例单元 P、积分单元 I 和微分单元 D 组成。通过比例系数 K_p、积分时间常数 T_i 和微分时间常数 T_d 三个参数设定。理想的 PID 控制结构：

$$u(t)=K_p[e(t)+\frac{1}{T_i}\int_0^t e(t)dt+T_d\frac{de(t)}{dt}]+u_0$$

PID 控制器主要适用于基本线性和动态特性不随时间变化的系统。PID 控制器是一个在工业控制应用中常见的反馈回路部件。这个控制器把收集到的数据和一个参考值进行比较，然后根据偏差的大小、累积和变化率计算合理的控制量，驱动执行机构，使得系统的输出达到或者保持在给定的参考值，如图 4-3 所示。

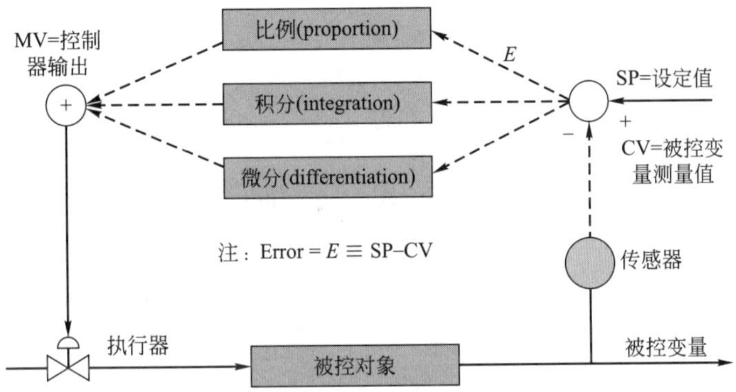

图 4-3 PID 控制器结构示意图

(2) PID 控制结构

① 比例（P）控制　单独的比例控制也称“有差控制”，输出的变化与输入控制器的偏差成比例关系，偏差越大输出越大。实际应用中，比例度的大小应视具体情况而定，比例度太大，控制作用太弱，不利于系统克服扰动，余差太大，控制质量差；比例度太小，控制作用太强，容易导致系统的稳定性变差，引发振荡。单纯的比例控制适用于扰动不大、滞后较小、负荷变化小、要求不高、允许有一定余差存在的场合。工业生产中比例控制规律使用较为普遍。

② 比例积分（PI）控制　积分控制器的输出与输入偏差对时间的积分成正比。积分控制器的输出不仅与输入偏差的大小有关，而且还与偏差存在的时间有关。只要偏差存在，输出就会不断累积，直到偏差为零，累积才会停止。所以，积分控制可以消除余差。比例积分控制结构，既有比例控制作用的迅速及时，又有积分控制作用消除余差的能力。因此，比例积分控制可以实现较为理想的过程控制。

比例积分控制器是目前应用最为广泛的一种控制器，多用于工业生产中液位、压力、流量等控制系统。由于引入积分作用能消除余差，弥补了纯比例控制的缺陷，获得较好的控制质量。

③ 比例微分（PD）控制　微分输出只与偏差的变化速度有关，而与偏差的大小以及偏差的存在与否无关。如果偏差为一固定值，不管多大，只要不变化，则输出的变化一定为零，控制器没有任何控制作用。微分时间越大，微分输出维持的时间就越长，微分作用越强。微分控制作用的特点是：动作迅速，具有超前调节功能，可有效改善被控对象有较大时间滞后的控制品质；但是它不能消除余差，尤其是对于恒定偏差输入时，根本就没有控制作用。因此，不能单独使用微分控制规律。

比例和微分作用结合，比单纯的比例作用更快。尤其是对容量滞后大的对象，可以减小动态偏差的幅度，节省控制时间，显著改善控制质量。

④ 比例-积分-微分（PID）控制　最常用的控制策略是比例-积分-微分控制规律，既有比例作用的及时迅速，又有积分作用的消除余差能力，还有微分作用的超前控制功能。当偏差阶跃出现时，微分立即大幅度动作，抑制偏差的这种跃变；比例也同时起消除偏差的作用，使偏差幅度减小，由于比例作用是持久和起主要作用的控制规律，可使系统比较稳定；而积分作用慢慢把余差克服掉。只要三个作用的控制参数选择得当，便可充分发挥三种控制规律的优点，得到较为理想的控制效果。

(3) PID 控制器参数整定方法

PID 控制器的参数整定是控制系统设计的核心内容。它是根据被控过程的特性确定 PID 控制器的比例系数、积分时间和微分时间的大小。PID 控制器参数整定的方法很多，概括起来有两大类：

一类是理论计算整定法，它主要是依据系统的数学模型，经过理论计算确定控制器参数。这种方法所得到的计算数据未必可以直接用，还必须通过工程实际进行调整和修改。

另一类是工程整定方法，它主要依赖工程经验，直接在控制系统的试验中进行，且方法简单、易于掌握，在工程实际中被广泛采用。PID 控制器参数的工程整定方法，主要有临界比例法、反应曲线法和衰减法。三种方法各有其特点，共同点都是通过试验，然后按照工程经验公式对控制器参数进行整定。但无论采用哪一种方法，所得到的控制器参数都需要在实际运行中进行最后调整与完善。

4.1.3　串级控制系统

当生产过程中被控对象的容量滞后较大，干扰变化比较剧烈或者工艺对产品质量提出的要求很高时，单回路控制系统难以达到控制效果，这时需采用串级控制系统。该系统具有主环和副环两个环路，主环的输出作为副环的给定，再由副环控制执行机构。其中副环主要对扰动进行粗调，主环对扰动进行细调。串级控制系统可完成单回路控制系统的全部功能，易于实现且控制效果好，在生产过程中应用较为普遍。

串级控制系统具有以下的结构特点：

① 由两个或两个以上的控制器串联连接，一个控制器输出是另一个控制器的设定；

② 由两个或两个以上的控制器、多个检测变送器和一个执行器组成；

③ 主控制回路是定值控制系统，副控制回路对主控制器输出而言，是随动控制系统；对进入副回路的扰动而言，是定值控制系统。

串级控制系统在工业上的设计准则如下所示：

① 设计时要使主要扰动和尽可能多的扰动进入副环中。

② 要合理选择副对象和检测变送环节的特性，使副环近似为 1∶1 比例环节。

③ 根据副环频率特性，控制器参数不合适会出现共振现象。为了防止出现共振现象，需要对控制器参数进行调节。

对于加热炉出口温度控制系统来说，被控变量是出口温度，燃料气作为操纵变量，利用上一章节的知识进行简单控制系统的设计，如图 4-4 所示。

但是在进阀门前燃料气的压力波动也会造成燃料流量的变化，从而影响加热炉的温度，因此针对燃料的压力和加热炉出口温度进行简单控制系统的设计，如图 4-5 所示。

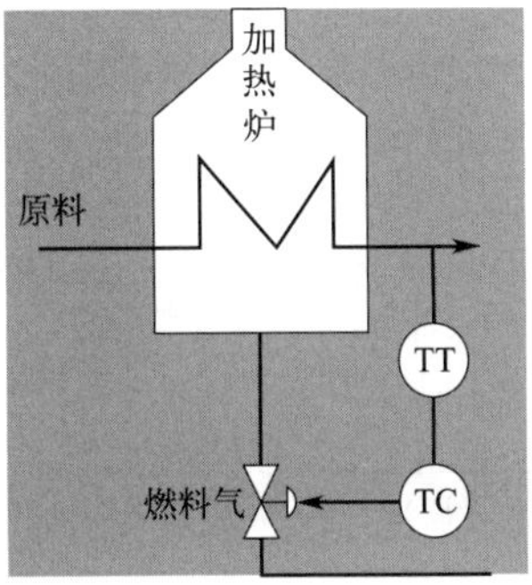

图 4-4　加热炉出口温度的简单控制系统设计 1

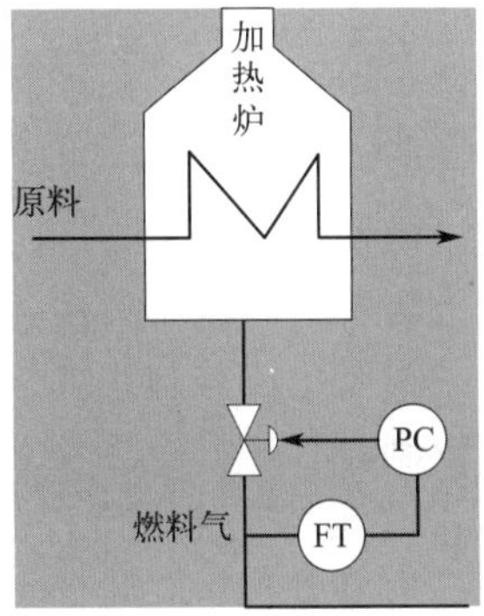

图 4-5　加热炉出口温度的简单控制系统设计 2

燃料气的流量和加热炉出口温度、燃料气的压力和加热炉出口温度两种方案相结合，将两个控制器串级起来，这样既可以克服流量扰动的作用，又能使温度在受到其他扰动的情况下保持稳定，这就是串级控制系统。图 4-6 所示是加热炉出口温度的串级控制系统，温度控制器和压力控制器串联在一起，温度控制器的输出作为压力控制器的设定值。

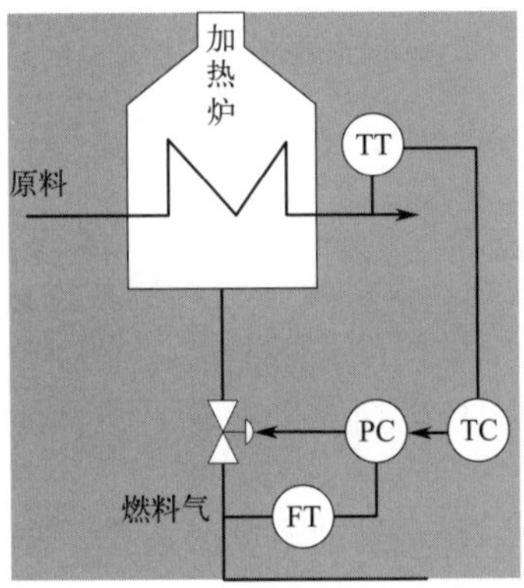

图 4-6　加热炉出口温度的简单串级控制系统设计

如图 4-7 所示，串级控制系统在原有的简单控制回路内，通过增加副回路控制，能够迅速克服加入副回路的干扰，减少系统的最大超调量和减少扰动响应积分误差，提高控制系统的性能。

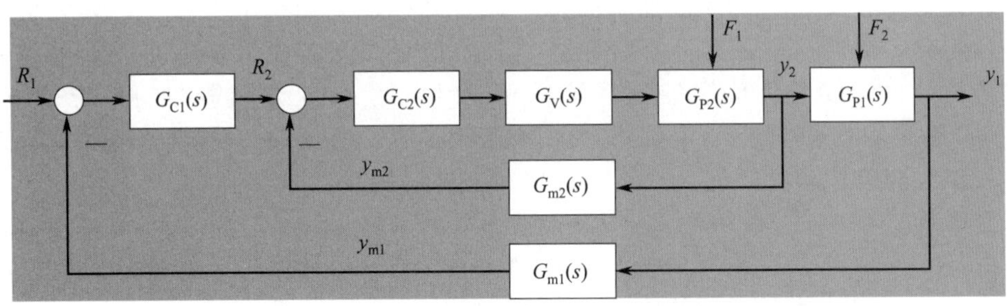

图 4-7　加热炉温度串级控制系统结构框图

$G_{C1}(s)$：主控制器，主要是细调作用；$G_{C2}(s)$：副控制器，主要是粗调作用；y_1：主被控变量；y_2：副被控变量；R_1：主设定值；R_2：副设定值；$G_{P1}(s)$：主被控对象；$G_{P2}(s)$：副被控对象；F_2：进入主回路的扰动；F_1：进入副回路的扰动。主回路：由$G_{C1}(s)$、$G_{C2}(s)$、$G_V(s)$、$G_{P1}(s)$、$G_{P2}(s)$和$G_{m1}(s)$组成的回路；副回路：由$G_{C2}(s)$、$G_V(s)$、$G_{P2}(s)$和$G_{m2}(s)$组成的回路

4.1.4 比值控制系统

在化工、炼油及其他工业生产过程中，为了保证产品质量的稳定，工艺上常需要保持两种或两种以上物料的一定比例关系，这种可以实现两个及两个以上工艺参数满足一定比例关系的控制系统称为比值控制系统。

在比值控制系统中，一个物流的流量跟随着另一个物流的流量变化，前者是从动量，后者是主动量。通常情况下，由于从动量跟随主动量变化，所以从动量应选择可测量、可控制的变量，且供应有余；而主动量应选择主要物料或者关键的物料变量，且可测量、不可控制的变量。另外，如果一个过程变量供应不足，会造成工程不安全，则应选择该过程变量为主动量。图 4-8 所示是一个双闭环变比值控制系统，蒸汽流量是主动量，天然气和空气流量是从动量。

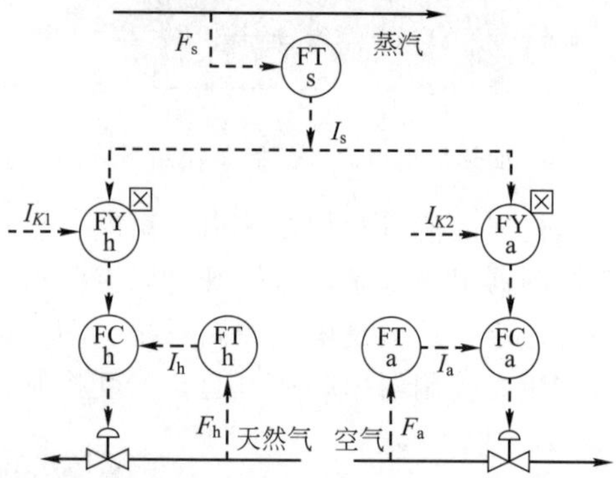

图 4-8 比值控制系统

4.1.5 前馈控制系统

随着工业生产过程的不断发展，生产过程的控制要求越来越高。但对于精馏等复杂过程，常规的比例、积分、微分反馈控制系统不能满足工艺要求，此时需要按照干扰量的变化来补偿其对被控变量的影响，从而使被控对象不受干扰的影响。这种按干扰进行控制的开环控制方式称为前馈控制（FFC）。

对于前馈控制系统，最主要的就是扰动变量的选择，选择原则有以下几个方面：扰动变量必须可测量，但是工艺不允许对其进行控制；扰动变量应选择主要变量，且该扰动变化需频繁，变化幅度较大；扰动变量需选择对控制变量影响大的变量，且用常规的反馈控制很难对其实现控制要求；有时候虽然扰动变量可控，但工艺需要经常改变其数值，也可以选择这样的扰动进行前馈控制。

图 4-9 为换热器的前馈控制系统。

前馈控制能够及时克服特定扰动的影响，如果符合设计控制规律，可大大削弱对被控变量的影响，前馈控制采用开环控制方式，不能保证被控变量没有余差，其控制器结构参数的设计也能按照负反馈控制系统原理设计。图 4-10 为前馈控制系统的方框图，$F(s)$ 为可检测的扰动变量，$G_{ff}(s)$ 为前馈控制器的传递函数，$G_d(s)$ 为扰动通道传递函数。根据完全补偿条件，前馈控制器输出完全补偿扰动，即扰动 $F(s)$ 变化时，对被控变量没有影响。

其中 $Y(s)=[G_{ff}(s)G_P(s)+G_d(s)]F(s)$，为了使系统的输出影响为零，则 $G_{ff}(s)G_P(s)+G_d(s)=0$，因此前馈控制的传递函数表示为：

$$G_{ff}(s)=-\frac{G_d(s)}{G_P(s)} \tag{4-1}$$

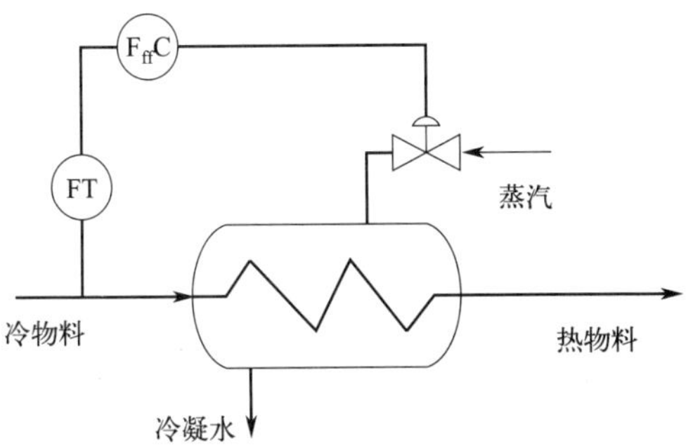

图 4-9　换热器的前馈控制系统

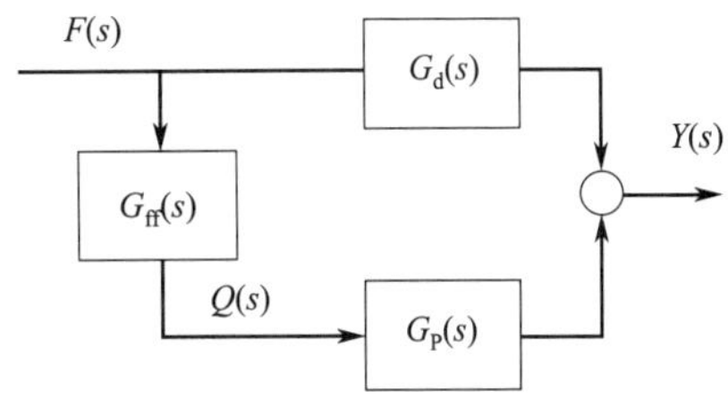

图 4-10　前馈控制系统方框图

4.1.6　选择控制系统

在控制系统中含有选择单元的系统，通常称为选择性控制系统。常用的选择器是低选器和高选器（图 4-11），它们各有两个或更多个输入，低选器把低信号作为输出，高选器把高信号作为输出，即分别是

$$u_0=\min(u_{i1},u_{i2},\cdots)$$

$$u_0=\max(u_{i1},u_{i2},\cdots)$$

式中，u_{ij} 是第 j 个输入；u_0 是输出。

选择性控制系统是将逻辑控制与常规控制结合起来，增强了系统的控制能力，可以完成非线性控制、安全控制和自动开停车等控制功能。选择性控制又称取代控制、超驰控制和保护控制等。

图 4-11　低选器与高选器

选择性控制系统是为使控制系统既能在正常工况下工作，又能在一些特定的工况下工作而设计的，当生产过程中某一变量超过软限时，用另一个控制回路代替原有控制回路，选择生产过程中的最高、最低或中间的值，用于指导生产过程，防止事故的发生。并且可以用于逻辑提量或减量、生产过程开停车的控制和非线性控制规律的实现。

图 4-12 是氨冷器的超驰控制系统。氨冷器温度受液氨液位的影响，液位改变会影响液氨的蒸发空间。正常工况下，液位低于安全软限，液位超过安全软限时，LC 取代 TC 进行控制。

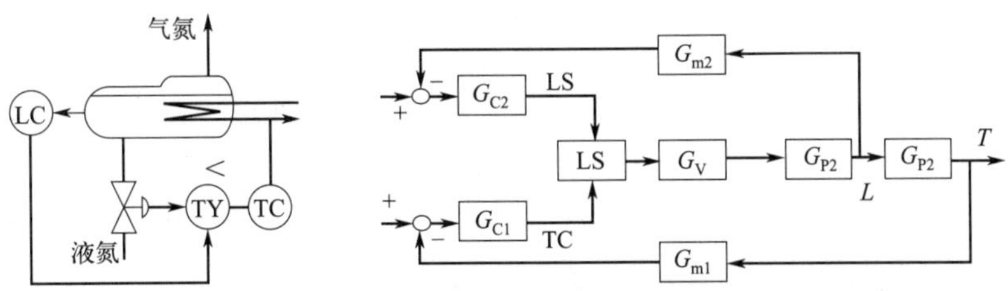

图 4-12　氨冷器的超驰控制系统

4.1.7 分程控制系统

（1）分程控制系统的设计

分程控制系统中以气开控制阀为例，当控制阀膜头气压是 0MPa 时，控制阀流过的流量是泄漏量；当控制阀膜头气压是 0.02MPa 时，控制阀流过的流量是最小流量。

关于分程控制工作范围的选择和实现，根据工艺的安全性，选择控制阀的气开和气关方式，再根据负反馈控制的要求，选择控制器的正反作用方式，最后确定分程控制的类型。

分程点广义对象特性的突变，用于适应不同控制要求，以异向分程为例。图 4-13 分别表示只有一个交接点、有过渡的交接点、有不灵敏区。

分程控制系统还可以用于扩大可调范围（图 4-14），应尽可能减小大阀的泄漏量，同时为防止交叉点的突变，控制阀采用对数特性。

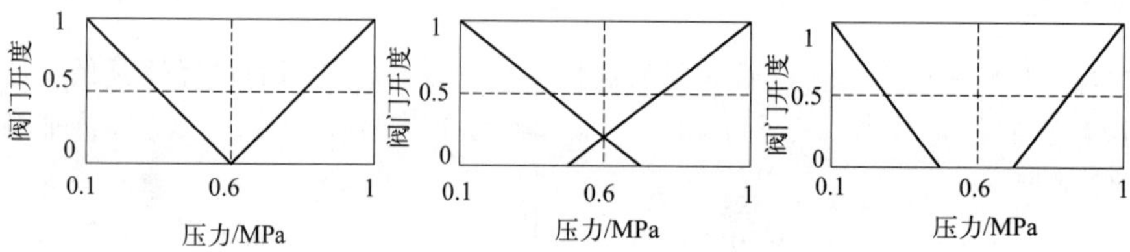

图 4-13　分程控制的突变

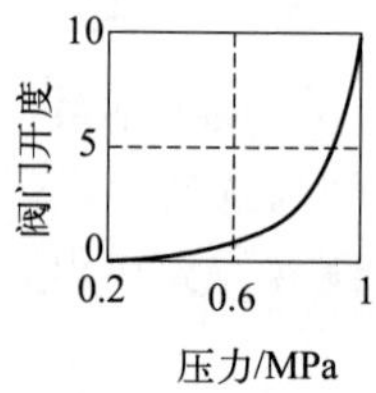

图 4-14　分程控制的扩大可调范围

（2）案例

针对精馏塔塔顶馏出物有少量不凝性气体，对精馏塔压力进行分程控制（图 4-15）。

① 根据工艺的安全性，选择控制阀的气开和气关方式。

冷水阀 V_1 选气开型，排放阀 V_2 选气开型。

② 根据负反馈的要求，选择控制器的正反作用方式。

冷却水阀开大，塔压下降，对象 K_{P1} 为负；不凝性气体排放阀开大，塔压下降，对象 K_{P2} 为负，控制器选正作用，K_C 为负。

③ 确定分程控制的类型。

塔压低，控制器测量值小，控制器的输出小，应关小控制阀 V_1；塔压高，控制器输出增大，应开控制阀 V_2。选用气开的同向分程控制（图 4-16）。

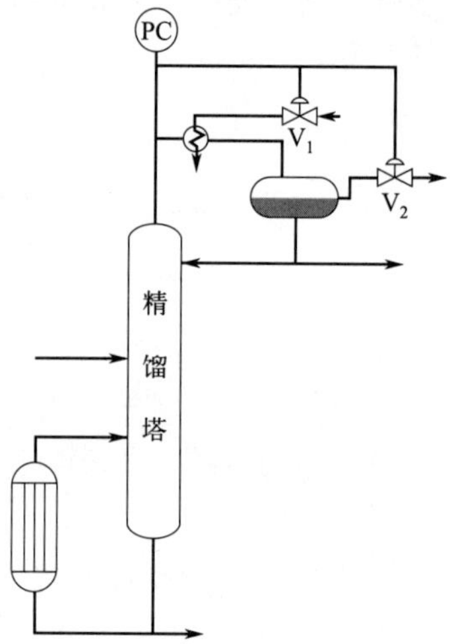

图 4-15　精馏塔压力的分程控制系统

4.1.8 先进控制系统

随着化工过程对控制系统要求的提高，先进控制系统应运而生。先进控制系统是一种基于数学模型的控制策略，借助计算机进行大量数据的采集、处理、存储、传递，进行逻辑乃至矩阵的转置、求逆等运算，其控制精度和控制效果远远超过简单控制系统。在化工生产过程中组合推断控制、模型预测控制、自适应控制、智能控制、在线优化控制、软测量仪表等先进控制技术得到了广泛应用。

模型预测控制算法使用预测模型来预测未来时间范围内的过程输出，并通过预测的过程输出与实际值之间的偏差进行反馈校正，使用滚动优化方法来确定当前时刻的最优控制输入策略。模型预测控制算法的示意图如图 4-17 所示。

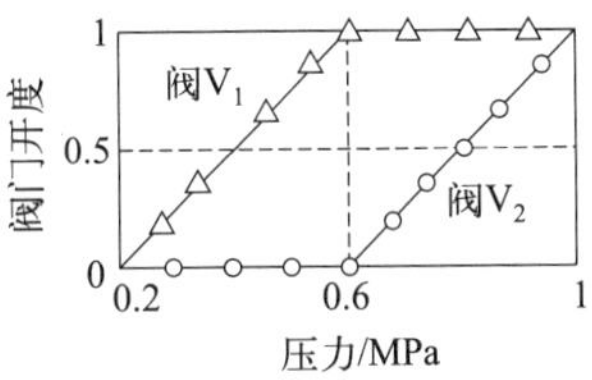

图 4-16　精馏塔压力的分程控制系统分析

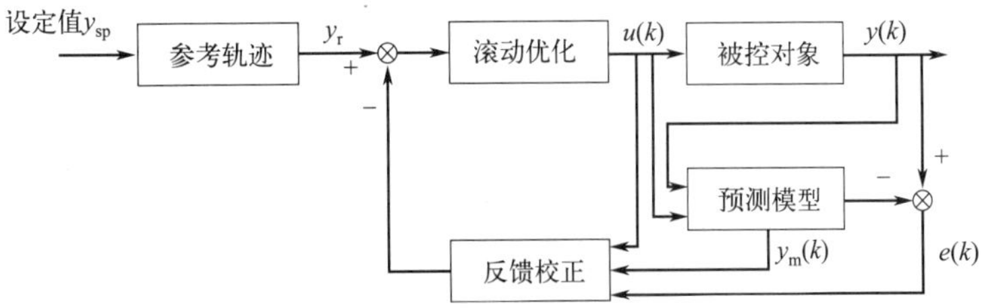

图 4-17　模型预测控制算法示意图

脱醇塔 C1 的动态矩阵控制方案结构图如图 4-18 所示。

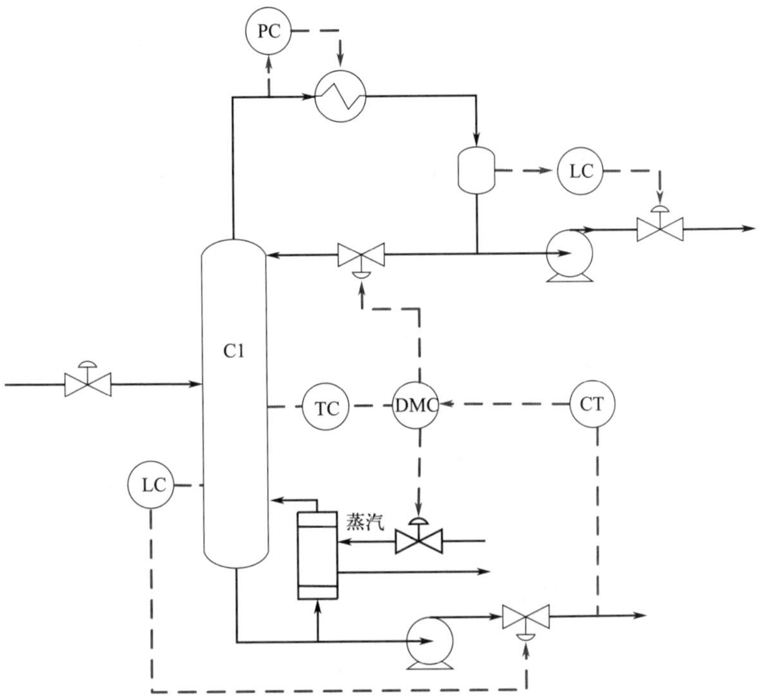

图 4-18　脱醇塔 C1 动态矩阵控制方案结构

4.2 精馏塔过程控制系统

精馏是依据各组分挥发性的差异来分离液体混合物的一种单元操作，是工业生产中应用最广泛的传质分离操作。精馏过程是在精馏塔中进行的，精馏是一个多输入、多输出的多变量过程，内在机理复杂，动态响应迟缓，变量之间相互关联，工艺对控制提出的要求较高，而且不同的塔工艺结构差别很大，所以确定精馏塔的控制方案极为重要而又相当困难。从能耗角度看，精馏塔是三传一反典型单元操作中能耗最大的设备。因此，精馏塔的节能控制也是十分重要的。

4.2.1 控制目标与控制变量

精馏塔的总控制目标是在保证产品质量合格的前提下，使塔的总收益最大化或总成本最小化。具体有以下4个方面的基本要求。

① 产品质量控制　塔顶或塔底产品之一必须合乎规定的纯度，另一端成品维持在规定的范围内，保证产品损失小于规定值。

② 物料平衡和能量平衡控制　全塔进出的物料应保持平衡，即塔顶、塔底采出量应和进料量平衡，同时保持精馏塔的输入、输出能量平衡，以使塔内的操作压力维持稳定，这是维持塔的正常操作以及上下工序协调工作的前提。

③ 约束条件控制　为保证精馏塔的正常、安全操作，必须使某些操作限制在约束条件内。常用的精馏塔约束条件为液泛限、漏液限、压力限及临界温差限等。

④ 经济效益控制　在达到上述基本目标的同时，还要达到塔的优化操作目标，即精馏过程需要获得最大的产品回收率和最小的能量消耗。

由上述精馏塔控制目标可确定精馏控制系统的控制变量，变量包括被控变量、操纵变量和干扰变量，具体如下。

① 被控变量　精馏塔控制系统的被控变量主要有五个：塔顶产品浓度、塔底产品浓度、塔内压力、回流罐液位及塔釜液位。其中塔顶和塔底产品浓度是反映产品质量的变量，控制它们以达到产品质量控制目标。控制塔内压力、回流罐液位及塔釜液位是为达到塔的平衡操作。

② 操纵变量　控制系统通过改变调节阀的开度调节操纵变量，以此来控制被控变量。操纵变量主要有五个：塔顶馏出液流量、塔釜馏出液流量、回流量、冷却量和塔釜加热蒸汽量。

③ 干扰变量　在精馏操作过程中，不可避免地要受到许多干扰因素的影响，因此控制系统还要引入干扰变量。干扰变量主要有两种类型，一种是可控干扰变量，如塔的进料流量、进料温度或焓等；另一种是不可控干扰变量，如进料成分、环境温度、大气压力等。

4.2.2 精馏塔的基本控制方案

精馏塔控制系统的目的就是抑制干扰变量的扰动影响，使操作达到控制目标。精馏塔控制系统设计的本质是将五个被控变量和五个操纵变量适当配对，这样可获得多种控制方案。常用的有物料平衡控制方案、能量平衡控制方案、产品成分和温度控制方案、压力和再沸器加热量控制方案等。其中控制产品成分是最直接、方便、应用最广的控制方案之一，产品成分控制是通过成分控制器调节进料流量、再沸器蒸汽量或回流量来达到的。现针对此方案中被控变量的选取做一些简要介绍，主要有以下几种方式。

(1) 产品质量的开环控制

① 固定回流量 L_R（或回流比 L_R/D）和再沸器加热蒸汽量 V_S：如图4-19(a) 所示，进料恒定，当回流量和再沸器加热量恒定，则塔顶采出量 D 和塔釜采出量 B 也恒定。如进料是前塔出料，用进料量为主动量，回流量和再沸器加热量作为从动量组成比值控制。

② 固定塔顶采出量 D 和再沸器加热蒸汽量 V_S：如图4-19(b) 所示，当回流比较大时，控制采出量 D，能很好控制回流量。

(2) 精馏塔质量指标间接控制

将温度作为间接质量指标，是精馏塔质量控制中应用最广的一种方案，如图4-20所示。

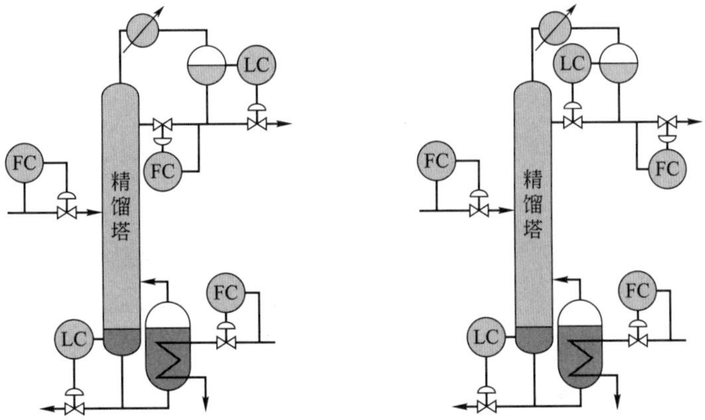

(a) 固定L_R和V_S　　(b) 固定D和V_S

图 4-19　精馏塔产品质量开环控制系统

对于二元组分精馏，在一定压力下，温度与产品成分有一一对应的关系。对于其他的精馏应用场合，温度和成分也有近似的对应关系。根据温度控制点的位置不同，可将温度控制系统分为精馏段温度控制系统、提馏段温度控制系统和中温控制系统。当产品纯度要求很高、原料各组分相对挥发度很小时，上述三种温控系统达不到良好的控制效果，此时需要调节灵敏板的温度来控制产品质量。所谓灵敏板，是当塔受到干扰或控制作用时，达到新的稳态后，各塔板的温度变化最大的那块板或填料位置。

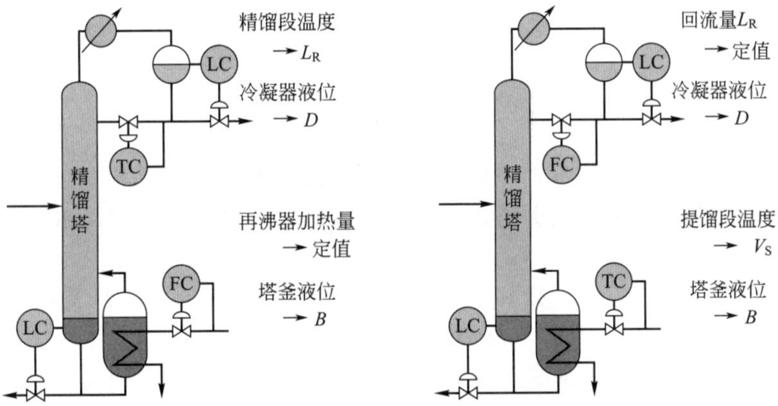

(a) 精馏段间接物料平衡控制　　(b) 提馏段间接物料平衡控制

图 4-20　精馏塔温度间接质量系统

用温度作为间接质量指标必须保持塔内压力为定值，对精密精馏等控制要求较高的场合，微小的压力变化会造成质量控制难以满足工艺要求。为此，必须对压力的波动加以补偿。当压力在小范围内波动时，可以将压力变化与引起的沸点变化之间近似为线性关系，采用直接压力补偿方式。对精密精馏常采用温差控制、双温差控制和多点质量估计器等控制方式。

(3) 精馏塔质量指标直接控制

采用工业色谱仪直接检测成分信号，构成精馏塔质量指标闭环控制系统。然而，目前由于成分分析仪表受到可靠性差、响应滞后以及不同产品检测仪表的不通用性等限制，精馏塔质量指标的直接控制应用很少。

4.2.3 精馏塔的复杂控制方案

随着工业上对精馏产品纯度以及工艺条件要求的提高，对精馏塔控制系统的要求也越来越高，单回路的基本控制方案已不能很好地完成控制任务，这时经常采用串级、前馈-反馈和节能等控制系统。

(1) 串级控制

在精馏塔控制中，当需要使操纵变量和控制器输出保持精确的关系且副环特性有较大变化时，单回路负反馈控制不能满足控制要求，可以设计串级控制系统。例如精馏段温度与回流量或输出量或回流比组成串级控制，提馏段温度与加热蒸汽量或塔釜采出量组成串级控制，如图 4-21 所示。

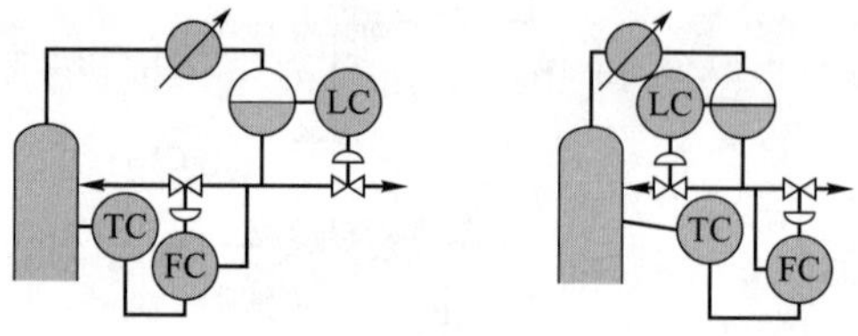

(a) 精馏段串级控制示例

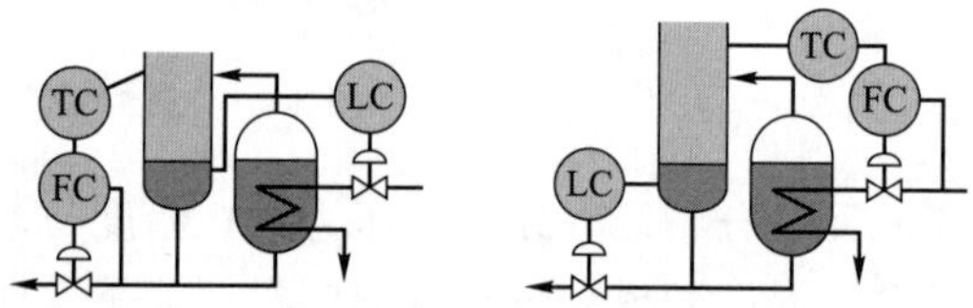

(b) 提馏段串级控制示例

图 4-21 精馏塔串级控制系统
（以质量指标为主被控变量）

(2) 前馈-反馈控制

精馏塔的大多数前馈信号采用进料量。当进料量来自上一工序时，除了多塔组成的塔系中可采用均匀控制或串级均匀控制外，克服进料扰动影响的常用控制方法是采用前馈-反馈控制（如图 4-22）。反馈控制系统可以是塔顶和塔底的有关控制系统，静态前馈模型为

$$\frac{D}{F}=\frac{z_{\mathrm{F}}-x_{\mathrm{B}}}{x_{\mathrm{D}}-x_{\mathrm{B}}} \tag{4-2}$$

$$\frac{V}{F}=\beta\ln\frac{x_{\mathrm{D}}(1-x_{\mathrm{B}})}{x_{\mathrm{B}}(1-x_{\mathrm{D}})} \tag{4-3}$$

即将进料量 F 作为前馈信号，相应改变塔顶馏出量 D、塔底采出量 B 和蒸汽量 V，组成相乘型静态前馈-反馈控制系统。考虑到精馏塔的水力学滞后的影响，亦可引入动态前馈，组成动态前馈-反馈控制系统。

此外，根据精馏塔产品质量指标，可组成进料量 F 为前馈，产品质量为主被控变量、馏出量 D 为副被控变量的前馈-串级反馈控制系统。

精馏塔的前馈信号也可取自馏出量，组成“强迫内部平衡”的相加型前馈-反馈控制系统，如图 4-23 所示。图中，反映产品质量指标的温度与馏出量 D 组成串级控制系统。馏出量作为前馈信号，其变化通过前馈控制 FY 与回流罐液位的反馈信号相加，组成前馈-反馈控制系统。回流罐液位与回流量 L_{R} 组成串级控制系统，因此，当馏出量变化时能够及时通过前馈控制改变回流量，实现了强迫内部物料平衡，并使采用直接物料平衡控制方案响应慢的缺点得以克服。

(3) 节能控制

精馏塔是化工工业中使用量最大、能耗最高、应用面极广的分离单元操作设备。精馏过程消耗的能量绝大部分并非用于组分分离，而是被冷却水或分离组分带走。因此，精馏过程的节能潜力很大，收效也极为明显。

对于精馏塔的节能控制，主要有以下几个控制：再沸器加热量的节能控制，精馏塔浮动塔压控制，热泵控制，多塔系统的能量综合利用，产品的卡边控制和控制两端的产品质量。

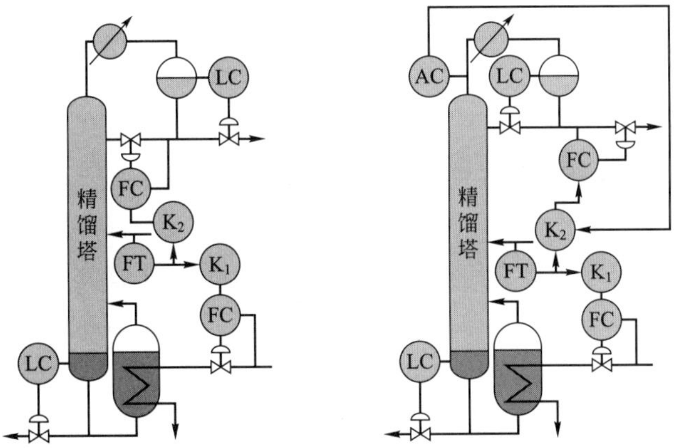

图 4-22 精馏塔前馈-反馈控制系统（进料量为前馈信号）

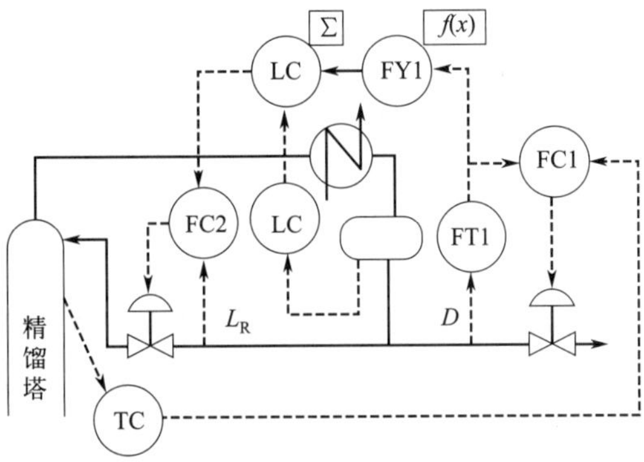

图 4-23 “强迫内部平衡”的相加型前馈-反馈控制

4.2.4 精馏塔的先进控制方案

(1) 最优控制

在产品质量保证一定规格的前提下，综合某些要求，规定一种明确的指标，使其达到最优的控制，称为精馏塔的最优控制。对于精馏塔来说，应用较普遍的最优控制是模型法，其方法是在精馏塔的数学模型的基础上，计算出各控制回路的给定值，在线控制精馏塔操作过程。

(2) 解耦控制和推断控制

当精馏操作中塔顶和塔底产品质量均需符合质量规格时，则须设置两个产品质量控制系统。若这两个质量控制回路之间相互关联和影响，且缺一不可，则必须采用解耦控制。由于精馏是一个非线性、多变量过程，准确求取解耦装置的动态特性很困难。目前大多采用静态解耦，必要时做适当的动态补偿。

对于精馏过程中的不可测扰动，如进料混合物组成的扰动，无法直接对其应用前馈控制。经常选取比较容易测量的温度、流量等变量来预估产品的成分，再构成相应的反馈控制。这种方案称为推断控制（inferential control）。另外，也可利用可测信息将不可测的扰动推算出来，组成前馈推断系统。

(3) 模型预测控制

模型预测控制是一种基于模型的闭环优化控制策略。算法的核心是：可预测未来的动态模型，在线反复优化计算并滚动实施的控制作用和模型误差的反馈校正。模型预测控制具有控制效果好、鲁棒性强等优点，能方便地处理过程被控变量和操纵变量中的各种约束。模型预测控制技术已经在工业生产过程中发挥了巨大作用，在精馏塔控制中，也取得了很好的控制效果。

4.3 化学反应器过程控制系统

化学反应器是化工生产过程中一类重要的设备，由于化学反应过程涉及物料、热量、物质传递以及能量平衡和物料平衡等过程，因此反应器的操作一般比较复杂，且反应器的自动控制直接关系到产品质量和生产安全等问题。

设计反应器的控制方案时，需要从质量指标、物料平衡和能量平衡、约束条件三个方面考虑。反应器的质量指标一般指反应的转化率或者是反应生成物的浓度；物料平衡和能量平衡即要满足物料守恒和能量守恒；约束条件就是为了防止反应器的过程变量进入不正常工况或者危险区，设置相应的报警或联锁控制。

反应器的基本控制方案包括出料成分控制、pH 值控制和稳定外围控制等。

① 出料成分控制：当出料成分可直接检测时，可采用出料成分作为被控变量组成控制系统。

② pH 值控制：当反应过程中有酸碱中和反应时，需要进行 pH 值控制，经常采用 pH 分程控制策略。

③ 稳定外围控制：尽可能使进入反应器的每个过程变量保持在规定范围内，使反应操作条件保持在正常范围内。依据物料平衡和能量平衡进行，主要包括进料流量控制、出料液位控制、反应器压力控制以及加入或移去热量控制等。

由图 4-24 可知可通过改变预热器的热剂量来改变进入反应器的物料温度，达到维持反应器内温度稳定的目的。图 4-25 是关于 pH 的分程控制，根据进料的浓度来调节反应器中 pH 值。

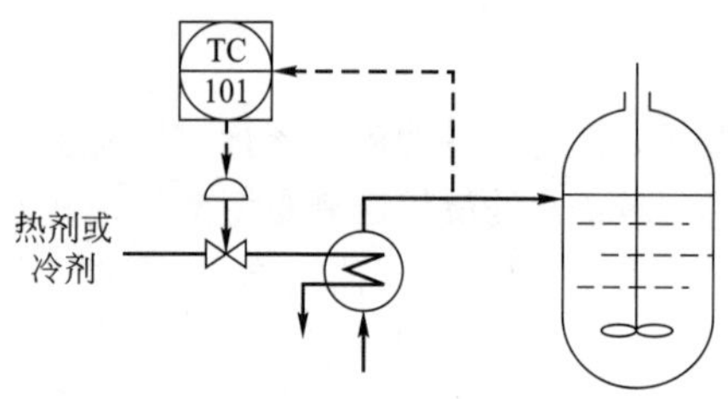

图 4-24 反应器进料温度控制

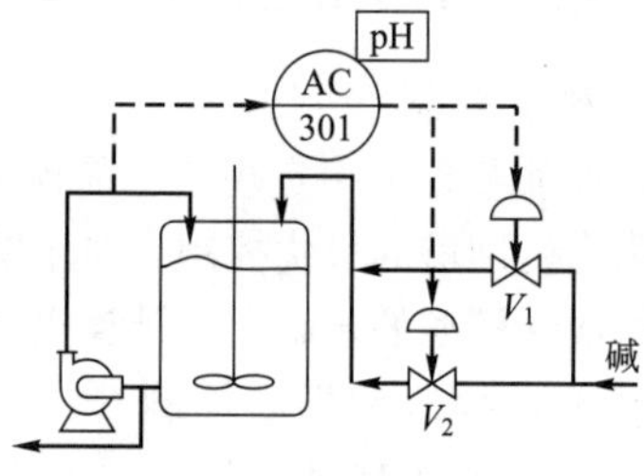

图 4-25 pH 的分程控制

图 4-26 为反应器串级控制系统，(a) ～ (c) 分别应用于不同的工艺场合。

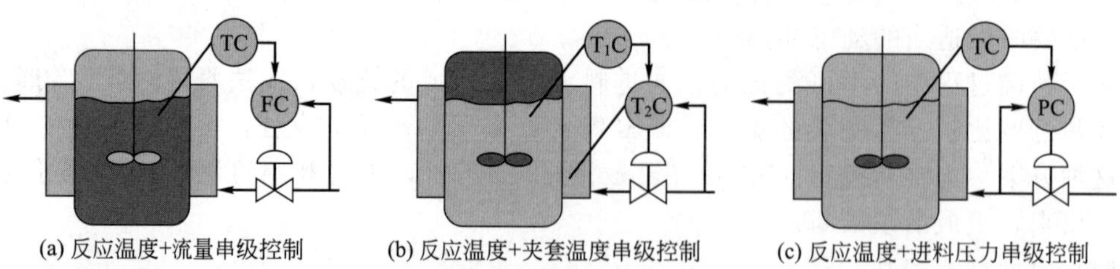

(a) 反应温度+流量串级控制　(b) 反应温度+夹套温度串级控制　(c) 反应温度+进料压力串级控制

图 4-26 反应器串级控制

4.4 检测与变送系统设计

4.4.1 选型原则

检测仪表与控制阀选型的一般原则如下。

(1) 工艺过程的条件

工艺过程的温度、压力、流量、黏度、腐蚀性、毒性、脉动等因素，是决定仪表选型的主要条件，它关系到仪表选用的合理性、仪表的使用寿命及车间的防火防爆等问题。

(2) 操作上的重要性

各检测点的参数在操作上的重要性是仪表的就地指示、集成监控、报警、控制、遥控等功能选定的依据。一般来说，对工艺过程影响不大，但需经常监视的变量，可选就地指示型；对需要经常了解变化趋势的重要变量，应选远程集成监控；而一些对工艺过程影响较大的，经常受环境、物料等扰动因素影响的重要变量，应设置自动控制回路；对关系到物料衡算和动力消耗而要求计量或经济核算的变量，应进行累计计算；一些可能影响生产或安全的变量，宜设上下报警和联锁报警。

(3) 经济性和统一性

仪表的选型决定投资的规模，应在满足工艺和自控要求的前提下，进行必要的经济核算，取得适宜的性价比。为便于仪表的维修和管理，在选型时也要注意到仪表的统一性，尽量选用同一系列、同一规格型号及同一生产厂家的产品。

(4) 仪表的使用和供应情况

选用的仪表应是较为成熟的产品，经现场使用证明性能可靠的；同时要注意到选用的仪表应当货源供应充沛，不会影响工程的施工进度。

4.4.2 温度测量仪表的选择

(1) 就地温度仪表的选择

① 双金属温度计：在满足测量范围、工作压力和精确度要求时，应优先选用。

② 压力式温度计：对于－80℃以下低温、无法近距离观察、有振动及精确度要求不高的场合可选用。

③ 玻璃温度计：由于汞有害，一般不推荐使用（除作为成套机械，要求测量精度不高的情况下使用外）。

(2) 温度检测元件的选择

热电偶适用一般场合，热电阻适用于无振动场合，热敏电阻适用于要求测量响应速度快的场合。

根据对测量响应速度的要求，可选择：

热电偶 600s、100s、20s 三级；

热电阻 90～180s、30～90s、10～30s、＜10s 四级；

热敏电阻＜1s。

(3) 根据使用环境条件选择温度计接线盒

① 普通式：条件较好的场所。

② 防溅式、防水式：潮湿或露天的场所。

③ 隔爆式：易燃、易爆的场所。

④ 插座式：仅适用于特殊场所。

(4) 连接方式的选择

一般情况下可选用螺纹连接方式，下列场合应选用法兰连接方式：

① 在设备、衬里管道和有色金属管道上安装。

② 结晶、结疤、堵塞和强腐蚀性介质。

③ 易燃、易爆和剧毒介质。

(5) 特殊场合下温度计的选择

① 温度>870℃、氢含量>5%的还原性气体、惰性气体及真空场合，选用钨铼热电偶或吹气热电偶。

② 设备、管道外壁和转体表面温度，选用表面或铠装热电偶、热电阻。

③ 含坚硬固体颗粒介质，选用耐磨热电偶。

④ 在同一个检测元件保护套管中，要求多点测温时，选用多支热电偶。

(6) 检测元件插入长度（尾长）的选择

插入长度的选择，应以检测元件插至被测介质温度变化灵敏，且具有代表性的位置为原则。

4.4.3 压力测量仪表的选择

(1) 压力测量仪表的分类和特点

压力测量仪表按其工作原理可分为液柱式、弹性式、活塞式及压力传感式四大类。其中常用的液柱式压力计与弹性式压力表特点如下。

① 液柱式压力计

优点：简单可靠；精度和灵敏度均较高；可采用不同密度的工作液；适合低压、低压差测量；价格较低。

缺点：不便携带；没有超量程保护；介质冷凝会带来误差；被测介质与工作液需适当搭配。

② 弹性式压力表

优点：结构简单，价廉；量程范围大；精度高；产品成熟。

缺点：对冲击、振动敏感；正、反行程有滞回现象。

(2) 压力测量仪表的选择

① 量程选择　根据被测压力大小，确定仪表量程。在测量稳定压力时，最大压力值应不超过满量程的3/4，正常压力应在仪表刻度上限的1/2～2/3处。在脉动压力测量时，最大压力值不超过满量程的2/3，在测最高、中压力（大于4MPa）时，正常操作压力不应超过仪表刻度上限的1/2。

② 精度等级的选择　根据生产允许的最大测量误差以及经济性，确定仪表的精度。一般工业生产用1.5级或2.5级已足够，科研或精密测量和校验压力表时，可选用0.5级、0.35级或更高等级。

③ 使用环境及介质性能的考虑　环境条件如高温、腐蚀、潮湿等，介质性能如温度高低、腐蚀性、易燃、易爆、易结晶等，根据这两方面因素来选定压力表的种类及型号。

④ 仪表外形的选择　一般地盘安装宜用矩形压力表，与远传压力表和压力变送器配用的显示表宜选轴向带边或径向带边的弹簧管压力表。压力表外壳直径为ϕ150（或ϕ100）mm。就地指示压力表，一般选用径向不带边的，表壳直径为ϕ100（或ϕ150）mm。气动管

线和辅助装置选用 ϕ60（或 ϕ100）mm 的弹簧管压力表。安装在照度较低、位置较高以及示值不易观测的场合，压力表可选用 ϕ200（或 ϕ250）mm。

⑤ 应避免的选型　尽量避免选用带隔离液的压力表测量。

4.4.4　流量测量仪表的选型

(1) 流量测量仪表的分类和特性

流量测量仪表可按不同原则进行分类。按测量对象分类：可分为封闭管道流量计和敞开管道流量计，工业过程主要使用封闭管道流量计。按测量目的分类：可分为总量测量和流量测量。按测量原理分类，有以下几类：

① 力学原理是流量测量原理中应用最多的，常用的有应用伯努利定理的差压式、浮子式；应用流体阻力原理的靶式；应用动量守恒原理的叶轮式；应用流体振动原理的涡街式、旋进式；应用动压原理的皮托管式、均速管式；应用分割流体体积原理的容积式；应用动量定理的可动管式、冲量式；应用牛顿第二定律的直接质量式；等等。

② 电学原理有应用电学原理的电磁式、电容式、电感式和电阻式等。

③ 声学原理有应用声学原理的超声式、声学式等。

(2) 流量测量仪表的选型

不同类型的流量测量仪表性能和特点各异，选型时必须从仪表性能、流体特性、安装条件、环境条件和经济因素等方面进行综合考虑。

仪表性能：精确度，重复性，线性度，范围度，压力损失，上、下限流量，信号输出特性，响应时间等。

流体特性：流体温度、压力、密度、黏度、化学性质、腐蚀、结垢、脏污、磨损、气体压缩系数、等熵指数、比热容、电导率、热导率、多相流、脉动流等。

安装条件：管道布置方向，流动方向，上下游管道长度，管道口径，维护空间，管道振动，防爆，接地，电、气源，辅助设施（过滤、消气）等。

环境条件：环境温度、湿度，安全性，电磁干扰，维护空间等。

经济因素：购置费、安装费、维修费、校验费、使用寿命、运行费（能耗）、备品备件等。

4.4.5　物位测量仪表的选型

(1) 物位测量仪表的分类和特性

按测量方法对物位测量仪表可分类如下。

①直接式液位测量仪表有玻璃管式液位计与玻璃板式液位计，这两种液位计又分反射式和透射式；②差压式液位测量仪表有压力式液位计、吹气法压力式液位计和差压式液位计；③浮力式液位测量仪表有浮筒式液位计、浮球式液位计和磁性翻板式液位计；④电气式液位测量仪表有电接点式液位计、电容式液位计和磁致伸缩式液位计；⑤超声波式液位测量仪表；⑥放射性液位计；⑦雷达液位计。

常用液位测量仪表的特性简述如下。

① 直接式液位测量仪表用于就地测量液位、现场显示。因液位计与被测介质直接接触，其材质需适应介质要求，并能承受操作状态的压力和温度。

② 差压式液位测量仪表以压力和差压变送器来测量液位。在石化生产过程中大量应用差压变送器测量液位，对腐蚀、黏稠介质可采用法兰式及带毛细管的差压变送器。为保证测量的正确，介质的密度应相对稳定。

③ 浮力式液位测量仪表中，浮筒式液位计的测量范围有限，一般为300～2000mm，因此适用于液位波动较小、密度稳定、介质洁净的场合。浮球式液位计测量范围较大，适用于易燃、有毒的介质。

④ 电气式液位测量仪表中，电接点式液位计结构简单，价格便宜，可适用于高温、高压的场合。电容式液位计适宜于有腐蚀、有毒、导电或非导电介质的液位测量，对黏稠、易结垢的介质，尚可选择带保护极的测量电极。

⑤ 超声波式液位测量仪表是运用声波反射的一种无接触式液位测量仪表。声波必须在空气中传播，因此不能用于真空设备。

⑥ 放射性液位计是真正的不接触测量各种容器的液位或料位，适用于高压、高温、强腐蚀及高黏度介质的场合，但仪表必须由专人管理，保证操作和使用的安全性。

⑦ 雷达液位计运用高频脉冲电磁波反射原理进行测量。适用于恶劣的操作条件下液位或料位的测量。

(2) 物位测量仪表的选型

物位测量仪表的选型原则如下。

① 应深入了解工艺条件、被测介质的性质、测控系统的要求，以便对仪表的技术性能做出充分评价。

② 液位和界面测量应首选差压式、浮筒式和浮子式仪表。当不能满足要求时，可选用电容式、电接触式（电阻式）、声波式等仪表。料位测量应根据物料的粒度、物料的安息角、物料的导电性能、料仓的结构型式及测量要求进行选择。

③ 仪表的结构型式和材质，应根据被测介质的特性来选择。主要考虑的因素为压力、温度、腐蚀性、导电性，是否存在聚合、黏稠、沉淀、结晶、结膜、汽化、起泡等现象；密度和密度变化；液体中含悬浮物的多少；液面扰动的程度以及固体物料的粒度。

④ 仪表的显示方式和功能，应根据工艺操作及系统组成的要求确定。

⑤ 仪表量程应根据工艺对象的实际需要显示的范围或实际变化范围确定。

⑥ 仪表精度应根据工艺要求选择，但供容积计量用的物位仪表，其精度等级应在0.5级以上。

⑦ 用于有爆炸危险场所的电气式物位仪表，应根据防爆等级要求，选择合适的防爆结构型式或其他防护措施。

4.4.6 控制阀的选型

(1) 控制阀的分类和特性

控制阀按其执行机构的驱动能源可分为气动、电动、液动三大类。而从控制阀本身来说，则有更多分类。

以执行机构分类如下：

① 气动执行机构：分为气动薄膜执行机构、气动活塞执行机构、气动长行程执行机构、增力型薄膜执行机构。其中气动薄膜执行机构在石油、化工等生产过程中用得最为广泛。

② 电动执行机构：由电机、减速器及位置发送器三部分组成。

③ 液动执行机构：在石油、化工等生产过程中很少使用。

以控制阀分类如下：控制阀的类型很多，根据结构和用途来分，最常用的是直通单座阀、直通双座阀、蝶阀、角形阀、三通阀、隔膜阀。为了满足工艺的各种需要，出现了许多新型阀门，如阀体分离阀、波纹管密封阀、低温阀、小流量阀、偏心旋转阀、套筒阀、O形球阀、V形球阀、高温蝶阀、高压蝶阀、超高压以及低噪声阀等。

(2) 控制阀的选择

控制阀的选择主要从以下几个方面来考虑。

① 合理选用阀型和阀体、阀内件的材质：这方面主要从被控流体的种类、腐蚀性和黏度、流体的温度、压力（入口和出口）、最大和最小流量及正常流量时的压差等因素来确定。

② 正确确定控制阀的口径：阀的口径是根据工艺提供的有关参数，计算出流量系数 k_v（流通能力 C）来确定的。

③ 选择合适的流量特性：控制阀的流量特性，考虑对系统的补偿及管路阻力情况来确定。自控设计人员在系统设计时应予以考虑。

④ 控制阀开闭型式确定：开闭型式的确定主要是从生产安全角度出发来考虑。当阀上控制信号或气源中断时，应避免损坏设备和伤害人员。此外，如对控制阀有最大允许的噪声等级要求，则噪声超出允许值时，应合理采取降低噪声的措施或选低噪声阀。

4.5 计算机集成监控系统设计

4.5.1 DCS 集散控制系统

DCS 即集散控制系统，又称分布式控制系统（distributed control system），它是随着现代大型工业生产自动化的不断兴起和过程控制要求的日益复杂应运而生的综合控制系统。它利用计算机技术将所有的二次显示仪表集中在电脑上显示，同时所有的一次仪表及调节阀等仍然分散安装在生产现场。它具有高可靠性、开放性、灵活性、易于维护、协调性、控制功能齐全等主要优势。DCS 系统的核心是布置在机柜室的现场控制站。

4.5.2 DCS 控制方案设计

(1) 硬件设计

硬件初步设计的结果应可以基本确定工程对 DCS 硬件的要求及 DCS 对相关接口的要求，主要是对现场接口和通信接口的要求。

① 确定系统 I/O 点。根据控制范围及控制对象决定 I/O 点数量、类型及分布。

② 确定 DCS 硬件。这里的硬件主要是指 DCS 对外部接口的硬件，根据 I/O 点的要求决定 DCS 的 I/O 卡；根据控制任务确定 DCS 控制器的数量与等级；根据工艺过程的分布确定 DCS 控制柜的数量与分布，同时确定 DCS 的网络系统；根据运行方式的要求，确定人机接口设备、工程师站及辅助设备；根据与其他设备的接口要求，确定 DCS 与其他设备的通信接口的数量与形式。

(2) 软件设计

软件设计使工程师将来可以在此基础上编写用户程序，做下一步工作。

① 根据顺序控制要求设计逻辑框图或写出控制说明，这些要求用于组态的指导。

② 根据调节系统要求设计系统框图，它描述的是控制回路的调节量、被调量、扰动量、联锁原则等信息。

③ 根据工艺要求提出联锁保护的要求。

④ 针对应控制的设备，提出控制要求。

⑤ 做出典型的组态，如单回路调节、多选一的选择逻辑、设备驱动控制、顺序控制等，这些逻辑与方案规定了今后详细设计的基本模式。

⑥ 规定报警、归档等方面的原则。

(3) 人机接口的设计

人机接口的初步设计规定了今后设计的风格，这一点在人机接口设计方面表现得非常明显，如颜色的约定、字体的形式、报警的原则等。良好的初步设计能保持今后详细设计的一致性，这对于系统今后的使用非常重要。人机接口的初步设计内容与 DCS 的人机接口形式有关，这里所指出的只是一些最基本的内容。

① 画面的类型与结构：这些画面包括工艺流程画面、过程控制画面、系统监控画面等；结构是指它们的范围和它们之间的调用关系，确定针对每个功能需要多少画面，要用什么类型的画面完成控制与监视任务。

② 画面形式的约定：约定画面的颜色、字体、布局等方面的内容。

③ 报警、记录、归档等功能的设计原则：定义典型的设计方法。

④ 人机接口其他功能的初步设计。

4.5.3 控制方案组态实现

工业控制组态软件是可以从可编程控制器、各种数据采集卡等现场设备中实时采集数据，发出控制命令并监控系统运行是否正常的一种软件包，组态软件能充分利用 Windows 强大的图形编辑功能，以动画方式显示监控设备的运行状态，方便构成监控画面和实现控制功能，并可以生成报表、历史数据库等，为工业监控软件开发提供了便利的软件开发平台，从整体上提高了工控软件的质量。其设计思想应遵循以下原则：功能完备、方便直观、降低成本。浙大中控 DCS 组态实现的步骤具体如图 4-27 所示。

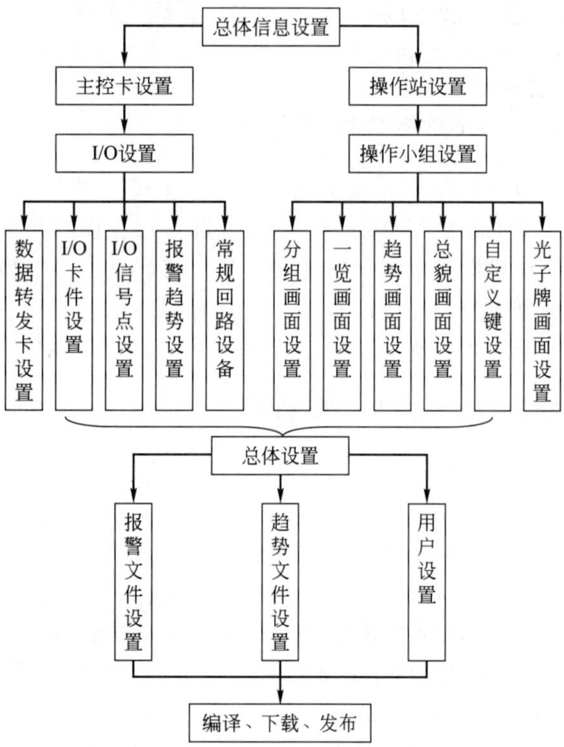

图 4-27 DCS 组态设置流程

(1) I/O 设置

① 数据转发卡设置：卡件机笼的核心单元，是主控制卡连接 I/O 卡件的中间环节，它一方面驱动 SBUS 总线，另一方面管理本机笼的 I/O 卡件。

② I/O 卡件设置：进行 I/O 信号点设置时，对于输入信号，主要使用电流信号输入卡、电压信号输入卡以及热电阻信号输入卡。对于输出信号，主要使用模拟信号输出卡。

③ 报警趋势设置：报警可以实现报警颜色按等级划分，从 0 级到 9 级可配置十种不同的颜色以区分报警的重要性。配置方案涉及：报警一览控件、报警实时显示控件、光子牌等模块。还可以进行语音报警的设置，以便及时提醒工作人员检查错误，确保工艺流程的顺利进行。

④ 常规回路设置：系统以 PID 算法为核心进行扩展，设计了手操器、单回路、串级、单回路前馈、串级前馈、单回路比值、串级变比值和采样控制等多种控制方案。这些控制方案在系统内部已经编程完毕，只要进行简单的组态即可。

(2) 操作小组设置

① 分组画面设置：系统的控制分组画面可以实时显示仪表的当前状态，如回路的手/自动状态、I/O 信号测点的地址、报警状态等。用户可以直接在仪表盘上操作，十分方便。

② 一览画面设置：数据一览画面可以实时显示位号的测量值及单位等，非常直观，一般项目上会用该画面来统一监测重要的数据。

③ 趋势画面设置：趋势画面中的趋势曲线可以直观地显示数据的实时趋势，也可以查阅数据的历史趋势，且可以进行多个数据的对比观察。趋势画面的设置要跟位号一一对应，不然会出错。

④ 总貌画面设置：总貌画面上可以显示所有前面设置过的标准画面的链接，是各个实时监控操作画面的总目录，主要用于显示过程信息，或作为索引画面，进入相应的操作画面。

⑤ 自定义键设置：自定义键是针对操作员键盘上的 24 个自定义键而进行的组态设置，这些键在初始状态下没有功能，定义后才有相应的功能。

⑥ 光子牌画面设置：光子牌的功能是根据组态中数据位号的分组分区情况，在实时监控画面中，将同一数据分组或数据分区内的位号所产生的报警集中显示。因此光子牌报警就是数据的成组报警。在光子牌设置前，需对数据位号进行分组。

4.5.4 安全联锁系统设计

(1) 故障安全原则

正常工况时，安全仪表系统励磁（带电）不动作；非正常工况时，安全仪表系统非励磁（失电）动作，将过程转入安全状态。一般情况下，正常工况时现场传感器的发讯开关触点是闭合的（励磁）。

(2) 传感器设置原则

对于 SIL1 级安全仪表功能，可采用单一现场传感器。对于 SIL2 级安全仪表功能，宜采用冗余现场传感器。对于 SIL3 级安全仪表功能，应采用冗余现场传感器。当系统要求高安全性时，宜采用二取一方式，采用两个现场传感器。当系统要求高可用性时，宜采用二取二方式，采用两个现场传感器。当系统的安全性和可用性均需保障时，宜采用三取二方式，采用三个现场传感器。

(3) 逻辑运算器独立设置原则

对于 SIL1 级安全仪表功能，逻辑运算器宜与基本控制系统分开；对于 SIL2 级安全仪表功能，逻辑运算器应与基本控制系统分开；对于 SIL3 级安全仪表功能，逻辑运算器必须与基本控制系统分开。

(4) 辅助开关设置原则

① 紧急停车开关应独立于逻辑控制器，采用硬手动开关，安装在辅助操作台上面。②维护旁路开关传感器宜设置维护旁路开关，此开关可为软开关。③输出旁路开关可分为联锁系统旁路开关和联锁回路旁路开关两种。联锁系统旁路开关可根据联锁系统大小和该系统操作维护需要设置，宜为硬手动开关，安装在辅助操作台上面。联锁回路旁路开关为每个联锁回路设置的输出旁路开关，宜为软开关。④复位开关重要的联锁系统要设置联锁复位开关，如全厂联锁系统、工序联锁系统等。

(5) 与其他控制装置接线原则

当从 DCS 或其他辅助单元输送联锁信号到 SIS 系统时，应采用硬接线连接。

（6）输出信号隔离原则

联锁系统输出最终单元到电气接点信号，应采用继电器或隔离器隔离。

4.6 供配电与电气控制系统设计

自控工程设计中，除了确定恰当的控制方案、选择合适的控制工具、正确安装仪表之外，还要正确连接各个控制单元来构成控制系统。

控制系统各个单元之间的信号是通过相互连接的通信电缆、信号电缆进行传递的。连接正确即信号传递正确，各单元能协调工作，完成预想的设计目的。若连接错误，则信号传输错误，各单元不能协调工作，达不到预想的设计目的。因此，仪表的正确连接是自动控制系统对生产过程实行控制的前提。

仪表连接的内容除了各个单元之间信号的连接之外，还需要进行仪表电源的连接，仪表连接过程中还需要考虑抗干扰和使用安全问题。因此仪表连接还包括信号电缆屏蔽层接地、仪表接地端子接地等内容。

4.6.1 系统的整体连接

控制系统的整体连接，即组成控制系统的各个单元的连接。根据各个单元的安装位置不同大致可分为两部分，即控制室内的相互连接、现场仪表与控制室仪表的相互连接。

（1）采用 DCS 系统的整体连接

采用 DCS 系统的自控工程，控制室内各个单元之间通常是通过总线（通信电缆）相互传递信息的，控制器等二次仪表是 DCS 内的虚拟仪表（功能块），这些单元之间是通过组态实现连接的。例如在串级控制系统中，主控制器的输出需要连接到副控制器的给定输入，这个信号是在 DCS 控制系统组态时实现的，是 DCS 内部数据的传递，不需要电缆或电线来连接这个信号。

① 系统配置图　系统配置图给出了该系统的硬件配置和连接情况。当招、投标过程结束，确定供货商之后，供货商应当提供 DCS 系统配置图。该设计文件中应当给出操作员站数量、工程师站数量、现场控制站数量、端子柜数量，表明这些硬件挂接在哪些网络之上。

② 端子配线图　自控工程中，一般是以信号端子排为界，接线到内部的一侧称为内侧；接线到外部的一侧称为外侧。接线设计时注意端子排两侧不能混用。在某些分包工程中，信号端子常常是工程的划分界面。端子排是由若干个端子组装在一起，有各种不同结构型式的端子。有的可在连接电路中串接电阻，有的可与相邻端子短接，有的带有测试接线柱。用户可根据需要选择各种结构型式的端子。

③ 回路接线图　仪表回路图表示一个检测或控制回路的构成，并标注该回路的全部仪表设备及其端子号和接线。对于复杂的检测、控制系统，必要时另附原理图或系统图、运算式、动作原理等加以说明。

采用 DCS 系统的自控工程，自动化装置可分为两部分，第一部分是测量变送仪表与执行器，第二部分是 DCS 系统。其中 DCS 系统包括了传统仪表中所有二次仪表的功能，所有过程参数都在 CRT 上显示，所有过程参数都记录在系统的硬盘上，二次仪表功能在 DCS 系统中由相应的软件模块所取代。

仪表回路图中，将仪表位置划分为两个区域：一部分是现场部分，另一部分是控制室部分。现场部分又划分为两个区域，即工艺区和接线箱。变送器、传感器和控制阀等测量仪表、执行机构安装在工艺区内。接线箱是现场集中或分散信号用的，其作用是将测量信号线集中为电缆送到控制室，或将控制室控制信号电缆分散到各个执行器上。

(2) 采用常规仪表系统的整体连接

采用常规仪表的自控工程，其外部连接与采用 DCS 系统的自控工程相同，不同的是控制室内所采用的常规仪表（二次仪表）。控制室内的二次仪表是安装在仪表盘上的，这些仪表之间需要用导线实现相互之间的信号连接，即从信号端子排出来的信号必须接到相应的仪表上，然后仪表盘上其他实现控制功能的各种仪表之间，通过导线相互连接。

① 仪表盘端子图的绘制　采用常规仪表的自控工程，控制室内会有若干块仪表盘，每块仪表盘内后框架上部安装仪表，每块仪表盘都会有信号端子排，这些端子排通常都安装在仪表盘下部。由于采用常规仪表，仪表盘端子排内侧接线需要连接到具体的二次仪表，所以该端子排内侧需要指出连接目标是哪里。端子排的外侧除了连接现场信号之外，还可能连接到其他仪表盘、操纵台等处，所以也需要指出连接目标。

② 仪表回路图　工程实践中，仪表盘盘内仪表之间采用单根电线相互连接。仪表盘与现场接线箱以及现场接线箱之间则采用多芯电缆相互连接。在仪表回路接线图中，根据仪表的安装位置不同可分为现场安装仪表和控制室室内安装仪表，控制室室内安装仪表又可分为仪表盘盘面安装仪表和仪表盘盘后架装仪表。

各区内的仪表符号与位号按《过程检测与控制仪表的功能标志及图形符号》（HG/T 20505—2014）和《化工装置自控专业工程设计文件的编制规范　自控专业工程设计用图形符号和文字代号》（HG/T 20637.2—2017）规定绘制，同时在该仪表附近标示出其型号。为了表达出仪表之间的相互连接，应当绘制出该仪表相应的接线端子，不用的端子可不绘出。

③ 仪表盘背面电气接线图　仪表盘背面电气接线图指在一张图纸上，将整个仪表盘上的所有仪表连接关系全部表达出来。工程实践中，特别是在中小项目中，使用仪表盘背面电气接线图表达连接关系的情况还是较多的。

仪表盘背面电气接线图表达方法有三种，即直接接线法、单元接线法和相对呼应接线法。一般一张图纸上绘制一块仪表盘的仪表盘背面电气接线图。仪表盘背面电气接线图上各个仪表应当按照相应布置图绘制其轮廓，绘制过程中可不按比例绘制，但应遵循相对位置准确和轮廓表达准确的原则。仪表盘背面电气接线图上各个仪表，应当按接线面进行布置。如果出于绘图方面的考虑，某些仪表、端子排和电气元件不能按接线平面布置，则可在图面上的适当位置绘制出这些仪表、端子排和电气元件，用虚线框起来，然后用文字注明安装位置。

4.6.2 电缆的连接

现场仪表所处的工作环境就比较恶劣，引向这些现场仪表的导线就需要有一定的防护措施。防护措施主要从两个方面加以考虑：连接导线的电气防护措施与机械损伤防护措施。同时，控制室和现场之间的距离一般都比较长，如果控制室和现场之间相对集中的信号采用多芯电缆进行连接，则可大大减少电线的敷设工作，所以从控制室引向现场和从现场引向控制室的信号都需要使用电缆。

(1) 电缆表

电缆表采用表格的形式表达出整个工程中所使用的电缆的整体连接关系。根据所采用的标准不同所表达的方式也略有不同。《化工装置自控工程设计文件深度规范》（HG/T 20638—2017）中则规定得比较详细，除了规定必须绘电缆表之外，还需绘制控制室内电缆表和电缆分盘表。

电缆表中所表达的主要内容为所使用的电缆型号与规格、长度、连接的起点和终点、主电缆和分电缆的分接关系、电缆保护套管的规格型号、电缆保护套管的长度等情况。自控工程中所有电缆都必须为其指定一个电缆号，电缆号必须是唯一的，既不能将一个电缆号指定给两条电缆，也不能出现一条电缆有两个电缆号。

(2) 外部系统连接图

除了电缆表，设计人员还可根据工程的具体情况选择外部系统连接图来表达外部系统的连接。外部系统连接图是采用系统图的方式表达电缆的连接关系。图中绘制出各个仪表盘、接线箱与电源箱，并用粗实线表达出相互之间电缆的连接。电缆型号、规格、长度、保护管等情况直接标注在相应的电缆之上，表示方法与电缆表相同。

(3) 接线箱接线图

接线箱用于多芯电缆到单根电线或两芯电缆的分接，分接后的电线/电缆则直接接到现场仪表上。采用接线箱的自控工程，除了用电缆表或电缆、电线外部系统连接图表达系统的整体连接之外，还需要绘制接线箱接线图表达各个接线箱的连接关系。

4.6.3 电气控制系统设计

4.6.3.1 设计流程

① 系统调研。根据甲方标书和用户需求确定电机的控制要求，如采用单控或群控、全集选或下集选、安全保护的类型等。

② 根据系统调研结果，完成系统总体控制方案设计。必须根据电机控制的功能要求、运行方式、类型等，进行总体分析，然后确定系统中硬件设备类型和软件功能，制定总体设计、施工方案和要求。

③ 系统总体控制方案的可行性分析。根据总体方案要求，分步设计并进行可行性、可靠性分析。对于无法达到技术规范要求的部分，必须进行完善、补充以确保总体设计方案的实现。

④ 系统硬件设计。对包括控制器、I/O 模块、变频调速设备、网络通信等控制系统所需设备和装置进行选型、订货；对控制系统方案中细节部分，如供电、接地、防雷击等进行设计。

4.6.3.2 电气控制设计原理

电气控制系统设计方法有两种：经验设计法和逻辑设计法。

(1) 经验设计法

电气控制设计的内容包括主电路、控制电路和辅助电路的设计。其设计步骤如下：

① 主电路：主要考虑电动机启动、点动、正反转、制动及多速控制的要求。

② 控制电路：满足设备和设计任务要求的各种自动、手动的电气控制电路。

③ 辅助电路：完善控制电路要求的设计，包括短路、过流、过载、零压、联锁（互锁）、限位等电路保护措施，以及信号指示、照明等电路。

④ 反复审核：根据设计原则审核电气设计原理图，有必要时可以进行模拟实验，修改和完善电路设计，直至符合设计要求。

(2) 逻辑设计法

逻辑设计法是利用逻辑代数来进行电路设计，从生产机械的拖动要求和工艺要求出发，将控制电路中的接触器、继电器线圈的通电与断电，触点的闭合与断开，主令电器的接通与断开看成逻辑变量，根据控制要求将它们之间的关系用逻辑关系式来表达，然后再化简，做出相应的电路图。

4.6.3.3 电气原理图绘制

电气原理图绘制目的是便于阅读和分析控制线路，应根据结构简单、层次分明清晰的原则，采用电气元件展开形式绘制。它包括所有电气元件的导电部件和接线端子，但并不按照电气元件的实际布置位置来绘制，也不反映电气元件的实际大小。电气原理图一般分主电路和辅助电路（又称为控制电路）两部分。

（1）主电路绘制

电气控制线路中大电流通过的部分，包括从电源到电机之间相连的电气元件，一般由组合开关、主熔断器、接触器主触点、热继电器的热元件和电动机等组成。

（2）辅助电路绘制

控制线路中除主电路以外的电路，其流过的电流比较小，辅助电路包括控制电路、照明电路、信号电路和保护电路。其中控制电路是由按钮、接触器和继电器的线圈及辅助触点、热继电器触点、保护电器触点等组成。电气原理图中所有电器元件都应采用国家标准中统一规定的图形符号和文字符号表示。

在电气原理图中，电气元件的布局应根据便于阅读原则安排。主电路安排在图面左侧或上方，辅助电路安排在图面右侧或下方。无论主电路还是辅助电路，均按功能布置，尽可能按动作顺序从上到下，从左到右排列。当同一电气元件的不同部件分散在不同位置时，要标注统一的文字符号。

思考题

1. 化工生产过程控制系统设计原则是什么？
2. 化工过程控制系统包括哪些控制系统？
3. 精馏塔的控制目标和控制变量是什么？
4. 精馏塔的基本控制、复杂控制和先进控制方案分别有哪些控制方式？
5. 反应塔的控制方案包括哪些控制方式？
6. 检测仪表与控制阀选型原则是什么？
7. 如何进行温度、压力、流量、物位测量仪表的选型？
8. 如何进行 DCS 控制方案设计？
9. 如何进行电气控制系统的设计？

第5章 化工过程安全设计

5.1 化工本质安全设计

化工生产工艺复杂，工艺条件涉及高温高压，过程中的危险化学品易燃易爆、有毒有害，全过程安全风险高。我国发布的《关于全面加强危险化学品安全生产工作的意见》，要求强化危险化学品本质安全。本质安全要求贯穿化工生产的全生命周期，即化工生产、储存、运输、使用、废弃处置的全生命周期，涉及物料、反应、工艺、设备、控制、消防、应急等各方面。

化工过程的本质安全是指通过设计等手段使生产设备或生产系统本身具有安全性，即使在误操作或发生故障的情况下也不会造成事故的功能或状态。实现化工过程的本质安全，源头在设计，关键也是设计。为真正实现整套生产装置全面的本质安全，以先进科技为支撑，全面提升本质安全水平，从设计源头上做到安全风险最小化。

5.1.1 本质安全设计基本策略

本质安全设计目的是使化工工艺装置本质安全化。工艺本质安全化是指消除事故的最佳方法不是依靠附加的安全设施，而是通过在设计中消除危险或降低危险程度以取代这些安全装置，从而降低事故发生的可能性和严重性。

化工过程的本质安全化设计是一个复杂的工程问题，要实现从源头降低生产过程中的事故发生概率或降低事故发生时的严重性。本教材不能涵盖全部的工艺本质安全设计，在设计过程中还需以本质安全化的基本策略来提升装置本质安全水平。

本质安全概念提出至今已有七十余年，在设计阶段就要以本质安全四原则采取整体优化措施。本质安全四原则包含“最小化原则、替代原则、缓和原则、简化原则”。最小化原则是指减少危险物质过程存有量、使用量，减小危险设备尺寸或数量；替代原则是指用危险性小的原料、设备或工艺替代危险性大的原料、设备或工艺；缓和原则是指采用相对安全的过程操作条件，包括低温、低压、低流速等；简化原则是指采用设计工艺过程更简单、设备操作更简便或容错率更高的单元以降低故障或误操作。通过落实和深化本质安全四原则，通过识别和量化风险、从本质上找到问题，正确采取措施、消减风险后果，从而降低风险、控制风险。

本质安全四原则中“替代、缓和、简化”三个原则的根本目的和落脚点是“最小化原则”。加速推进本质安全评估、危险工艺替代、故障诊断与危险性分析、过程强化与安全控制等技术应用，推进基于“最小化原则”的多尺度、多维度的集成技术，提高化工过程的本质安全度。以此检验和量化评估化工工艺过程的本质安全度，并实施分级管理，源头控制，限制高危险度工艺装置的建设。

5.1.2 本质安全设计基础

编制项目工艺流程所涉及所有物料的《化学品安全技术说明书（MSDS）》，系统呈现物料特性等安全设计基础信息。

按照国家安监总局（现应急管理部）公布的《首批重点监管的危险化工工艺目录》、《调整的首批重点监管危险化工工艺中的部分典型工艺》、《第二批重点监管的危险化工工艺目录》确定工艺过程的危险类别。按照化工工艺危险类别确定安全设计标准，即工艺安全控制要求、重点监控参数及推荐的控制方案。中国石化一级危险化工工艺装置包括：a. 涉及国家重点监管的危险化工工艺目录（18 种）的生产装置；b. 乙炔法醋酸乙烯合成、氨肟化、氰化钠合成、肌氨酸钠合成、羟基乙腈合成、天然气制乙炔、高含硫天然气净化共 7 种工艺装置。危险化工工艺装置在项目设计阶段应当优先采用本质安全化工艺，一级危险化工工艺应当开展反应风险专项评估，确定关键工艺参数的安全操作范围和安全临界条件，从源头控制工艺危害。

5.1.3 本质安全设计原则

(1) 安全方针和“三同时”原则

化工建设项目进行工程设计时应贯彻“安全第一、预防为主、综合治理”的方针，安全及职业卫生设施必须遵循与主体工程同时设计、同时施工、同时投产的“三同时”原则。

(2) 事故预防优先原则

采取本质安全设计的方法消除或削减危险，设计过程中事故预防优先原则排序为：

① 削减：最大限度地减少危险物资的用量、储存量；

② 替代：如果做不到削减，则选用危险性相对较小的物质及风险系数小的流程，尽可能减少安全措施的使用；

③ 缓解：通过温和反应条件将危险的状态减到最弱；

④ 简化：设计应消除不必要的复杂性，使操作不容易出错，并且即使有些条件偏离设计也能将其安全处理并恢复到原条件。

设置预防事故的设施，防止因装置失灵和操作失误导致事故的发生，例如探测、报警设施；设备安全防护设施；防爆设施；作业场所防护设施；安全警示标志。

(3) 安全措施可靠性优先原则

安全措施可靠性优先原则排序如下：

① 采用被动性安全技术措施，不需要启动任何主动动作的元件或功能来消除或降低风险，例如防火堤、防火防爆墙、采用较高压力等级的设备和管道。

② 采取主动性安全技术措施，能够自动启动预防事故发生或减轻事故后果的功能，例如安全仪表系统（SIS）、泄压装置。

③ 采取程序性管理措施，预防事故的发生，例如标准操作程序、紧急响应程序、特殊培训程序、安全管理制度。

(4) 安全措施针对性、可操作性和经济合理性原则

安全措施针对性、可操作性和经济合理性原则要求为：

① 根据化工建设项目的特点和对风险评价的结论采取有针对性的安全对策措施；

② 安全对策措施应在经济、技术、时间上具有可行性和可操作性；

③ 当安全技术措施与经济效益发生矛盾时，要统筹兼顾、综合平衡，在优先考虑化工安全技术措施要求的同时，避免采取不必要的过高标准所造成的工程建设投资和操作运行费用增加。

5.2 基于风险的简化设计

随着信息技术和计算机的发展，设计辅助工具也有了长足的进步，多方案对比、全流程模拟、方案多维度指标优化筛选等成为可能，基于集成的模型化环境、已知物料性质及各化工单元操作过程理论现象的模型，践行简单、可靠性设计，尽可能地实现过程集成。

使常规操作高度自动化并实施稳健控制设计，以实现可靠的闭环运行，是简化设计的一项措施。2022 年 3 月，应急管理部发布了《“十四五”危险化学品安全生产规划方案》，重点实施化工园区安全提质、大型油气储存基地安全防控、企业安全改造、从业人员培训、“工业互联网＋危化安全生产”等提升本质安全水平举措。全面推动高危工艺企业实施全流程自动化改造，最大限度降低高危岗位现场作业人员数。

本质安全设计的一个重点为简化。根据《化工建设项目安全设计管理导则》（AQ/T 3033—2022），本质安全设计简化是指装置的操作和控制应尽量简单化和人性化，降低人为操作失误的可能。简化策略是指消除不必要的复杂性，降低操作错误发生的可能性，并且能够容忍所犯的错误（也称为容错）。

狭义的本质安全，只从物料、单元操作、设备等层面上考虑，不考虑管理措施以及其他附属的安全设施。广义的本质安全，包括工艺流程、仪表控制、物理泄压或限制、有毒和可燃气体泄漏的检测与防护、防护间距等。仪表控制，流程自动化，可以减少操作人员的手动操作，减少操作人员需求，从而减少人为操作失误，降低人工成本，发生事故时，可以避免更大的伤亡。

除了物的不安全状态外，人的不安全行为也是导致事故发生的重要诱因。影响安全生产的人为因素主要包括员工受教育程度、安全意识、工作态度和企业安全文化等。与技术提升和体制机制改进立竿见影的安全生产效益相比，人员安全素质提升往往需要一个过程，且难以从根本上避免人为因素造成的误操作。因此，本质安全更注重通过机械化换人、自动化减人、智能化作业等方式，大幅削减甚至替代现场操作人员，降低人员误操作干扰，进而从本质上提升安全生产水平。

印度博帕尔事故的事后分析显示，事故装置中储存了大量中间物料，即剧毒化合物甲基异氰酸酯（MIC），而按工艺要求需将 MIC 管输到下游装置生产农药。设想一下：如果通过仪表控制手段提高事故装置的自动化程度，实现上下游两个装置之间的物料直接管输，在下游装置仅设置 1 个小的缓冲罐，就可以将事故发生时的近 40 吨甲基异氰酸酯储存量降到几吨，从而大大降低装置发生事故的危险性。利用仪表控制，如产品分析仪进行在线分析取样控制，直接输送合格物料至下游装置，取消 2 个产品检测罐（日罐）。此方法对于毒性大、危险性高的物料尤其有应用价值。

在石油化工装置中，物料泄漏是发生率非常高的事件，如不能及时控制和停止，泄漏出的可燃易爆物料将引发重大火灾和爆炸事故。其中最容易引起泄漏的地方有泵的密封、阀门法兰等“薄弱环节”。在液化烃或高度毒性物料的工艺设备与其采出泵入口之间，应设置远程控制切断阀，此紧急切断阀必须质量可靠，并满足防火要求和具有防火保护设计；在发生火灾时，可以利用熔断设施的烧断功能自动关闭阀门，防止物料的进一步泄漏；也可以根据工艺操作需要，通过设置阀门防火保护罩，满足在火灾发生时连续远程操作 EBV 阀门 15min 以上的要求，从而达到避免事故进一步扩大的目的。系统中不使用或不存在的物料是不会发生泄漏的，使危险性物料的过程保有量最小、经历过程最短，就是简化设计所追求的目标。

广义上的安全仪表系统（safety instrumented system）包括预防层的安全联锁系统、紧急停车系统以及减灾层的有毒和可燃气体检测系统与火灾检测保护系统等。预防层的安全仪表系统主要目的是在物理泄放如安全阀发挥作用之前，通过独立的检测、逻辑运算、符合 SIL 等级的执行元件的动作，使装置回归安全状态。此过程一般没有物料损失，恢复生产也很快。所以在过程流程设计初期就要进行安全仪表系统设计规划，在过程流程完善后，通过 HAZOP 分析、SIL 定级等手段，对安全仪表系统和现场仪表的设计选型提出功能安全要求，再经过 SIL 验证保证整个安全仪表系统各相关回路（包括检测元件、逻辑控制器和最终执行元件）的安全完整性，最终从仪表控制层面满足工艺装置本质安全设计的工艺要求。

5.3 化工过程危险、有害因素分析

危险、有害因素是指一个系统中具有潜在能量和物质释放危险的、可造成人员伤害、在一定的触发因素作用下可转化为事故的部位、区域、场所、空间、岗位、设备及其位置。它的实质是具有潜在危险的源点或部位，是爆发事故的源头，是能量、危险物质集中的核心，是能量从那里传出来或爆发的地方。

过程危险、有害因素分析是辨识过程危险、有害因素并对其产生的原因及其后果进行分析的一种有组织的、系统的安全设计审查。结果将为设计人员纠正或完善项目安全设计、提高安全设计水平提供决策的依据。化工过程危险、有害因素分析应由一个具有不同专业背景的人员（必要时还应聘请有操作经验的人员）组成的小组来执行，过程危险、有害因素分析时应注意：①辨识导致火灾、爆炸、毒气释放或易燃化学品和危险化学品重大泄漏的潜在危险源；②辨识在同类装置中曾经发生过的可能导致工作场所潜在灾难性后果的事件；③辨识设备、仪表、公用工程、人员活动（常规的和非常规的）以及来自过程以外的各种危险因素；④辨识和评价已经采取的安全对策措施的充分性和可靠性；⑤辨识和评价控制事故后果的技术和管理措施；⑥评价事故控制措施失效以后对现场操作人员安全和健康的影响。

过程危险、有害因素分析的基本程序一般包括：①规定过程危险、有害因素分析的依据、对象、范围和目标；②收集过程危险、有害因素分析所需的数据和相关信息；③辨识过程危险、有害因素；④确定风险并进行风险评价；⑤提出风险控制措施建议；⑥形成分析结果文件；⑦风险控制的跟踪和再评价。

5.3.1 危险、有害因素

有害是指可能造成人员伤害、职业病、财产损失、作业环境破坏的根源或状态。危险是指特定危险事件发生的可能性与后果的结合。危险、有害因素是指能造成人员伤亡或影响人体健康、导致疾病和对物造成突发性或慢性损坏的因素。为了区别客体对人体不利作用的特点和效果，通常将其分为危险因素（强调突发性和瞬间作用）和有害因素（强调在一定时间范围内的积累作用）。有时对两者不加以区分，统称危险、有害因素。客观存在的危险、有害物质或能量超过临界值的设备、设施和场所，都可能成为危险、有害因素。

危险、有害因素的产生是能量、有害物质的客观存在以及对它们的失控造成的。能量就是做功的能力；有害物质在一定条件下能损伤人体的生理机能和正常代谢功能，破坏设备和物品的效能，也是主要的危险、有害因素。失控主要来源于设备的故障（包括生产、控制、安全装置和辅助设施等故障）、操作人员的失误、管理上的缺陷以及环境的不良。

危险、有害因素一般按导致事故和职业危害的直接原因进行分类，有时也参照事故类别进行分类。

按导致事故和职业危害的直接原因进行分类，危险、有害因素主要分为以下6类：

① 物理性危险、有害因素。主要有设备、设施缺陷（强度不够、刚度不够、稳定性差、密封不良、应力集中、外形缺陷、外露运动件、制动器缺陷、控制器缺陷、设备设施缺陷、其他缺陷）；防护缺陷（无防护、防护装置和设施缺陷、防护不当、支撑不当、防护距离不够、其他防护缺陷）；电（带电部位裸露、漏电、雷电、静电、电火花、其他电危害）；噪声（机械性噪声、电磁性噪声、流体动力性噪声、其他噪声）；振动（机械性振动、电磁性振动、流体动力性振动、其他振动）；电磁辐射（电离辐射，如X射线、γ射线、α粒子、β粒子、质子、中子、高能电子束等；非电离辐射，如紫外线、激光、射频辐射、超高压电场）；运动物（固体抛射物、液体飞溅物、反弹物、岩土滑动、料堆垛滑动、气流卷动、冲击地压、其他运动物危害）；明火；能造成灼伤的高温物质（高温气体、高温固体、高温液体、其他高温物质）；能造成冻伤的低温物质（低温气体、低温固体、低温液体、其他低温物质）；粉尘与气溶胶（不包括爆炸性、有毒性粉尘与气溶胶）；作业环境不良（作业环境乱、基础下沉、安全过道缺陷、采光照明不良、有害光照、通风不良、缺氧、空气质量不良、给排水不良、涌水、强迫体位、气温过高、气温过低、气压过高、气压过低、高温高湿、自然灾害、其他作业环境不良）；信号缺陷（无信号设施、信号选用不当、信号位置不当、信号不清、信号显示不准、其他信号缺陷）；标志缺陷（无标志、标志不清楚、标志不规范、标志选用不当、标志位置缺陷、其他标志缺陷）及其他物理性危险、有害因素。

② 化学性危险、有害因素。主要有易燃易爆性物质（易燃易爆性气体、易燃易爆性液体、易燃易爆性固体、易燃易爆性粉尘与气溶胶、其他易燃易爆性物质）、自燃性物质、有毒物质（有毒气体、有毒液体、有毒固体、有毒粉尘与气溶胶、其他有毒物质）、腐蚀性物质（腐蚀性气体、腐蚀性液体、腐蚀性固体、其他腐蚀性物质）及其他化学性危险、有害因素。

③ 生物性危险、有害因素。主要有致病微生物（细菌、病毒、其他致病微生物）、传染病媒介物、致害动物、致害植物及其他生物性危险、有害因素。

④ 心理、生理性危险、有害因素。主要有负荷超限（体力负荷超限、听力负荷超限、视力负荷超限、其他负荷超限）、健康状况异常、从事禁忌作业、心理异常（情绪异常、冒险心理、过度紧张、其他心理异常）、辨识功能缺陷（感知延迟、辨识错误、其他辨识功能缺陷）及其他心理、生理性危险、有害因素。

⑤ 行为性危险、有害因素。主要有指挥错误（指挥失误、违章指挥、其他指挥错误）、操作失误（误操作、违章作业、其他操作失误）、监护失误及其他错误等行为性危险和有害因素。

⑥ 其他危险、有害因素。参照事故类别，危险、有害因素分为物体打击，车辆伤害，机械伤害，起重伤害，触电，淹溺，灼烫，火灾，高处坠落，坍塌，冒顶、片帮，透水，爆破伤害，火药爆炸，瓦斯爆炸，锅炉爆炸，容器爆炸，其他爆炸，中毒和窒息以及其他伤害等。

对于化工生产工艺设备、装置的危险、有害因素主要从设备本身是否能满足工艺的要求（包括标准设备是否由具有生产资质的专业工厂所生产、制造；特种设备的设计、生产、安装、使用是否具有相应的资质或许可证）；是否具备相应的安全附件或安全防护装置（如安全阀、压力表、温度计、液压计、阻火器、防爆阀等)；是否具备指示性安全技术措施(如超限报警、故障报警、状态异常报警等)；是否具备紧急停车的装置；是否具备检修时不能自动投入，不能自动反向运转的安全装置等方面考虑。设备的危险、有害因素识别从是否有足够的强度；是否密封安全可靠；安全保护装置是否配套；适用性强否等方面考虑。电气设备的危险、有害因素识别主要从电气设备的工作环境是否属于爆炸和火灾危险环境，是否属于粉尘、潮湿或腐蚀环境，在这些环境中工作时，对电气设备的相应要求是否满足；电气设备是否具有国家指定机构的安全认证标志，特别是防爆电器的防爆等级；电气设备是否为国家颁布的淘汰产品；用电负荷等级对电力装置的要求；电气火花引燃源；触电保护、漏电保护、短路保护、过载保护、绝缘、电气隔离、屏护、电气安全距离等是否可靠；是否根据作业环境和条件选择安全电压，安全电压值和设施是否符合规定；防静电、防雷击等电气连接措施是否可靠；管理制度方面的完善程度；事故状态下的照明、消防、疏散用电及应急措施用电的可靠性；自动控制系统的可靠性，如不间断电源、冗余装置等。

危险物品的危险、有害因素识别主要考虑易燃、易爆物质；有害物质；刺激性物质；腐蚀性物质；有毒物质；致癌、致突变及致畸物质；造成缺氧的物质；麻醉物质；氧化剂；生产性粉尘。在对生产性粉尘危险、有害因素进行识别时需根据工艺、设备、物料、操作条件，分析可能产生的粉尘种类和部位；用已经投产的同类生产厂、作业岗位的检测数据或模拟实验测试数据进行类比识别；分析粉尘产生的原因、粉尘扩散传播的途径、作业时间、粉尘特性，确定其危害方式和危害范围；分析是否具备形成爆炸性粉尘及其爆炸条件。

噪声能引起职业性噪声聋或引起神经衰弱、心血管疾病及消化系统等疾病的高发，会使操作人员的失误率上升，严重的会导致事故发生。工业噪声可以分为机械噪声、空气动力性噪声和电磁噪声等3类。噪声危害的识别主要根据已掌握的机械设备或作业场所的噪声来确定噪声源、声级和频率。振动危害有全身振动和局部振动，可导致中枢神经、植物神经功能紊乱，血压升高，也会导致设备、部件的损坏。振动危害的识别则应先找出产生振动的设备，然后根据国家标准，参照类比资料确定振动的危害程度。

温度、湿度的危险、有害主要表现为高温除能造成灼伤外，高温、高湿环境也可影响劳动者的体温调节，水盐代谢及循环系统、消化系统、泌尿系统，低温可引起冻伤；温度急剧变化时，因热胀冷缩，造成材料变形或热应力过大，会导致材料破坏，在低温下金属会发生晶型转变，甚至引起破裂进而引发事故；高温、高湿环境会加速材料的腐蚀；高温环境可使火灾危险性增大。

在从事手工操作，搬、举、推、拉及运送重物时，有可能导致的伤害有：椎间盘损伤，韧带或筋损伤，肌肉损伤，神经损伤，气胸，挫伤、擦伤、割伤等。其产生的主要原因有远离身体躯干拿取或操纵重物；超负荷的推、拉重物；不良的身体运动或工作姿势，尤其是躯干扭转、弯曲、伸展取东西；超负荷的负重运动，尤其是举起或搬下重物的距离过长，搬运重物的距离过长；负荷有突然运动的风险；手工操作的时间及频率不合理；没有足够的休息及恢复体力的时间；工作的节奏及速度安排不合理；等等。

5.3.2 过程危险、有害因素分析方法

过程危险、有害因素分析方法是保证过程危险、有害因素辨识和评价质量的重要手段。可以采用下列一种或多种适用于过程危险、有害因素分析的方法，用于过程危险、有害因素的分析。

(1) 预先危险性分析(preliminary hazards analysis)

预先危险性分析主要用于项目开发初期(如概念设计阶段)的物料、装置、工艺过程的

主要危险、有害因素的辨识和评价，为方案比选、项目决策提供依据。

(2) 故障假设分析（what-if）

故障假设分析是针对过程和操作的每一步系统地提出故障假设，并组织专家针对故障假设的集思广益的回答和讨论，辨识和评价物料组分量或质的异常、设备功能故障或程序错误对过程的影响。它主要用于从原料到产品的相对简单的过程。该方法的核心是问题的假设要由有经验的专家事先设计。

(3) 安全检查表分析（checklist）

安全检查表分析是将一系列对象，例如周边环境、总平面布置、工艺、设备、操作、安全设施、应急系统等列出检查表，逐一进行检查和评价的方法。以某工程项目为例，编制出安全检查表，见表 5-1。

表 5-1　安全检查表（根据 SH/T 3206—2019《石油化工设计安全检查标准》修改）

序号	设计安全检查项目	适用标准及条文(检查依据)	备注
1	所用的工艺流程是否进行了工艺方案的比较、选择，选用了危害较小的物料？		
2	是否明确了生产过程中所有的物料(包括开/停车、正常运转的原料及辅助材料、化学品、中间产品、成品、副产品、催化剂、排出物、废弃物等)的物理化学特性和毒性腐蚀性？		
3	是否明确了系统中主要反应和影响安全的化学反应(主反应、副反应、原料中的杂质引起的反应、循环物流中的杂质积累引起的反应、催化剂活化或钝化处理反应等)？		如副反应能否生成有毒或爆炸性物质，能否引起危险的堵塞或开车、停车，催化剂再生等有无可能形成有害物(例如羰基金属等)等
4	是否按《危险化工工艺》进行分类？		
5	是否进行危险化学品重大危险源辨识？	GB 18218—2018	
6	是否明确了可燃物料的灭火方法？		
7	处理不稳定物质时，是否将热源、压力、摩擦、振动、撞击、静电等激发因素在设计上控制在最小限度？		
8	是否明确了所有影响反应速度的因素？		
9	是否有控制反应温度的措施？		如限制不希望的反应和释热
10	有机废气是否被收集和处理？	GB 31570—2015 5.4.6 GB 31571—2015 5.4.5	
11	是否采取措施避免杂质在系统中积累？		
12	工艺条件中的各种操作参数是否避离危险界限？		
13	若异常的操作条件、浓度或混合比例引起危险情况的发生，是否有控制和处理措施？		
14	若加料速度、次序是重要的因素，是否有预防措施避免操作错误引起的危险？		

续表

序号	设计安全检查项目	适用标准及条文(检查依据)	备注
15	开车、停车、事故处理状态下,是否有相应的预防或处理措施,避免因操作波动或设计不当而引起混合不良、反应物分布不良,热分布不佳导致不希望的副反应、热点发生、局部超温或反应失控、换热面结垢等危险?		
16	是否明确腐蚀介质产生的危险,是否有相应的防腐措施?		
17	若异常的气象条件,如降雨、冰冻、雷电等可导致物料发生危险,是否有措施避免?		
18	是否有措施避免在吹扫或置换时,因惰性气体停供导致危险?		
19	是否有措施避免生产过程中产生的粉尘形成爆炸性混合物或堵塞设备和管道?		
20	若存在由于吸收空气中水分或与其他物料混合而产生危险的物料(如烷基铝),是否有安全措施?		
21	在废弃物排放系统中,是否有安全措施避免废弃物之间发生危险反应?		如常压储存含硫烃类的储罐内部形成硫化铁垢
22	在厂内外运输过程中,若存在会引起危险的物料,是否有安全措施?		如对不稳定化学品的搬运过程提出防热、防振动及摩擦等特殊要求
23	若存在会发生自燃、自聚和分解等反应的介质,是否明确储存条件?		
24	如催化剂需要控制活性,是否有控制措施?		
25	是否有适当的安全措施避免不稳定催化剂引起的危险?		
26	若有危险物料泄漏,是否有泄漏处理方案?		包括内漏和外漏
27	在使用或产生甲类气体或甲、乙A类液体的工艺装置、系统单元和储运设施区内,是否设置了可燃气体报警系统?	GB 50160—2008(2018年版)5.1.3	
28	处理有毒物料时,是否有措施保护操作人员?		
29	危险废物焚烧系统为避免有害气体逸出,运行时是否处在负压状态?	HJ/T 176—2005 6.1.4	
30	若某种原料的供给中断会带来潜在危险,是否有措施保证安全?		
31	发生异常情况需要将反应物质紧急排放时,是否有安全措施?		
32	若存在乙炔、甲基乙炔、乙烯基乙炔等容易自分解爆炸的物质,系统中组分的分压是否低于自分解爆炸的压力?是否有防止此类物质在某处(如精馏塔)积聚的措施?		
33	若冷却系统故障,引起迅速超压致使设备破坏或导致结块堵塞设备,是否有安全措施?		

安全检查表分析可应用于设计的各个阶段，但应对设计的装置有成熟的经验，了解有关的法规、标准规范和规定，事先编制合适的安全检查表。

(4) 故障假设/安全检查表分析（what-if/checklist）

故障假设/安全检查表分析是通过故障假设提出问题，针对问题对照安全检查表进行全面分析的方法。该方法由于吸收了故障假设分析方法的创造性和安全检查表分析的规范性，可以应用于比较复杂的过程危险、有害因素分析。

(5) 危险与可操作性研究（hazard and operability study）

危险与可操作性研究，简称 HAZOP，是由具有不同专业背景的成员组成的小组在组长的主持下以一种结构有序的方式对过程进行系统审查的技术方法。它以管道及仪表流程图（P&ID）为研究对象，在引导词提示下，对系统中所有重要的过程参数可能由偏离预期的设计条件所引起的潜在危险和操作性问题以及设计中已采取的安全防护措施进行辨识和评价，提出需要设计者进一步甄别的问题和修改设计或操作指令的建议。HAZOP 的应用现已针对不同对象和目标有了多种形式的演变和发展，并已几乎扩展到包括设计在内的装置生命周期的所有阶段（见图 5-1 危险与可操作性研究示意图）。

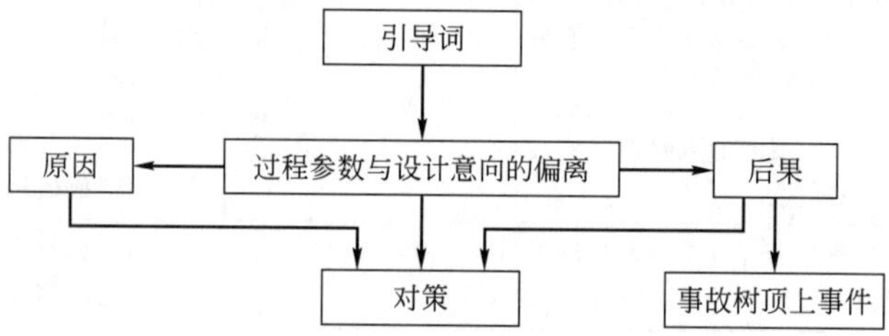

图 5-1　危险与可操作性研究示意图

(6) 故障类型和影响分析（failure mode and effects analysis，FMEA）

故障类型是指设备或子系统功能故障的形式，例如：开、关、接通、切断、泄漏、腐蚀、变形、破损、烧坏、脱落等。故障类型和影响分析（FMEA）就是针对上述各种类型的功能故障的研究方法。

该方法主要用于设备功能故障的分析，也可以与 HAZOP 配合使用。分析的途径一般包括：辨识潜在的故障类型；分析故障的后果（故障对全系统、子系统、人员的影响）；确定危险级别（例如，高、中、低）；确定故障的概率；辨识故障的检测方法；提出改进设计的建议。

(7) 事故树分析（fault tree analysis，FTA）

事故树分析是一种采用逻辑符号进行演绎的系统安全分析方法，又称为故障树分析。它从特定事故（顶上事件）开始，像延伸的树枝一样，层层列出可能导致事故的序列事件（故障）及其发生的概率，然后通过概率计算找出事故的基本原因，即事故树的底部事件。该方法主要用于重大灾难性的事故分析，像火灾、爆炸、毒气泄漏等；也特别适用于评价两种可供选择的安全设施对减轻事件出现可能性的效果；该方法既可以用作定性分析，也可用作定量分析。

(8) 其他合适的方法

除了上述推荐的方法以外，设计单位还可以考虑采用其他合适的方法。不同的过程危险、有害因素分析方法都有一定的适用范围和条件。对分析方法的选择，一般应考虑以下因素：化工建设项目的规模和复杂程度；已进行的项目初步危险性分析的结果；已进行的项目立项安全评价和环境影响评价的结果；新技术采用的深度；设计所处的阶段；法律法规的要求；合同或业主要求；合同相关方的要求及其他。

5.3.3 风险评价

风险评价是过程危险、有害因素分析的关键，是指评估风险大小以及确定风险是否可容许的全过程，风险评价主要包括以下两个阶段：①对风险进行分析评估，确定其大小或严重程度；②将风险与安全要求进行比较，判定其是否可接受。

风险评价主要针对危险情况的可能性和严重性进行，需要根据法规、建设单位对建设项目职业健康安全方针和目标等要求确定。

5.3.3.1 定量分析与定性分析

定量分析就是准确使用量化分析模型，在评价定量的风险事故时给出确切的结果。对一些特定风险应采用完全定量的风险评价方法，通常全定量分析需要准确的评价模型和大量的基础数据，而这些数据的获取和确认难度较大，一般只用于特定场合。

定性或半定量分析方法是应用非常广泛和适用的分析方法，风险矩阵法就是一种为多数过程风险分析所采用的半定量分析方法，它是一种评价风险水平和确定风险是否可承受的简单方法。

5.3.3.2 风险矩阵法

风险矩阵法包括三个矩阵。

① 后果矩阵：评价危害性事件的严重度等级（见表5-2）。

表5-2 后果矩阵：危害性事件的严重度等级

严重度等级	等级说明	事故后果说明
Ⅰ	灾难的	人员死亡或系统报废
Ⅱ	严重的	人员严重受伤、严重职业病或系统严重损坏
Ⅲ	轻度的	人员轻度受伤、轻度职业病或系统轻度损坏
Ⅳ	轻微的	人员伤害程度和系统损坏程度都轻于Ⅲ级

② 频率矩阵：评价危害性事件的可能性等级（见表5-3）。

表5-3 频率矩阵：危害性事件的可能性等级

可能性等级	说明	单个项目具体发生情况	总体发生情况
A	频繁	频繁发生	连续发生
B	很可能	在寿命期内会出现若干次	频繁发生
C	有时	在寿命期内有时可能发生	发生若干次
D	极少	在寿命期内不易发生，但有可能发生	不易发生，但有理由，可预期发生
E	不可能	极不易发生，以至于可以认为不会发生	不易发生，但有可能发生

③ 风险矩阵：确定风险及风险可接受程度（见表5-4）。

表5-4 风险矩阵：确定风险及风险可接受程度

可能性等级	Ⅰ（灾难的）	Ⅱ（严重的）	Ⅲ（轻度的）	Ⅳ（轻微的）
A（频繁）	1	3	7	13
B（很可能）	2	5	9	16
C（有时）	4	6	11	18

续表

可能性等级	Ⅰ（灾难的）	Ⅱ（严重的）	Ⅲ（轻度的）	Ⅳ（轻微的）
D(极少)	8	10	14	19
E(不可能)	12	15	17	20

表 5-4 风险矩阵中的元素称为加权指数，也称为风险评价指数。风险评价指数是综合危险事件的可能性和严重性确定的。

a. 最高风险指数定为 1。

对应的危害性事件频繁发生，并有灾难性后果。

b. 最低风险指数定为 20。

对应的危害性事件几乎不可能发生，其后果是轻微的。

c. 中间风险指数按风险等级赋值。

数字等级需要根据具体对象划定，以便于区别各种风险的档次，划分得过细或过粗都不便于风险评价。

d. 风险指数矩阵。

风险指数根据上述赋值原则赋值以后即可生成下列形式的风险指数矩阵，见图 5-2。

$$\begin{pmatrix} 1 & 3 & 7 & 13 \\ 2 & 5 & 9 & 16 \\ 4 & 6 & 11 & 18 \\ 8 & 10 & 14 & 19 \\ 12 & 15 & 17 & 20 \end{pmatrix}$$

图 5-2　风险指数矩阵

④ 风险接受准则：

a. 指数 1～5：为不可接受的风险，是组织不能承受的；

b. 指数 6～9：为不希望有的风险，应由组织决策是否可以承受；

c. 指数 10～17：为有条件接受的风险，需经组织评审后方可接受；

d. 指数 18～20：为不需评审即可接受的风险。

5.3.3.3　前期工作阶段危险、有害因素标识

辨识需要特别关注的和潜在的危险化学物质和过程危险源；对工艺路线和工艺方案的本质安全设计进行审查；根据要求对项目安全条件进行论证，评估项目厂址选择的可行性；确认缺失的重要信息，提示阶段危险、有害因素分析的注意点。

前期工作阶段危险、有害因素分析的重点主要来自对化工过程使用的危险化学物质进行分析和对来自加工和处理过程潜在的危险、有害因素的分析以及对建设项目的可行性的分析。

对化工过程使用的危险化学物质的分析是根据经过评审确认的危险化学物质安全数据表（MSDS）及有关数据资料，对工艺过程所有物料（既包括原料、中间体、副产品、最终产品，也包括催化剂、溶剂、杂质、排放物等）的危险性进行分析，包括：定性或定量确定物料的危险特性和危险程度；危险物料的过程存量和总量；物料与物料之间的相容性；物料与设备材料之间的相容性；危险源的检测方法；危险物料的使用、加工、储存、转移过程的技术要求以及存在的危险性；对需要进行定量分析的危险提出定量分析的要求。

对来自加工和处理过程潜在的危险、有害因素进行分析则是根据工艺流程图、单元设备布置图、危险化学品基础安全数据以及物料危险分析的结果等对加工和处理过程的危险进行分析，包括：联系物料的加工和处理的过程，辨识设备发生火灾、爆炸、毒气泄漏等危险和危害的可能性及严重程度（定性和定量分析）；辨识不同设备之间发生事故的相互影响；辨识各独立装置之间发生事故的相互影响；辨识一种类型的危险源与另一种类型危险、有害因素之间的相互影响；辨识装置与周边环境之间的相互影响。

对建设项目的可行性分析是根据总平面布置方案图，周边设施区域图，建设项目内在危险、有害因素分析的结果以及搜集、调查和整理建设项目的外部情况，对建设项目的可行性进行分析，并提出项目决策的建议。

前期工作过程危险、有害因素分析的结果决定于分析所确定的对象、目标和内容。可能获取的结果包括下列全部或部分：物料危险、有害性质的基础数据；装置各部分危险、有害物料总量清单；对潜在危险、有害因素的辨识和评价；需要特别关注的危险、有害因素一览表；对影响其他装置和周边地区的重大危险源定量评价的建议；对项目决策的全面评估和建议；对本质安全对策措施和其他安全对策措施的建议；对厂址选择、总平面布置的建议；灾难应急计划的指导原则；缺失数据一览表等相关内容。

5.3.3.4 设计阶段危险、有害因素分析

设计阶段危险、有害因素分析的目的是通过对基础工程设计输出的系统审查，以确保所有潜在的不可接受的危险、有害因素得到充分的辨识和评价，并采取了可靠的预防控制措施；识别和评价设计已经采取的安全设施设计的充分性、可靠性和合规性；审查前期工作过程危险、有害因素分析的执行结果，对未关闭的问题纳入审查。

5.4 过程安全设计

5.4.1 平面布置

5.4.1.1 总平面布置

为了安全生产，满足各类设施的不同要求，防止或减少火灾的发生及相互间的影响，在总平面布置时，应结合地形、风向等条件，将工艺装置、各类设施等划分为不同的功能区，既有利于安全防火，也便于操作和管理。水、电、蒸汽、压缩空气等公用设施，需靠近工艺装置布置；工厂管理是全厂生产指挥中心，人员集中，要求安全、环保等。

厂房内严禁设置员工宿舍。甲、乙类厂房和甲、乙类仓库内严禁设置办公室、休息室等。甲、乙类生产场所和甲、乙类仓库不应设置在地下或半地下。变、配电所不应设置在甲、乙类厂房内或贴邻建造，且不应设置在爆炸性气体、粉尘环境的危险区域内。供甲、乙类厂房专用的10kV及以下的变、配电所，当采用无门窗洞口的防火墙隔开时，可一面贴邻建造，并应符合现行国家标准《爆炸危险环境电力装置设计规范》(GB 50058—2014)等规范的有关规定。在丙类厂房内、丙类与丁类仓库内设置的办公室与休息室，应采用耐火极限不低于2.50h的不燃烧体隔墙和1.00h的楼板与厂房隔开，并应至少设置1个独立的安全出口。如隔墙上需开设相互连通的门，应采用乙级防火门。

可能散发可燃气体的工艺装置、罐组、装卸区或全厂性污水处理场等设施宜布置在人员集中场所及明火或散发火花地点的全年最小频率风向的上风侧。储存液化烃或可燃液体的储罐应尽量布置在较低的阶梯上。如因受地形限制或有工艺要求，可燃液体原料罐也可布置在比受油装置高的阶梯上，但为了确保安全，应采取防止泄漏的可燃液体流入工艺装置、全厂性重要设施或人员集中场所的措施。液化烃罐组或可燃液体罐组不宜紧靠排洪沟布置。若将液化烃或可燃液体储罐紧靠排洪沟布置，储罐一旦泄漏，泄漏的可燃气体或液体易进入排洪沟；而排洪沟顺厂区延伸，难免会因明火或火花落入沟内，引起火灾。因此，规定对储存大量液化烃或可燃液体的储罐不宜紧靠排洪沟布置。

空分站应布置在空气清洁地段，并宜位于散发乙炔及其他可燃气体、粉尘等场所的全年最小频率风向的下风侧。空分站要求吸入的空气应洁净，若空气中含有乙炔及其他可燃气体等，一旦被吸入空分装置，则有可能引起设备爆炸等事故。如 1997 年我国某石油化工企业空分站因吸入甲烷等可燃气体，引起主蒸发器发生粉碎性爆炸造成重大人员伤亡和财产损失。因此，要求将空分站布置在不受上述气体污染的地段，若确有困难，也可将吸风口用管道延伸到空气较清洁的地段。

全厂性的高架火炬宜位于生产区全年最小频率风向的上风侧。全厂性高架火炬在事故排放时可能产生“火雨”，且在燃烧过程中，还会产生大量的热、烟雾、噪声和有害气体等。尤其在风的作用下，如吹向生产区，会对生产区的安全有很大威胁。

汽车装卸设施、液化烃灌装站和全厂性仓库等，由于汽车来往频繁，汽车排气管可能喷出火花，若穿行生产区极不安全；而且，随车人员大多是外单位的，情况比较复杂。为了厂区的安全与防火，汽车装卸设施、液化烃灌装站及各类物品仓库等机动车辆频繁进出的设施应靠厂区边缘布置，设围墙与厂区隔开，并设独立出入口直接对外，或远离厂区独立设置。

泡沫站应布置在非防爆区，为避免罐区发生火灾产生的辐射热使泡沫站失去消防作用，并与现行国家标准《泡沫灭火系统技术标准》（GB 50151—2021）相协调。

由厂外引入的架空电力线路若架空伸入厂区，一是需留有高压走廊，占地面积大；二是一旦发生火灾损坏高压架空电力线，影响全厂生产。若采用埋地敷设，技术比较复杂，也不经济。为了既有利于安全防火，又比较经济合理，总变电所应布置在厂区边缘，但应尽量靠近负荷中心。距负荷中心过远，由总变电所向各用电设施引线过多过长也不经济。

绿化是工厂的重要组成部分，合理的绿化设计既可美化环境，改善小气候，又可防止火灾蔓延，减少空气污染。但绿化设计必须紧密结合各功能区的生产特点，在火灾危险性较大的生产区，应选择含水分较多的树种，以利防火。厂区的绿化不应妨碍消防操作。但在人员集中的生产管理区，进行绿化设计则以美化环境、净化空气为主。在可能散发可燃气体的工艺装置、罐组、装卸区等周围地段，不得种植绿篱或茂密的连续式的绿化带，以免可燃气体积聚，且不利于消防。为避免泄漏的气体就地积聚，液化烃罐组内严禁任何绿化，否则，不利于泄漏的可燃气体扩散，一旦遇明火引燃，会危及储罐安全。

5.4.1.2 装置内布置

工艺装置均以装置或装置内生产单元的火灾危险性确定与相邻装置或设施的防火间距。联合装置应以联合装置内各装置的火灾危险性确定与相邻装置或设施的防火间距，联合装置内重要的设施（如：控制室、变配电所、办公楼等）均比照甲类火灾危险性装置确定与相邻装置或设施的防火间距；当两套装置的控制室、变配电所、办公室相邻布置时，其防火间距可执行现行国家标准《建筑设计防火规范》（GB 50016—2014）。焦化装置的焦炭池和硫黄回收装置的硫黄仓库可按丙类装置确定与相邻装置或设施的防火间距。

防止结焦、堵塞，控制温降、压降，避免发生副反应等有工艺要求的相关设备，可靠近布置。如：催化裂化装置的反应器与再生器及其辅助燃烧室可靠近布置；减压蒸馏塔与其加热炉的防火间距，应按转油线的工艺设计的最小长度确定；加氢裂化、加氢精制装置等的反应加热炉与反应器，因其加热炉的转油线要求温降和压降应尽量小，且该管道材质是不锈钢或合金钢，价格昂贵，所以反应加热炉与反应器的防火间距不限；硫黄回收装置的酸性气燃烧炉属内部燃烧设备，没有外露火焰，液体硫黄的凝固点约为 117℃，在生产过程中，硫黄不断转化，需要几次冷凝、捕集。为防止设备间的管道被硫黄堵塞，要求酸性气燃烧炉与其相关设备布置紧凑，故对酸性气燃烧炉与其相关设备之间的防火间距，可不加限制。

分馏塔顶冷凝器、塔底再沸器与分馏塔，压缩机的分液罐、缓冲罐、中间冷却器等与压缩机，以及其他与主体设备密切相关的设备，可直接连接或靠近布置。燃料气分液罐、燃料气加热器等为加热炉附属设备，存在火灾危险，所以明火加热炉附属的燃料气分液罐、燃料气加热器等与炉体的防火间距不应小于 6m。以甲 B、乙 A 类液体为溶剂的溶液法聚合液所用的总容积大于 $800m^3$ 的掺合储罐与相邻的设备、建筑物的防火间距不宜小于 7.5m；总容积小于或等于 $800m^3$ 时，其防火间距不限。

可燃气体、液化烃和可燃液体的在线分析仪表间与工艺设备的防火间距不限。布置在爆炸危险区的在线分析仪表间内设备为非防爆型时，在线分析仪表间应正压通风。

设备宜露天或半露天布置，便于可燃气体扩散，并宜缩小爆炸危险区域的范围。爆炸危险区域的范围应按现行国家标准《爆炸危险环境电力装置设计规范》(GB 50058—2014) 的规定执行。建厂地区属于风沙大、雨雪多的严寒地区，工艺装置的转动机械、设备，例如套管结晶机、真空过滤机、压缩机、泵等受自然条件限制的设备，可布置在室内。

联合装置内各装置或单元同开同停，同时检修，视同一个装置，其设备、建筑物的防火间距应按相邻设备、建筑物的防火间距确定，其防火间距应符合《石油化工企业设计防火标准（2018 年版）》中的相关规定。

在甲、乙类装置内部的设备、建筑物区的设置应符合：用道路将装置分割成为占地面积不大于 $10000m^2$ 的设备、建筑物区；大型石油化工装置的设备、建筑物区占地面积大于 $10000m^2$ 小于 $20000m^2$ 时，在设备、建筑物区四周应设环形道路，道路路面宽度不应小于 6m，设备、建筑物区的宽度不应大于 120m，相邻两设备、建筑物区的防火间距不应小于 15m，并应加强安全措施。

工艺装置（含联合装置）内的地坪在通常情况下标高差不大，但是在山区或丘陵地区建厂，当工程土石方量过大，经技术经济比较，必须阶梯式布置，即整个装置布置在两阶或两阶以上的平面时，应将控制室、变配电所、化验室、办公室等布置在较高一阶平面上，将工艺设备、装置储罐等布置在较低的地平面上，以减少可燃气体侵入或可燃液体漫流的可能性。一般加热炉属于明火设备，在正常情况下火焰不外露，烟囱不冒火，加热炉的火焰不可能被风吹走。但是，可燃气体或可燃液体设备如大量泄漏，可燃气体有可能扩散至加热炉而引起火灾或爆炸。因此，明火加热炉宜布置在可燃气体、可燃液体设备的全年最小频率风向的下风侧。

在同一幢建筑物内当房间的火灾危险类别不同时，其着火或爆炸的危险性就有差异，为了减少损失，避免相互影响，其中间隔墙应为防火墙。人员集中的房间应重点保护，应布置在火灾危险性较小的建筑物一端。

装置的控制室、机柜间、变配电所、化验室、办公室等为装置内人员集中场所或重要设施，且有可能是点火源，与发生火灾爆炸事故概率较高的甲、乙 A 类设备的房间不能布置在同一建筑物内，应独立设置。装置的控制室、化验室、办公室是装置的重要设施，是人员集中场所，为保护人员安全，将其集中布置在装置外。从集中控制管理理念出发，提倡全厂或区域统一考虑设置。若有生产要求，上述设施必须布置在装置内，也应布置在装置内相对安全的位置，位于爆炸危险区范围以外，并宜位于可燃气体、液化烃和甲 B、乙 A 类设备全年最小频率风向的下风侧。布置在装置内的控制室、机柜间、变配电所、化验室、办公室等的布置应符合：①控制室宜设在建筑物的底层；②平面布置位于附加 2 区的办公室、化验室室内地面及控制室、机柜间、变配电所的设备层地面应高于室外地面，且高差不应小于 0.6m；③控制室、机柜间面向有火灾危险性设备侧的外墙应为无门窗洞口、耐火极限不低于 3h 的不燃烧材料实体墙；④化验室、办公室等面向有火灾危险性设备侧的外墙宜为无门窗洞口不燃烧材料实体墙，当确需设置门窗时，应采用防火门窗（这是因为化验室、办公室是人员集中工作的场所，由于布置在装置区内，一旦周围设备发生火灾事故就有可能危及人员生命，为了保护室内人员安全，面向有火灾危险性设备侧的外墙应尽量采用无门窗洞口的不燃烧材料实体墙）；⑤控制室或化验室的室内不得安装可燃气体、液化烃和可燃液体的在线分析仪器（这是因为在人员集中的房间设置可燃介质的设备和管道存在安全隐患）。

表压为 10～100MPa 的设备为高压设备，表压超过 100MPa 的设备是超高压设备。为了减小可能发生事故对装置的波及范围，以减少损失，尽可能将高压和超高压设备布置在装置的一端或一侧，有爆炸危险的超高压反应设备宜布置在防爆构筑物内。

可燃气体、液化烃和可燃液体设备火灾危险性大，采用构架式布置时增加了火灾危险程度，给消防、检修等均带来一定困难，装置内设备优先考虑地面布置。当装置占地受限制等其他制约因素存在时，装置内设备可采用构架式布置，但构架层数不宜超过四层（含地面层）。当工艺对设备布置有特殊要求（如重力流要求）时，构架层数可不受此限。

空气冷却器（简称空冷器）是比较脆弱的设备，等于或大于自燃点的可燃液体设备是潜在的火源。为了保护空冷器，不宜将其布置在操作温度等于或高于自燃点的可燃液体设备上方；若布置在其上方，应用不燃烧材料的隔板隔离保护。

装置储罐是为了平衡生产、产品质量检测或一次投入而需要在装置内设置的原料、产品或其他专用储罐。为尽可能地减少影响装置生产的不安全因素，减小灾害程度，即使是为满足工艺要求，平衡生产而需要在装置内设置装置储罐，其储量也不应过大。甲、乙类物品仓库火灾危险性大，其发生火灾事故后影响大，不应布置在装置内。为保证连续稳定生产，工艺需要的少量乙类物品储存间、丙类物品仓库布置在装置内时，要求位于装置的边缘。可燃气体的钢瓶是释放源，明火或操作温度等于或高于自燃点的设备是点火源，释放源与点火源之间应有防火间距，不应小于 15m。可燃气体和助燃气体的钢瓶（含实瓶和空瓶），应分别存放在位于装置边缘的敞棚内。分析专用的钢瓶储存间可靠近分析室布置，但钢瓶储存间的建筑设计应满足泄压要求，以保证分析室内人员安全。建筑物的安全疏散门应向外开启。甲、乙、丙类房间的安全疏散门，不应少于两个；面积小于等于 $100m^2$ 的房间可只设 1 个。

装置内地坪竖向和排污系统的设计应减少可能泄漏的可燃液体在工艺设备附近的滞留时间和扩散范围。火灾事故状态下，受污染的消防水应有效收集和排放。凡在开停工、检修过程中，可能有可燃液体泄漏、漫流的设备区周围应设置不低于 150mm 的围堰和导液设施。

5.4.1.3 厂内道路

工厂主要出入口不应少于两个，并宜位于不同方位。两条或两条以上的工厂主要出入口的道路应避免与同一条铁路线平交；确需平交时，其中至少有两条道路的间距不应小于所通过的最长列车的长度；若小于所通过的最长列车的长度，应另设消防车道。最长列车长度，是根据走行线在该区间的牵引定数和调车线或装卸线上允许的最大装卸车的数量确定的，应避免最长列车同时切断工厂主要出入口道路。厂内主干道宜避免与调车频繁的厂内铁路线平交。厂区主干道是通过人流、车流最多的道路，因此宜避免与厂内铁路线平交。如某厂渣油、柴油铁路装车线与工厂主干道在厂内平交，多次发生撞车事故。

可燃液体的储罐区、可燃气体储罐区、装卸区及化学危险品仓库区应设环形消防车道，当受地形条件限制时，也可设有回车场的尽头式消防车道。消防车道的路面宽度不应小于 6m，路面内缘转弯半径不宜小于 12m，路面上净空高度不应低于 5m。环形道路便于消防车从不同方向迅速接近火场，并有利于消防车的调度。

发生火灾事故时，消防车在必要时需进入装置进行扑救，考虑消防车进入装置后不必倒车，装置内消防道路要求两端贯通。道路应有不少于两个出入口，且两个出入口宜位于不同方位。在小型装置中，消防车救火时一般不进入装置内，在装置外两侧有消防道路且两道路间距不大于 120m 时，装置内可不设贯通式道路，并控制设备、建筑物区占地面积不大于 $10000m^2$。道路的路面宽度不应小于 4m，路面上的净空高度不应小于 4.5m；路面内缘转弯半径不宜小于 6m。对大型石油化工装置，道路路面宽度、净空高度及路面内缘转弯半径可根据需要适当增加。

可燃气体、液化烃和可燃液体的塔区平台或其他设备的构架平台应设置不少于两个通往地面的梯子，作为安全疏散通道，长度不大于 8m 的甲类气体和甲、乙 A 类液体设备的平台或长度不大于 15m 的乙 B、丙类液体设备的平台，可只设一个梯子；相邻的构架、平台宜用走桥连通，与相邻平台连通的走桥可作为一个安全疏散通道；相邻安全疏散通道之间的距离不应大于 50m。

厂内铁路宜集中布置在厂区边缘。铁路机车或列车在启动、走行或刹车时，均可能从排气筒、钢轨与车轮摩擦或闸瓦处散发火花。若厂内铁路线穿行于散发可燃气体较多的地段，有可能被上述火花引燃。因此，铁路线应尽量靠厂区边缘集中布置。这样布置也利于减少与道路的平交，缩短铁路长度，减少占地。

工艺装置的固体产品铁路装卸线可布置在该装置的仓库或储存场（池）的边缘。建筑限界应按现行国家标准《Ⅲ、Ⅳ铁路设计规范》（GB 50012—2012）执行。工艺装置的固体产品铁路装卸线可以靠近该装置的边缘布置，其原因是：生产过程要求装卸线必须靠近；装卸的固体物料火灾危险性相对较小，多年来从未发生过由于机车靠近而引起的火灾事故。

5.4.2 工艺装置安全设计

5.4.2.1 一般规定

石油化工设备及其基础、管道及其支吊架和基础应采用不燃烧材料，但储罐底板垫层可采用沥青砂；设备和管道的保温层应采用不燃烧材料，当设备和管道的保冷层采用阻燃型泡沫塑料制品时，其氧指数不应小于 30%；建筑物的构件耐火极限应符合现行国家标准《建筑设计防火规范（2018 年版）》（GB 50016—2014）的有关规定。在下列所述设备、管道的保冷层材料中，目前可供选用的不燃烧材料很少，故允许用阻燃型泡沫塑料制品，但其氧指数不应小于 30%。

设备和管道应根据其内部物料的火灾危险性和操作条件，设置相应的仪表、自动联锁保护系统或紧急停车措施。本条是为保证设备和管道的工艺安全，根据实际情况而提出的几项原则要求。

在使用或产生甲类气体或甲、乙 A 类液体的工艺装置、系统单元和储运设施区内，应按区域控制和重点控制相结合的原则，设置可燃气体报警系统。例如：某厂催化车间气分装置的丙烷抽出线焊口开裂，造成特大爆炸火灾事故；某厂液化石油气罐区管道泄漏出大量液化石油气，直到天亮才被发觉，因附近无明火，未酿成更大事故；某厂液化石油气球罐区因在脱水时违反操作规程，造成大量液化石油气进入污水池而酿成火灾爆炸和人身伤亡事故。这些事故若能及早发现并采取措施，就可能避免火灾和爆炸，减小事故的危害程度。因此，在可能泄漏可燃气体的设备区，设置可燃气体报警系统，可及时得到危险信号并采取措施，以防止火灾爆炸事故的发生。

可燃气体报警系统一般由探测器和报警器组成，也可以由专用的数据采集系统与探测器组成。可燃气体报警信号不仅要送到控制室，也应该在现场就地发出声/光报警信号，以警告现场人员和车辆及时采取必要的措施，防止事态扩大。

5.4.2.2 泵和压缩机

可燃气体压缩机是容易泄漏的旋转设备，为避免可燃气体积聚，条件许可时，应首先布置在敞开或半敞开厂房内；单机驱动功率等于或大于 150kW 的甲类气体压缩机是贵重设备，其压缩机房是危险性较大的厂房，单独布置便于重点保护，并避免相互影响，减少损失；压缩机的上方不得布置甲、乙和丙类工艺设备，自用的高位润滑油箱不受此限；比空气轻的可燃气体压缩机半敞开式或封闭式厂房的顶部应采取通风措施；比空气轻的可燃气体压缩机厂房的楼板宜部分采用钢格板；比空气重的可燃气体压缩机厂房的地面不宜设地坑或地沟，厂房内应有防止可燃气体积聚的措施。为避免可燃气体积聚，工艺设备应尽量采用露天、半露天布置，半露天布置包括敞开式或半敞开式厂房布置。液化烃泵、操作温度等于或高于自燃点的可燃液体泵发生火灾事故的概率较高，应尽量避免在其上方布置甲、乙、丙类工艺设备；若在其上方布置甲、乙、丙类工艺设备，应用不燃烧材料的隔板隔离保护。

操作温度等于或高于自燃点的可燃液体泵发生火灾事故的概率较高，液体泄漏后易自燃，是“潜在的点火源”，而液化烃泵泄漏的可能性及泄漏后挥发的可燃气体量都大于操作温度低于自燃点的可燃液体泵，所以液化烃泵、操作温度等于或高于自燃点的可燃液体泵、操作温度低于自燃点的可燃液体泵应分别布置在不同房间内，之间的隔墙应为防火墙；液化烃泵不超过两台时，可与操作温度低于自燃点的可燃液体泵同房间布置。在气柜或全冷冻式液化烃储存设施内，泵和压缩机等旋转设备或其房间与储罐的防火间距不应小于 15m。

泵区包括泵棚、泵房及露天布置的泵组。一般情况下，罐组防火堤内布置有多台罐，如将罐组的专用泵区布置在防火堤内，一旦某一储罐发生罐体破裂，泄漏的可燃液体就会影响罐组的专用泵的使用。罐组的专用泵区应布置在防火堤外，距甲 A 类储罐不应小于 15m；距甲 B、乙类固定顶储罐不应小于 12m，距小于或等于 500m^3 的甲 B、乙类固定顶储罐不应小于 10m；距浮顶及内浮顶储罐、丙 A 类固定顶储罐不应小于 10m，距小于或等于 500m^3 的内浮顶储罐、丙 A 类固定顶储罐不应小于 8m。储罐的专用泵是指专罐专用的泵，当可燃液体储罐的专用泵单独布置时，其与该储罐的防火间距不做限制。但甲 A 类可燃液体的危险性较大，无论其专用泵是否单独布置，均应与储罐之间保持一定的防火间距。

变配电所不应设置在爆炸性气体、粉尘环境的危险区域内。供甲、乙类厂房专用的 10kV 及以下的变、配电所，当采用无门窗洞口的防火墙隔开时，可一面贴邻建造，并应符合现行国家标准《爆炸危险环境电力装置设计规范》(GB 50058—2014) 等的有关规定。压缩机或泵等的专用控制室，可与该压缩机房或泵房等共用一座建筑物，但专用控制室或变配电所的门窗应位于爆炸危险区范围之外，且专用控制室或变配电所与压缩机房或泵房等的中间隔墙应为无门窗洞口的防火墙。

5.4.2.3 污水处理场和循环水场

为了防止隔油池超负荷运行时污油外溢，导致发生火灾或造成环境污染，隔油池的保护高度不应小于 400mm。隔油池设置难燃烧材料盖板可以防止可燃液体大量挥发，减少火灾危险。为了防止排水管道着火蔓延至隔油池，隔油池着火也蔓延到排水管道，隔油池的进出水管道应设水封，距隔油池池壁 5m 以内的水封井、检查井的井盖与盖座接缝处应密封，且井盖不得有孔洞。

根据现行国家标准《爆炸危险环境电力装置设计规范》（GB 50058—2014）的规定，爆炸危险场所范围为15m。所以污水处理场内的变配电所、化验室、办公室，含可燃液体的隔油池、污水池，集中布置的水泵房，污油罐、含油污水调节罐，焚烧炉，污油泵房等设备、建（构）筑物之间的防火间距为15m。循环水场的冷却塔填料等近年来大量采用聚氯乙烯、玻璃钢等材料制造。发生过多起施工安装过程中在塔顶上动火，由于焊渣掉入塔内，引起火灾的情况。由于这些部件都很薄，表面积大，遇炽热焊渣易引起燃烧，所以循环水场冷却塔应采用阻燃型的填料、收水器和风筒，其氧指数不应小于30。

5.4.2.4　泄压排放和火炬系统

在非正常条件下，可能导致设备、管道超压从而引发事故，所以在可能出现超压的下列设备中设安全阀：顶部最高操作压力大于等于0.1MPa的压力容器；顶部最高操作压力大于0.03MPa的蒸馏塔、蒸发塔和汽提塔（汽提塔塔顶蒸汽通入另一蒸馏塔者除外）；往复式压缩机各段出口或电动往复泵、齿轮泵、螺杆泵等容积式泵的出口（设备本身已有安全阀者除外）；与鼓风机、离心式压缩机、离心泵或蒸汽往复泵出口连接的设备不能承受其最高压力时，鼓风机、离心式压缩机、离心泵或蒸汽往复泵的出口；可燃气体或液体受热膨胀，可能超过设计压力的设备。顶部最高操作压力为0.03～0.1MPa的设备应根据工艺要求设置。单个安全阀的开启压力（定压），不应大于设备的设计压力。当一台设备安装多个安全阀时，其中一个安全阀的开启压力（定压）不应大于设备的设计压力；其他安全阀的开启压力可以提高，但不应大于设备设计压力的1.05倍。

加热炉出口管道如设置安全阀容易结焦堵塞，而且热油一旦泄放出来也不好处理。入口管道如设置安全阀，则泄放时可能造成炉管进料中断，引起其他事故。关于预防加热炉超压事故一般采用加强管理来解决而不设安全阀。同一压力系统中，如分馏塔顶油气冷却系统，分馏塔的顶部已设安全阀，则分馏塔顶油气换热器、油气冷却器、油气分离器等设备可不再设安全阀。工艺装置中，常用蒸汽作为设备和管道的吹扫介质，虽然有时蒸汽压力高于被吹扫的设备和管道的设计压力，但在吹扫过程中由于蒸汽降温、冷凝、压力降低，且扫线的后部系统为开放式的，不会产生超压现象，因此扫线蒸汽不作为压力来源。故被扫线管道与设备不应因蒸汽扫线增设安全阀。安全阀起跳后，可燃气体如就地排放，既不安全，又污染周围环境，所以：可燃液体设备的安全阀出口泄放管应接入储罐或其他容器，泵的安全阀出口泄放管宜接至泵的入口管道、塔或其他容器；可燃气体设备的安全阀出口泄放管应接至火炬系统或其他安全泄放设施，泄放可能携带液滴的可燃气体应经分液罐后接至火炬系统；泄放后可能立即燃烧的可燃气体或可燃液体应经冷却后接至放空设施。

在有压力的聚合反应器或类似压力设备内的液体物料中，有的含有固体淤浆液或悬浮液，有的是高黏度和易凝固的可燃液体，有的物料易自聚，在正常情况下会堵塞安全阀，导致在超压事故时安全阀超过定压而不能开启。故在安全阀前应设爆破片或在其出入口管道上采取吹扫、加热或保温等防堵措施。

轻质油品而言，一般封闭管段的液体接近或达到其闪点时，每上升1℃，则压力增加0.07～0.08MPa。两端阀门关闭且因外界影响可能造成介质压力升高的液化烃、甲B、乙A类液体管道应采取泄压安全措施，如设置管道排空阀或管道安全阀。当发生事故时，为防止事故的进一步扩大，应将事故区域内甲、乙、丙类设备内的可燃气体、可燃液体紧急泄放。大量液化烃、可燃液体的泄放管，一般先排至远离事故区域的储罐回收或经分液罐分液后气体排放至火炬。低温液体（如液化乙烯、液化丙烯等）经汽化器汽化后再排入火炬系统，以尽量减少液体的排放量。受工艺条件或介质特性所限，无法排入火炬或装置处理排放系统的可燃气体，当通过排气筒、放空管直接向大气排放时，排气筒、放空管的高度应符合有关规定。

塔顶不凝气直接排向大气既不安全，也不环保，不应直接排入大气，目前多排入不凝气回收系统回收。在紧急排放环氧乙烷的地方为防止环氧乙烷聚合，安全阀前应设爆破片。爆破片入口管道应设氮封，且安全阀的出口管道应充氮，以稀释所排出环氧乙烷的浓度，使其低于爆炸极限。氨气就地排放达到一定浓度易发生燃烧爆炸，并使人员中毒，故应经处理后再排放。常见氨排放气处理措施有：用水或稀酸吸收以降低排放气浓度。

可能突然超压的反应设备主要有：设备内的可燃液体因温度升高而压力急剧升高；放热反应的反应设备，因在事故时不能全部撤出反应热，突然超压；反应物料有分解爆炸危险的反应设备，在高温、高压下因催化剂存在会发生分解放热，压力突然升高不可控制，设安全阀不能满足要求，应装爆破片或爆破片和导爆管，导爆管口必须朝向无火源的安全方向，必要时应采取防止二次爆炸、火灾的措施；因物料爆聚、分解造成超温、超压，可能引起火灾、爆炸的反应设备设报警信号和泄压排放设施，以及自动或手动遥控的紧急切断进料设施。严禁将混合后可能发生化学反应并形成爆炸性混合气体的几种气体混合排放；液体、低热值可燃气体、含氧气或卤元素及其化合物的可燃气体、毒性为极度和高度危害的可燃气体、惰性气体、酸性气体及其他腐蚀性气体不得排入全厂性火炬系统，应设独立的排放系统或处理排放系统。因为低热值可燃气体排入火炬系统会破坏火炬稳定燃烧状态或导致火炬熄火；含氧气的可燃气体排入火炬系统会使火炬系统和火炬设施内形成爆炸性气体，易导致回火引起爆炸，损坏管道或设备；酸性气体及其他腐蚀性气体会造成大气污染、管道和设备的腐蚀；毒性为极度和高度危害或含有腐蚀性介质的气体独立设置处理和排放系统，有助于安全生产。根据《职业性接触毒物危害程度分级》和《高毒物品目录》，石油化工企业中排放的苯、一氧化碳等经过火炬系统充分燃烧后失去毒性，仍允许排至公用火炬系统。

可燃气体放空管道在接入火炬前设分液和阻火等设备，凝结液密闭回收。液化烃全冷冻或半冷冻式储存时储存温度较低，事故排放时液体转变为气体时大量吸热，携带可燃液体的低温可燃气体排放系统应设汽化器，低温火炬管道选材应考虑事故排放时可能出现的最低温度。

在主要泄压设备上设置紧急切断热源联锁，减少安全阀的排放或采用分级排放，以降低事故工况下可燃气体瞬间排放负荷。如：在主要塔器等设备上设置高安全级别的联锁，在安全阀启跳前快速切断再沸器热源，防止设备继续超压，减缓安全阀的排放。

火炬应设常明灯和可靠的点火系统。严禁排入高架火炬的可燃气体携带可燃液体，防止“下火雨”而引起火灾事故；火炬的辐射热不能影响人身及设备的安全；距火炬筒 30m 范围内，禁止设置可燃气体放空。封闭式地面火炬的设置按明火设备考虑，排入火炬的可燃气体不应携带可燃液体，火炬的辐射热不应影响人身及设备的安全，采取有效的消烟措施。火炬设施的附属设备如分液罐、水封罐等是火炬系统的必备设备，靠近火炬布置有利于火炬系统的安全操作，其位置应根据人或设备允许的辐射热强度确定，以保证人和设备的安全。在事故放空时，操作人员可及时撤离，且在短时间内可承受较高的辐射热强度。火炬设施的附属设备可承受比人更高的辐射热强度。

5.4.2.5 钢结构耐火保护

无耐火保护层的钢柱，其构件的耐火极限只有 0.25h 左右，在火灾中很容易丧失强度而坍塌。因此，为避免产生二次灾害，承重钢结构在一般火灾事故中，在一定时间内，仍需保持必要的强度。在爆炸危险区范围内，毒性为极度或高度危害的物料设备的承重钢构架、支架、裙座，一旦倒塌会造成“环境污染”、人员中毒。所以单个容积等于或大于 $5m^3$ 的甲、乙 A 类液体设备的承重钢构架、支架、裙座；在爆炸危险区范围内，且毒性为极度和高度危害的物料设备的承重钢构架、支架、裙座；操作温度等于或高于自燃点的单个容积等于或大于 $5m^3$ 的乙 B、丙类液体设备承重钢构架、支架、裙座；加热炉炉底钢支架；在爆炸危险区范围内的主管廊的钢管架；在爆炸危险区范围内的高径比等于或大于 8，且总重量等于或大于 25t 的非可燃介质设备的承重钢构架、支架和裙座等应采取耐火保护措施。承重钢结构的下列部位应覆盖耐火层，覆盖耐火层的钢构件，其耐火极限不应低于 1.5h。

5.4.2.6 其他要求

甲、乙、丙类设备或有爆炸危险性粉尘、可燃纤维的封闭式厂房和控制室等其他建筑物的耐火等级、内部装修及空调系统等设计均应按现行国家标准《建筑设计防火规范（2018 年版）》(GB 50016—2014)、《建筑内部装修设计防火规范》(GB 50222—2017) 和《工业建筑供暖通风与空气调节设计规范》(GB 50019—2015) 中的有关规定执行。散发爆炸危险性粉尘或可燃纤维的场所，其火灾危险性类别和爆炸危险区范围的划分应按现行国家标准《建筑设计防火规范（2018 年版）》(GB 50016—2014) 和《爆炸危险环境电力装置设计规范》(GB 50058—2014) 的规定执行。散发爆炸危险性粉尘或可燃纤维的场所应采取防止粉尘、纤维扩散、飞扬和积聚的措施。散发比空气重的甲类气体、有爆炸危险性粉尘或可燃纤维的封闭厂房应采用不发生火花的地面。有可燃液体设备的多层建筑物或构筑物的楼板应采取防止可燃液体泄漏至下层的措施。

二烯烃，如丁二烯、异戊二烯、氯丁二烯等在有空气、氧气或其他催化剂的存在下能产生有分解爆炸危险的聚合过氧化物。苯乙烯、丙烯、氢氰酸等也是不稳定的化合物，在有空气或氧气的存在下，储存时间过长，易自聚放出热量，造成超压而爆破设备。对于烯烃和二烯烃等生产和储存，应控制含氧量和加相应的抗氧化剂、阻聚剂，防止因生成过氧化物或自聚物而发生爆炸、火灾事故。

平皮带传动易积聚静电，可能会产生火花，可燃气体压缩机、液化烃、可燃液体泵不得使用皮带传动；在爆炸危险区范围内的其他转动设备若必须使用皮带传动，应采用防静电皮带。

烧燃料气的加热炉应设长明灯，并宜设置火焰监测器。除加热炉以外的有隔热衬里设备，其外壁应涂刷超温显示剂或设置测温点。

可燃气体的电除尘、电除雾等的电滤器是释放源，与点火源处于同一设备中，危险性比较大，一旦空气渗入达到可燃气体爆炸极限就有爆炸的危险。设计时应根据各生产工艺的要求来确定允许含氧量，设置负压和含氧量超过指标都能自动切断电源并能放空的安全措施。

正压通风设施的取风口宜位于可燃气体、液化烃和甲 B、乙 A 类设备的全年最小频率风向的下风侧，且取风口高度应高出地面 9m 以上或爆炸危险区 1.5m 以上，两者中取较大值。取风质量应按现行国家标准《工业建筑供暖通风与空气调节设计规范》(GB 50019—2015) 的有关规定执行。

5.4.3 储运设施安全设计

可燃气体、助燃气体、液化烃和可燃液体的储罐基础、防火堤、隔堤及管架（墩）等，采用不燃烧材料。防火堤的耐火极限不得小于 3h。液化烃、可燃液体储罐的保温层采用不燃烧材料。当保冷层采用阻燃型泡沫塑料制品时，其氧指数不小于 30。储罐设置高低液位报警，采用超高液位自动联锁关闭储罐进料阀门和超低液位自动联锁停止物料输送措施。设置易燃易爆、有毒有害气体泄漏报警系统，大型、液化气体及剧毒化学品等重点储罐设置紧急切断阀。

5.4.3.1 可燃液体的地上储罐的安全设计

甲B、乙类液体的固定顶罐应设阻火器和呼吸阀；对于采用氮气或其他气体气封的甲B、乙类液体的储罐还应设置事故泄压设备。常压固定顶罐顶板与包边角钢之间的连接应采用弱顶结构。储存温度高于100℃的丙B类液体储罐应设专用扫线罐。设有蒸汽加热器的储罐应采取防止液体超温的措施。可燃液体的储罐宜设自动脱水器，并应设液位计和高液位报警器，必要时可设自动联锁切断进料设施。储罐的进料管应从罐体下部接入；若必须从上部接入，宜延伸至距罐底200mm处。储罐的进出口管道应采用柔性连接。储罐应采用钢罐。储存甲B、乙A类的液体应选用金属浮舱式的浮顶或内浮顶罐。对于有特殊要求的物料，可选用其他型式的储罐。储存沸点低于45℃的甲B类液体宜选用压力或低压储罐。甲B类液体固定顶罐或低压储罐应采取减少日晒升温的措施。储罐成组布置，在同一罐组内，布置火灾危险性类别相同或相近的储罐；当单罐容积小于或等于$1000m^3$时，火灾危险性类别不同的储罐也可同组布置；沸溢性液体的储罐不应与非沸溢性液体储罐同组布置；可燃液体的压力储罐可与液化烃的全压力储罐同组布置；可燃液体的低压储罐可与常压储罐同组布置。

罐组应设防火堤。防火堤内的有效容积不应小于罐组内1个最大储罐的容积，当浮顶、内浮顶罐组不能满足此要求时，应设置事故存液池储存剩余部分，但罐组防火堤内的有效容积不应小于罐组内1个最大储罐容积的一半；隔堤内有效容积不应小于隔堤内1个最大储罐容积的10%。立式储罐至防火堤内堤脚线的距离不应小于罐壁高度的一半，卧式储罐至防火堤内堤脚线的距离不应小于3m。相邻罐组防火堤的外堤脚线之间应留有宽度不小于7m的消防空地。防火堤应能承受所容纳液体的静压，且不应渗漏；立式储罐防火堤的高度应为计算高度加0.2m，但不应低于1.0m（以堤内设计地坪标高为准），且不宜高于2.2m（以堤外3m范围内设计地坪标高为准）；卧式储罐防火堤的高度不应低于0.5m（以堤内设计地坪标高为准）；在防火堤内雨水沟穿堤处应采取防止可燃液体流出堤外的措施；在防火堤的不同方位上应设置人行台阶或坡道，同一方位上两相邻人行台阶或坡道之间距离不宜大于60m。

设有防火堤的罐组内应按要求设置隔堤。单罐容积小于或等于$5000m^3$时，隔堤所分隔的储罐容积之和不应大于$20000m^3$；单罐容积大于$5000\sim20000m^3$时，隔堤内的储罐不应超过4个；单罐容积大于$20000\sim50000m^3$时，隔堤内的储罐不应超过2个；单罐容积大于$50000m^3$时，应每1个一隔；隔堤所分隔的沸溢性液体储罐不应超过2个。甲B、乙A类液体与其他类可燃液体储罐之间设置隔堤；水溶性与非水溶性可燃液体储罐之间设置隔堤；相互接触能引起化学反应的可燃液体储罐之间设置隔堤；助燃剂、强氧化剂及具有腐蚀性液体储罐与可燃液体储罐之间设置隔堤。隔堤需能承受所能容纳液体的静压，且不渗漏；立式储罐组内隔堤的高度不应低于0.5m；卧式储罐组内隔堤的高度不应低于0.3m；管道穿堤处应采用不燃烧材料严密封闭；隔堤应设置人行台阶。

设有事故存液池的罐组应设导液管（沟），使溢漏液体能顺利地流出罐组并自流入存液池内；事故存液池距防火堤的距离不应小于7m；事故存液池和导液沟距明火地点不应小于30m；事故存液池应有排水设施。

5.4.3.2 液化烃、可燃气体、助燃气体的地上储罐的安全设计

液化烃储罐、可燃气体储罐和助燃气体储罐应分别成组布置。液化烃储罐成组布置时应

符合：液化烃罐组内的储罐不应超过两排；每组全压力式或半冷冻式储罐的个数不应多于12个；全冷冻式储罐的个数不宜多于2个；全冷冻式储罐应单独成组布置；储罐材质不能适应该罐组介质最低温度时不应布置在同一罐组内。

液化烃、可燃气体、助燃气体的罐组内储罐的防火间距不应小于表5-5的规定。

表5-5 液化烃、可燃气体、助燃气体的罐组内储罐的防火间距

<table>
<tr><th colspan="3" rowspan="2">介质</th><th rowspan="2">球罐</th><th rowspan="2">卧(立)罐</th><th colspan="2">全冷冻式储罐(容积)</th><th rowspan="2">水槽式气柜</th><th rowspan="2">干式气柜</th></tr>
<tr><th>≤100m³</th><th>>100m³</th></tr>
<tr><td rowspan="4">液化烃</td><td rowspan="2">全压力式或半冷冻式储罐</td><td>有事故排放至火炬的措施</td><td>0.5D</td><td>1.0D</td><td>*</td><td>*</td><td>*</td><td>*</td></tr>
<tr><td>无事故排放至火炬的措施</td><td>1.0D</td><td></td><td>*</td><td>*</td><td>*</td><td>*</td></tr>
<tr><td rowspan="2">全冷冻式储罐</td><td>≤100m³</td><td>*</td><td>*</td><td>1.5m</td><td>0.5D</td><td>*</td><td>*</td></tr>
<tr><td>>100m³</td><td>*</td><td>*</td><td>0.5D</td><td>0.5D</td><td></td><td></td></tr>
<tr><td colspan="2" rowspan="2">助燃气体</td><td>球罐</td><td>0.5D</td><td>0.65D</td><td>*</td><td>*</td><td>*</td><td>*</td></tr>
<tr><td>卧(立)罐</td><td>0.65D</td><td>0.65D</td><td>*</td><td>*</td><td>*</td><td>*</td></tr>
<tr><td colspan="2" rowspan="3">可燃气体</td><td>水槽式气柜</td><td>*</td><td>*</td><td>*</td><td>*</td><td>0.5D</td><td>0.65D</td></tr>
<tr><td>干式气柜</td><td>*</td><td>*</td><td>*</td><td>*</td><td>0.65D</td><td>0.65D</td></tr>
<tr><td>球罐</td><td>0.5D</td><td>*</td><td>*</td><td>*</td><td>0.65D</td><td>0.65D</td></tr>
</table>

注：D为相邻较大储罐的直径；液氨储罐间的防火间距要求应与液化烃储罐相同；液氧储罐间的防火间距应按《建筑设计防火规范（2018年版）》（GB 50016—2014）的要求执行；沸点低于45℃的甲B类液体压力储罐，按全压力式液化烃储罐的防火间距执行；液化烃单罐容积≤200m³的卧（立）罐之间的防火间距超过1.5m时，可取1.5m；助燃气体卧（立）罐之间的防火间距超过1.5m时，可取1.5m；“*”表示不应同组布置。两排卧罐的间距不应小于3m。

液化烃全压力式或半冷冻式储罐组宜设不高于0.6m的防火堤，防火堤内堤脚线距储罐不应小于3m，堤内应采用现浇混凝土地面，并应坡向外侧，防火堤内的隔堤不宜高于0.3m；全压力式储罐组的总容积大于8000m³时，罐组内应设隔堤，隔堤内各储罐容积之和不宜大于8000m³。单罐容积等于或大于5000m³时应每1个一隔；全冷冻式储罐组的总容积不应大于200000m³，单防罐应每1个一隔，隔堤应低于防火堤0.2m；沸点低于45℃甲B类液体压力储罐组的总容积不宜大于60000m³；隔堤内各储罐容积之和不宜大于8000m³，单罐容积等于或大于5000m³时应每1个一隔。沸点低于45℃的甲B类液体的压力储罐，防火堤内有效容积不应小于一个最大储罐的容积。当其与液化烃压力储罐同组布置时，防火堤及隔堤的高度应满足液化烃压力储罐组的要求，且两者之间应设隔堤；当其独立成组时，防火堤距储罐不应小于3m，全压力式、半冷冻式液氨储罐的防火堤和隔堤的设置同液化烃储罐的要求。

液化烃全冷冻式单防罐罐组防火堤内的有效容积不应小于一个最大储罐的容积；单防罐至防火堤内顶角线的距离不应小于最高液位与防火堤堤顶的高度之差加上液面上气相当量压头的和；当防火堤的高度等于或大于最高液位时，单防罐至防火堤内顶角线的距离不限；应在防火堤的不同方位上设置不少于两个人行台阶或梯子；防火堤及隔堤应为不燃烧实体防护结构，能承受所容纳液体的静压及温度变化的影响，且不渗漏。

液化烃全冷冻式双防或全防罐罐组可不设防火堤。全冷冻式液氨储罐应设防火堤，堤内有效容积应不小于一个最大储罐容积的60%。液化烃、液氨等储罐的储存系数不应大于0.9。液氨的储罐，应设液位计、压力表和安全阀；低温液氨储罐尚应设温度指示仪。液化烃的储罐应设液位计、温度计、压力表、安全阀，以及高液位报警和高高液位自动联锁切断进料措施。对于全冷冻式液化烃储罐，还应设真空泄放设施和高、低温度检测，并应与自动控制系统相连。气柜应设上、下限位报警装置，并宜设进出管道自动联锁切断装置。液化烃储罐的安全阀出口管应接至火炬系统。确有困难时，可就地放空，但其排气管口应高出 8m 范围内储罐罐顶平台 3m 以上。全压力式液化烃储罐宜采用有防冻措施的二次脱水系统，储罐根部宜设紧急切断阀。液化石油气蒸发器的气相部分应设压力表和安全阀。液化烃储罐开口接管的阀门及管件的管道等级不应低于 2.0MPa，其垫片应采用缠绕式垫片。阀门压盖的密封填料应采用难燃烧材料。全压力式储罐应采取防止液化烃泄漏的注水措施。全冷冻卧式液化烃储罐不应多层布置。

5.4.3.3 可燃液体、液化烃的装卸设施的安全设计

(1) 铁路装卸栈台

可燃液体的铁路装卸栈台两端和沿栈台每隔 60m 左右应设梯子；甲 B、乙、丙 A 类的液体严禁采用沟槽卸车系统；顶部敞口装车的甲 B、乙、丙 A 类的液体应采用液下装车鹤管；在距装车栈台边缘 10m 以外的可燃液体（润滑油除外）输入管道上应设便于操作的紧急切断阀；丙 B 类液体装卸栈台宜单独设置；零位罐至罐车装卸线不应小于 6m；甲 B、乙 A 类液体装卸鹤管与集中布置的泵的距离不应小于 8m；同一铁路装卸线一侧两个装卸栈台相邻鹤位之间的距离不应小于 24m。

(2) 汽车装卸栈台

可燃液体的汽车装卸站的进、出口宜分开设置；当进、出口合用时，站内应设回车场；装卸车场应采用现浇混凝土地面；装卸车鹤位与缓冲罐之间的距离不应小于 5m，高架罐之间的距离不应小于 0.6m；甲 B、乙 A 类液体装卸车鹤位与集中布置的泵的距离不应小于 8m；站内无缓冲罐时，在距装卸车鹤位 10m 以外的装卸管道上应设便于操作的紧急切断阀；甲 B、乙、丙 A 类液体的装卸车应采用液下装卸车鹤管；甲 B、乙、丙 A 类液体与其他类液体的两个装卸车栈台相邻鹤位之间的距离不应小于 8m；装卸车鹤位之间的距离不应小于 4m；双侧装卸车栈台相邻鹤位之间或同一鹤位相邻鹤管之间的距离应满足鹤管正常操作和检修的要求。

(3) 装卸设施

液化烃严禁就地排放；低温液化烃装卸鹤位应单独设置；液化烃铁路装卸栈台宜单独设置，当不同时作业时，可与可燃液体铁路装卸共台设置；同一铁路装卸线一侧两个装卸栈台相邻鹤位之间的距离不应小于 24m；铁路装卸栈台两端和沿栈台每隔 60m 左右应设梯子；汽车装卸车鹤位之间的距离不应小于 4m；双侧装卸车栈台相邻鹤位之间或同一鹤位相邻鹤管之间的距离应满足鹤管正常操作和检修的要求，液化烃汽车装卸栈台与可燃液体汽车装卸栈台相邻鹤位之间的距离不应小于 8m；在距装卸车鹤位 10m 以外的装卸管道上应设便于操作的紧急切断阀；汽车装卸车场应采用现浇混凝土地面；装卸车鹤位与集中布置的泵的距离不应小于 10m。

(4) 码头

除船舶在码头泊位内外档停靠外，码头相邻泊位的船舶间的防火间距不应小于表 5-6 的规定；液化烃泊位宜单独设置，当不同时作业时，可与其他可燃液体共用一个泊位；可燃液体和液化烃的码头与其他码头或建筑物、构筑物的安全距离应按有关规定执行；在距泊位 20m 以外或岸边处的装卸船管道上应设便于操作的紧急切断阀；液化烃的装卸应采用装卸臂或金属软管，并应采取安全放空措施。

表 5-6　码头相邻泊位的船舶间的防火间距　　单位：m

船长	279～236	235～183	182～151	150～110	<110
防火间距	55	50	40	35	25

5.4.3.4　灌装站的安全设计

液化石油气的灌瓶间和储瓶库宜为敞开式或半敞开式建筑物，半敞开式建筑物下部应采取防止油气积聚的措施；液化石油气的残液应密闭回收，严禁就地排放；灌装站应设不燃烧材料隔离墙。如采用实体围墙，其下部应设通风口；灌瓶间和储瓶库的室内应采用不发生火花的地面，室内地面应高于室外地坪，其高差不应小于 0.6m；液化石油气缓冲罐与灌瓶间的距离不应小于 10m；灌装站内应设有宽度不小于 4m 的环形消防车道，车道内缘转弯半径不宜小于 6m。

氢气灌瓶间的顶部应采取通风措施。液氨和液氯等的灌装间宜为敞开式建筑物。实瓶（桶）库与灌装间可设在同一建筑物内，但宜用实体墙隔开，并各设出入口。液化石油气、液氨或液氯等的实瓶不应露天堆放。

5.4.3.5　厂内仓库的安全设计

甲类物品仓库宜单独设置；当其储量小于 5t 时，可与乙、丙类物品仓库共用一栋建筑物，但应设独立的防火分区；乙、丙类产品的储量宜按装置 2～15 天的产量计算确定；化学品应按其化学物理特性分类储存，当物料性质不允许同库储存时，应用实体墙隔开，并各设出入口；仓库应通风良好；对于可能产生爆炸性混合气体或在空气中能形成粉尘、纤维等爆炸性混合物的仓库内应采用不发生火花的地面，需要时应设防水层。

单层仓库跨度不应大于 150m。每座合成纤维、合成橡胶、合成树脂及塑料单层仓库的占地面积不应大于 24000m^2，每个防火分区的建筑面积不应大于 6000m^2；当企业设有消防站和专职消防队且仓库设有工业电视监视系统时，每座合成树脂及塑料单层仓库的占地面积可扩大至 48000m^2。合成纤维、合成树脂及塑料等产品的高架仓库应符合下列规定：仓库的耐火等级不应低于二级；货架应采用不燃烧材料。

占地面积大于 1000m^2 的丙类仓库应设置排烟设施，占地面积大于 6000m^2 的丙类仓库宜采用自然排烟，排烟口净面积宜为仓库建筑面积的 5%。袋装硝酸铵仓库的耐火等级不应低于二级。仓库内严禁存放其他物品。盛装甲、乙类液体的容器存放在室外时应设防晒降温设施。

5.4.4　管道布置

5.4.4.1　厂内管线综合的布置

全厂性工艺及热力管道宜地上敷设；沿地面或低支架敷设的管道不应环绕工艺装置或罐组布置，并不应妨碍消防车的通行。管道及其桁架跨越厂内铁路线的净空高度不应小于 5.5m；跨越厂内道路的净空高度不应小于 5m。在跨越铁路或道路的可燃气体、液化烃和可燃液体管道上不应设置阀门及易发生泄漏的管道附件。可燃气体、液化烃、可燃液体的管道横穿铁路线或道路时应敷设在管涵或套管内。永久性的地上、地下管道不得穿越或跨越与其无关的工艺装置、系统单元或储罐组；在跨越罐区泵房的可燃气体、液化烃和可燃液体的管道上不应设置阀门及易发生泄漏的管道附件。距散发比空气重的可燃气体设备 30m 以内的管沟应采取防止可燃气体窜入和积聚的措施。各种工艺管道及含可燃液体的污水管道不应沿道路敷设在路面下或路肩下。

5.4.4.2 工艺及公用物料管道

可燃气体、液化烃和可燃液体的金属管道除需要采用法兰连接外，均应采用焊接连接。公称直径等于或小于 25mm 的可燃气体、液化烃和可燃液体的金属管道和阀门采用锥管螺纹连接时，除能产生缝隙腐蚀的介质管道外，应在螺纹处采用密封焊。可燃气体、液化烃和可燃液体的管道不得穿过与其无关的建筑物。可燃气体、液化烃和可燃液体的采样管道不应引入化验室。可燃气体、液化烃和可燃液体的管道应架空或沿地敷设。必须采用管沟敷设时，应采取防止可燃气体、液化烃和可燃液体在管沟内积聚的措施，并在进、出装置及厂房处密封隔断；管沟内的污水应经水封井排入生产污水管道。工艺和公用工程管道共架多层敷设时宜将介质操作温度等于或高于 250℃的管道布置在上层，液化烃及腐蚀性介质管道布置在下层；必须布置在下层的介质操作温度等于或高于 250℃的管道可布置在外侧，但不应与液化烃管道相邻。氧气管道与可燃气体、液化烃和可燃液体的管道共架敷设时应布置在一侧，且平行布置时净距不应小于 500mm，交叉布置时净距不应小于 250mm。氧气管道与可燃气体、液化烃和可燃液体管道之间宜用公用工程管道隔开。

公用工程管道与可燃气体、液化烃和可燃液体的管道或设备连接时应符合下列规定：

连续使用的公用工程管道上应设止回阀，并在其根部设切断阀；在间歇使用的公用工程管道上应设止回阀和一道切断阀或设两道切断阀，并在两切断阀间设检查阀；仅在设备停用时使用的公用工程管道应设盲板或断开。

连续操作的可燃气体管道的低点应设两道排液阀，排出的液体应排放至密闭系统；仅在开停工时使用的排液阀，可设一道阀门并加丝堵、管帽、盲板或法兰盖。甲、乙 A 类设备和管道应有惰性气体置换设施。可燃气体压缩机的吸入管道应有防止产生负压的措施。离心式可燃气体压缩机和可燃液体泵应在其出口管道上安装止回阀。加热炉燃料气调节阀前的管道压力等于或小于 0.4MPa（表），且无低压自动保护仪表时，应在每个燃料气调节阀与加热炉之间设置阻火器。加热炉燃料气管道上的分液罐的凝液不应敞开排放。当可燃液体容器内可能存在空气时，其入口管应从容器下部接入；若必须从上部接入，宜延伸至距容器底 200mm 处。液化烃设备抽出管道应在靠近设备根部设置切断阀。容积超过 $50m^3$ 的液化烃设备与其抽出泵的间距小于 15m 时，该切断阀应为带手动功能的遥控阀，遥控阀就地操作按钮距抽出泵的间距不应小于 15m。进、出装置的可燃气体、液化烃和可燃液体的管道，在装置的边界处应设隔断阀和 8 字盲板，在隔断阀处应设平台，长度等于或大于 8m 的平台应在两个方向设梯子。

5.4.4.3 含可燃液体的生产污水管道

含可燃液体的污水及被严重污染的雨水应排入生产污水管道，但可燃气体的凝结液和下列水不得直接排入生产污水管道：与排水点管道中的污水混合后，温度超过 40℃的水；混合时产生化学反应能引起火灾或爆炸的污水。生产污水排放应采用暗管或覆土厚度不小于 200mm 的暗沟。设施内部若必须采用明沟排水，应分段设置，每段长度不宜超过 30m，相邻两段之间的距离不宜小于 2m。

生产污水管道的下列部位应设水封，水封高度不得小于 250mm：工艺装置内的塔、加热炉、泵、冷换设备等区围堰的排水出口；工艺装置、罐组或其他设施及建筑物、构筑物、管沟等的排水出口；全厂性的支干管与干管交汇处的支干管上；全厂性支干管、干管的管段长度超过 300m 时，应用水封井隔开。

重力流循环回水管道在工艺装置总出口处应设水封。当建筑物用防火墙分隔成多个防火分区时，每个防火分区的生产污水管道应有独立的排出口并设水封。罐组内的生产污水管道应有独立的排出口，且应在防火堤外设置水封，并应在防火堤与水封之间的管道上设置易开关的隔断阀。

甲、乙类工艺装置内生产污水管道的支干管、干管的最高处检查井宜设排气管。排气管管径不宜小于100mm；排气管的出口应高出地面2.5m以上，并应高出距排气管3m范围内的操作平台、空气冷却器2.5m以上；距明火、散发火花地点15m半径范围内不应设排气管。

甲、乙类工艺装置内，生产污水管道的下水井井盖与盖座接缝处应密封，且井盖不得有孔洞。接纳消防废水的排水系统应按最大消防水量校核排水系统能力，并应设有防止受污染的消防水排出厂外的措施。

5.4.4.4 消防给水管道

消防给水管道应环状布置，并应符合下列规定：环状管道的进水管不应少于两条；环状管道应用阀门分成若干独立管段，每段消火栓的数量不宜超过5个；当某个环段发生事故时，独立的消防给水管道的其余环段应能满足100%的消防用水量的要求；与生产、生活合用的消防给水管道应能满足100%的消防用水和70%的生产、生活用水的总量的要求；生产、生活用水量应按70%最大小时用水量计算；消防用水量应按最大秒流量计算。消防给水管道应保持充水状态。地下独立的消防给水管道应埋设在冰冻线以下，管顶距冰冻线不应小于150mm。工艺装置区或罐区的消防给水干管的管径应经计算确定。独立的消防给水管道的流速不宜大于3.5m/s。

5.4.5 消防设计

5.4.5.1 消防站

消防站的规模应根据企业的规模、火灾危险性、固定消防设施的设置情况，以及邻近单位消防协作条件等因素确定。消防车辆的车型应根据被保护对象选择，以泡沫消防车为主，且应配备干粉或干粉-泡沫联用车；大型石油化工企业尚宜配备高喷车和通信指挥车。消防站宜设置向消防车快速灌装泡沫液的设施，并宜设置泡沫液运输车，车上应配备向消防车输送泡沫液的设施。消防站应由车库、通信室、办公室、值勤宿舍、药剂库、器材库、干燥室(寒冷或多雨地区)、培训学习室及训练场、训练塔，以及其他必要的生活设施等组成。消防车库的耐火等级不应低于二级；车库室内温度不宜低于12℃，并宜设机械排风设施。车库、值勤宿舍必须设置警铃，并应在车库前场地一侧安装车辆出动的警灯和警铃。通信室、车库、值勤宿舍以及公共通道等处应设事故照明灯。车库大门应面向道路，距道路边不应小于15m。车库前场地应采用混凝土或沥青地面，并应有不小于2%的坡度坡向道路。

5.4.5.2 消防水源及泵房

当消防用水由水源直接供给时，工厂给水管网的进水管不应少于两条。当其中一条发生事故时，另一条应能满足100%的消防用水和70%的生产、生活用水总量的要求。消防用水由消防水池（罐）供给时，工厂给水管网的进水管，应能满足消防水池（罐）的补充水和100%的生产、生活用水总量的要求。工厂水源直接供给不能满足消防用水量、水压和火灾延续时间内消防用水总量要求时，应建消防水池（罐），并应符合下列规定：水池（罐）的容量，应满足火灾延续时间内消防用水总量的要求。当发生火灾能保证向水池（罐）连续补水时，其容量可减去火灾延续时间内的补充水量；水池（罐）的总容量大于1000m^{3}时，应分隔成两个，并设带切断阀的连通管；水池（罐）的补水时间，不宜超过48h；当消防水池（罐）与生活或生产水池（罐）合建时，应有消防用水不作他用的措施；寒冷地区应设防冻措施；消防水池（罐）应设液位检测、高低液位报警及自动补水设施。

消防水泵房宜与生活或生产水泵房合建，其耐火等级不应低于二级。消防水泵采用自灌式引水系统。当消防水池处于低液位不能保证消防水泵再次自灌启动时，设辅助引水系统。消防水泵的吸水管、出水管应符合下列规定：每台消防水泵宜有独立的吸水管；两台以上成组布置时，其吸水管不应少于两条，当其中一条检修时，其余吸水管应能确保吸取全部消防用水量；成组布置的水泵，至少有两条出水管与环状消防水管道连接，两连接点间应设阀门。当一条出水管检修时，其余出水管应能输送全部消防用水量；泵的出水管道应设防止超压的安全设施；出水管道上，直径大于300mm的阀门不选用手动阀门，阀门的启闭应有明显标志。消防水泵、稳压泵分别设置备用泵；备用泵的能力不小于最大一台泵的能力。消防水泵需在接到报警后2min以内投入运行。稳高压消防给水系统的消防水泵应能依靠管网压降信号自动启动。消防水泵设双动力源；当采用柴油机作为动力源时，柴油机的油料储备量应能满足机组连续运转6h的要求。

5.4.5.3 消防用水量

消防用水量应按同一时间内的火灾处数和相应处的一次灭火用水量确定。同一时间内的火灾处数应按表5-7确定。

表5-7 同一时间内的火灾处数

厂区占地面积/m^2	同一时间内火灾处数
≤1000000	1处:消防用水量最大处
>1000000	2处:一处为消防用水量最大处,另一处为辅助生产设施

工艺装置、辅助生产设施及建筑物的消防用水量计算符合下列规定：工艺装置的消防用水量根据其规模、火灾危险类别及消防设施的设置情况等综合考虑确定。火灾延续供水时间不应小于3h；辅助生产设施的消防用水量可按50L/s计算。火灾延续供水时间，不宜小于2h；建筑物的消防用水量应根据相关国家标准规范的要求进行计算；可燃液体、液化烃的装卸栈台应设置消防给水系统，消防用水量不应小于60L/s；空分站的消防用水量宜为90～120L/s，火灾延续供水时间不宜小于3h。具体的消防用水量的计算详见《建筑设计防火规范（2018年版）》(GB 50016—2014) 和《石油化工企业设计防火标准（2018年版）》(GB 50160—2008)。

5.4.5.4 消防水压及消火栓

大型化工企业的工艺装置区、罐区等，应设独立的稳高压消防给水系统，其压力宜为0.7～1.2MPa。其他场所采用低压消防给水系统时，其压力应确保灭火时最不利点消火栓的水压不低于0.15MPa（自地面算起）。消防给水系统不应与循环冷却水系统合并，且不应用于其他用途。

消火栓的设置应符合下列规定：宜选用地上式消火栓；消火栓宜沿道路敷设；消火栓距路面边不宜大于5m；距建筑物外墙不宜小于5m；地上式消火栓距城市型道路路边不宜小于1.0m；距公路型双车道路肩边不宜小于1.0m；地上式消火栓的大口径出水口应面向道路。当其设置场所有可能受到车辆冲撞时，应在其周围设置防护设施；地下式消火栓应有明显标志。消火栓的数量及位置，应按其保护半径及被保护对象的消防用水量等综合计算确定，并应符合下列规定：消火栓的保护半径不应超过 120m；高压消防给水管道上消火栓的出水量应根据管道内的水压及消火栓出口要求的水压计算确定，低压消防给水管道上公称直径为 100mm、150mm 消火栓的出水量可分别取 15L/s、30L/s。罐区及工艺装置区的消火栓应在其四周道路边设置，消火栓的间距不宜超过 60m。当装置内设有消防道路时，应在道路边设置消火栓。距被保护对象 15m 以内的消火栓不应计算在该保护对象可使用的数量之内。与生产或生活合用的消防给水管道上的消火栓应设切断阀。

5.4.5.5 消防水炮、水喷淋和水喷雾

甲、乙类可燃气体、可燃液体设备的高大构架和设备群应设置水炮保护，其设置位置距保护对象不宜小于 15m。固定式水炮的布置应根据水炮的设计流量和有效射程确定其保护范围。消防水炮距被保护对象不宜小于 15m。消防水炮的出水量宜为 30～50L/s，水炮应具有直流和水雾两种喷射方式。

5.4.5.6 低倍数泡沫灭火系统

可能发生可燃液体火灾的场所宜采用低倍数泡沫灭火系统。下列场所应采用固定式泡沫灭火系统：甲、乙类和闪点等于或小于 90℃的丙类可燃液体的固定顶罐及浮盘为易熔材料的内浮顶罐；单罐容积等于或大于 10000m^3 的非水溶性可燃液体储罐；单罐容积等于或大于 500m^3 的水溶性可燃液体储罐；甲、乙类和闪点等于或小于 90℃的丙类可燃液体的浮顶罐及浮盘为非易熔材料的内浮顶罐；单罐容积等于或大于 50000m^3 的非水溶性可燃液体储罐；移动消防设施不能进行有效保护的可燃液体储罐。下列场所可采用移动式泡沫灭火系统：罐壁高度小于 7m 或容积等于或小于 200m^3 的非水溶性可燃液体储罐；润滑油储罐；可燃液体地面流淌火灾、油池火灾。

5.4.5.7 蒸汽灭火系统

工艺装置有蒸汽供给系统时，宜设固定式或半固定式蒸汽灭火系统，但在使用蒸汽可能造成事故的部位不得采用蒸汽灭火。灭火蒸汽管应从主管上方引出，蒸汽压力不宜大于 1MPa。半固定式灭火蒸汽快速接头（简称半固定式接头）的公称直径应为 20mm；与其连接的耐热胶管长度宜为 15～20m。

5.4.5.8 灭火器设置

生产区内宜设置干粉型或泡沫型灭火器，控制室、机柜间、计算机室、电信站、化验室等宜设置气体型灭火器。扑救可燃气体、可燃液体火灾宜选用钠盐干粉灭火剂，扑救可燃固体表面火灾应采用磷酸铵盐干粉灭火剂，扑救烷基铝类火灾宜采用 D 类干粉灭火剂。甲类装置灭火器的最大保护距离不宜超过 9m，乙、丙类装置不宜超过 12m；每一配置点的灭火器数量不应少于两个，多层构架应分层配置；危险的重要场所宜增设推车式灭火器。可燃气体、液化烃和可燃液体的铁路装卸栈台应沿栈台每 12m 处上下各分别设置两个手提式干粉型灭火器。可燃气体、液化烃和可燃液体的地上罐组宜按防火堤内面积每 400m^2 配置一个手提式灭火器，但每个储罐配置的数量不宜超过 3 个。灭火器的配置，《石油化工企业设计防火标准（2018 年版）》（GB 50160—2008）未作规定者，应按《建筑灭火器配置设计规范》（GB 50140—2005）的有关规定执行。

5.4.5.9 火灾报警系统

化工企业的生产区、公用及辅助生产设施、全厂性重要设施和区域性重要设施的火灾危

险场所应设置火灾自动报警系统和火灾电话报警。

火灾电话报警的设计应符合下列规定：

消防站应设置可受理不少于两处同时报警的火灾受警录音电话，且应设置无线通信设备；在生产调度中心、消防水泵站、中央控制室、总变配电所等重要场所应设置与消防站直通的专用电话。

火灾自动报警系统的设计应符合下列规定：

生产区、公用工程及辅助生产设施、全厂性重要设施和区域性重要设施等火灾危险性场所应设置区域性火灾自动报警系统；两套及两套以上的区域性火灾自动报警系统宜通过网络集成为全厂性火灾自动报警系统；火灾自动报警系统应设置警报装置。当生产区有扩音对讲系统时，可兼作警报装置；当生产区无扩音对讲系统时，应设置声光警报器；区域性火灾报警控制器应设置在该区域的控制室内；当该区域无控制室时，应设置在24h有人值班的场所，其全部信息应通过网络传输到中央控制室；火灾自动报警系统可接收电视监视系统（CCTV）的报警信息，重要的火灾报警点应同时设置电视监视系统；重要的火灾危险场所应设置消防应急广播。当使用扩音对讲系统作为消防应急广播时，应能切换至消防应急广播状态；全厂性消防控制中心宜设置在中央控制室或生产调度中心，宜配置可显示全厂消防报警平面图的终端。火灾自动报警系统的220V AC主电源应优先选择不间断电源（UPS）供电。直流备用电源应采用火灾报警控制器的专用蓄电池，应保证在主电源事故时持续供电时间不少于8h。火灾报警系统的设计，应按《火灾自动报警系统设计规范》（GB 50116—2013）的有关规定执行。

5.4.6 电气安全

5.4.6.1 消防电源、配电及一般要求

当仅采用电源作为消防水泵房设备动力源时，应满足《供配电系统设计规范》（GB 50052—2009）所规定的一级负荷供电要求。消防水泵房及其配电室应设消防应急照明，照明可采用蓄电池作备用电源，其连续供电时间不应少于30min。重要消防低压用电设备的供电应在最末一级配电装置或配电箱处实现自动切换。其配电线路宜采用耐火电缆。装置内的电缆沟应有防止可燃气体积聚或含有可燃液体的污水进入沟内的措施。电缆沟通入变配电所、控制室的墙洞处，应填实、密封。距散发比空气重的可燃气体设备30m以内的电缆沟、电缆隧道应采取防止可燃气体窜入和积聚的措施。在可能散发比空气重的甲类气体装置内的电缆应采用阻燃型，并宜架空敷设。

5.4.6.2 防雷

工艺装置内建筑物、构筑物的防雷分类及防雷措施应按《建筑物防雷设计规范》（GB 50057—2010）的有关规定执行。工艺装置内露天布置的塔、容器等，当顶板厚度等于或大于4mm时，可不设避雷针、线保护，但必须设防雷接地。可燃气体、液化烃、可燃液体的钢罐必须设防雷接地，并应符合：甲B、乙类可燃液体地上固定顶罐，当顶板厚度小于4mm时，应装设避雷针、线，其保护范围应包括整个储罐；丙类液体储罐可不设避雷针、线，但应设防感应雷接地；浮顶罐及内浮顶罐可不设避雷针、线，但应将浮顶与罐体用两根截面不小于25mm^2的软铜线作电气连接；压力储罐不设避雷针、线，但应作接地。

可燃液体储罐的温度、液位等测量装置应采用铠装电缆或钢管配线，电缆外皮或配线钢管与罐体应作电气连接。防雷接地装置的电阻要求应按《石油库设计规范》（GB 50074—2014）、《建筑物防雷设计规范》（GB 50057—2010）的有关规定执行。

5.4.6.3 静电接地

对爆炸、火灾危险场所内可能产生静电危险的设备和管道，均应采取静电接地措施。在聚烯烃树脂处理系统、输送系统和料仓区应设置静电接地系统，不得出现不接地的孤立导体。可燃气体、液化烃、可燃液体、可燃固体的管道在下列部位应设静电接地设施：进出装置或设施处；爆炸危险场所的边界；管道泵及泵入口永久过滤器、缓冲器等。

可燃液体、液化烃的装卸栈台和码头的管道、设备、建筑物、构筑物的金属构件和铁路钢轨等（作阴极保护者除外），均应作电气连接并接地。汽车罐车、铁路罐车和装卸栈台应设静电专用接地线。每组专设的静电接地体的接地电阻值宜小于100Ω。除第一类防雷系统的独立避雷针装置的接地体外，其他用途的接地体，均可用于静电接地。静电接地的设计，《石油化工企业设计防火标准（2018年版）》（GB 50160—2008）未作规定者，尚应符合现行有关标准、规范的规定。

5.4.7 职业危害防护

① 工程项目的设计，应从工艺过程及所用物料和产成品的特点出发，按其危害人体的途径和程度，进行危险性分析，采取必要的防范措施。研究成果应经过生产性试验鉴定，具备职业安全卫生的设计条件时，才能在工程设计中推广使用。在工程设计中应采取以下措施：选用先进的工艺及设备，消除或减少有害源；采取报警、联锁、泄放等预防性措施防止危害；采取遥控及隔离等措施防止危害蔓延；配备必要的救护、消防设施，以减少伤害；提高机械化、自动化水平改善劳动条件。

② 防尘、防毒的设计，在满足工艺要求的前提下，可根据危害特点，采取不用或少用有毒物料，以无毒代替有毒，以低毒代替高毒；密闭、负压或湿式的作业，应在不能密闭的尘毒逸散口，采取局部通风排毒和除尘；设置通风排毒、净化、除尘系统，使作业场所及其周围环境尘毒浓度达到卫生标准；必要时可增加机械送风，保证新鲜、洁净的空气送到工人作业点或呼吸带；设置监测和报警系统及时发现危害等措施。

烟尘、粉尘、纤维尘可能积落的操作室或厂房，其内部表面宜光滑，少棱角。有毒有害的散装物料，宜密闭装卸、输送。不得采用明渠排放含有挥发性毒物的废水、废液。非饮用水管道严禁与生活饮用水管道连接。极度危害（Ⅰ级）或高级危害（Ⅱ级）的职业性接触毒物的取样，宜采用密闭循环系统。易挥发物料的储罐（包括装置内的中间储罐）排出的有毒气体，应回收或进行处理。在有毒液体容易泄漏的场所，应用不易渗透的建筑材料铺砌地面，并设围堰。极度危害（Ⅰ级）、高级危度（Ⅱ级）的职业性接触毒和高温及强腐蚀性物料的液面指示，不得采用玻璃管液面计。输送生产用有毒物料、腐蚀性介质和污水等的管道不得穿越居住区或人员集中的生产管理区。液氯及液氨的装卸应有防止污染环境的措施。液氯装卸严禁采用橡胶管。有可能泄漏Ⅰ、Ⅱ级职业性接触毒物的操作平台宜有斜梯与地面相通。含有易挥发的有毒物料的污水池应密闭，排出的气体应予净化或高空排放。可能积聚有毒气体的阀井中的阀门开关手轮应设在地面上。输送极度危害物质（如丙烯腈、氢氰酸等）的泵房与其他泵房应分隔设置。有刺激性气体的机泵房如设隔声操作间，该操作间应有朝向室外一侧的门。在固体成品包装储运厂房内宜采用蓄电池叉车。在容易泄漏极度危害（Ⅰ级）、高度危害（Ⅱ级）的职业性接触毒物的场所宜设毒物监测报警仪。在装卸料处或粉尘可能超标的作业场所宜设送风式头盔的供应空气接口。

③ 噪声控制的设计应符合《工业企业噪声控制设计规范》（GB/T 50087—2013）的规定。

④ 作业场所的防高温、防寒、防湿设计应按《工业企业设计卫生标准》（GBZ 1—2010）执行。采暖通风设计应按《石油化工企业采暖通风与空气调节设计规范》（SH/T 3004—

2011)，合成纤维厂采暖通风当高温厂房中的作业地点不便于采取隔热措施或采取隔热措施后仍不能满足卫生要求时，宜采取局部降温措施。在工厂内应设置饮水供应设施。取样口的高度离操作人员站立的地面与平台不宜超过 1.3m。高温物料的取样应经冷却。表面温度超过 60℃的设备和管道，在距地面或工作台高度 2.1m 以内和距操作平台周围 0.75m 以内范围内应设防烫伤隔热层。产生大量湿气的厂房，应采取通风除湿措施，并防止顶棚滴水和地面积水。

⑤ 电离辐射或非电离辐射作业的设计应按《电离辐射防护与辐射源安全基本标准》(GB 18871—2002) 等标准执行。放射源附近应设安全标志。

⑥ 工厂的采光与生产照明、事故照明、检修照明设计，应按《建筑采光设计标准》(GB 50033—2013)《建筑照明设计标准》(GB/T 50034—2024) 执行。需要经常观察的主要操作岗位和爬梯处应减少眩光。照明开关应设在便于使用和容易识别的地点。

⑦ 应根据生产特点和实际需要按《工业企业设计卫生标准》(GBZ 1—2010) 的规定，设置卫生用室、生活用室和女工卫生用室。生产过程中接触强酸、强碱和易经皮肤吸收的毒物（如四乙基铅、丙烯腈、氢氰酸、乙腈、二甲基甲酰胺、苯酚等）的场所，应设现场人身冲洗设施和洗眼器。

5.4.8 其他安全设计

(1) 防腐蚀

储存或输送腐蚀物料的设备、管道及其接触的仪表等，应根据介质的特殊性采取防腐蚀、防泄漏措施。输送腐蚀性物料的管道不宜埋地敷设。储存、输送酸、碱等强腐蚀性化学物料的储罐、泵、管道等应按其特性选材，其周围地面、排水管道及基础应作防腐处理。输送酸、碱等强腐蚀性化学物料泵的填料函或机械密封周围，宜设置安全护罩。从设备及管道排放的腐蚀性气体或液体，应加以收集、处理，不得任意排放。腐蚀性介质的测量仪表管线，应有相应的隔离、冲洗、吹气等防护措施。强腐蚀液体的排液阀门，宜设双阀。

(2) 防坠落、防滑

操作人员进行操作、维护、调节、检查的工作位置，距坠落基准面高差超过 2m，且有坠落危险的场所，应配置供站立的平台和防坠落的栏杆、安全盖板、防护板等。梯子、平台和栏杆的设计，应按《固定式钢梯及平台安全要求　第 1 部分：钢直梯》《固定式钢梯及平台安全要求　第 2 部分：钢斜梯》《固定式钢梯及平台安全要求　第 3 部分：工业防护栏杆及钢平台》(GB 4053.1～GB 4053.3—2009) 等有关标准执行。梯子、平台和易滑倒的操作通道地面应有防滑措施。每层平台的直梯口应有防操作人员坠落的措施，相邻两层的直梯宜错开设置。经常操作的阀门宜设在便于操作的位置。

(3) 安全色、安全标志

凡容易发生事故危及生命安全的场所和设备，均应有安全标志，并按《安全标志及其使用导则》(GB 2894—2008) 进行设置；凡需要迅速发现并引起注意以防发生事故的场所、部位应涂安全色。安全色应按《安全色》(GB 2893—2008) 选用；阀门布置比较集中，易因误操作而引发事故时，应在阀门附近标明输送介质的名称、称号或明显的标志；生产场所与作业地点的紧急通道和紧急出入口均应设置明显的标志和指示箭头。

思考题

1. 化工本质安全设计基本策略是什么？

2. 化工本质安全设计原则是什么?
3. 什么是基于风险的简化设计?
4. 按导致事故和职业危害的直接原因进行分类，危险、有害因素主要分为哪几类?
5. 过程危险、有害因素的分析方法有哪些?
6. 风险评价主要包括哪两个阶段?
7. 如何进行泵和压缩机的安全设计?
8. 如何进行可燃液体的地上储罐的安全设计?
9. 如何进行消防设计?

第6章

工艺过程模拟计算

6.1 Aspen Plus 图形界面与模型建立

6.1.1 Aspen Plus 图形界面

Aspen Plus 提供给用户友好的图形界面，如图 6-1 所示，用户可以很方便地建立自己的流程模拟。

在输入过程中，鼠标的使用为：

➢ 单击左按钮——选择对象/域；

➢ 单击右按钮——选择对象/域或入口/出口弹出菜单；

➢ 双击左按钮——打开数据浏览器对象的页面。

图 6-1 Aspen Plus 界面主窗口

6.1.2 Aspen Plus 模型建立

Aspen Plus 模型建立分为三个过程：①流程图绘制；②指定物性及输入数据；③运行得到结果。

以醋酸甲酯水解生成醋酸和甲醇为例，建立一个基本的流程模拟，流程如图 6-2 所示。

醋酸甲酯和水的原料物流 1、2 进入混合器 MIXER，通过泵输送物流进入分配器 SPLITTER，一部分进入萃取塔 EXTRACTOR 萃取苯并循环回 MIXER，另一部分经换热器 HEATER 升温进入反应器 REACTOR 进行反应，反应产物进入 TOWER1，醋酸甲酯从塔顶循环回 MIXER，产物进入 TOWER2，分离产物醋酸和甲醇，塔底得到产物醋酸，侧线出料得到产物甲醇，塔顶循环回 MIXER，继续进行水解过程。流程图如图 6-2 所示。

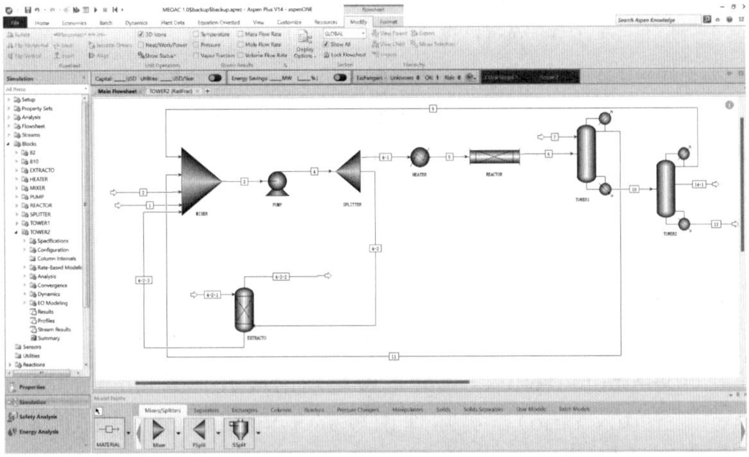

图 6-2 绘制的完整流程图

6.2 分离单元模拟计算

分离单元提供了 DSTWU、RadFrac、Extract、Distl 和 MultiFrac 等流体分离单元模块 (columns)，本节主要介绍 DSTWU、RadFrac 和 Extract 三种模块。

6.2.1 精馏简捷计算模块

DSTWU 针对相对挥发度近似恒定的物系开发，用于对一股进料和两种产品的蒸馏塔进行简捷法设计计算。DSTWU 所使用的计算方法为 Winn-Underwood-Gilliland，使用 Winn 方程计算最小级数，使用 Underwood 方程计算最小回流比，根据 Gilliland 关联图来确定规定级数所需要的回流比或规定回流比所必需的级数。

6.2.1.1 DSTWU 模块的输入

在 Blocks | DSTWU | Input | Specifications 页面中进行 DSTWU 模块的数据输入，参数设定见图 6-3。DSTWU 模块有四组参数。

(1) 塔设定 (Column specifications)

塔设定参数有：①塔板数 (Number of stages)；②回流比 (Reflux ratio)。仅允许规定回流比或理论板数两者中的一个，选择规定回流比时，输入值>0，表示实际回流比；输入值<−1，其绝对值表示实际回流比与最小回流比的比值。

(2) 关键组分回收率 (Key component recoveries)

关键组分回收率包括：①轻关键组分 (Light key)，在塔顶产品中的摩尔回收率，塔顶产品中的轻关键组分摩尔流率/进料中的轻关键组分摩尔流率；②重关键组分 (Heavy key)，在塔顶产品中的摩尔回收率，塔顶产品中的重关键组分摩尔流率/进料中的重关键组分摩尔流率。

(3) 压力（Pressure）

参见图 6-3。

(4) 冷凝器设定（Condenser specifications）

DSTWU 模块还有两个可选计算选项，在 Blocks | DSTWU | Input | Calculation Options 页面中输入，两个可选计算选项为：①生成回流比随理论板数变化表（Generate table of reflux ratio vs number of theoretical stages)；②计算理论等板高度（Calculate HETP)。可选计算选项参数设定见图 6-4。

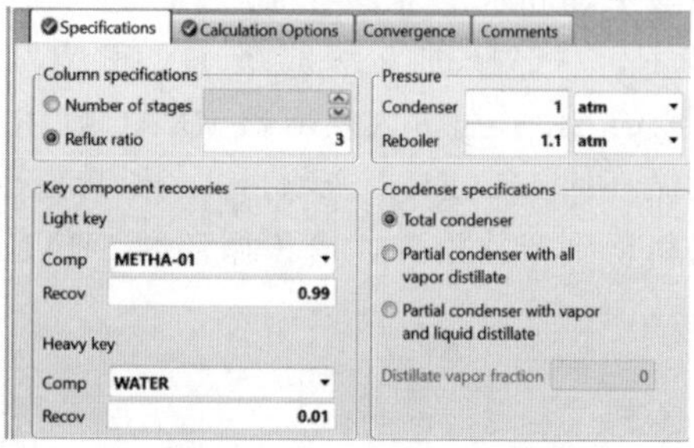

图 6-3　DSTWU 模块参数设定

6.2.1.2　DSTWU 模块计算结果

在 Blocks | DSTWU | Results 页面可查看模拟计算结果，如图 6-5 所示。模拟计算结果包括：最小回流比（Minimum reflux ratio)，最小理论板数（Minimum number of stages)，实际回流比（Actual reflux ratio)，实际理论板数（Number of actual stages)，进料位置（Feed stage)，冷凝器负荷（Condenser cooling required)，再沸器负荷（Reboiler heating required）等参数。

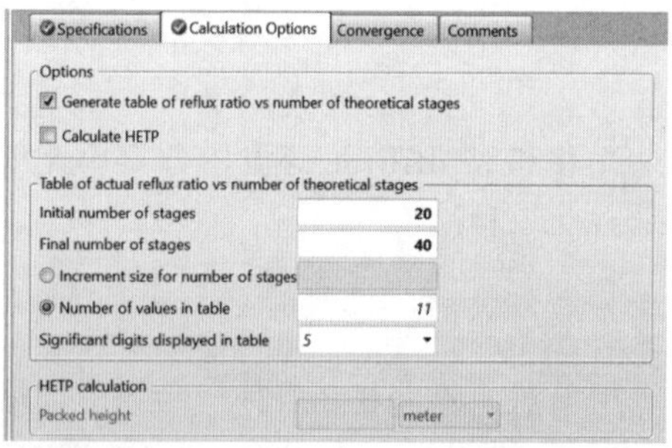

图 6-4　DSTWU 模块可选计算选项

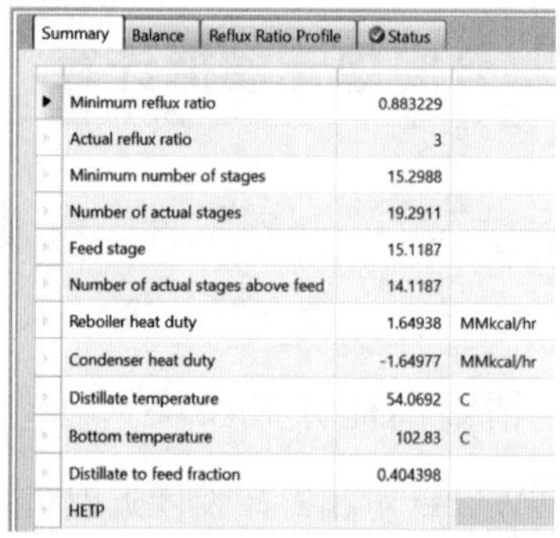

图 6-5　DSTWU 模块计算结果

6.2.2　精馏严格计算模块

RadFrac 用于普通精馏、吸收塔、汽提塔、萃取和共沸精馏、三相精馏、反应精馏的严格核算和设计计算。RadFrac 适用于两相体系、三相体系、窄沸程和宽沸程体系以及液相非理想性强的物系。

6.2.2.1　RadFrac 模块的输入

在 Blocks | RADFRAC | Input 页面中进行 RadFrac 模块的数据输入，RadFrac 模块的输入有配置（Configuration)、流股（Streams)、压力（Pressure)、冷凝器（Condenser)、再沸器（Reboiler）等数据设定。

(1) 配置（Configuration）

在 Blocks | RADFRAC | Input | Specifications 页面中进行 RadFrac 模块配置数据输入，

如图 6-6 所示。

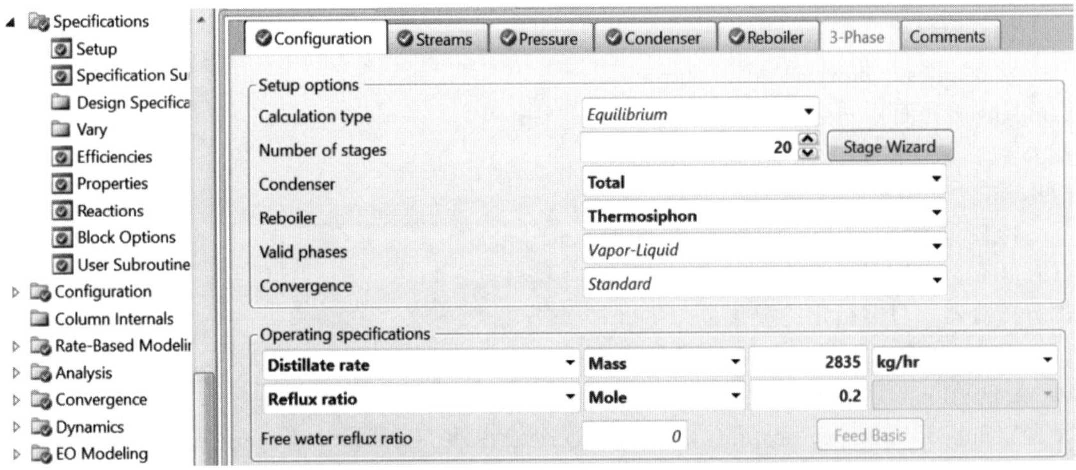

图 6-6 RadFrac 模块配置设定

配置设定包括：①设置选项（Setup options）；②操作规定（Operating specifications），操作规定包括回流比（Reflux ratio）、再沸器负荷（Reboiler duty）、回流量（Reflux rate）、塔顶产品流率（Distillate rate）、再沸量（Boilup rate）、塔底产品流率（Bottoms rate）、再沸比（Boilup ratio）、塔顶产品与进料流率比（Distillate to feed ratio）、冷凝器负荷（Condenser duty）、塔底产品与进料流率比（Bottoms to feed ratio）。

(2) 流股（Streams）

在 Blocks | RADFRAC | Input | Streams 页面中进行 RadFrac 模块流股数据输入，流股设定见图 6-7。

流股设定包括：①进料流股（Feed streams），指定每一股进料的加料板位置，在板上方进料（Above-Stage）、在板上进料（On-Stage）、气相进料在板上（Vapor）、液相进料在板上（Liquid）；②产品流股（Product streams），指定塔顶、塔釜产品的出料位置、相态以及侧线产品的出料位置、相态和流量。

(3) 压力（Pressure）

在 Blocks | RADFRAC | Input | Pressure 页面中进行 RadFrac 模块压力数据输入，压力设定见图 6-8。

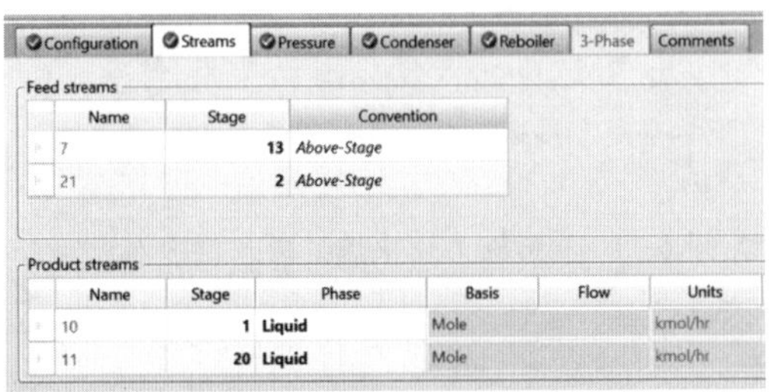

图 6-7 RadFrac 模块流股设定

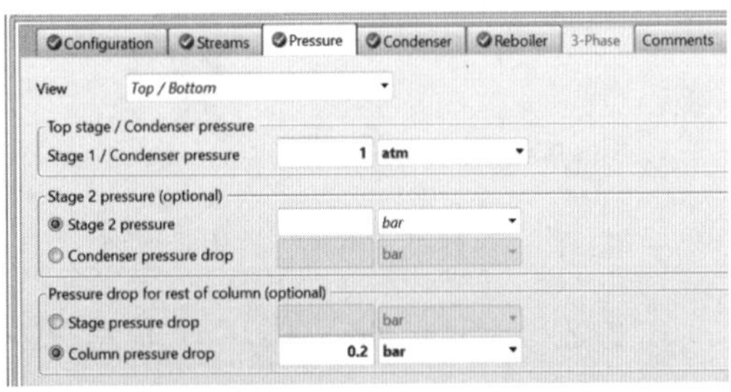

图 6-8 RadFrac 模块压力设定

压力设定包括：①塔顶/塔底压力（Top/Bottom），用户可以仅指定第一块板压力，此时代表全塔无压降；当塔内存在压降时，用户需指定第二块板压力或冷凝器压降，同时也可以指定单板压降或是全塔压降；②塔内压力分布（Pressure profile），指定某些塔板压力；③塔段压降（Section pressure drop），指定某一塔段的压降。

(4) 冷凝器（Condenser）

在 Blocks | RADFRAC | Input | Condenser 页面中进行 RadFrac 模块冷凝器数据输入，冷凝器数据设定见图 6-9。

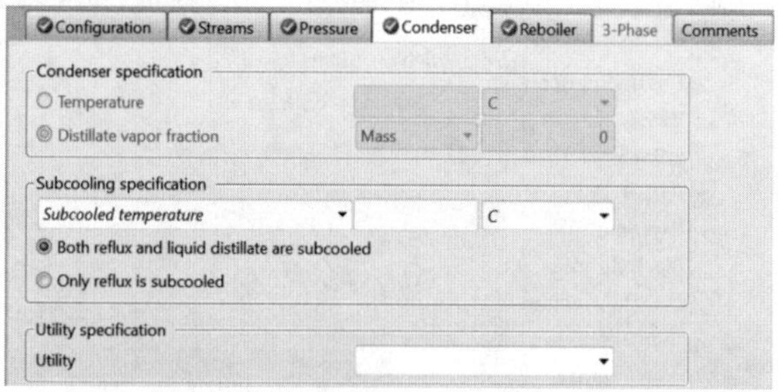

图 6-9　RadFrac 模块冷凝器设定

冷凝器设定包括：①冷凝器设置（Condenser specification），仅仅应用于部分冷凝器，只需指定冷凝温度（Temperature）和馏出物蒸气分率（Distillate vapor fraction）两个参数之一；②过冷设置（Subcooling specification），包括：过冷液温度（Subcooled temperature）或过冷度（Degrees of subcooled）；回流物和馏出物都过冷（Both reflux and liquid distillate are subcooled）或仅仅回流物过冷（Only reflux is subcooled）。

(5) 再沸器（Reboiler）

在 Blocks | RADFRAC | Input | Reboiler 页面中进行 RadFrac 模块再沸器数据输入，再沸器分为釜式再沸器（Kettle）和热虹吸式再沸器（Thermosiphon）两种类型。

热虹吸式再沸器被模拟为一个带加热器的进出底部级的中段回流，如图 6-10 所示。在默认情况下 RadFrac 使用 On-Stage 进料方式使再沸器的出口物流返回到最后一级上。

如选用了热虹吸式再沸器，参数设定包括：①指定再沸器流量（Specify reboiler flow rate）；②指定再沸器出口条件（Specify reboiler outlet condition）；③同时指定流量和出口条件（Specify both flow and outlet condition）。热虹吸式再沸器设定见图 6-11。

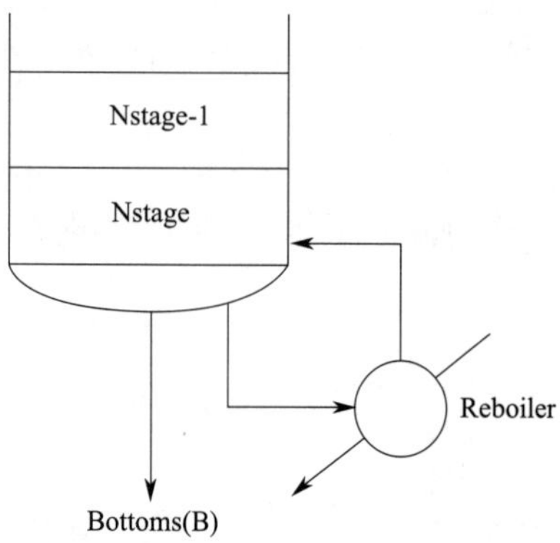

图 6-10　热虹吸式再沸器结构示意图

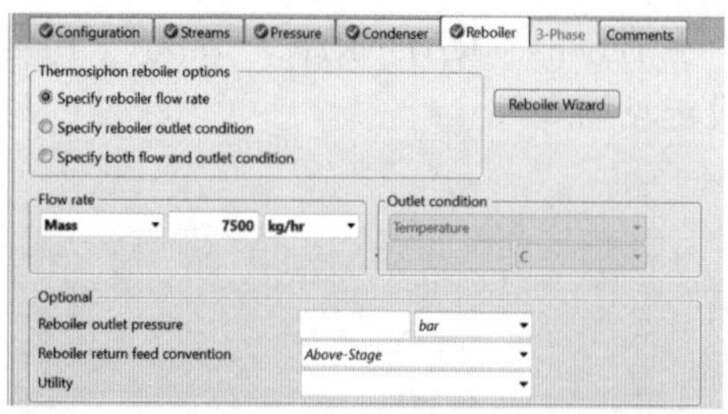

图 6-11　RadFrac 模块热虹吸式再沸器设定

6.2.2.2　RadFrac 模块计算结果

在 Blocks | RADFRAC | Results | Summary 页面中可看到塔顶和塔底的温度、热负荷、流量、回流比等参数的结果汇总（Summary），如图 6-12 所示。

在 Blocks | RADFRAC | Profiles 页面给出了塔内各塔板上的温度、压力、热负荷、流量以及不同相态下的组成等分布，如图 6-13 所示。

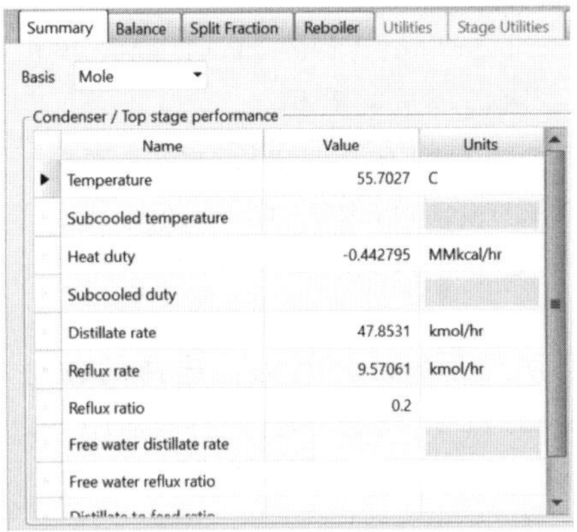

图 6-12 RadFrac 模块模拟计算结果汇总

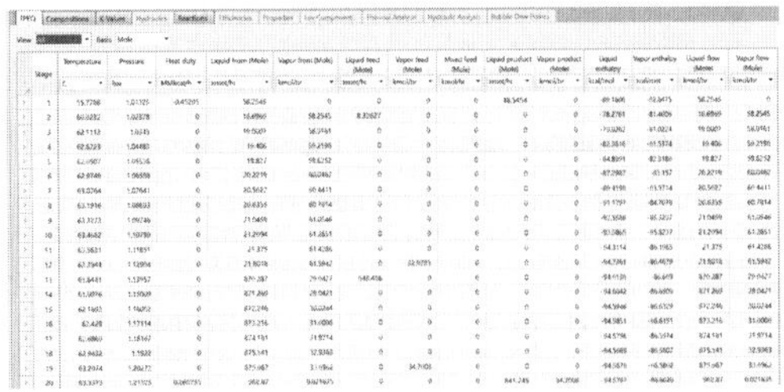

图 6-13 RadFrac 模块模拟计算结果分布

在 Blocks | RADFRAC | Stream results 页面中可以查看与精馏塔相关联的每一股物料的详细信息，如图 6-14 所示。

可利用绘图向导（Plot Wizard）生成塔内温度、组成等分布曲线，如图 6-15 所示。Aspen Plus 可生成的 12 种图形，分别为温度（Temperature）、组成（Composition）、流率（Flow Rate）、压力（Pressure）、K 值（K-Values）、相对挥发度（Relative Volatility）、分离因子（Sep Factor）、流率比（Flow Ratio）、T-H［CGCC（T-H）］总组合曲线、S-H［CGCC（S-H）］总组合曲线、水力学分析（Hydraulics）、有效能损失曲线（Exergy），后四种图用于精馏塔的热力学分析和水力学分析。

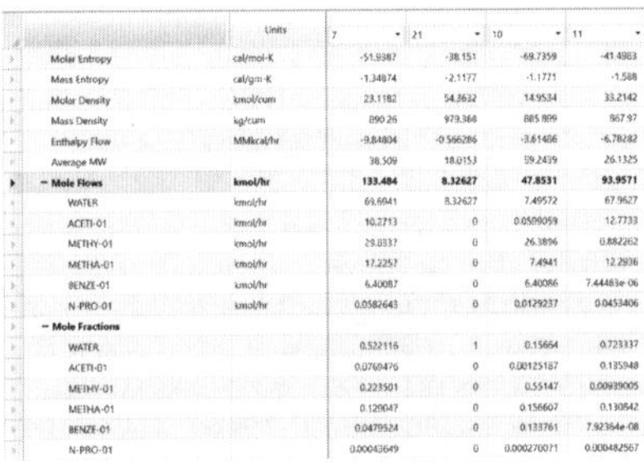

图 6-14 RadFrac 模块流股详细信息

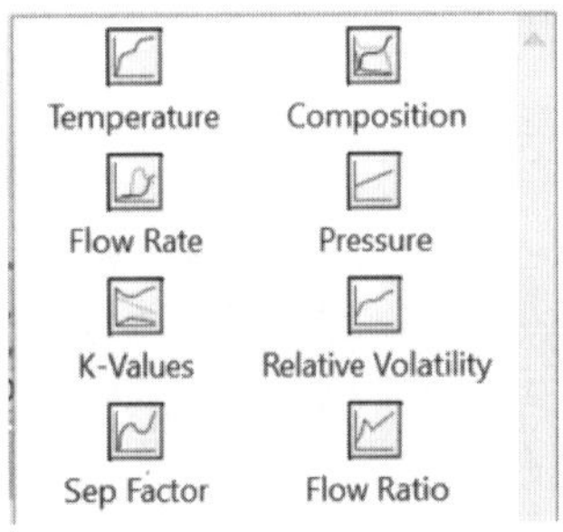

图 6-15 塔内分布曲线图

6.2.3 萃取计算模块

液-液萃取的严格计算采用 Extract 模块，在 Blocks | EXTRACT | Input 页面中进行 Extract 模块的数据输入，Extract 模块的输入有塔设定（Specs）、关键组分（Key Components）、流股（Streams）、压力（Pressure）等数据设定。

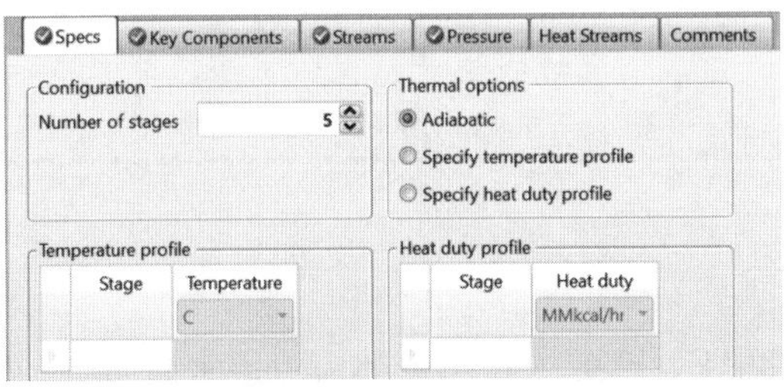

图 6-16 Extract 模块的塔设定输入

塔设定（Specs）包括：①塔板数（Number of stages）；②热状态选项（Thermal options），绝热（Adiabatic）、指定温度剖形（Specify temperature profile）、指定热负荷剖形

(Specify heat duty profile)。塔设定输入如图 6-16 所示。

关键组分（Key components）包括：①第一液相（1st liquid phase），即从塔顶流向塔底的液相；②第二液相（2nd liquid phase），即从塔底流向塔顶的液相。

流股（Streams）：塔顶和塔底必须各有一股进料和出料物流。如果还有侧线物流，则在此表单中设置侧线进料物流的加料板位置和侧线出料物流的出料板位置和流量。

压力（Pressure）：设置塔内的压强剖形，至少指定一块板的压强，未指定板的压强通过内插或外推决定。

Extract 模块中有三种方法用于求取液-液平衡分配系数，分别为：选择的物性方法（Property method）、KLL 温度关联式（KLL correlation）、用户子程序（User KLL subroutine），在 Blocks | EXTRACT | Properties | Options 中输入，如图 6-17 所示。

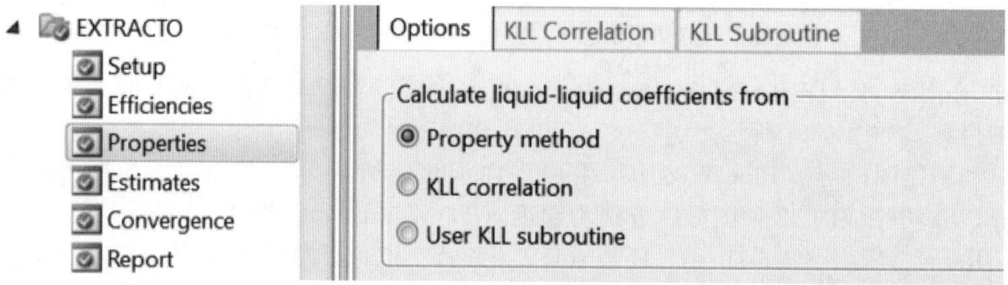

图 6-17　Extract 模块物性方法选择

在 Blocks | EXTRACT | Profiles 中可查看每一塔板上的温度、压力、流量以及不同液相的组成分布，结果如图 6-18 所示。

TPFQ | Composition | K-Values | Efficiencies | Properties

View 1st liquid　Basis Mole

Composition profiles

Stage	WATER	ACETI-01	METHY-01	METHA-01	BENZE-01	N-PRO-01
1	0.936087	1.35974e-07	0.0636859	3.04226e-06	0.000119608	0.000103814
2	0.933968	4.48443e-07	0.0658651	2.04756e-05	7.32795e-05	7.23588e-05
3	0.933636	1.29923e-06	0.0660971	0.000126699	7.12377e-05	6.74403e-05
4	0.932591	3.61211e-06	0.0664983	0.000767007	7.26445e-05	6.76494e-05
5	0.926762	9.8237e-06	0.0685666	0.00450927	7.9239e-05	7.28631e-05

图 6-18　Extract 模块模拟计算结果

6.3 换热单元模拟计算

6.3.1 Heater 换热器

Heater 模型可以进行以下类型的单相或多相计算：求已知物流的泡点或者露点；加入或移走任何数量的用户规定热负荷；求已知物流的过热或者过冷的匹配温度；计算需要达到

某一气相分率所必需的冷热负荷；模拟加热器或冷却器（换热器的一侧）；模拟不需要与功有关的结果时的阀门与压缩机。

6.3.1.1 Heater 模块的输入

在 Blocks | HEATER | Input | Specification 页面进行 Heater 模块的数据输入。

(1) 闪蒸规定（Flash specifications）

闪蒸规定输入有：温度（Temperature）、压力（Pressure）、蒸气分率（Vapor fraction）、过热（Degrees of superheating）、过冷（Degrees of subcooling）、热负荷（Duty）。

(2) 有效相态（Valid phases）

有效相态包括：气相（Vapor-Only）、液相（Liquid-Only）、固相（Solid-Only）、气-液（Vapor-Liquid）、气-液-液（Vapor-Liquid-Liquid）、液-游离水（Liquid-Freewater）、气-液-游离水（Vapor-Liquid-Freewater）。

Heater 模块的输入如图 6-19 所示，对于压力（Pressure），当指定值>0 时，代表出口的绝对压力值；当指定值≤0，代表出口相对于进口的压力降低值。

6.3.1.2 Heater 模块的计算结果

在 Blocks | HEATER | Results 页面查看结果，如图 6-20 所示，可看到换热量为 0.098MMkcal/h。

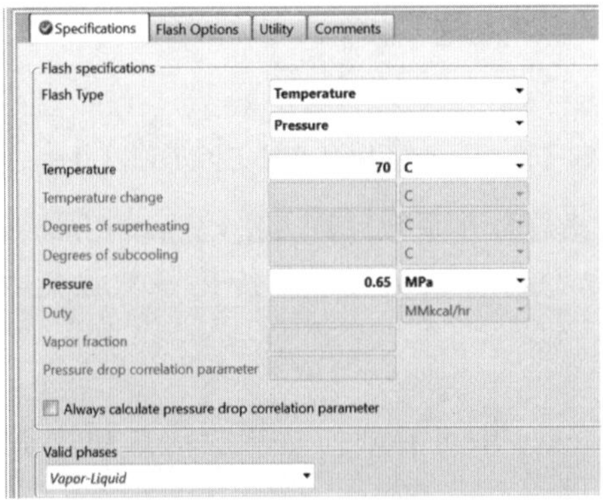

图 6-19 Heater 模块的输入

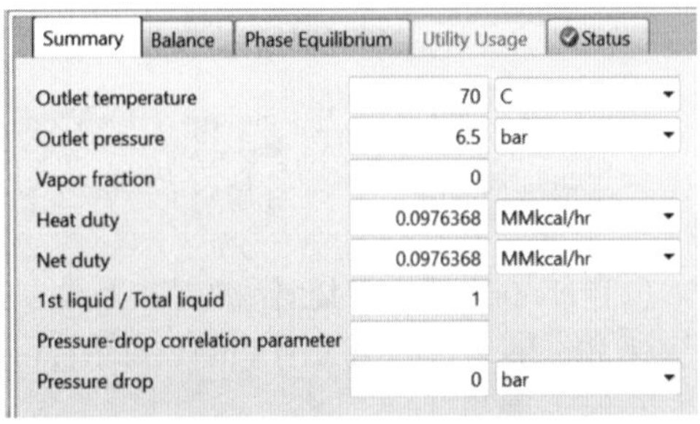

图 6-20 Heater 模块计算结果

6.3.2 HeatX 换热器

在 Blocks | HEATX | Setup | Specification 页面可选择计算类型：①简捷计算（Shortcut）；②详细计算（Detailed）；③管壳式换热器计算（Shell&Tube）；④空冷器计算（Air-Cooled）；⑤板式换热器计算（Plate）。

流动方式设定包括以下 2 种。①热流体（Hot fluid）流动方式：热流体走壳程（Shell）/管程（Tube）；②流动方向（Flow direction）：逆流（Countercurrent）/并流（Cocurrent）/多管程流动（Multiple passes）。

换热器规定包括：①热物流出口温度（Hot stream outlet temperature）；②热物流出口（相对于热物流入口）温降（Hot stream outlet temperature decrease）；③热物流出口温差（Hot stream outlet temperature approach）；④热物流出口过冷度（Hot stream outlet degrees subcooling）；⑤热物流出口汽化分率（Hot stream outlet vapor fraction）；⑥冷物流出口温度（Cold stream outlet temperature）；⑦冷物流出口（相对于冷物流入口）温升（Cold stream outlet temperature increase)；⑧冷物流出口温差（Cold stream outlet temperature approach)；⑨冷物流出口过热度（Cold stream outlet degrees superheat)；⑩冷物流出口汽化分率（Cold stream outlet vapor fraction)；⑪传热面积（Exchanger area)；⑫热负荷（Exchanger duty)；⑬几何条件（Geometry)（详细计算时采用)。

HeatX 简捷计算有如下步骤。

(1) HeatX 模块简捷计算的输入

在 Blocks | HEATX | Setup | Specification 页面中计算类型选择 Shortcut。选择 Design 模型，规定冷物流出口温度为 300K，换热器参数设定见图 6-21。

在 Blocks | HEATX | Setup | LMTD 中定义对数平均温差校正因子（LMTD)，选择 Constant，因此，LMTD 校正因子是一个常数。LMTD 设定见图 6-22。

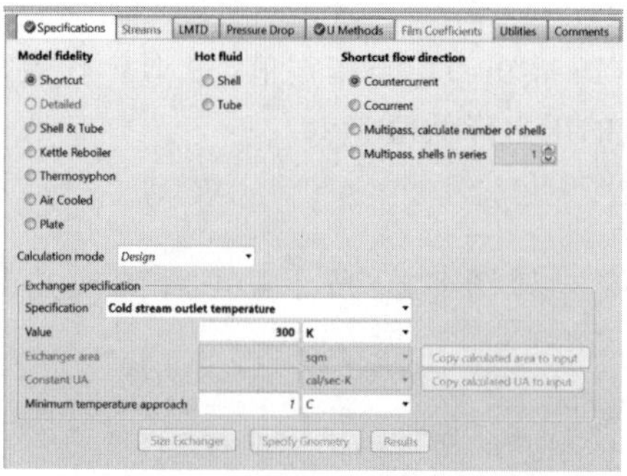

图 6-21 HeatX 简捷计算参数设定

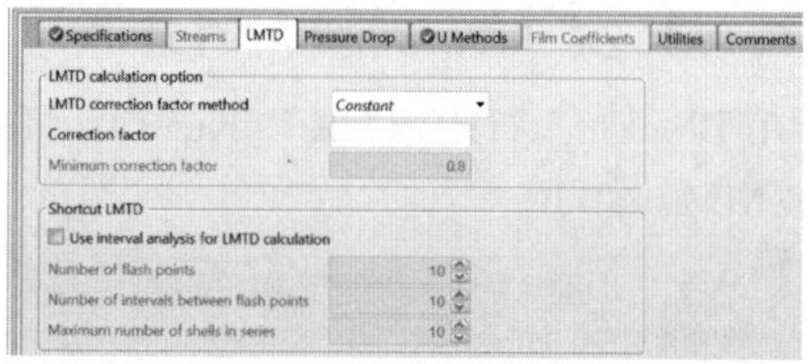

图 6-22 简捷计算平均温差校正因子计算方法的设定

在 Blocks | HEATX | Setup | U Methods 中定义总传热系数计算方法，选择 Phase specific values，定义换热器每个传热区域的总传热系数，取默认值。总传热系数设定见图 6-23。

(2) HeatX 模块简捷计算结果

在 Blocks | HEATX | Thermal Results | Summary 中可看到换热流股信息和热负荷，见图 6-24。

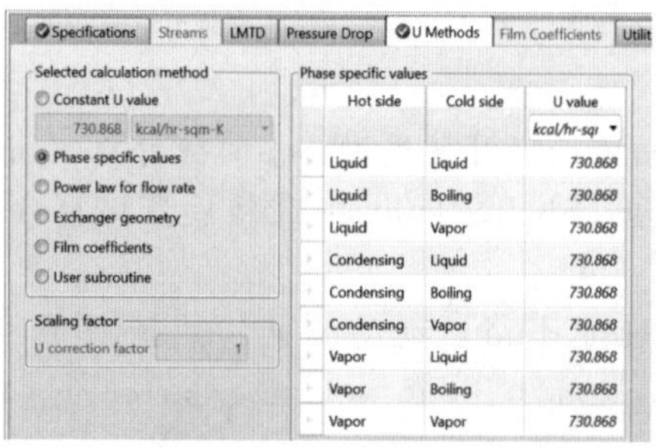

图 6-23 简捷计算总传热系数计算方法的设定

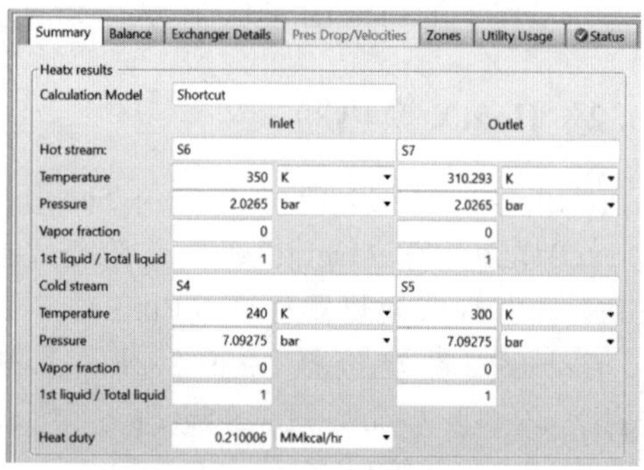

图 6-24 简捷计算中换热流股信息和热负荷

在 Blocks | HEATX | Thermal Results | Exchanger Details 中可看到换热面积、对数平均温差等详细信息，见图 6-25。

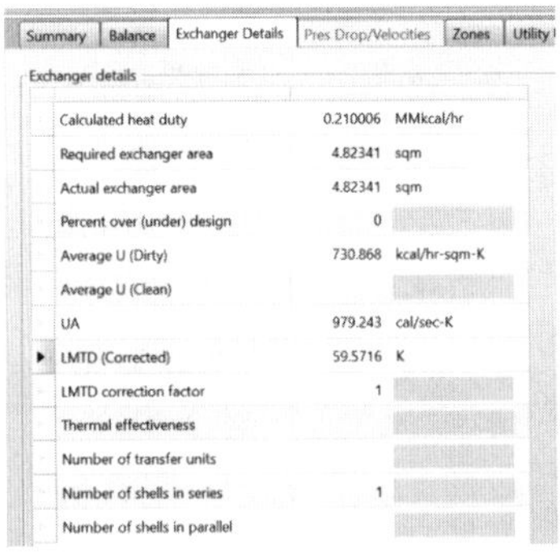

图 6-25　简捷计算得到的换热器详细信息

6.3.3　EDR 设计

打开 EDR 软件并新建文件，选择“Shell &Tube”，点击“Create”。点击 File，并在“Import”栏中选择导入 Aspen Plus 文件。具体过程见图 6-26 和图 6-27。

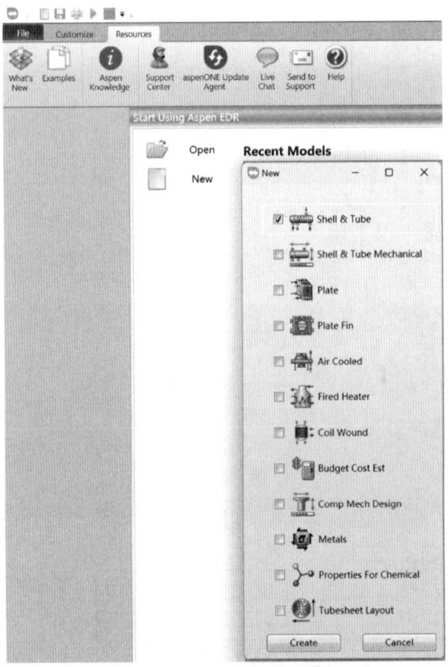

图 6-26　用 EDR 软件设计

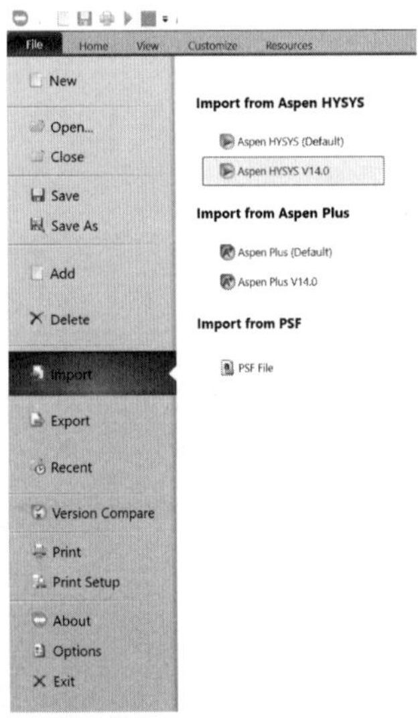

图 6-27　向 EDR 传递数据

对 EDR 数据进行检查，见图 6-28，一般在“Shell&Tube | Input | Problem Definition”中仅需对“Process Data”进行检查核对和补充。

在“Shell&Tube | Input | Problem Definition | Application Options”进行换热器设计，设计模式下系统会为该工艺条件匹配一个美国标准换热器，可以作为选型参考，见图 6-29。

运行后，Result Summary | TEMA Sheet 页面列出了主要计算结果。EDR 计算结果见图 6-30。

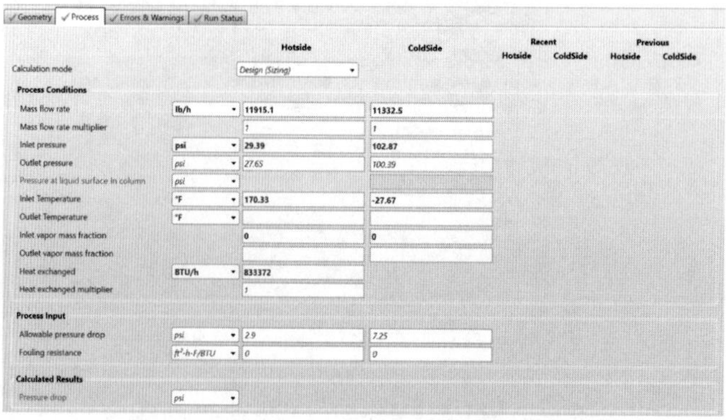

图 6-28　对传递到 EDR 的数据进行检查

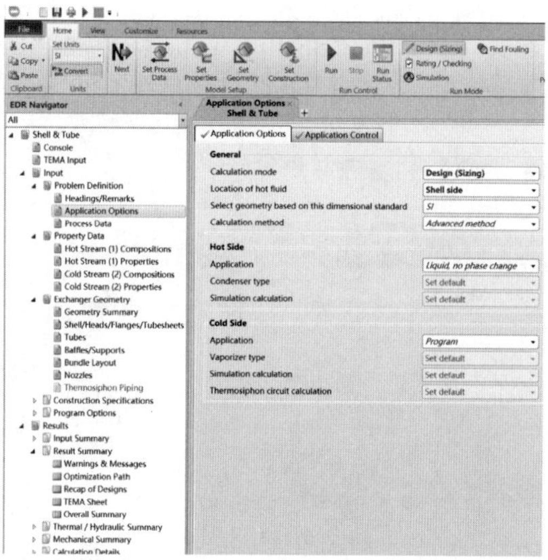

图 6-29　EDR 换热器的设计

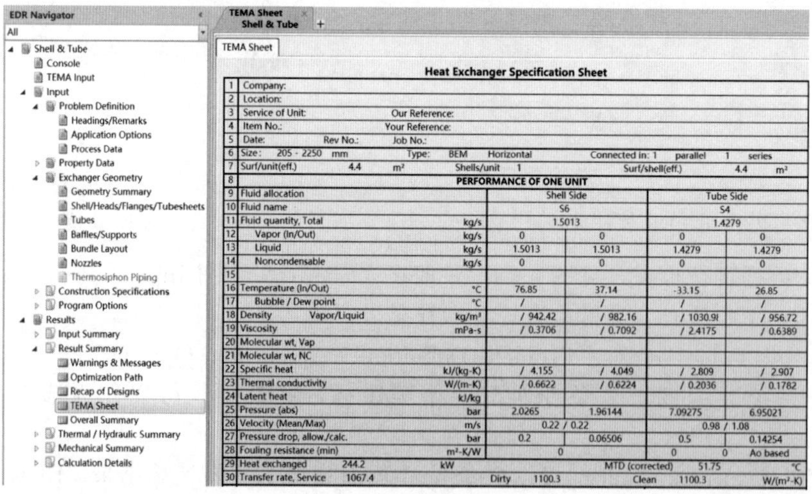

图 6-30　EDR 计算结果

在“Shell&Tube | Input | Problem Definition | Application Options”进行换热器校核，将计算模式由 Design 改为 Rating，见图 6-31。

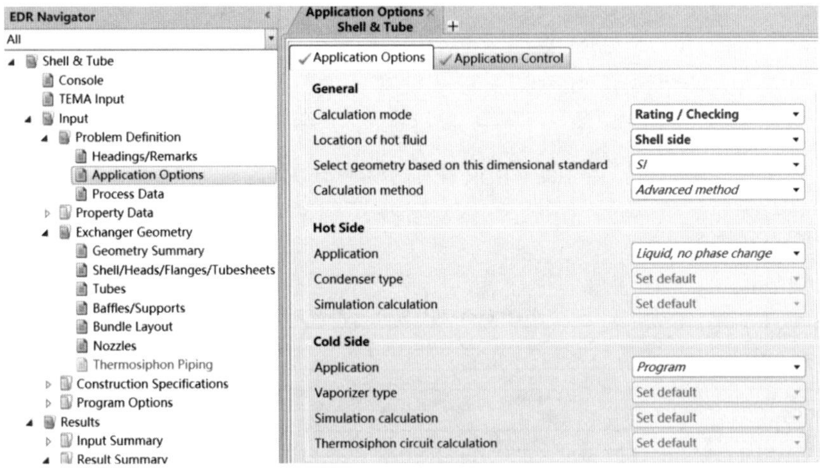

图 6-31 EDR 换热器的校核

换热器结构参数输入如图 6-32 所示。

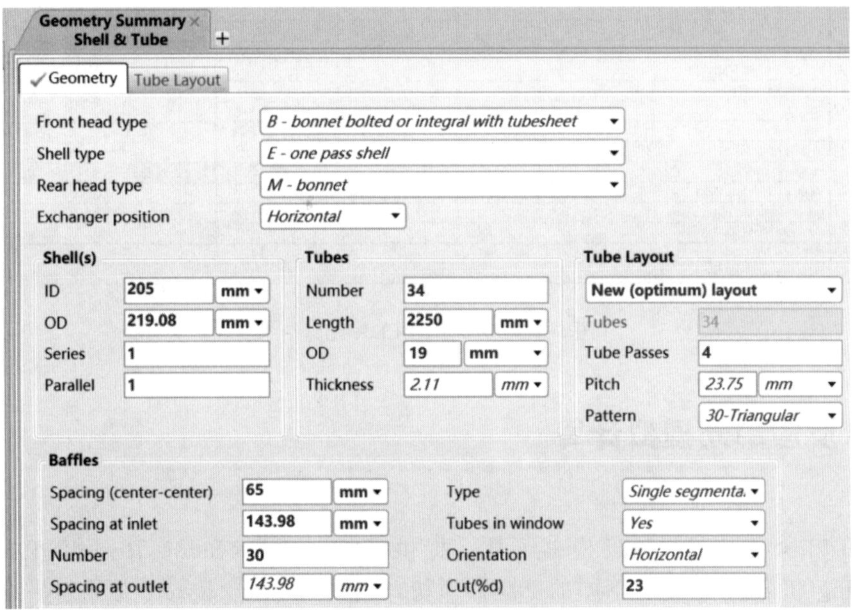

图 6-32 换热器结构参数输入

运行核算，Result Summary | Optimization Path 页面列出了主要计算结果，最后一列显示“OK”表明设计通过。EDR 计算结果-设计状态显示见图 6-33，核算后的 EDR 计算结果见图 6-34。

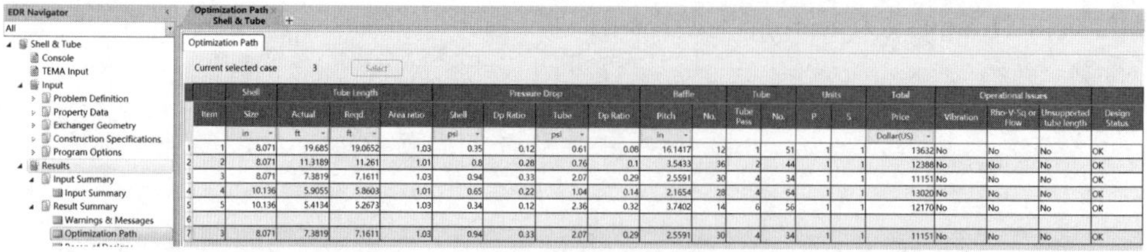

Optimization Path — Shell & Tube

Current selected case 3

	Item	Shell Size	Tube Length Actual	Tube Length Reqd	Area ratio	Pressure Drop Shell	Dp Ratio	Pressure Drop Tube	Dp Ratio	Baffle Pitch	Baffle No.	Tube Pass	Tube No.	Units P	Units S	Total Price	Vibration	Rho-V-Sq or Flow	Unsupported tube length	Design Status
		in	ft	ft		psi		psi		in						Dollar(US)				
1	1	8.071	19.685	19.0652	1.03	0.35	0.12	0.61	0.08	16.1417	12	1	51	1	1	13632	No	No	No	OK
2	2	8.071	11.3189	11.261	1.01	0.8	0.28	0.76	0.1	3.5433	36	2	44	1	1	12388	No	No	No	OK
3	3	8.071	7.3819	7.1611	1.03	0.94	0.33	2.07	0.29	2.5591	30	4	34	1	1	11151	No	No	No	OK
4	4	10.136	5.9055	5.8603	1.01	0.65	0.22	1.04	0.14	2.1654	28	4	64	1	1	13020	No	No	No	OK
5	5	10.136	5.4134	5.2673	1.03	0.34	0.12	2.36	0.32	3.7402	14	6	56	1	1	12170	No	No	No	OK
6																				
7	3	8.071	7.3819	7.1611	1.03	0.94	0.33	2.07	0.29	2.5591	30	4	34	1	1	11151	No	No	No	OK

图 6-33　EDR 计算结果-核算状态显示

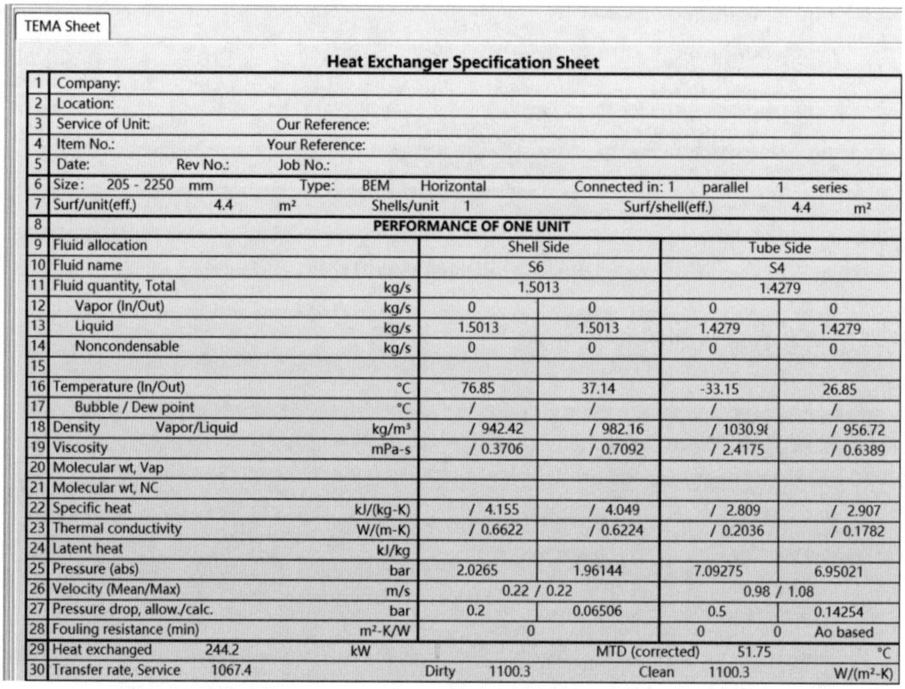

TEMA Sheet

Heat Exchanger Specification Sheet

No.	Item	Unit	Shell Side (In)	Shell Side (Out)	Tube Side (In)	Tube Side (Out)
1	Company:					
2	Location:					
3	Service of Unit: Our Reference:					
4	Item No.: Your Reference:					
5	Date: Rev No.: Job No.:					
6	Size: 205 - 2250 mm Type: BEM Horizontal		Connected in: 1 parallel 1 series			
7	Surf/unit(eff.) 4.4 m² Shells/unit 1		Surf/shell(eff.) 4.4 m²			
8	PERFORMANCE OF ONE UNIT					
9	Fluid allocation		Shell Side		Tube Side	
10	Fluid name		S6		S4	
11	Fluid quantity, Total	kg/s	1.5013		1.4279	
12	Vapor (In/Out)	kg/s	0	0	0	0
13	Liquid	kg/s	1.5013	1.5013	1.4279	1.4279
14	Noncondensable	kg/s	0	0	0	0
15						
16	Temperature (In/Out)	°C	76.85	37.14	-33.15	26.85
17	Bubble / Dew point	°C	/	/	/	/
18	Density Vapor/Liquid	kg/m³	/ 942.42	/ 982.16	/ 1030.9ℓ	/ 956.72
19	Viscosity	mPa-s	/ 0.3706	/ 0.7092	/ 2.4175	/ 0.6389
20	Molecular wt, Vap					
21	Molecular wt, NC					
22	Specific heat	kJ/(kg-K)	/ 4.155	/ 4.049	/ 2.809	/ 2.907
23	Thermal conductivity	W/(m-K)	/ 0.6622	/ 0.6224	/ 0.2036	/ 0.1782
24	Latent heat	kJ/kg				
25	Pressure (abs)	bar	2.0265	1.96144	7.09275	6.95021
26	Velocity (Mean/Max)	m/s	0.22 / 0.22		0.98 / 1.08	
27	Pressure drop, allow./calc.	bar	0.2	0.06506	0.5	0.14254
28	Fouling resistance (min)	m²-K/W	0		0 0	Ao based
29	Heat exchanged 244.2	kW	MTD (corrected) 51.75	°C		
30	Transfer rate, Service 1067.4		Dirty 1100.3	Clean 1100.3	W/(m²-K)	

图 6-34　核算后的 EDR 计算结果

6.4 反应单元模拟计算

Aspen Plus 根据不同的反应器形式，提供了 Rstoic、Ryield、Requil、Rgibbs、RCSTR、Rplug 和 Rbatch 七种不同的反应器模块，其中 Rstoic、Ryield 是物料平衡反应器模型，Requil、Rgibbs 是化学平衡反应器模型，RCSTR、Rplug、Rbatch 是动力学反应器模型。本节主要讨论 Rplug 模块。

平推流反应器 Rplug 可以模拟轴向没有返混、径向完全混合的理想平推流反应器。该模块只能计算动力学控制的反应，要求已知化学反应式和动力学方程。可模拟单相、两相或三相体系，并可处理固体，也可以模拟带冷却剂物流的反应器。

6.4.1 Rplug 模块输入

在 Blocks｜RPLUG｜Input 页面中进行 Rplug 模块的数据输入，Rplug 模块的输入有模型设定（Specifications）、反应器构型（Configuration）、产品物流（Streams）、化学反应（Reactions）、压力（Pressure）、持液量（Holdup）、催化剂（Catalyst）、反应器直径（Diameter）等数据设定。

(1) 模型设定（Specifications）

在 Blocks｜RPLUG｜Input｜Specifications 页面中进行 Rplug 模型设定数据输入，如图 6-35 所示。模型设定需要指定平推流反应器 Rplug 的类型，包括 5 种。①指定温度的反应器（Reactor with specified temperature），有三种方式设定操作温度：进料温度下的恒温（Constant at inlet temperature）、指定反应器温度（Constant at specified reactor temperature）、温度剖形（Temperature Profile，指定沿反应器长度的温度分布）；②绝热反应器（Adiabatic Reactor）；③恒定冷却剂温度的反应器（Reactor with constant coolant temperature）；在操作条件栏中设定传热系数［U(coolant-process stream)］和冷却剂温度（Coolant temperature）；④与冷却剂并流换热的反应器（Reactor with co-current coolant）；⑤与冷却剂逆流换热的反应器（Reactor with counter-current coolant）。采用④、⑤两种类型需在流程图中连接冷却剂物流，并在反应器类型下拉框中选择相应的类型，在操作条件栏中输入传热系数［U(coolant-process stream)］和冷却剂出口温度（Coolant outlet temperature）或冷却剂出口蒸气分率（Coolant outlet vapor fraction）。

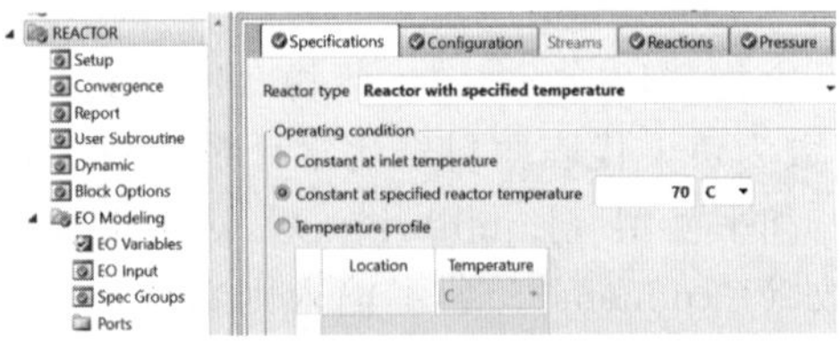

图 6-35 Rplug 模块反应器类型的设定

(2) 反应器构型（Configuration）

在 Blocks｜RPLUG｜Input｜Configuration 页面中进行反应器构型数据输入，输入数据包括：单管或多管反应器（Multitube reactor）、反应管的根数（Number of tubes）、反应管的长度（Length）和直径（Diameter）、反应物料（Process stream）有效相态和冷却剂（Coolant stream）有效相态。反应器构型的设定如图 6-36 所示。

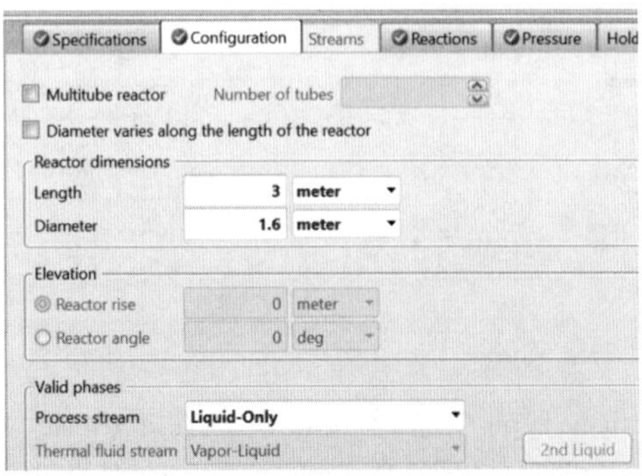

图 6-36 Rplug 模块反应器构型的设定

(3) 化学反应（Reactions）

在 Reactions | Reactions 页面中进行化学反应对象的创建。化学反应对象为三类动力学反应器模块和 RadFrac 模块提供反应的计量关系、平衡关系和动力学关系。创建化学反应对象时，需赋予对象 ID 和选择对象类型。对于小分子反应，常用的类型有三种：①LHHW 型（Langmuir-Hinshelwood-Hougen-Watson）；②幂律型（Power Law）；③反应精馏型（Reac-Dist）。新的化学反应对象建立如图 6-37 所示。

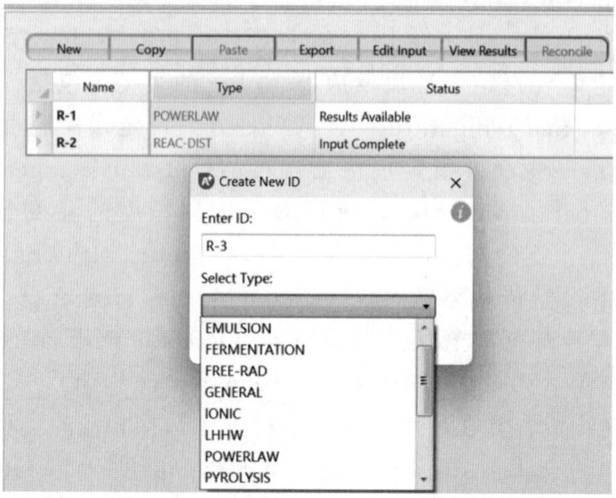

图 6-37　新的化学反应对象建立

定义反应时，需输入反应物（Reactants）、产物（Products）以及对应的化学计量系数（Coefficient）。化学计量系数为负，代表原料；化学计量系数为正，代表反应物。反应类型有两种：动力学（Kinetic）和平衡型（Equilibrium）；对于指数型反应对象，还要输入动力学方程式中每个组分的指数（Exponent），若不输入则默认为 0，即反应速率的大小与该组分无关。化学反应的定义如图 6-38 所示。

反应类型选择 Equilibrium，在 Equilibrium 页面需要规定反应相态（Reacting phase）、趋近平衡温度（Temperature approach to equlibrium），还需要选择平衡常数计算方法：吉布斯自由能（Gibbs energies）或内置的表达式（built-in expression）。反应平衡常数设定如图 6-39 所示。

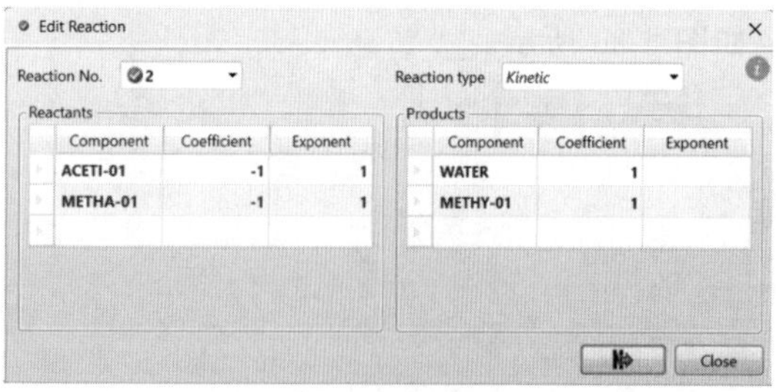

图 6-38　化学反应的定义

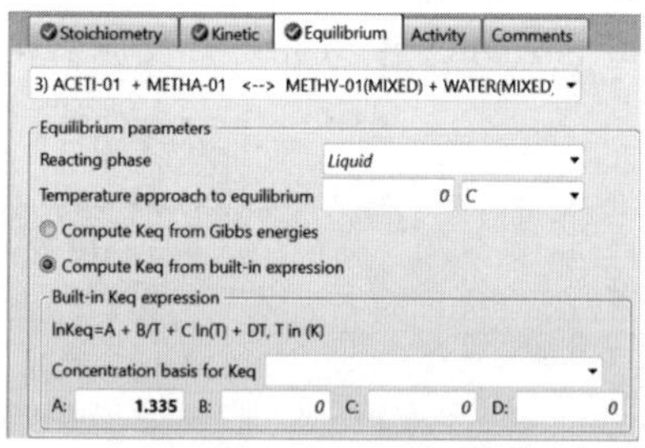

图 6-39　反应平衡常数设定

如果反应类型（Reaction type）选择 Kinetic，在 Kinetic 页面，需要规定反应相态（Reacting phase）、反应速率控制基准（Rate basis）、动力学表达式（Kinetic expression）以及浓度基准 [(Ci) basis]。反应动力学设定如图 6-40 所示。

在 Blocks | RCSTR | Input | Reactions 页面中进行化学反应的设定，RCSTR 中的化学反应通过选用预定义的化学反应对象来设定，如图 6-41 所示。

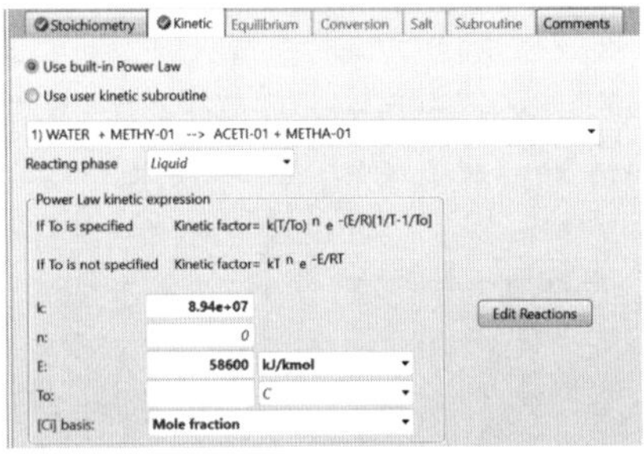

图 6-40　反应动力学设定

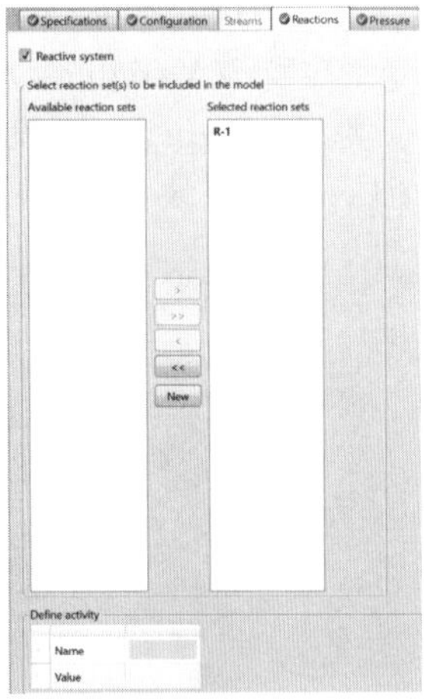

图 6-41　RCSTR 模块化学反应设定

6.4.2　Rplug 计算结果

在 Blocks | RPLUG | Results 页面可查看计算结果，如图 6-42 所示。

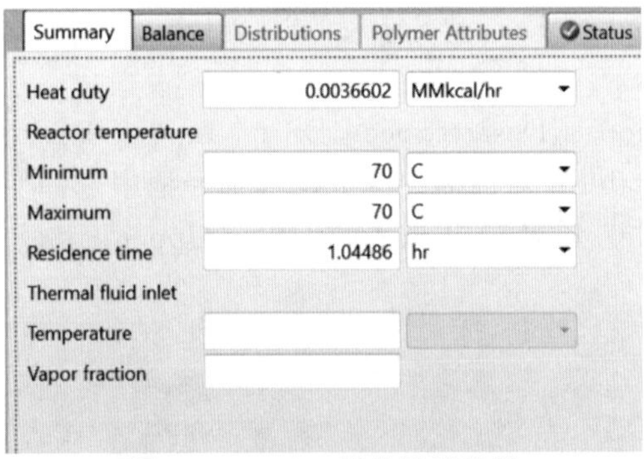

图 6-42　Rplug 模块计算结果

6.5　模型分析工具

6.5.1　设计规定

Aspen Plus 是根据输入的过程参数（如进料流股和模型参数）来计算结果数据（如非进料流股和设备状态数据）。进行设计时，常希望确定某个过程参数的特定值从而使某个结果数据达到给定值。对于这类应用需求，Aspen Plus 提供了设计规定（Design Spec）工具。

6.5.1.1　设计规定的输入

在 Flowsheeting Options | Design Spec | Object manager 页面中点击新建（New）按

钮，在弹出对话框中为新对象指定一个辨识号（ID），如图 6-43 所示。

在 Flowsheeting Options｜Design Spec｜DS-1｜Input｜Define 中点击新建（New）按钮，创建设计规定对象所需的变量，在弹出对话框中输入新变量的变量名（Variable name）；在变量定义（Variable Definition）对话框中的下拉式选择框中选择变量的类别（Category）、类型（Type）、流股（Stream）、组分（Componet）或变量的类别（Category）、类型（Type）、模块（Block）、具体变量（Variable）等。采集变量的定义如图 6-44 所示。

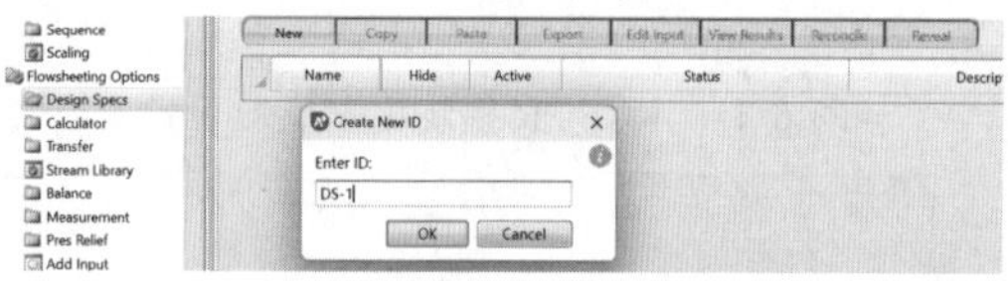

图 6-43　设计规定的创建

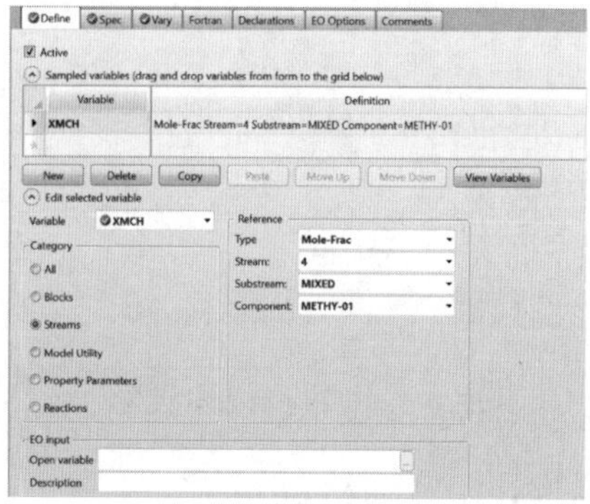

图 6-44　设计规定采集变量的定义

在 Flowsheeting Options｜Design Spec｜DS-1｜Input｜Spec 页面输入采集变量的期望值及容差，如图 6-45 所示。

在 Flowsheeting Options｜Design Spec｜DS-1｜Input｜Vary 页面定义操纵变量，在操纵变量（Manipulated variable）对话框中的下拉式选择框中选择变量的类型（Type）、流股（Stream）、变量（Variable）以及操纵变量的上限（Upper）和下限（Lower）等，操纵变量的定义如图 6-46 所示。

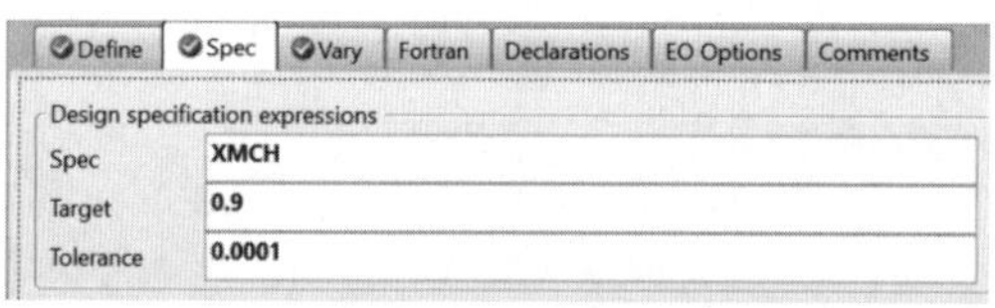

图 6-45　设计规定采集变量的期望值及容差输入

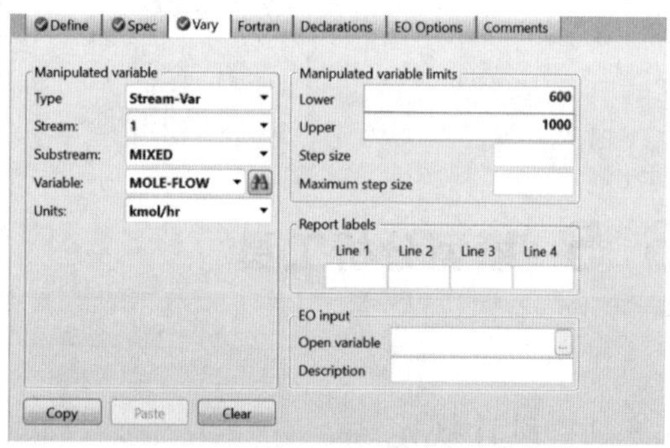

图 6-46　设计规定操纵变量的设定

6.5.1.2　设计规定模拟计算结果

在 Flowsheeting Options｜Design Spec｜DS-1｜Results 页面查看模拟计算结果，如图 6-47 所示。

6.5.2 灵敏度分析

在进行过程设计和分析时，常需要了解某些过程变量受其他过程变量影响的敏感程度，为此，Aspen Plus 提供了灵敏度（Sensitivity）分析。

6.5.2.1 灵敏度分析的输入

在 Model Analysis Tools | Sensitivity | Object Manager 页面中点击新建（New）按钮，在弹出对话框中为新对象指定一个辨识号（ID），如图 6-48 所示。

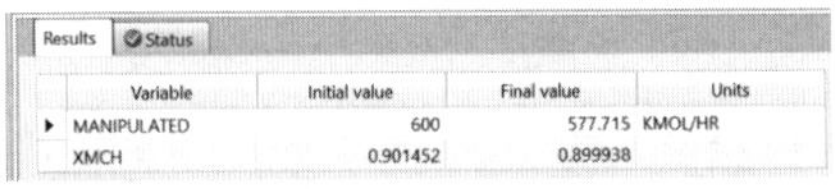

图 6-47 设计规定模拟计算结果

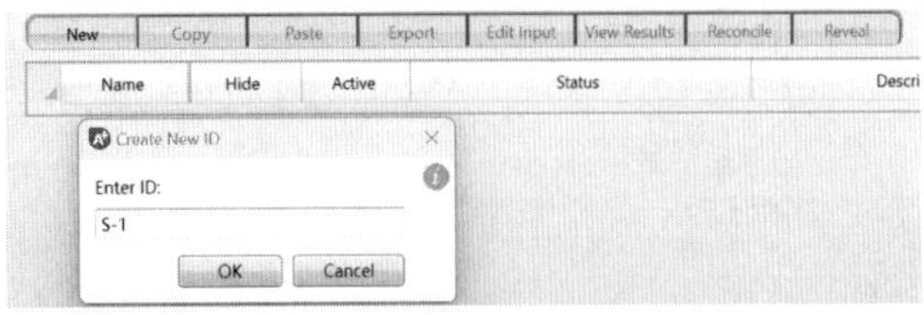

图 6-48 灵敏度分析的创建

在 Model Analysis Tools | Sensitivity | S-1 | Input | Define 中点击新建（New）按钮，创建灵敏度分析对象所需的变量，在弹出对话框中输入新变量的变量名（Variable name）；在变量定义（Variable Definition）对话框中的下拉式选择框中选择变量的类别（Category）、类型（Type）、流股（Stream）、组分（Componet）或变量的类别（Category）、类型（Type）、模块（Block）、具体变量（Variable）等。采集变量的定义如图 6-49 所示。

在 Model Analysis Tools | Sensitivity | S-1 | Input | Vary 页面定义操纵变量，在操纵变量（Manipulated variable）对话框中的下拉式选择框中选择变量的类型（Type）、流股（Stream）、变量（Variable）以及操纵变量的上限（Upper）和下限（Lower）等，操纵变量的定义如图 6-50 所示。

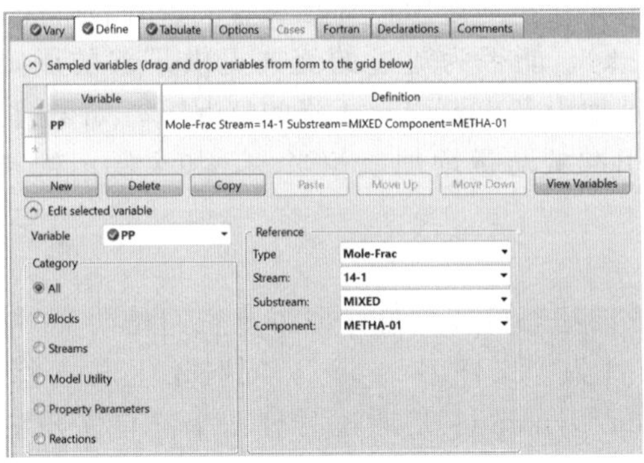

图 6-49 灵敏度分析采集变量的定义

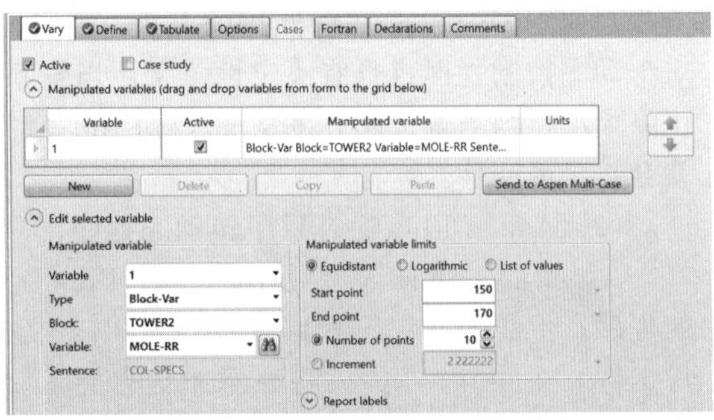

图 6-50 灵敏度分析操纵变量的设定

在 Model Analysis Tools | Sensitivity | S-1 | Input | Tabulate 页面输入需要灵敏度分析的列表变量（Tabulated variable）或组合变量的表达式（Expression），以及列表时的列序号（Column No.），如图 6-51 所示。

6.5.2.2 灵敏度分析模拟计算结果

在 Model Analysis Tools | Sensitivity | DS-1 | Results 页面查看模拟计算结果，如图 6-52 所示。

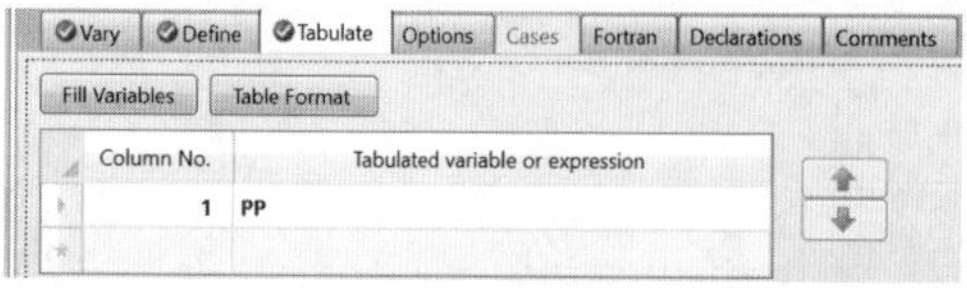

图 6-51 灵敏度分析表单设定

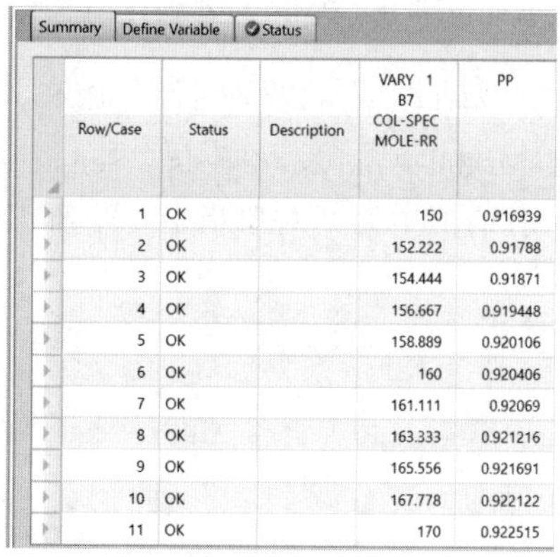

Row/Case	Status	Description	VARY 1 B7 COL-SPEC MOLE-RR	PP
1	OK		150	0.916939
2	OK		152.222	0.91788
3	OK		154.444	0.91871
4	OK		156.667	0.919448
5	OK		158.889	0.920106
6	OK		160	0.920406
7	OK		161.111	0.92069
8	OK		163.333	0.921216
9	OK		165.556	0.921691
10	OK		167.778	0.922122
11	OK		170	0.922515

图 6-52 灵敏度分析模拟计算结果

6.6 动态流程模拟

(1) 准备工作

在转入动态模拟之前，首先要添加足够数量的阀门。对于每一个设备的进料和出料，都需要通过阀门来控制，每个阀门都至少有 0.1atm 的压降，也正因为这些压降的存在，需要增加泵和阀门来提高压力，以满足进料压力不低于塔板压力的要求。由于动态模拟对于压力有严格要求，因此各设备进料流量一定要与进料塔板压力相等，为了符合此要求，需要进行设计规定。

在稳态模拟中虽然添加了一定数量的阀门、压缩机和泵等压力设备，但是对于动态模拟还远远不够。这些模块对于稳态模拟并非必需，但是对于动态模拟却至关重要。在设计条件下，当控制阀处于某一百分比的开度（如 50%）时，能否为流过的流体提供足够的压降，对于动态控制性而言具有决定性意义。当管系中其他设备也要引起压降的情况下，如果阀门压降太小，则当调节阀开度从 50%到 100%时，引起的流量增加就相当少，如果阀门饱和，就会丧失可调性。

(2) Aspen Plus 稳态程序转动态程序

Aspen Dynamics 需要使用 Aspen Plus 所生成的稳态模拟信息，但由于它们是两个不同的程序，生成的文件不相同。Aspen Plus 中的文件为“文件名 . apw”，同时还生成一个备份文件“文件名 . bkp”。将稳态中信息导入 Aspen Dynamics 是通过另外两个文件实现的，第一个文件是“文件名 . dynf”，第二个文件是“文件名 . appdf”，前者用于添加控制器、图形和其他特性，后者包含了将在 Aspen Dynamics 中使用的所有物性信息。具体导入步骤如下：

点击 Aspen Plus 的 File，选择 Export，文件类型选择“P Driven Dyn Simulation”即压力驱动流程模拟（见图 6-53），然后保存。因为 Aspen Plus 中某些模块并不适用于压力驱动流程模拟，例如萃取塔模块，无法在动态中进行模拟。所以为了成功导出文件，需要将萃取塔模块去除或者替换成其他可行模块。

(3) 在 Aspen Dynamics 中打开动态模拟

打开动态模拟文件，其中 Process Flowsheet Window 是建立控制结构的地方，Simulation Message 窗口显示模拟的进程和时间，Exploring 中可以找到各类的控制器、控制信号和其他元件，可以拖放到流程图中。打开文件后，首先要对其进行初始化运行，选择 Initialization（见图 6-54），运行，确保一切正常；然后再确定积分器能否正常工作，选择 Dynamic，运行。如果有错误，那么 Simulation Message 窗口中绿色的方块会变成红色，不能继续运行，此时需要中断运行。

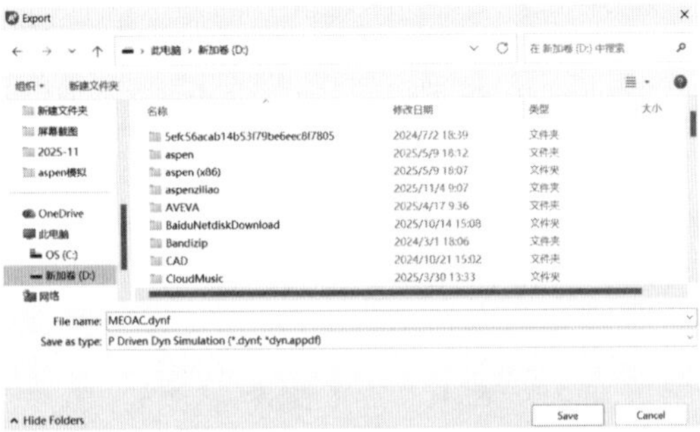

图 6-53　导出文件

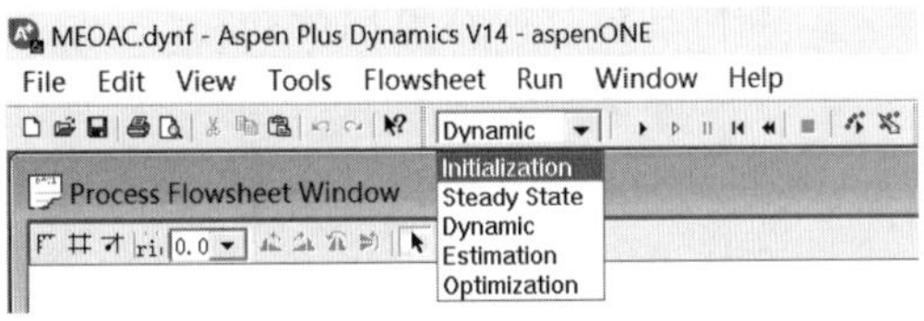

图 6-54　初始化运行

一般情况下，初始流程图中会设置一些默认的控制器。对于任意一个简单的精馏塔流程模拟，会设置默认的压力控制器，用于测量冷凝器的压力并操纵其移出的热量。此外，还需要设置回流罐液位控制器、塔釜液位控制器、塔板温度控制器和进料流量控制器，这是精馏塔几个最基本的控制。

(4) 设置控制器

设置控制器，在 Exploring 窗口中，点击 Simulation 下的 Dynamics 选项，选择 ControlModels，广泛使用的是 Dead _ time、Lag _ 1、Multipy、PID 和 PIDIncr。对于简单的控制器如液位控制器，只要求 PID 模式即可；而对于温度控制器，需要选择 PIDIncr 模式，因为其有一个内在的中继-反馈机制，可以轻松地进行动态测试。另外，对于不同的工艺流程，设置的控制器也不尽相同，有复杂的控制器设计方案，也有简单的控制器设计方案。

对于控制器的设置，以简单的液位控制器设计为例，具体步骤如下所示：

① 选择 PID 模式：将鼠标放在 PID 图标上，并拖到流程窗口中。

② 连接控制信号：点击 Dynamics 选项下的 StreamTypes，选择 ControlSignal，将光标放在图标上，拖到流程图中，此时出现许多蓝色箭头，此处可以连接控制信号。将控制器信号连接到再沸器上后，需要将信号的另一端也连接上，点击控制器左边的蓝箭头，选择 LC11. PV，这样再沸器与液位控制器之间的控制信号连接完毕。下一步则需要将控制信号连接到控制阀上，将从控制器出来的箭头上的另一控制信号拖放，选择 LC11. OP，这样液位控制器回路的控制信号连接完毕。

③ 控制器参数设计：连接好控制信号后，需要设计控制器参数。打开控制器面板，第一步点击 Configure 按钮，按下 InitializeValues 按钮，控制器的动作应是正作用；第二步设计合适的控制器增益和积分时间等参数；第三步是点击 Ranges 标签页，设置变送器的范围。

(5) 动态模拟和扰动分析

设计完合理的控制方案后，需要对工艺流程进行动态模拟，确保运行无误后，则需要添加流量或成分阶跃扰动，评价控制方案的设计效果。一般情况下，当扰动出现后，系统可以在较短时间内恢复到稳定状态，则控制系统的性能佳。另外，为了减少能耗，降低生产成本，提高生产效率，需要对工艺的稳态参数优化，在操作最优的状态下，再设计合理的控制方案，可以使工艺生产效果更佳。

思考题

1. 如何建立 Aspen Plus 模型？
2. 如何进行精馏塔模拟计算？
3. 如何进行换热器模拟计算？
4. 如何进行反应器模拟计算？

第7章 醋酸甲酯制醋酸工艺过程设计

7.1 工程概况

7.1.1 工程意义

醋酸甲酯是一种化工原料，其主要用途是作为硝基纤维素和醋酸纤维素的快干性溶剂，还可以作为涂料、人造革和香料制造的原料，用作油脂的萃取剂等，但与同族其他酯类相比，其需求量不是很大。它在工业生产中，往往作为副产品大量出现，在精对苯二甲酸（PTA）和聚乙烯醇（PVA）生产过程中，会副产大量的醋酸甲酯。

精对苯二甲酸是重要的大宗有机原料之一，其主要用途是生产聚酯纤维（涤纶）、聚酯薄膜和聚酯瓶，广泛用于化学纤维、轻工、电子、建筑等国民经济的各个方面，与人民生活水平的高低密切相关。PTA 的应用比较集中，世界上 90%以上的 PTA 用于生产聚对苯二甲酸乙二醇酯（PET），其他部分是作为聚对苯二甲酸丙二醇酯（PTT）和聚对苯二甲酸丁二醇酯及其他产品的原料。

在精对苯二甲酸生产过程中，目前采用的大都是液相高温氧化法生产 PTA，该工艺以对二甲苯（PX）为原料，醋酸为溶剂，其中醋酸不完全燃烧生成醋酸甲酯是主要的副反应之一，这是醋酸消耗和 PTA 生产成本较高的一个主要原因。PX 氧化的同时，会发生醋酸与氧气的燃烧反应。醋酸氧化损失有两种途径：一是醋酸完全氧化分解，氧化成 CO、CO_2 和 H_2O；二是醋酸的不完全氧化，氧化成甲醇、甲醛、甲酸、醋酸甲酯等。在醋酸的燃烧中，大约 75%的醋酸生成 CO、CO_2 和 H_2O，25%生成醋酸甲酯等其他副产物。

目前，一般的 PTA 生产厂家都将回收的醋酸甲酯循环到反应系统中以抑制醋酸甲酯的生成，减少醋酸的消耗。但是，反应系统中的醋酸甲酯会不断地积累，影响生产操作，最终致使一部分醋酸甲酯随 PTA 生产系统中的尾气排入大气中，造成环境污染；而其余的醋酸甲酯虽然可以通过精馏设备得以回收，但由于其用途有限，且纯度不高，故未能获得高附加值的利用。

醋酸甲酯的水解产物为醋酸和甲醇，醋酸可以作为反应的原料继续循环利用，而甲醇也是重要的化工原料。对醋酸甲酯的综合利用，既处理了副产物，减少其对环境的污染；也可以降低装置的醋酸单耗，节约生产成本。

7.1.2 工程设计内容

本工程以某工厂 8000 吨/年的醋酸甲酯为处理对象，进行工艺过程的设计。为了实现新工艺的工业化，工艺、设备、控制、安全不同专业协同合作，共同完成设计工作。不同专业分工为：

工艺专业：完成工艺全流程模拟，进行设备的计算和选型，并在此基础上完成工艺包的设计。

设备专业：完成塔器、换热器、储罐等工艺设备的设计。

控制专业：完成动态模拟研究和自动控制方案的设计。

安全专业：完成工艺安全评价及安全防护方案的设计。

7.2 醋酸甲酯制醋酸工艺的模拟与优化

7.2.1 醋酸甲酯制醋酸工艺流程

醋酸甲酯制醋酸工艺流程如图 7-1 所示，由混合罐、固定床反应器、催化精馏塔、甲醇分离塔以及萃取塔等组成。

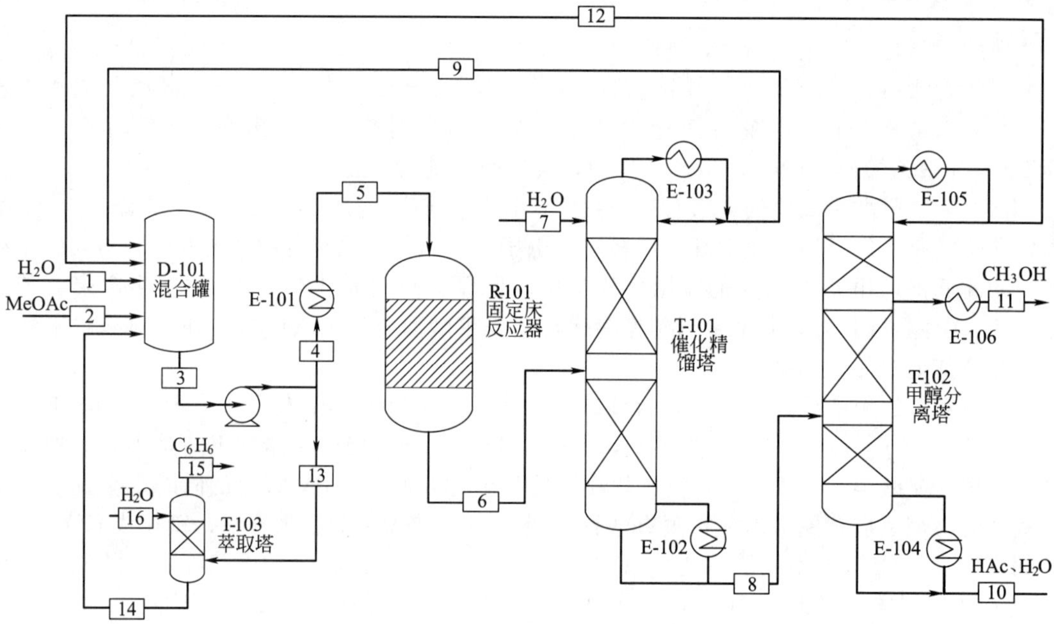

图 7-1 醋酸甲酯制醋酸（水解）工艺流程示意图

原料醋酸甲酯与水按比例进入混合罐中，混合物料经原料预热器 E-101 预热后进入固定床反应器进行水解反应，水解反应催化剂选用强酸型离子交换树脂，水解产物进入催化精馏塔。水解产物中未反应的醋酸甲酯与塔顶部加入的水在催化精馏塔反应段继续进行水解反应，催化精馏塔顶采出醋酸甲酯与少量甲醇，塔釜为水、甲醇、醋酸和少量醋酸甲酯，进入甲醇分离塔进一步分离。进入甲醇分离塔的物料中含有少量的醋酸甲酯，由于醋酸甲酯与甲醇形成共沸物，因此考虑在侧线采出甲醇产品，塔顶得到少量醋酸甲酯和甲醇，塔釜采出醋酸、水，送回 PTA 装置的溶剂回收单元进一步提纯。催化精馏塔和甲醇分离塔塔顶未反应的醋酸甲酯和少量甲醇返回混合罐中循环利用。

为了除去醋酸甲酯进料中少量的苯等杂质，增设了一萃取塔。从混合罐底部出料抽出小部分流股送入萃取塔进行处理，以避免苯等杂质在系统中的累积。萃取塔以水为萃取剂，水从萃取塔顶部进入，萃取后的油相富含苯和醋酸甲酯等，送入后续工序处理，水相返回混合罐中。

7.2.2 醋酸甲酯原料规格及处理要求

醋酸甲酯原料规格见表 7-1。处理后醋酸甲酯总水解率 99%；甲醇质量浓度≥96.5%，其中杂质水含量≤3%；醋酸质量浓度≥30%。

表 7-1 醋酸甲酯原料规格

物流	醋酸甲酯物料/(kg/h)	物流	醋酸甲酯物料/(kg/h)
水	35.0	苯	5.0
醋酸	0.0	醋酸正丙酯	5.0
醋酸甲酯	945.0	总质量流量	1000.0
甲醇	10.0		

7.2.3 热力学分析

7.2.3.1 物性方法选择

由于混合物中的甲醇（MeOH)、醋酸（HAc)、醋酸甲酯（MeAc）和水构成强液相非理想体系且醋酸中分子气相缔合效应存在，因此采用 NRTL 模型描述反应过程，用 Hayden-O'Connell（简称 HOC）模型来进行校正。

采用 Aspen Plus 内置的计算逸度系数的相互交互作用参数，所有的参数值见表 7-2、表 7-3。其中表 7-2 为 NRTL 模型交互作用参数，表 7-3 为 Hayden-O'Connell 模型中组分缔合参数。

表 7-2 NRTL 模型交互作用参数

组成		a_{ij}	a_{ji}	b_{ij}
Water	HAc	3.329	−1.976	−723.888
Water	MeAc	−1.467	21.144	1286.324
Water	MeOH	4.868	−2.631	−1347.53
Water	Benze	140.087	45.191	−5954.31
Water	NPA	0	0	1753.353
HAc	MeAc	0	0	−239.246
HAc	MeOH	7.486	−3.859	−2151.88
HAc	Benze	1.116	1.531	−418.144
HAc	NPA	0	0	−147.143
MeAc	MeOH	0	0	214.419
MeAc	Benze	−0.807	0.39	625.208
MeAc	Benze	0	0	538.25
MeOH	Benze	0.363	−3.028	160.549
Benze	NPA	0	0	−107.759

组成		b_{ji}	c_{ij}	d_{ij}	e_{ij}	e_{ji}	f_{ij}	f_{ji}
Water	HAc	609.889	0.3	0	0	0	0	0
Water	MeAc	−6633.63	0.35	0	0	0	0	0
Water	MeOH	838.594	0.3	0	0	0	0	0
Water	Benze	591.368	0.2	0	−20.025	−7.563	0	0
Water	NPA	394.636	0.3	0	0	0	0	0
HAc	MeAc	4127	0.3	0	0	0	0	0

续表

组成		b_{ji}	c_{ij}	d_{ij}	e_{ij}	e_{ji}	f_{ij}	f_{ji}
HAc	MeOH	975.377	0.3	0	0	0	0	0
HAc	Benze	104.171	0.3	0	0	0	0	0
HAc	NPA	439.461	0.3	0	0	0	0	0
MeAc	MeOH	139.516	0.3	0	0	0	0	0
MeAc	Benze	−268.572	0.3	0	0	0	0	0
MeAc	Benze	−261.269	0.3	0	0	0	0	0
MeOH	Benze	1657.771	0.4	0	0	0	0	0
Benze	NPA	102.601	0.3	0	0	0	0	0

注：Benze 是苯；NPA 是邻氨甲酰苯甲酸。

表 7-3 HOC 模型中组分缔合参数

组成	Water	HAc	MeAc	MeOH	Benze
Water	1.7	2.5	1.3	1.55	—
HAc	2.5	4.5	2	2.5	0.4
MeAc	1.3	2	0.85	1.3	0.6
MeOH	1.55	2.5	1.3	1.63	—
Benze	—	0.4	0.6	—	—

7.2.3.2 水解过程中精馏特性分析

研究的 PTA 副产物醋酸甲酯水解工艺流程中，醋酸甲酯水解体系是一个六元体系，包含醋酸甲酯（MeAc）、醋酸（HAc）、水（Water）、醋酸正丙酯（*N*-Propyl Acetate）、苯（Benze）和甲醇（MeOH）。在标准大气压下，它们的沸点、密度等基本特性见表 7-4。

表 7-4 物质物性

项目	醋酸甲酯	醋酸	水	醋酸正丙酯	苯	甲醇
分子量	74.08	60.05	18.02	102.13	78	32.04
沸点/℃	57.05	118.01	100.02	101.6	80.1	64.7
密度/(g/cm^3)	0.92	1.0492	1	0.8878	0.8765	0.7918

在水解工艺装置的反应精馏塔和甲醇回收塔内，六元体系混合物会形成八种共沸混合物，共沸物的组成及沸点见表 7-5。

表 7-5 共沸物组成（Mass Frac）及沸点

共沸温度/℃	醋酸	甲醇	水	苯	NPA	醋酸甲酯
56.98	0	0.3356	0.0104	0	0	0.9896
57.03	0	0	0.0404	0.1508	0	0.8088
56.92	0	0	0.1453	0.8547	0	0
56.91	0	0.0149	0.1387	0.8464	0	0
80.38	0	0	0.2094	0	0.7906	0
80.74	0	0.0624	0.1914	0	0.7462	0
53.57	0	0.1793	0	0	0	0.8207
57.98	0	0.3704	0	0.6296	0	0

采用已选择的 NRTL-HOC 热力学模型和二元交互参数进行计算，便可以通过三角相图来反映其在反应精馏塔及甲醇回收塔内的分离特性。在三角相图上，通常使用残留曲线来代替精馏曲线进行精馏塔内混合物分布特性研究。

7.2.3.3 残留曲线分析

Schreinemakes首先将残留曲线应用到精馏过程特性分析，到目前为止，残留曲线已经成为研究精馏过程的重要工具。残留曲线是精馏塔（无回流）塔底液相浓度随着时间变化的分布曲线，或者是全回流情况下沿塔高方向的塔内成分浓度分布曲线。通过对残留曲线进行分析可以评估塔内分离操作是否可行。

残留曲线具有方向性，箭头所指方向不仅是时间延长方向，还是温度升高方向。因此，残留曲线的起点（不稳定节点）在精馏区域中的最低沸点位置，终点（稳定节点）在残留曲线中的最高沸点或共沸点位置。在残留曲线所在三角形相图中，把相图分割成不同精馏区域的残留曲线称为残留曲线边界线，在不同的精馏区域进行精馏操作，可以得到不同产品。三角相图中残留曲线不经过的点称为鞍点。

假设在精馏塔第 n 块塔板处其气相流和液相流的组成分别为 y_{nj}、$x_{n+1,j}$，流量分别为 V_n 和 L_{n+1}，馏出物的流量和组成分别为 D 和 $x_{\mathrm{D}j}$，则在稳态状况下组分的平衡关系为：

$$V_n y_{nj} = L_{n+1} y_{n+1,j} + D x_{\mathrm{D}j} \tag{7-1}$$

在全回流操作下，馏出物的流量 D 为零，$L_{n+1}=V_n$，因此，$y_{n+1}=x_{n+1,j}$。

设连续变量 h 为从塔顶向下到任一块塔板的距离，则塔板间液相组分的非连续变化情况可以近似用微分方程表示：

$$\frac{\mathrm{d}x_j}{\mathrm{d}h} = x_{nj} - x_{n+1,j} \tag{7-2}$$

全回流操作下：

$$\frac{\mathrm{d}x_j}{\mathrm{d}h} = x_{nj} - y_{nj} \tag{7-3}$$

利用上述公式，在给定初条件的情况下解微分方程，便可以求得残留曲线。要判断一个精馏分离过程是否具有可行性，首先看残留曲线能否满足以下两个判定条件：

① 塔顶馏出物和塔底产品的组成均须位于某一残留曲线附近。

② 连接以上两点的直线须通过进料组成点。

对反应精馏塔内主要成分醋酸甲酯（MeAc）、水（Water）以及甲醇（MeOH）的三相残留曲线进行分析，反应精馏塔内的MeOH-Water-MeAc三元相图以及残留曲线如图7-2所示。

在图7-2中可以看到，图中三个顶点分别代表纯的醋酸甲酯（57.05℃）、甲醇（64.53℃）和水（100.02℃），醋酸甲酯和甲醇形成共沸物（53.57℃），水和醋酸甲酯形成共沸物（56.98℃）。其中一条残留曲线从最低共沸点（MeOH-MeAc）出发，结束于最高共沸点（Water-MeAc），将三相残留曲线图分为两个部分，两部分的残留曲线分别都是从最低沸点到最高沸点。在相图中还可以看到，共沸物醋酸甲酯和水（MeAc-Water）的共沸点位于残留曲线鞍点，因此使用传统的“净”进料操作（$F_{\mathrm{MeAc}}:F_{\mathrm{Water}}=1:1$）将剩余较多未反应醋酸甲酯，因此，在反应精馏塔塔顶继续补充进料水以保证尽可能多的醋酸甲酯参加反应。

对甲醇回收塔内主要成分醋酸（HAc）、水（Water）以及甲醇（MeOH）的三相残留曲线进行分析，反应精馏塔内的HAc-Water-MeOH三元相图以及残留曲线如图7-3所示。

在图7-3中，三个顶点分别代表纯的醋酸（118.01℃）、甲醇（64.53℃）和水（100.02℃），在醋酸-甲醇-水体系中没有共沸物生成，三相图边界便是精馏边界。残留曲线从最低沸点甲醇（64.53℃）开始，终于最高沸点醋酸（118.01℃）。醋酸甲酯水解工艺流程的最终目的是获得高纯度甲醇和满足下一环节醋酸脱水工艺所需浓度的醋酸。仅从残留曲线来看，残留曲线的终点为醋酸，精馏过程将在塔底得到高纯度的醋酸，塔顶馏出物甲醇中含水量较高，但残留曲线反映的只是在全回流条件下塔内液相组成情况。但是在实际的精馏生产过程中，精馏塔中的精馏路径可以停止在残留曲线的某处。根据残留曲线的分离条件，当精馏塔上部馏出物组成为高纯度甲醇点，精馏塔底部出料组成为醋酸和水混合物，且进料成分组成处在以上两点的连线上，甲醇将能够与醋酸和水分离。

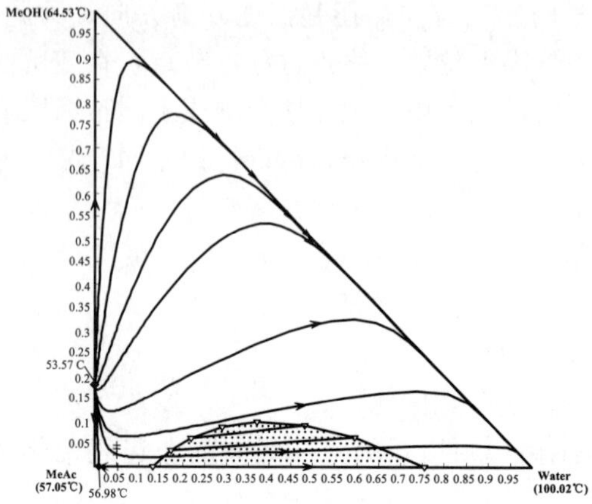

图 7-2　醋酸甲酯-甲醇-水体系残留曲线

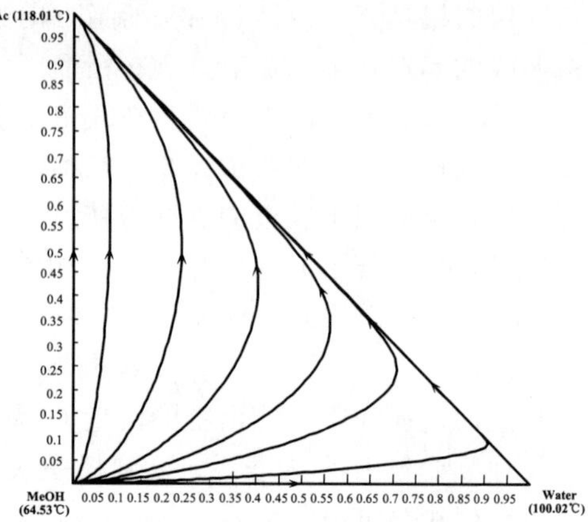

图 7-3　醋酸-甲醇-水体系残留曲线

7.2.4　反应动力学

采用 Amberlyst35 型树脂作为固体催化剂对醋酸甲酯进行催化水解，其宏观动力学方程为：

$$r=m_{cat}(k_{+}\alpha_{a}\alpha_{b}-k_{-}\alpha_{c}\alpha_{d}) \tag{7-4}$$

其中：

$$k_{+}=2.961\times10^{4}\exp\left(\frac{-49190}{RT}\right) \tag{7-5}$$

$$k_{-}=1.384\times10^{6}\exp\left(\frac{-69230}{RT}\right) \tag{7-6}$$

式中，r 为反应速率，mol/s；k_{+} 和 k_{-} 分别为正反应与逆反应的反应速率常数，mol/(g·s)；m_{cat} 为催化剂质量，g；α 为反应物的质量分数；T 为温度，K；R 为摩尔气体常数，J/(mol·K)；a、b、c、d 分别表示醋酸甲酯、水、甲醇和醋酸。

7.2.5　醋酸甲酯制醋酸工艺参数的优化

采用 7.2.3 节中选择的 NRTL-HOC 热力学模型，在 Aspen Plus 中进行醋酸甲酯水解工艺流程稳态模拟，模拟流程如图 7-4 所示。

7.2.5.1　固定床反应器工艺参数的确定

(1) 反应温度的确定

在空速为 $0.85h^{-1}$、进料水/酯摩尔比为 2.0 时，考察了固定床反应器反应温度对醋酸甲酯水解率（R_{con}）的影响，结果如图 7-5 所示。由图 7-5 可以看出，随着反应温度的升高，醋酸甲酯水解率逐渐增大。这是因为醋酸甲酯水解反应是吸热反应，提高温度对水解反应有

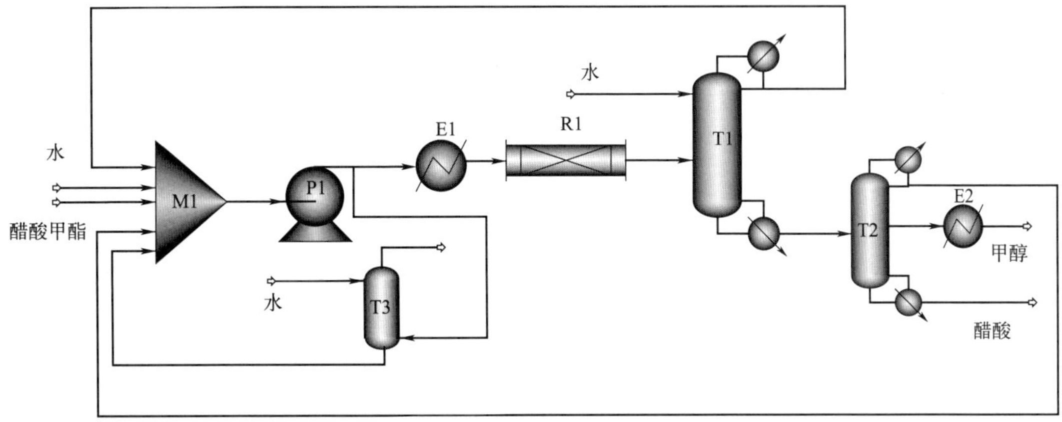

图 7-4 醋酸甲酯水解稳态模拟流程

利，但由于催化剂为强酸型阳离子交换树脂，树脂的使用温度不能过高，否则树脂容易失活，因此兼顾水解率与树脂寿命考虑，反应温度选择 70℃。

(2) 空速的确定

在进料水/酯摩尔比为 2.0，反应温度为 70℃时，考察了固定床反应器空速对醋酸甲酯水解率（R_{con}）的影响，结果如图 7-6 所示。由图 7-6 可见，随着空速提高，醋酸甲酯水解率逐渐降低。这是由于空速增大，单位时间内进料量增加，原料在催化剂上的停留时间缩短，水解率降低。虽然空速降低对于提高水解率有利，但处理量相应降低。因此空速的控制应兼顾醋酸甲酯水解率和生产能力，为保证催化剂能较充分地发挥效率，选择固定床反应器较佳的空速为 0.95h^{-1}。

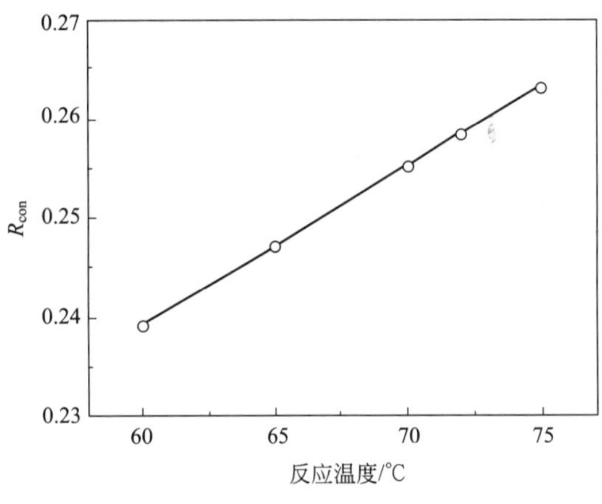

图 7-5 反应温度对醋酸甲酯水解率的影响

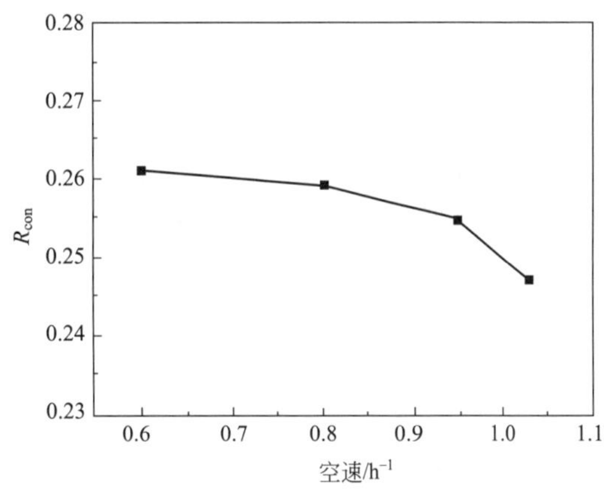

图 7-6 空速对醋酸甲酯水解率的影响

(3) 进料水/酯摩尔比的确定

在空速为 0.95h^{-1}，反应温度为 70℃时，考察了固定床反应器进料水/酯摩尔比对醋酸甲酯水解率（R_{con}）的影响，结果如图 7-7 所示。由图 7-7 可以看出，随着进料水/酯摩尔比的增加，醋酸甲酯的水解率上升，但同时醋酸甲酯水解产物中的醋酸浓度大幅降低，后续醋酸和水分离时能耗会大量增加。综合考虑，选择较佳的水/酯摩尔比为 2.0。

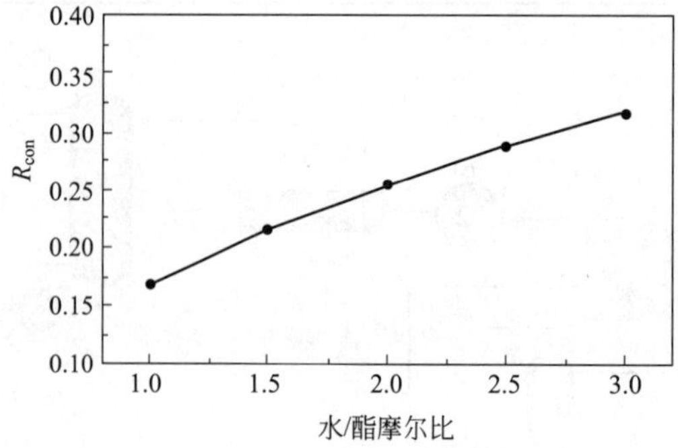

图 7-7 水/酯摩尔比对醋酸甲酯水解率的影响

7.2.5.2 催化精馏塔工艺参数的确定

(1) 催化精馏塔回流比的确定

催化精馏塔进料水/酯摩尔比为 0.28，理论板数 20 块，水和固定床反应器水解产物分别在第 1 和 13 块板进料，回流比变化对醋酸甲酯水解率（R_{con}）和塔釜加热量的影响如图 7-8 所示。由图 7-8 可见，回流比较小时，随着回流比增加，醋酸甲酯水解率迅速上升，当回流比达到 0.2 以后，水解率上升趋缓；而塔釜加热量随着回流比的增加而增加。综合考虑醋酸甲酯水解率与能耗，最终确定催化精馏塔回流比为 0.2。

(2) 进料位置的确定

催化精馏塔进料水/酯摩尔比为 0.28，理论板数 20 块，回流比 0.2，水在第 1 块板进料时，考察了固定床反应器水解产物进催化精馏塔的位置变化对醋酸甲酯水解率（R_{con}）的影响，结果见图 7-9。由图 7-9 可看出，固定床反应器水解产物在催化精馏塔第 13 块板进料时，醋酸甲酯水解率最高，取第 13 块板为固定床反应器水解产物的进料位置。

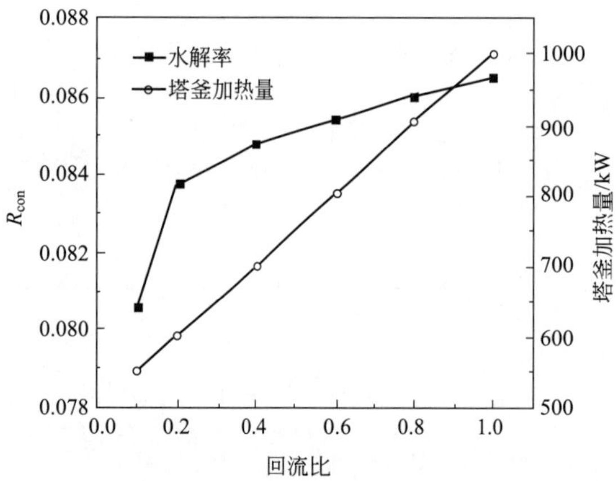

图 7-8 回流比对醋酸甲酯水解率和塔釜加热量的影响

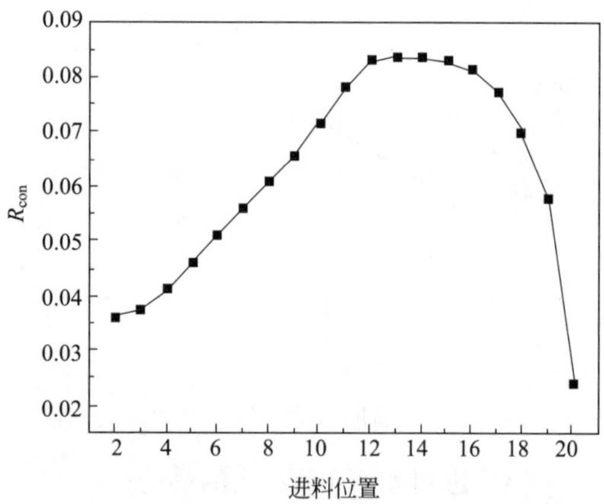

图 7-9 固定床反应器水解产物的进料位置对醋酸甲酯水解率的影响

7.2.5.3 甲醇分离塔工艺参数的确定

在确定了催化精馏塔的工艺参数后，对甲醇分离塔理论板数、回流比、进料位置、甲醇侧线采出位置进行确定，结果如图 7-10～图 7-13 所示。由图 7-10 可以看出，在满足侧线采出甲醇质量分数≥96.5%的情况下，随着回流比增大，所需理论板数减小。在回流比达到155以后，理论板数随回流比的变化趋缓；而由图7-11可以看出，塔釜加热量随回流比的增加而增加，因此选择甲醇分离塔的回流比为155，理论板数为16。

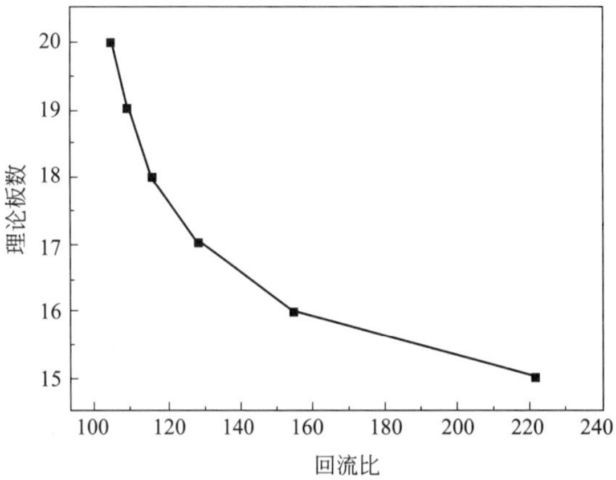

图7-10　甲醇分离塔理论板数与回流比的关系

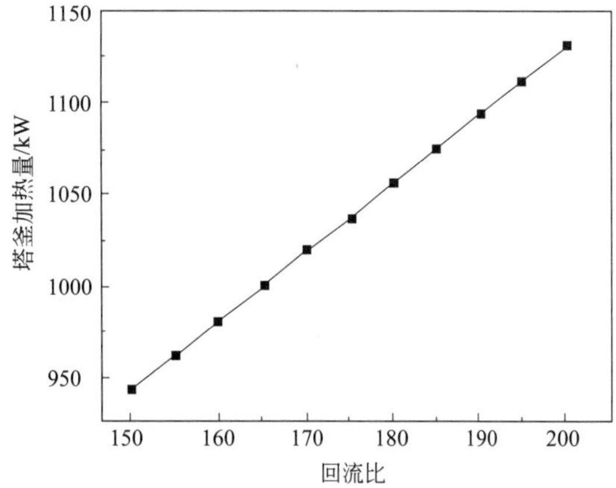

图7-11　回流比对甲醇分离塔塔釜加热量的影响

进料位置对塔釜甲醇含量和侧线甲醇含量的影响如图7-12所示。由图7-12可见，甲醇分离塔进料位置在第13块板时，侧线甲醇含量浓度最大，同时塔釜甲醇含量最低，分离效果最佳，故进料位置为第13块板。

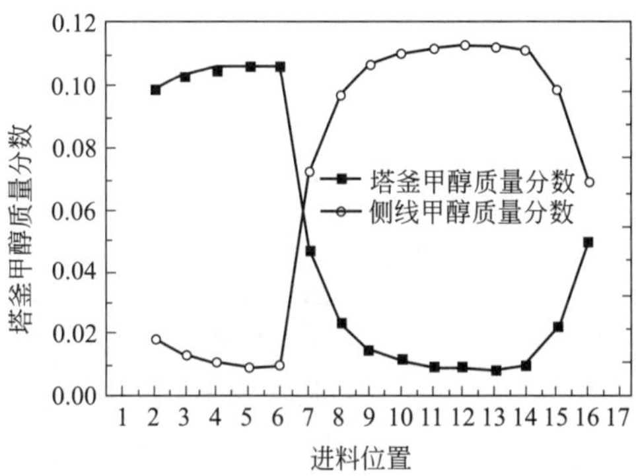

图7-12　进料位置对塔釜甲醇含量和侧线甲醇含量的影响

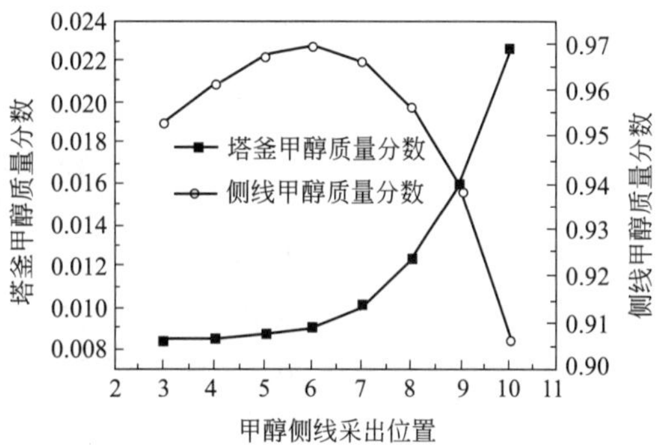

图7-13　甲醇侧线采出位置对塔釜甲醇含量和侧线甲醇含量的影响

甲醇侧线采出位置对塔釜甲醇含量和侧线甲醇含量的影响如图7-13所示。由图7-13可见，甲醇侧线采出位置在第6块板时，侧线甲醇含量浓度最大，分离效果最佳，故甲醇侧线采出位置为第6块板。

7.2.5.4　塔内成分与温度分析

在Aspen Plus中建立好醋酸甲酯水解工艺流程稳态模型后，运行稳态模型，可以计算出流程中各个生产单元的温度、成分、气液相流率等特性，由于混合罐和固定床反应器特性简单，在这里省略了对这两个单元的特性分析。主要给出在醋酸甲酯水解工艺过程中，复杂生产单元反应精馏塔和甲醇回收塔的塔内气液相流率分布曲线、塔内液相物质组成分布曲线和塔板温度分布曲线。图7-14所示为塔内气液相流率分布曲线，图7-15所示为塔内液相组成分布曲线，图 7-16 为塔内塔板温度分布曲线。

由图 7-14(a) 可以看到，在反应精馏塔内，塔底液相流率最高，由于精馏塔的提馏作用，提馏段液相流率低于塔釜液相流率，由于混合物在第 13 块塔板处进料，醋酸甲酯在反应段发生水解反应，塔内液相流率降低。随着水在第 2 块塔板处进料，塔内液相流率有所增加。就气相流率来说，由于提馏段的提馏作用，气相摩尔流率增加，在塔顶处，气相成分被采出，气相摩尔流率降低。

由图 7-14(b) 可以看到，甲醇回收精馏塔内，由于塔内重组分下沉，轻组分上升，塔内液相摩尔流率由塔底到塔顶呈现出逐渐降低趋势。和反应精馏塔相同，由于提馏段的提馏作用，气相摩尔流率增加，在塔顶处，气相成分被采出，气相摩尔流率降低。

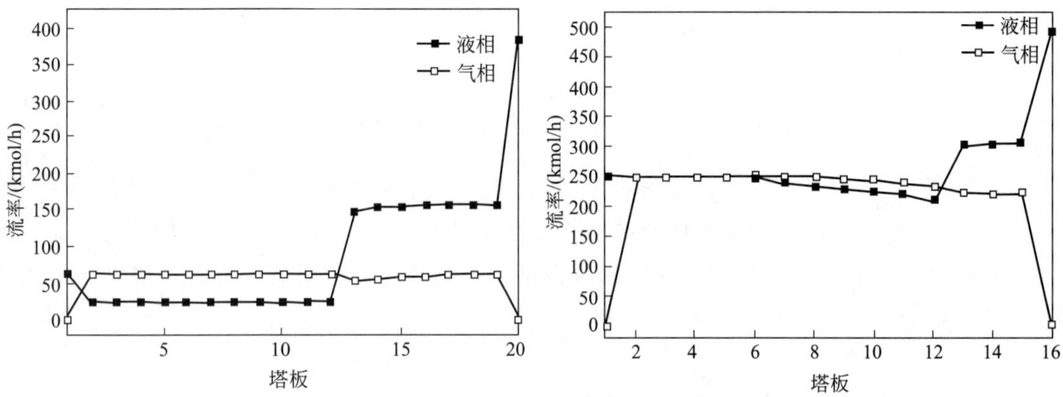

(a) 反应精馏塔　　(b) 甲醇回收精馏塔

图 7-14　塔气液相流率分布曲线

由图 7-15(a) 反应精馏塔塔内液相组成分布图可以看到，水从第一块塔板处进料，塔内水含量急剧上升，在反应段内水与醋酸甲酯发生水解反应，导致反应段水含量下降，在第 13 块塔板处，含有水的混合物进料，导致水含量又一次急剧增加，在提馏段，轻组分上升，重组分下降，塔釜中水含量处于最高点。同样由于混合物在第 13 块塔板处进料，13 块塔板处醋酸含量最高。醋酸在塔内成分中较轻，由于精馏作用，醋酸含量在从塔底到塔顶方向上逐渐减少，从塔顶到塔底方向上逐渐上升。在反应段中，由于水解作用，醋酸甲酯含量呈现降低趋势，在塔顶附近，由于重组分的逐渐下降，醋酸甲酯含量又开始上升。由于甲醇与水在反应精馏塔内形成共沸物，因此以进料塔板为分界线（进料中含有甲醇），未形成共沸的甲醇上升，导致上端甲醇含量逐渐升高，水和甲醇形成共沸物下行，塔底部甲醇含量同样逐渐上升，由于塔底醋酸的累积，在最底部甲醇含量又有一个下降趋势。

在图 7-15(b) 甲醇回收精馏塔塔内液相组成分布图中可以看到，由于未反应醋酸甲酯在反应精馏塔内绝大多数以气相采出，甲醇回收精馏塔内醋酸甲酯含量很少。由于精馏作用，轻组分甲醇由上而下逐渐减少，重组分醋酸和水由上而下逐渐增多。由于含有少量醋酸甲酯在塔顶被气相采出，因此甲醇含量最高点并不是精馏塔最高处塔板，这也是本生产工艺中采用侧线采出的原因。

从图 7-16(a) 和图 7-16(b) 中可以看到，在反应精馏塔和甲醇回收精馏塔内，温度分布从下到上逐渐降低。在反应精馏塔中塔顶温度 55.43℃，塔底温度 94.36℃；甲醇回收塔中精馏塔顶温度 62.57℃，塔底温度为 105.45℃。

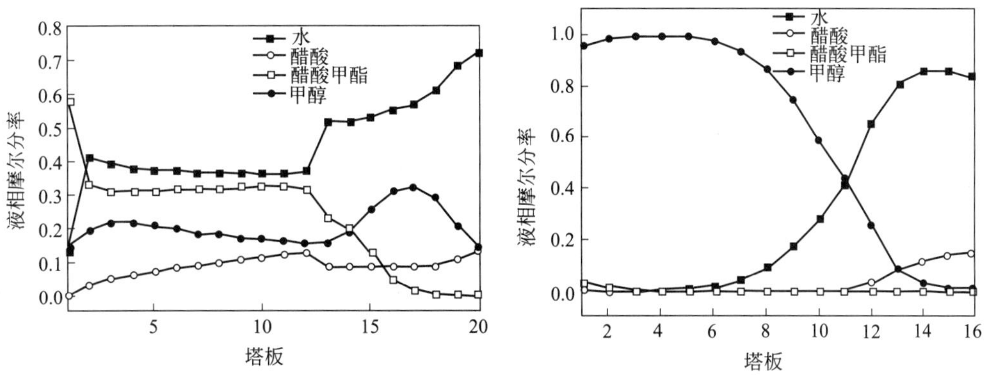

(a) 反应精馏塔　　(b) 甲醇回收精馏塔

图 7-15　塔内液相组成分布曲线

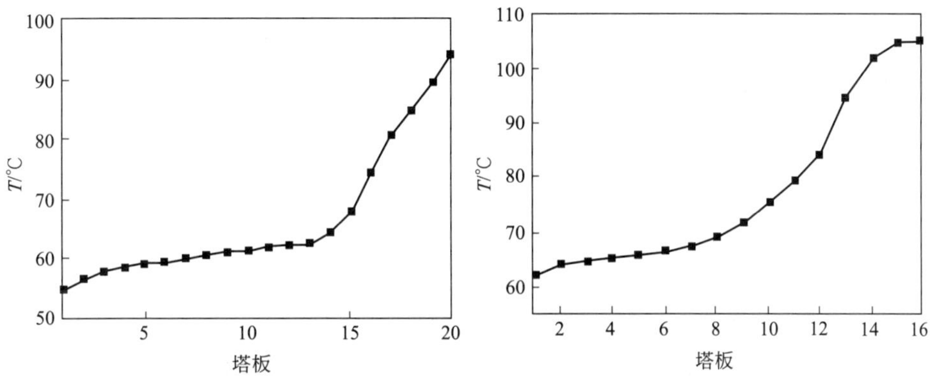

(a) 反应精馏塔　　(b) 甲醇回收精馏塔

图 7-16　塔内塔板温度分布曲线

7.3 醋酸甲酯制醋酸工艺包设计

7.3.1 设计基础

7.3.1.1 概况

(1) 项目背景

PTA 生产以醋酸钴、醋酸锰为催化剂，四溴乙烷为促进剂，醋酸为溶剂，空气液相氧化对二甲苯生产 PTA。在对二甲苯氧化生成对苯二甲酸过程中，伴随主反应的同时，溶剂醋酸发生很多副反应，造成溶剂损失。AMOCO 工艺中醋酸氧化反应占装置总的醋酸消耗的 75%以上，其中约 2/3 生成二氧化碳、一氧化碳和水，约 1/4 生成醋酸甲酯。

由于低浓度的醋酸甲酯工业用途有限，其市场价值不高。因此，目前对醋酸甲酯的处理均不是最佳途径。将醋酸甲酯水解生成醋酸和甲醇是综合利用醋酸甲酯的最主要途径，醋酸可以返回氧化反应器做溶剂，且甲醇也是 Invista 工艺生产 PTA 的重要燃料。

(2) 设计依据

中国石油化工集团公司石油化工装置工艺设计包（成套技术工艺包）内容规定

(SPMP-STD-EM2001)。

(3) 技术来源及授权

本项目研究方法已获国家发明专利授权：

① 专利名称：一种醋酸甲酯催化精馏水解工艺，专利授权号 ZL200710191007.6。

② 专利名称：一种精对苯二甲酸生产中副产物醋酸甲酯催化水解工艺，专利授权号 ZL200910024584.5。

(4) 设计范围

结合国内外相关的醋酸甲酯水解技术，从经济和环保角度着眼，开发新的 PTA 生产中副产物醋酸甲酯水解新工艺。此工艺由以下几个重要部分组成：固定床反应器和催化精馏塔水解醋酸甲酯，甲醇回收塔分离醋酸甲酯、甲醇、醋酸和水。

7.3.1.2 装置规模

本工艺处理规模为 8000 吨/年 PTA 生产中副产物醋酸甲酯，醋酸甲酯纯度为 94.5%，年处理时间按 8000h 计。得到的甲醇质量浓度≥96.5%，产量为 3280 吨/年；醋酸质量浓度≥30%（进一步分离可大于 95%），产量为 16138 吨/年。

7.3.1.3 原料规格

醋酸甲酯原料规格见表 7-1；水来自泵 3G-632 出口，使用量为 1472kg/h；得到的甲醇及醋酸产品规格见表 7-6，甲醇分析标准采用 GB/T 338—2011；醋酸分析标准采用 GB/T 676—2007。

7.3.1.4 化学品规格

催化剂选用强酸型阳离子交换树脂，树脂规格见表 7-7，预期使用寿命为 2 年。

7.3.1.5 公用物料和能量规格

本工艺包涉及水、电、汽等公用工程见表 7-8。

表 7-6 产品甲醇及醋酸规格

物流	甲醇/(kg/h)	醋酸/(kg/h)
水	5.3	1238.4
醋酸	0.0	760.6
醋酸甲酯	2.3	0.0
甲醇	397.5	18.4
苯	0.0	0.0
醋酸正丙酯	4.9	0.0
总质量流量	410.0	2017.3

表 7-7 强酸型阳离子交换树脂规格

树脂结构	Styrene-DVB
产品名称	大孔强酸型苯乙烯系阳离子交换树脂
功能基	$—SO_3H$
全交换量[①]	(a)≥4.2 (b)≥1.4
外观	浅驼色不透明球状颗粒

续表

粒度(0.315～1.25mm)	≥95
含水/%	50～55
湿真密度/(g/mL)	1.20～1.30
湿视密度/(g/mL)	0.70～0.80
磨后圆球率/%	≥90
转型膨胀率/%	Na→H 9～10
最高使用温度/℃	H 100 Na 120
出厂形式	H^+
用途	有机反应催化，高速混床水处理等

① 全交换量：(a) 毫摩尔/克（干）；(b) 毫摩尔/毫升（湿）。

表 7-8 公用物料和能量规格

项目	规格
水蒸气	温度 148℃，压力 0.45MPa
循环水	上水：温度 33℃，压力 0.55MPa 回水：温度 43℃，压力 0.35MPa
低压氮气	温度为常温，压力 0.6～0.8MPa，纯度≥99%
仪表风	温度为常温，压力 0.69MPa，露点≤－40℃
电	电压 380V，频率 50Hz

7.3.1.6 性能指标

采用该水解工艺后醋酸甲酯总水解率 99%；甲醇质量浓度≥96.5%，其中杂质水含量≤3%，产量为 3280 吨/年；醋酸质量浓度≥30%（进一步分离可大于 95%），产量为 16138 吨/年；消耗 94.5%的醋酸甲酯 8000 吨/年，消耗水 11776 吨/年。

7.3.1.7 软件及版本

本工艺包精馏模拟计算所用软件为 Aspen Plus，版本为 12。

7.3.2 工艺说明

7.3.2.1 工艺原理及说明

酯大多以酸为催化剂水解，水解生成一分子醇和一分子羧酸。醋酸甲酯水解反应方程式如式（7-7）所示。

$$CH_3COOCH_3 + H_2O \xrightleftharpoons{H^+} CH_3COOH + CH_3OH \tag{7-7}$$

酸催化时，羰基氧原子先质子化，使羰基碳的正电性增强，从而提高了它接受亲核试剂进攻的能力，水分子向羰基碳进攻，通过加成一消除而形成羧酸和醇。羧酸和醇又可重新结合成酯，所以酸催化下的酯水解不能进行到底。醋酸甲酯在阳离子交换树脂的催化作用下，其水解反应历程为：阳离子树脂在水溶液中电离出氢离子，氢离子与醋酸甲酯生成不稳定的阳离子结合物，不稳定的结合物与水反应，生成甲醇和醋酸及氢离子。水解机理分为以下五步：

- H^+ 对羰基氧的进攻

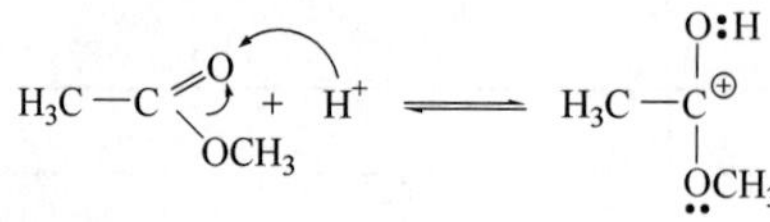

- 亲核试剂水对缺电子碳的加成

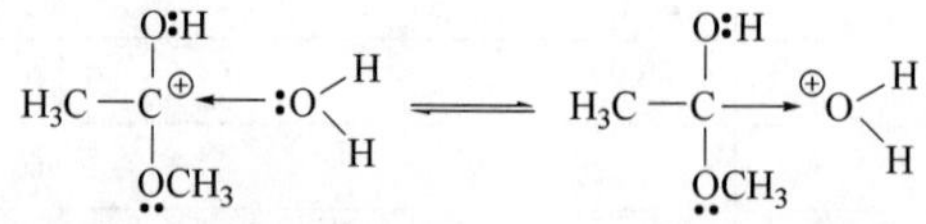

- 氢离子从水分子部分转向 OCH_3 基

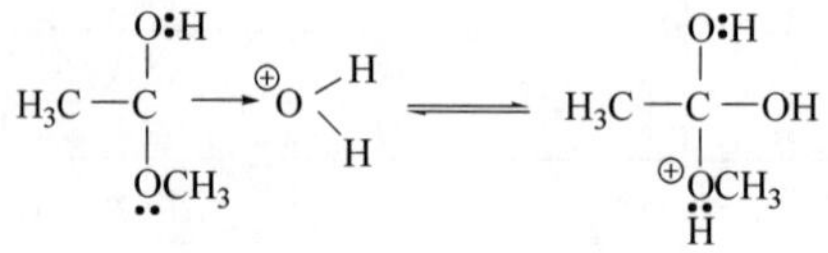

- 消除甲醇

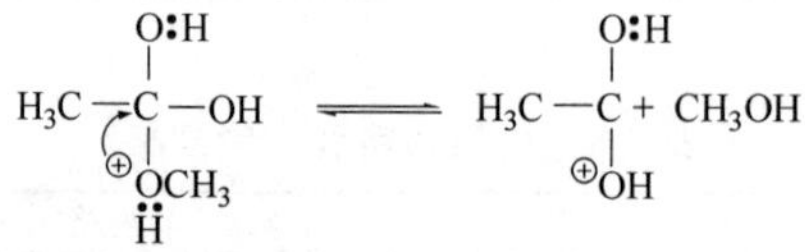

- 再生质子催化剂形成醋酸

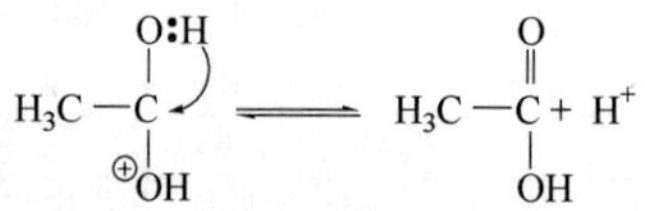

醋酸甲酯与水在催化剂的作用下水解为醋酸和甲醇，醋酸甲酯水解反应是典型的可逆反应。本工艺包采用固定床反应器与催化精馏塔耦合工艺水解醋酸甲酯。

固定床反应器的优点：①返混小，流体同催化剂可进行有效接触，当反应伴有串联副反应时可得较高选择性；②催化剂机械损耗小；③结构简单。

催化精馏（非均相反应精馏）是将固体催化剂以适当的形式装填于精馏塔内，使催化反应和精馏分离同在一个塔中连续进行的一种新的技术。它属于反应精馏的范畴，既是为了提高分离效果而使反应与分离相结合，又是为了强化反应效果而借助于分离手段的一种特殊工艺。催化精馏过程中由于催化剂以一定的方式固定在精馏塔中，所以它既起着加速化学反应的催化作用，又起着气液两相进行传热、传质的填料作用，反应和分离两种过程相互促进，从而使二者都得到强化。与传统的反应和分离单独进行的过程相比，催化精馏具有产品收率高、易操作、操作费用低和投资少等特点。正因为催化精馏具有这些显著优点，故日益得到人们的重视。

由于醋酸甲酯水解体系中各物质的沸点关系符合反应精馏的要求，可以采用催化精馏水解醋酸甲酯。

7.3.2.2 主要工艺操作条件

主要工艺操作条件见表 7-9。

表 7-9 主要工艺操作条件

项目	固定床反应器	催化精馏塔	甲醇回收塔	萃取塔
理论板数		20	16	2
进料位置(由上至下)	混合料在反应器上部进料	水在第 1 块板醋酸甲酯水解液进料在第 13 块板	水解液进料在第 13 块板	水在第 1 块板混合料在第 2 块板

续表

项目		固定床反应器	催化精馏塔	甲醇回收塔	萃取塔
流量/(kg/h)	塔顶	5140.3	2835.0	28.0	9.7
	塔釜	5140.3	2455.3	2017.3	126.7
温度/℃	塔顶	70	57.5	59.2	45.0
	塔釜	70	93.8	105.6	45.1
压力/MPa	塔顶	0.65	0.10	0.10	0.11
	塔釜	0.60	0.12	0.12	0.12

7.3.2.3 工艺流程说明

来自3D-631的醋酸甲酯和来自3G-632的水进入醋酸甲酯混合罐3F-660，与催化精馏塔3D-665塔顶、甲醇回收塔3D-669塔顶以及萃取塔3D-662的循环流股在罐内混合。

3D-631出料由原料输送泵3G-661A/B输送，经原料预热器3E-663加热至70℃后，进入固定床反应器3D-664。固定床反应器中装填有阳离子交换树脂类型的固体酸催化剂，醋酸甲酯和水在液相中反应生成醋酸和甲醇，水解反应一般在70℃、压力0.6MPa下进行。

固定床反应器3D-664出料送至催化精馏塔3D-665，进一步反应3D-664中未反应的醋酸甲酯。催化精馏塔3D-665是一填料塔，内径900mm，反应段8500mm，提馏段4000mm，塔顶温度57.5℃、塔釜温度93.8℃，常压操作。醋酸甲酯、水、苯等的共沸物蒸至3D-665塔顶，经塔顶冷凝器3E-667冷凝后，部分回流，部分循环至3F-660。3D-665塔釜为水解产物醋酸和甲醇，由3G-673A/B泵送入甲醇回收塔3D-669以分离醋酸和甲醇。

甲醇回收塔3D-669是一填料塔，内径1000mm，填料高度7500mm，塔顶温度59.2℃、塔釜温度105.6℃，常压操作。3D-669塔釜为含水醋酸产品，由醋酸泵3G-666A/B泵送至脱水塔3D-601进行脱水分离。3D-669侧线采出为甲醇产品，由甲醇泵3G-670A/B泵送至3F-2800。3D-669塔顶蒸气进入甲醇回收塔塔顶冷凝器3E-672冷凝，冷凝液绝大部分回流至3D-669，少部分抽出并循环回3F-660以控制甲醇产品的纯度。

为了除去醋酸甲酯进料中少量的苯和醋酸正丙酯，自3G-661A/B抽出小部分流股送入萃取塔3D-662。萃取塔以进料水为萃取剂，水从萃取塔顶部进入。萃取后的油相富含苯和醋酸甲酯，送至甲醇泵3G-670A/B入口，通过泵送至甲醇罐3F-2800。萃取塔3D-662是一小型填料塔，一般情况下不运转，只有当醋酸甲酯进料中苯的浓度大于10%（质量分数）时才开启。

7.3.2.4 工艺流程图（PFD）

工艺流程图（PFD）如图7-17所示。

7.3.2.5 物流数据表

物流数据见表7-10。

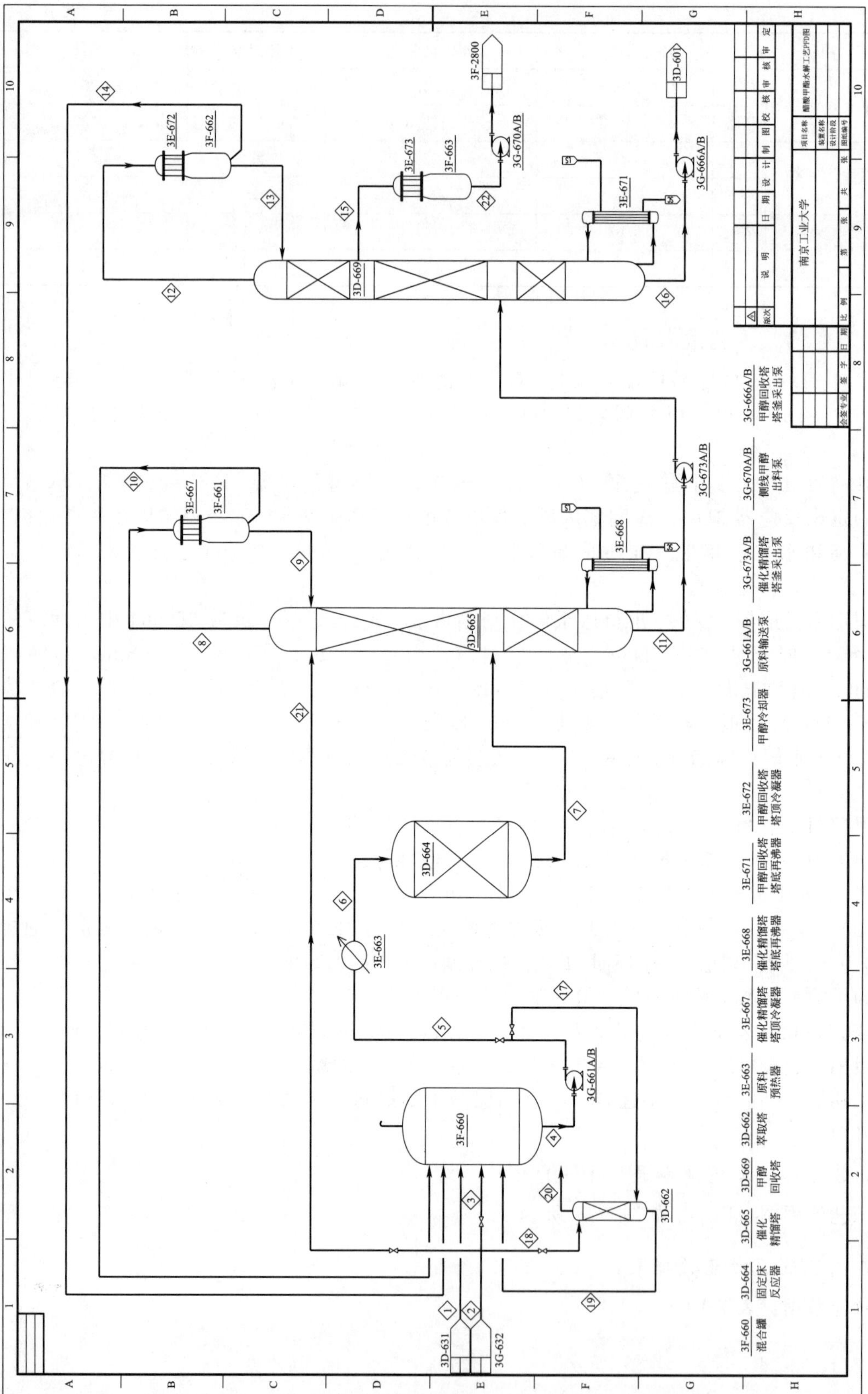
3D-631
3G-632
3F-660
3G-661A/B
3E-663
3D-664
3D-665
3E-668
3E-667
3F-661
3G-673A/B
3D-669
3E-671
3E-672
3F-662
3E-673
3F-663
3G-670A/B
3G-666A/B
3F-2800
3D-601
3D-662
3F-660 混合罐
3D-664 固定床反应器
3D-665 催化精馏塔
3D-669 甲醇回收塔
3D-662 萃取塔
3E-663 原料预热器
3E-667 催化精馏塔塔顶冷凝器
3E-668 催化精馏塔塔底再沸器
3E-671 甲醇回收塔塔底再沸器
3E-672 甲醇回收塔塔顶冷凝器
3E-673 甲醇冷却器
3G-661A/B 原料输送泵
3G-673A/B 催化精馏塔塔釜采出泵
3G-670A/B 侧线甲醇出料泵
3G-666A/B 甲醇回收塔塔釜采出泵
南京工业大学
醋酸甲酯水解工艺PFD图

图 7-17 工艺流程图

表 7-10 物流数据

项目	01	02	03	04	05	06	07	08	09	10	11
水/(kg/h)	35.0	1437.0	1205.0	1455.0	1439.7	1439.7	1255.6	141.4	23.6	117.9	1243.7
醋酸/(kg/h)	0.0	0.0	0.0	3.0	2.9	2.9	616.8	3.5	0.6	2.9	760.6
醋酸甲酯/(kg/h)	945.0	0.0	0.0	2998.8	2967.4	2967.4	2210.1	2415.6	402.6	2013.0	16.1
甲醇/(kg/h)	10.0	0.0	0.0	226.8	224.4	224.4	552.0	240.3	40.1	200.2	430.0
苯/(kg/h)	5.0	0.0	0.0	505.3	500.0	500.0	500.0	600.0	100.0	500.0	0.0
醋酸正丙酯/(kg/h)	5.0	0.0	0.0	6.0	6.0	6.0	6.0	1.2	0.2	1.0	5.0
总质量流量/(kg/h)	1000	1437.0	1205.0	5194.7	5140.3	5140.3	5140.3	3402.0	567.0	2835.0	2455.3
温度/℃	52.0	40.0	40.0	45.2	45.2	70.0	70.0	57.5	55.5	55.5	93.8
压力/MPa	0.55	0.75	0.75	0.10	0.65	0.65	0.60	0.10	0.10	0.10	0.12
相态	液相	液相	液相	液相	液相	液相	液相	气相	液相	液相	液相
焓/(J/kg)	6348422	15803336	15803336	8169498	8167690	8120972	8076209	4738551	5336635	5336635	11656967
熵/[J/(kg·K)]	5487	8854	8854	6131	6128	5990	5817	3303	5120	5120	6703
密度/(kg/m^3)	911.5	978.9	978.9	911.2	910.9	902.4	893.8	2.36	894.5	894.5	864.2
黏度/cP	0.3067	0.6711	0.6711	0.3678	0.3669	0.3399	0.3601	0.0095	0.3280	0.3280	0.3140
表面张力/(mN/m)	27.15	69.84	69.84	47.10	47.07	46.09	42.87		27.60	27.60	48.01

续表

项目	12	13	14	15	16	17	18	19	20	21	22
水/(kg/h)	0.4	0.4	0.0	5.3	1238.4	15.2	82.0	97.1	0.1	150.0	5.3
醋酸/(kg/h)	0.0	0.0	0.0	0.0	760.6	0.0	0.0	0.0	0.0	0.0	0.0
醋酸甲酯/(kg/h)	2227.3	2213.5	13.8	2.3	0.0	31.4	0.0	26	4.5	0.0	2.3
甲醇/(kg/h)	2280.2	2266.0	14.2	397.5	18.4	2.4	0.0	2.4	0.0	0.0	397.5
苯/(kg/h)	0.0	0.0	0.0	0.0	0.0	5.3	0.0	0.3	5.0	0.0	0.0
醋酸正丙酯/(kg/h)	0.0	0.0	0.0	4.9	0.0	0.1	0.0	0.0	0.1	0.0	4.9
总质量流量/(kg/h)	4508.0	4480.0	28.0	410.0	2017.3	54.4	82.0	126.7	9.7	150.0	410.0
温度/℃	59.2	55.7	55.7	66.5	105.6	45.2	40.0	54.0	50.2	40.0	45.0
压力/MPa	0.10	0.10	0.10	0.10	0.12	0.65	0.75	0.10	0.10	0.75	0.10
相态	气相	液相	液相	液相	液相	液相	液相	液相	液相	液相	液相
焓/(J/kg)	5893949	6652348	6652348	7403363	12573142	8167689	15803334	13527652	2665724	15803334	7469993
熵/[J/(kg·K)]	3799	6093	6093	7115	6712	6128	8854	8015	4132	8854	7315
密度/(kg/m^3)	1.73	834.3	834.3	749.8	889.0	910.9	978.9	953.0	883.5	978.9	777.3
黏度/cP	0.0103	0.3407	0.3407	0.3399	0.2843	0.3669	0.6711	0.5004	0.3654	0.6711	0.4253
表面张力/(mN/m)		20.00	20.00	19.78	50.96	47.07	69.84	63.61	25.57	69.84	21.71

注：1cP=1mPa·s。

表 7-11 工艺总物料平衡

项目	01	02	03	04	05	06	07	08	09	10	11
水/(kg/h)	35.0	1437.0	1205.0	1455.0	1439.7	1439.7	1255.6	141.4	23.6	117.9	1243.7
醋酸/(kg/h)	0.0	0.0	0.0	3.0	2.9	2.9	616.8	3.5	0.6	2.9	760.6
醋酸甲酯/(kg/h)	945.0	0.0	0.0	2998.8	2967.4	2967.4	2210.1	2415.6	402.6	2013.0	16.1
甲醇/(kg/h)	10.0	0.0	0.0	226.8	224.4	224.4	552.0	240.3	40.1	200.2	430.0
苯/(kg/h)	5.0	0.0	0.0	505.3	500.0	500.0	500.0	600.0	100.0	500.0	0.0
醋酸正丙酯/(kg/h)	5.0	0.0	0.0	6.0	6.0	6.0	6.0	1.2	0.2	1.0	5.0
总质量流量/(kg/h)	1000	1437.0	1205.0	5194.7	5140.3	5140.3	5140.3	3402.0	567.0	2835.0	2455.3
温度/℃	52.0	40.0	40.0	45.2	45.2	70.0	70.0	57.5	55.5	55.5	93.8
压力/MPa	0.55	0.75	0.75	0.10	0.65	0.65	0.60	0.10	0.10	0.10	0.12
相态	液相	液相	液相	液相	液相	液相	液相	气相	液相	液相	液相
项目	12	13	14	15	16	17	18	19	20	21	22
水/(kg/h)	0.4	0.4	0.0	5.3	1238.4	15.2	82.0	97.1	0.1	150.0	5.3
醋酸/(kg/h)	0.0	0.0	0.0	0.0	760.6	0.0	0.0	0.0	0.0	0.0	0.0
醋酸甲酯/(kg/h)	2227.3	2213.5	13.8	2.3	0.0	31.4	0.0	26	4.5	0.0	2.3
甲醇/(kg/h)	2280.2	2266.0	14.2	397.5	18.4	2.4	0.0	2.4	0.0	0.0	397.5
苯/(kg/h)	0.0	0.0	0.0	0.0	0.0	5.3	0.0	0.3	5.0	0.0	0.0
醋酸正丙酯/(kg/h)	0.0	0.0	0.0	4.9	0.0	0.1	0.0	0.0	0.1	0.0	4.9
总质量流量/(kg/h)	4508.0	4480.0	28.0	410.0	2017.3	54.4	82.0	126.7	9.7	150.0	410.0
温度/℃	59.2	55.7	55.7	66.5	105.6	45.2	40.0	54.0	50.2	40.0	45.0
压力/MPa	0.10	0.10	0.10	0.10	0.12	0.65	0.75	0.10	0.10	0.75	0.10
相态	气相	液相	液相	液相	液相	液相	液相	液相	液相	液相	液相

7.3.3 物料平衡

7.3.3.1 工艺总物料平衡

工艺流程示意图如图 7-17 所示，对整个醋酸甲酯水解工艺进行物料衡算，结果见表 7-11。

7.3.3.2 醋酸甲酯水解过程能量平衡

醋酸甲酯水解过程能量平衡见表 7-12。

表 7-12 醋酸甲酯水解过程能量平衡

序号	公用物料	数量/(t/h)
1	界区外来的 0.45MPa 蒸汽	2.9
2	原料预热器 3E-663 使用蒸汽	0.2
3	3D-665 塔釜再沸器使用蒸汽	1.0
4	3D-669 塔釜再沸器使用蒸汽	1.7
5	界区外来的冷却水	131.4
6	3D-665 塔顶冷凝器使用冷却水	48.7
7	3D-669 塔顶冷凝器使用冷却水	82.0
8	3D-669 侧线甲醇冷却器使用冷却水	0.7

7.3.4 消耗量

7.3.4.1 原料消耗量

本工艺包涉及的原料主要有水、醋酸甲酯等，主要原料见表 7-13。

表 7-13 各物质处理量定额

序号	名称	设计定额/t		
		处理量/h	处理量/日	处理量/年
1	醋酸甲酯	0.945	22.680	7560
2	水	1.507	36.168	12056
3	苯	0.005	0.120	40
4	甲醇	0.010	0.240	80
5	醋酸正丙酯	0.005	0.120	40

7.3.4.2 化学品消耗量

本工艺包涉及的化学品主要有强酸型阳离子交换树脂，化学品消耗量见表 7-14，预期使用寿命 2 年。

表 7-14 化学品消耗量定额

名称	初始量/t
强酸型阳离子交换树脂	7.0

7.3.4.3 公用物料及能量消耗

本工艺涉及的水、电、汽等公用工程消耗定额见表 7-15。

表 7-15 公用工程消耗定额

公用工程名称	规格	消耗定额(每小时)
电	380V	30kW·h
循环冷却水	≤33℃	131.1t
水蒸气	0.45MPa	2.9t
仪表空气	露点≤－40℃	$0.5m^3$(标准状态)

7.3.5 界区条件表

界区条件见表 7-16。

表 7-16 界区条件

序号	介质名称	起	止	规格		流量		管径/in
				温度/℃	压力/MPa	正常	最大	
1	低压蒸汽	低压蒸汽管网	催化精馏装置	148	0.45	2.9t/h	4t/h	4
2	循环水	水汽循环水	催化精馏装置	33	0.55	131.1t/h	200t/h	6
3	消防水	水汽消防水	催化精馏装置	常温	0.85～0.95	0	—	—
4	仪表风	水汽空压站	催化精馏装置	常温	0.69	$0.5m^3/h$	$0.7m^3/h$	1/2

注：1in=0.0254m。

7.3.6 卫生、安全、环保说明

7.3.6.1 装置中危险物料性质及特殊储运要求

(1) 醋酸

醋酸是一种有机化合物，是典型的脂肪酸。纯的无水乙酸（冰醋酸）是无色吸湿性液体，凝固点为 16.7℃，凝固后为无色晶体。尽管根据乙酸在水溶液中的解离能力，它是一个弱酸，但是乙酸是具有腐蚀性的，其蒸气对眼和鼻有刺激性作用。毒性：属低毒类。急性毒性：LD_{50} 3530mg/kg（大鼠经口），1060mg/kg（兔经皮）；LC_{50} 5620ppm（10^{-6}），1h（小鼠吸入）；人经口 1.47mg/kg，最低中毒量，出现消化道症状；人经口 20～50g，致死剂量。

(2) 醋酸甲酯

醋酸甲酯又称乙酸甲酯，其结构式为 CH_3COOCH_3，分子量 74.08。无色液体，有酯香。相对密度（20℃/4℃）0.9185，凝固点－98.1℃，沸点 57.8℃，闪点（开口）－10℃，燃点 502℃，折射率（n_D^{20}）1.3614，黏度（20℃）0.385mPa·s，蒸气压（20℃）22.64kPa，溶解度参数 $\delta=9.6$，比热容 2.1kJ/(kg·K)。能与醇、醚、烃类等混溶。水中

溶解度 31.9g/100mL（20℃）。易挥发、易燃烧、易水解。蒸气与空气形成爆炸性混合物，爆炸极限 4.1%～13.9%（体积分数）。低毒，有刺激性和麻醉性，空气中最高容许浓度 $100mg/m^3$。

(3) 甲醇

无色、透明、高度挥发、易燃液体，略有酒精气味，分子式 CH_3OH，分子量 32.04，相对密度 0.792（20/4℃），熔点－97.8℃，沸点 64.5℃，闪点 12.22℃，自燃点 463.89℃。蒸气压 13.33kPa（100mmHg 21.2℃）。蒸气与空气混合物爆炸下限 6%～36.5%。能与水、乙醇、乙醚、苯、酮、卤代烃和许多其他有机溶剂相混溶。遇热、明火或氧化剂易着火。遇明火会爆炸。主要经呼吸道和胃肠道吸收，皮肤也可部分吸收。甲醇吸收至体内后，可迅速分布在机体各组织内，其中，以脑脊液、血、胆汁和尿中的含量最高，骨髓和脂肪组织中最低。甲醇在肝内代谢，经醇脱氢酶作用氧化成甲醛，进而氧化成甲酸。本品在体内氧化缓慢，仅为乙醇的 1/7，排泄也慢，有明显蓄积作用。未被氧化的甲醇经呼吸道和肾脏排出体外，部分经胃肠道缓慢排出。推测人吸入空气中甲醇浓度 $39.3～65.5g/m^3$，30～60min 可致中毒。人口服 5～10mL，可致严重中毒；一次口服 15mL 或 2 天内分次口服累计达124～164mL，可致失明。

7.3.6.2 主要卫生、安全、环保要点说明

(1) 对自然条件中的危险因素的防护措施

气象影响：主要受风向、风压的影响，所有建（构）筑物设计风压按规范采用 $40kg/m^3$ 进行设计。

地质影响：根据地基允许承载力进行建（构）筑物的基础设计。

地震影响：根据当地最大地震烈度进行设防。

雷电影响：所有建（构）筑物和塔类、容器类和泵类等均做防雷接地。

暴雨影响：按最大暴雨强度、日最大暴雨量 219.6mm 设计雨水管道。

(2) 对生产过程中的危险因素的防护措施

防火、防爆。本建设项目区域为防爆区域，电器设备根据安放场所的防爆区域不同，配置相应的防爆型电器设备。

执行的环境质量标准及排放标准：

- 环境标准

① 大气环境：执行《环境空气质量标准》（GB 3095—2012）中规定的二级标准（厂区内除外）。

② 地面水环境：执行《地表水环境质量标准》（GB 3838—2002）中Ⅲ级标准。

③ 声学环境：执行《声环境质量标准》（GB 3096—2008）中规定的相应标准。

- 排放标准

① 污废水排放标准：执行《污水综合排放标准》（GB 8978—1996）中新扩改二级标准。

② 噪声：执行《工业企业厂界环境噪声排放标准》（GB 12348—2008）中Ⅲ类区标准以及《工业企业噪声控制设计规范》（GB/T 50087—2013）中的有关规定。

安全因素分析见表 7-17。

7.3.7 分析化验项目表

分析化验项目中的采样点、分析项目、控制指标、分析频率和分析方法见表 7-18。

表 7-17　安全因素分析

序号	节点（项目/管线/阶段）	偏差	可能原因	可能产生的后果	设计的措施	可能性	必须采取的措施
1	3F-660	液位高	1. 采出量过少 2. 进料量过大	罐内原料液组成发生变化；原料从放空管路泄漏	设置液位控制；设置液位高报	可能发生	1. 关小进料手阀 2. 定期检修调节阀
		液位低或无	1. 采出量过大 2. 进料量过小	罐内原料液组成发生变化；泵 3G-661A/B 空转受损	设置液位控制；设置液位低报	可能发生	1. 调大进料手阀 2. 定期检修调节阀
		压力高	呼吸阀未及时泄压	罐体受损	设置压力高报；设置安全阀	可能发生	呼吸阀定期校验
2	P-66001-1″-A3C-H	流量大	1. 前工序醋酸甲酯采出量过大 2. 流量调节阀门失控	罐内原料液组成发生变化	设置流量调节阀	可能发生	1. 调小调节阀阀门 2. 定期检修调节阀
		流量小或无	1. 前工序醋酸甲酯采出量过小 2. 流量调节阀门失控	罐内原料液组成发生变化	设置流量调节阀	可能发生	1. 调大调节阀阀门 2. 定期检修调节阀
3	SV-66001-1"-B3C-F	流量大	1. 前工序水采出量过大 2. 流量调节阀门失控	罐内原料液组成发生变化	设置流量调节阀	可能发生	1. 调小调节阀阀门 2. 定期检修调节阀
		流量小或无	1. 前工序水采出量过小 2. 流量调节阀门失控	罐内原料液组成发生变化	设置流量调节阀	可能发生	1. 调大调节阀阀门 2. 定期检修调节阀
4	SV-66003-1″-B3C-F	流量大	1. 进水管管路流量大 2. 流量调节阀门失控	萃取塔界面太高	设置流量调节阀	可能发生	1. 调小调节阀阀门 2. 定期检修调节阀
		流量小或无	1. 进水管管路流量小 2. 流量调节阀门失控	萃取塔界面太低，油相循环进入混合罐	设置流量调节阀	可能发生	1. 调大调节阀阀门 2. 定期检修调节阀
5	P-66005-1″-A3C-H	流量大	1. 循环物料流量大 2. 流量调节阀门失控	萃取塔界面太低，油相循环进入混合罐	设置流量调节阀	可能发生	1. 调小调节阀阀门 2. 定期检修调节阀
		流量小	1. 循环物料流量小 2. 流量调节阀门失控	萃取塔界面太高	设置流量调节阀	可能发生	1. 调大调节阀阀门 2. 定期检修调节阀
6	P-66011-2″-A3C-F	流量大	1. 泵出口压力大 2. 流量调节阀门失控	预热后温度太低	设置流量调节阀温度报警	可能发生	1. 调小调节阀阀门 2. 定期检修调节阀
		流量小	1. 泵出口压力小 2. 流量调节阀门失控	预热后温度太高	设置流量调节阀温度报警	可能发生	1. 调大调节阀阀门 2. 定期检修调节阀

续表

序号	节点（项目/管线/阶段）	偏差	可能原因	可能产生的后果	设计的措施	可能性	必须采取的措施
7	LS-66001-2″-A1S-H	流量大	流量调节阀门失控	混合罐采出液预热后温度过高	设置流量调节阀	可能发生	1. 调小调节阀阀门 2. 定期检修调节阀
		流量小	流量调节阀门失控	混合罐采出液预热后温度过低	设置流量调节阀	可能发生	1. 调大调节阀阀门 2. 定期检修调节阀
		蒸气压力低	1. 设定值低或系统不稳定 2. 放空阀误开或损坏	进入换热器汽量减少，混合液预热温度低	压力控制器设定自动，并设置压力低报	可能发生	定期检修放空阀
		蒸气压力高	1. 设定值高 2. 壳侧出口阀门未打开或损坏	进入换热器汽量增多，混合液预热温度高；设备损坏	压力控制器设定自动，并设置压力高报；设置安全阀	可能发生	定期检修出口阀
8	3D-664	床层压降大	1. 容器顶部未能及时放空 2. 底部采出量过多 3. N_2 出口流量阀误开或损坏	反应物料停留时间短，反应不完全；催化剂损坏严重	1. 设置安全阀 2. 设置压力高报	可能发生	1. 定期检修放空阀 2. 控制采出量 3. 定期检修 N_2 流量调节阀
		床层压降小	1. 放空阀误开 2. 底部采出量过小	反应物料停留时间过长，处理量太小，影响后续工段操作	设置压力低报	可能发生	1. 定期检修放空阀 2. 控制采出量
9	3D-665	塔压降大	1. 塔釜气提蒸气量过量 2. 填料发生堵塞 3. 塔顶回流调节阀设置错误或损坏	造成塔液泛	1. 设置压力高报 2. 设置塔顶回流调节阀	可能发生	1. 定期检修调节阀 2. 清洗填料
		塔压降小	1. 塔釜气提蒸气量过小 2. 填料装填空隙率太大 3. 塔顶回流调节阀设置错误或损坏	物料停留时间过短，填料不能完全润湿，反应不完全	1. 设置压力低报 2. 设置塔顶回流调节阀	可能发生	定期检修调节阀
		塔釜液位高	1. 塔釜出料阀不稳定或损坏 2. 进料量波动较大，阀门损坏或设置错误 3. 塔釜加热量太小	塔运行不稳定，塔釜产品不合格	1. 设置液位高报 2. 设置塔釜流量调节阀	可能发生	定期检修调节阀
		塔釜液位低	1. 塔釜出料阀不稳定或损坏 2. 进料量波动较大，阀门损坏或设置错误 3. 塔釜加热量太大	塔运行不稳定，塔釜产品不合格	1. 设置液位低报 2. 设置塔釜流量调节阀	可能发生	定期检修调节阀

续表

序号	节点（项目/管线/阶段）	偏差	可能原因	可能产生的后果	设计的措施	可能性	必须采取的措施
10	3E-667	冷凝器储液罐液位高	1. 塔顶采出量太多 2. 冷凝水流量调节阀设置错误或损坏	回流量过大,塔运行不稳定	设置液位高报	可能发生	定期检修调节阀
		冷凝器储液罐液位低	1. 塔顶采出量太少 2. 冷凝水流量调节阀设置错误或损坏	回流量过小,塔运行不稳定	设置液位高报	可能发生	定期检修调节阀
11	LS-66002-3″-A1S-H	流量大	流量调节阀门设定错误或损坏	再沸器气相量大,塔负荷增大	设置流量调节阀	可能发生	1. 调小调节阀阀门 2. 定期检修调节阀
		流量小	流量调节阀门设定错误或损坏	再沸器气相量小，塔釜采出液产品不合格	设置流量调节阀	可能发生	1. 调大调节阀阀门 2. 定期检修调节阀
		蒸气压力低	设定值低或系统不稳定	再沸器气相量小，塔釜采出液产品不合格	压力控制器设定自动，并设置压力低报	可能发生	定期检修调节阀
		蒸气压力高	设定值高	再沸器气相量大,塔负荷增大	压力控制器设定自动，并设置压力高报；设置安全阀	可能发生	定期检修调节阀
12	3D-669	塔压降大	1. 塔釜气提蒸气量过量 2. 填料发生堵塞 3. 塔顶回流调节阀设置错误或损坏	造成塔液泛	1. 设置压力高报 2. 设置塔顶回流调节阀	可能发生	1. 定期检修调节阀 2. 清洗填料
		塔压降小	1. 塔釜气提蒸气量过小 2. 填料装填空隙率太大 3. 塔顶回流调节阀设置错误或损坏	物料停留时间过短，填料不能完全润湿，反应不完全	1. 设置压力低报 2. 设置塔顶回流调节阀	可能发生	定期检修调节阀
		塔釜液位高	1. 塔釜出料阀不稳定或损坏 2. 进料量波动较大，阀门损坏或设置错误 3. 塔釜加热量太小	塔运行不稳定，塔顶产品不合格	1. 设置液位高报 2. 设置塔釜流量调节阀	可能发生	定期检修调节阀

续表

序号	节点（项目/管线/阶段）	偏差	可能原因	可能产生的后果	设计的措施	可能性	必须采取的措施
12	3D-669	塔釜液位低	1. 塔釜出料阀不稳定或损坏 2. 进料量波动较大，阀门损坏或设置错误 3. 塔釜加热量太大	塔运行不稳定，塔釜产品不合格	1. 设置液位低报 2. 设置塔釜流量调节阀	可能发生	定期检修调节阀
13	3E-672	冷凝器储液罐液位高	1. 塔顶采出量太多 2. 冷凝水流量调节阀设置错误或损坏	回流量过大，塔运行不稳定	设置液位高报	可能发生	定期检修调节阀
		冷凝器储液罐液位低	1. 塔顶采出量太少 2. 冷凝水流量调节阀设置错误或损坏	回流量过小，塔运行不稳定	设置液位高报	可能发生	定期检修调节阀
14	LS-66003-4″-A1S-H	流量大	流量调节阀门设定错误或损坏	再沸器气相量大，塔负荷增大	设置流量调节阀	可能发生	1. 调小调节阀阀门 2. 定期检修调节阀
		流量小	流量调节阀门设定错误或损坏	再沸器气相量小，塔釜采出液产品不合格	设置流量调节阀	可能发生	1. 调大调节阀阀门 2. 定期检修调节阀
		蒸气压力低	设定值低或系统不稳定	再沸器气相量小，塔釜采出液产品不合格	压力控制器设定自动，并设置压力低报	可能发生	定期检修调节阀
		蒸气压力高	设定值高	再沸器气相量大，塔负荷增大	压力控制器设定自动，并设置压力高报；设置安全阀	可能发生	定期检修调节阀

表 7-18 分析化验项目

采样点	分析项目	控制指标(质量分数)/%	分析频率/(次/天)	分析方法
混合罐出料	苯	8～12	1	气相色谱
固定床反应器水解液	苯	8～12	3	气相色谱
	水	20～26		
	醋酸甲酯	40～43		
	甲醇	8～12		
	醋酸	8～12		
催化精馏塔回流液	苯	15～20	1	气相色谱
	醋酸甲酯	65～75		
	甲醇	5～15		
催化精馏塔塔釜液相	醋酸甲酯	0.5～1	3	气相色谱
	甲醇	15～20		
	水	45～55		
	醋酸	30～40		
甲醇回收塔回流液	甲醇	45～50	1	气相色谱
	醋酸甲酯	45～55		
甲醇回收塔侧线采出液	甲醇	90～99	3	气相色谱
	醋酸甲酯	1～5		
甲醇回收塔塔釜液相	水	45～50	3	气相色谱
	醋酸	30～45		
	甲醇	0.5～1.5		

7.3.8 工艺管道及仪表流程图（P&ID）

工艺管道及仪表流程图见图 7-18～图 7-20。

7.3.9 建议的设备布置图及说明

7.3.9.1 布置原则

① 满足生产工艺布置的合理性，结合地形、地貌、气象等条件，建筑物按功能划分为不同的功能区域，进行分区布置。

② 设施布置力求集中、紧凑、合理简化，尽量减少占地面积。

③ 满足生产运输工艺的要求，并使物流、人流线路合理，同时符合防火、卫生、防爆、防震等要求。

④ 加大环境保护投入，重视“三废”处理，提高厂区绿化面积，适当美化环境。

7.3.9.2 设备布置图

参照装置设备布置设计的基本原则，对本工艺包设计主要设备进行初步的工程布置，主要包括塔器、换热器和泵的空间布置。图 7-21～图 7-24 为平面示意图，图 7-25 为主要设备立面布置图。从图 7-25 可以看出所有设备分布在四个平面上，0m 平面是设备的主要分布平面，西北角主要设备包括反应精馏塔、甲醇塔及其相应的塔釜再沸器，靠南位置是所有泵设

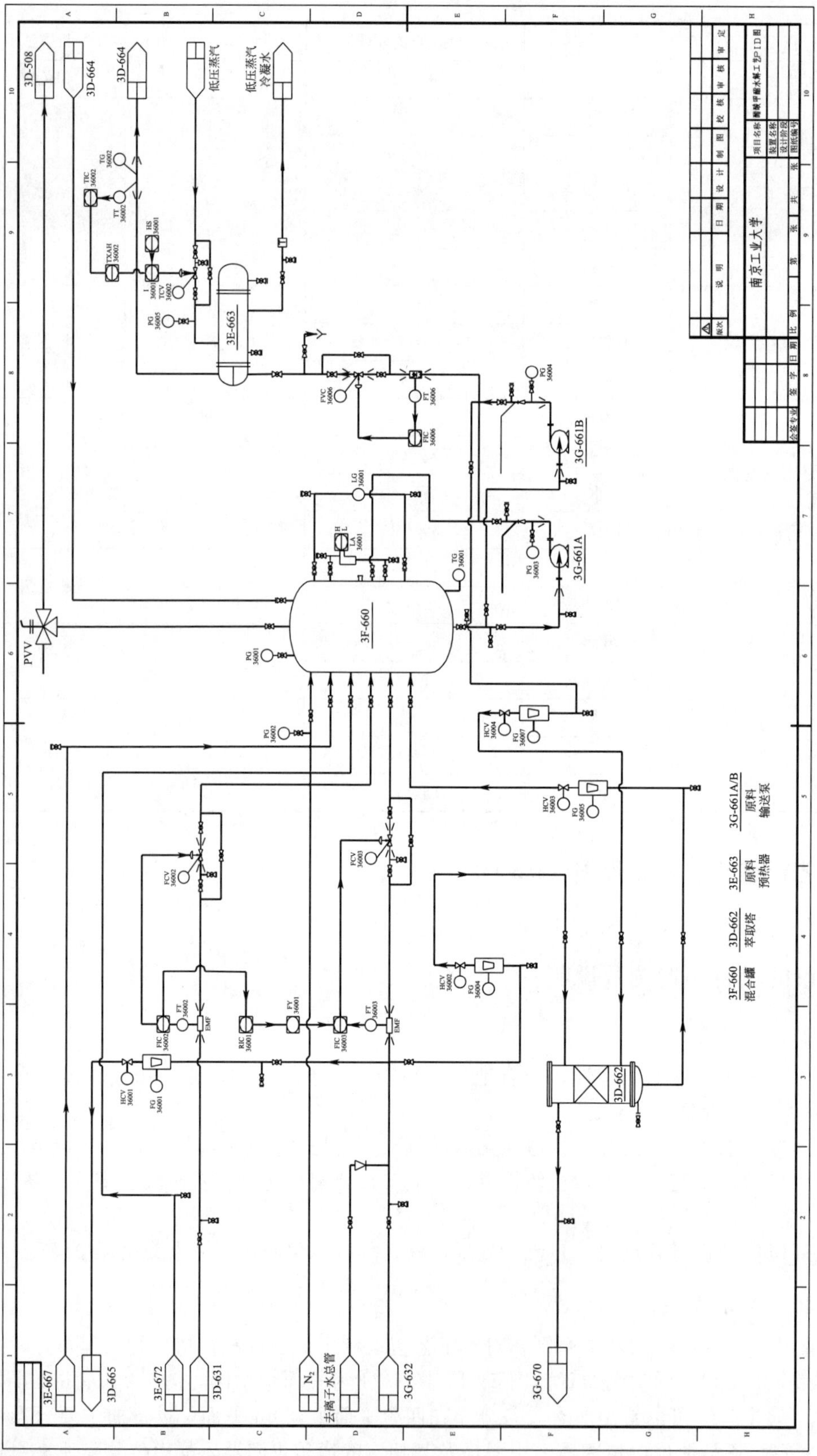

图 7-18 原料混合罐及萃取塔工艺管道及仪表流程图

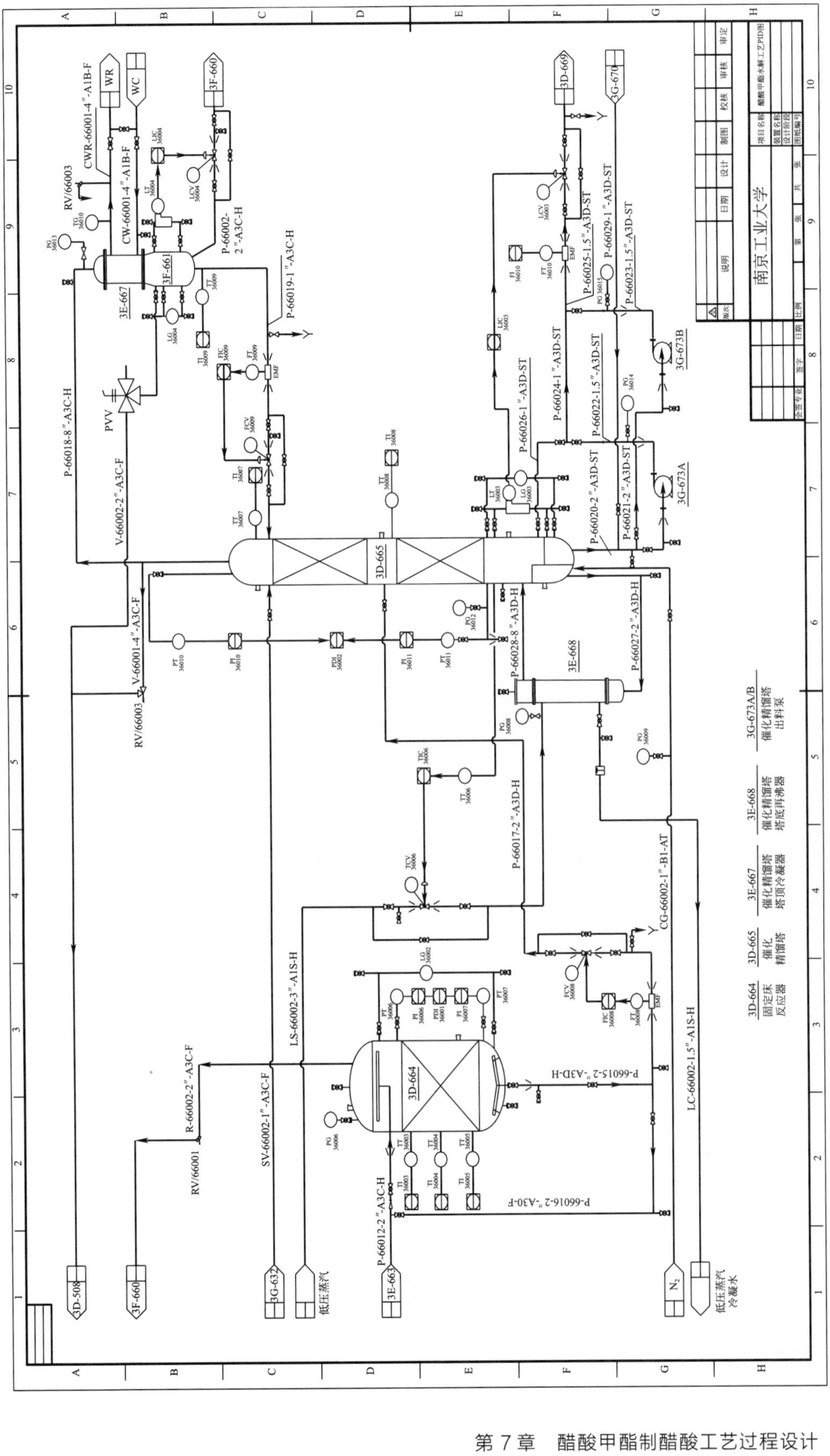

图 7-19　固定床反应器及催化精馏塔工艺管道及仪表流程图

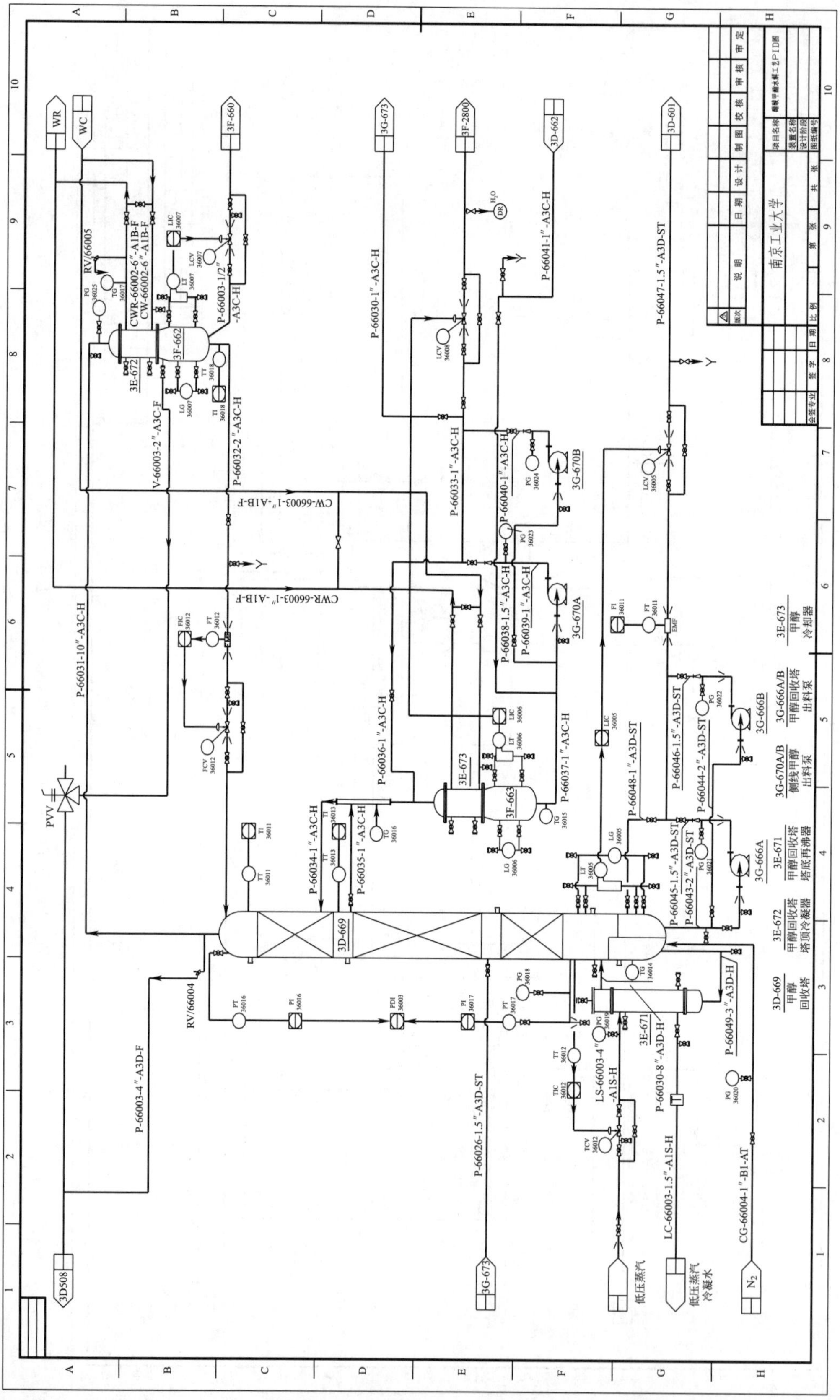

图 7-20 甲醇回收塔工艺管道及仪表流程图

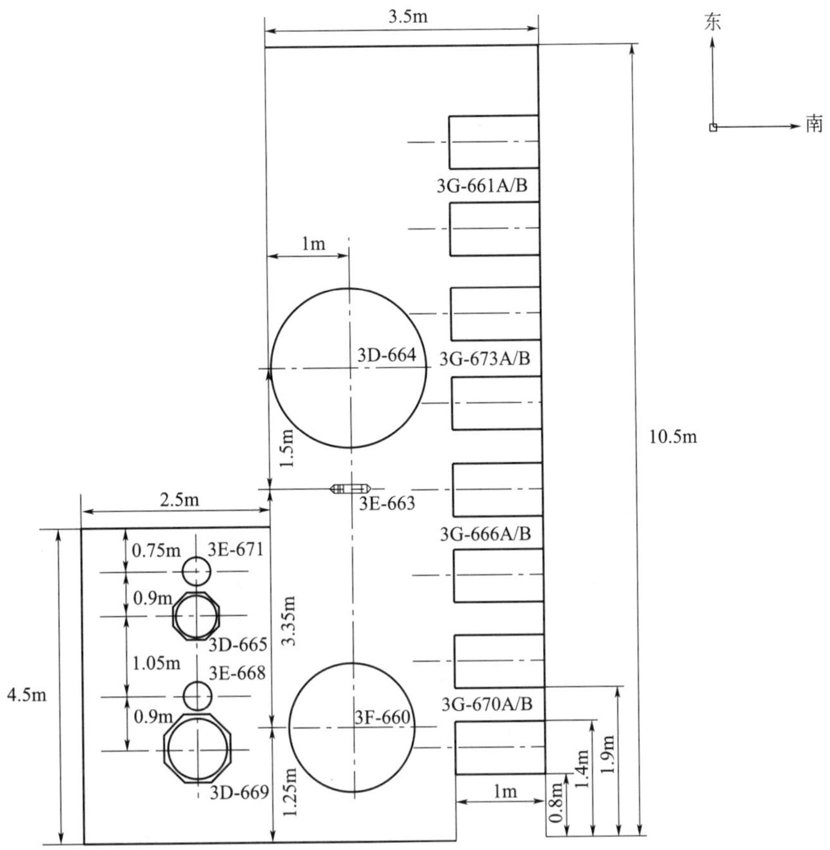

图 7-21　主要设备布置平面图（+0.00m 平面）

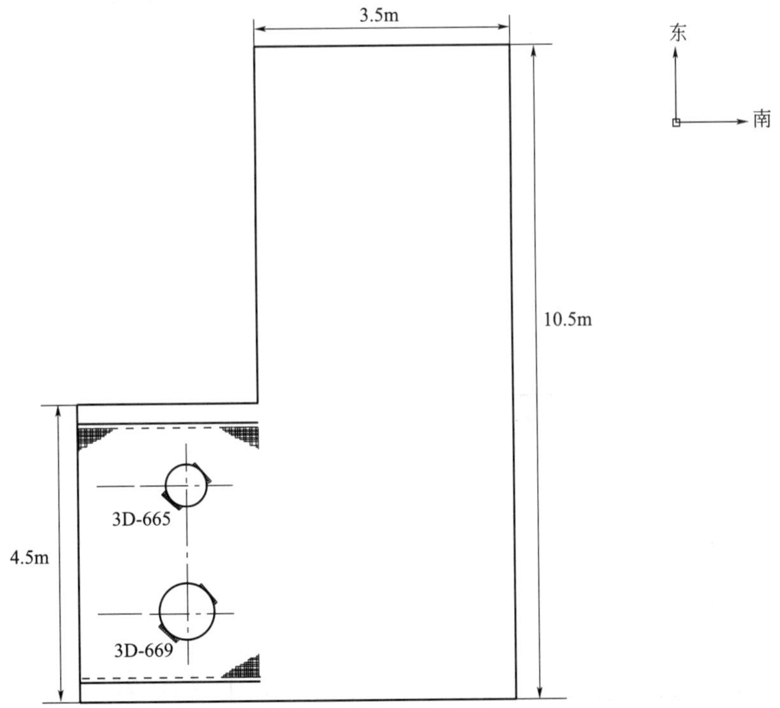

图 7-22　主要设备布置平面图（+5.00m 平面）

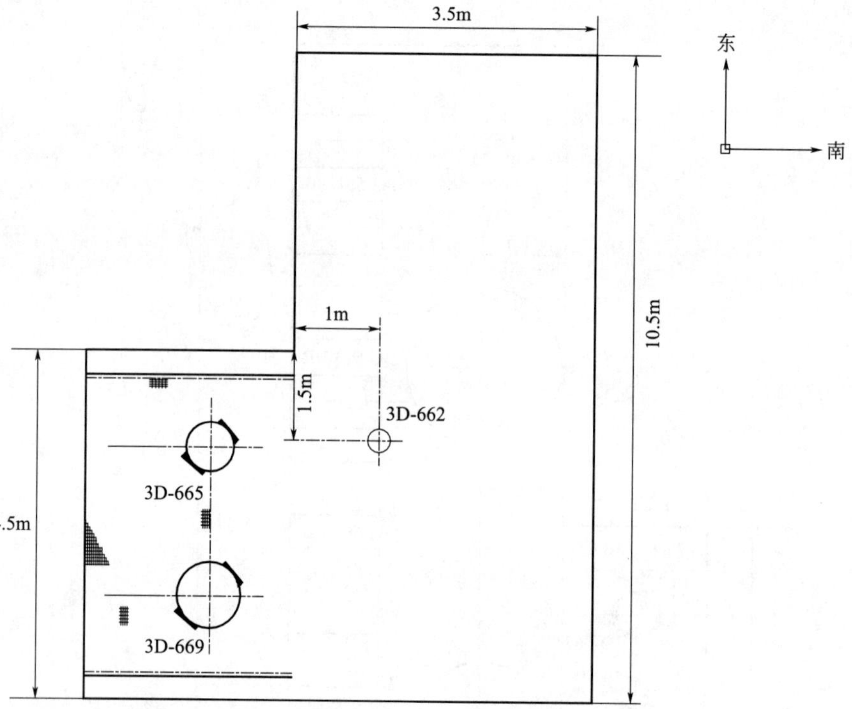

图 7-23 主要设备布置平面图（+10.00m 平面）

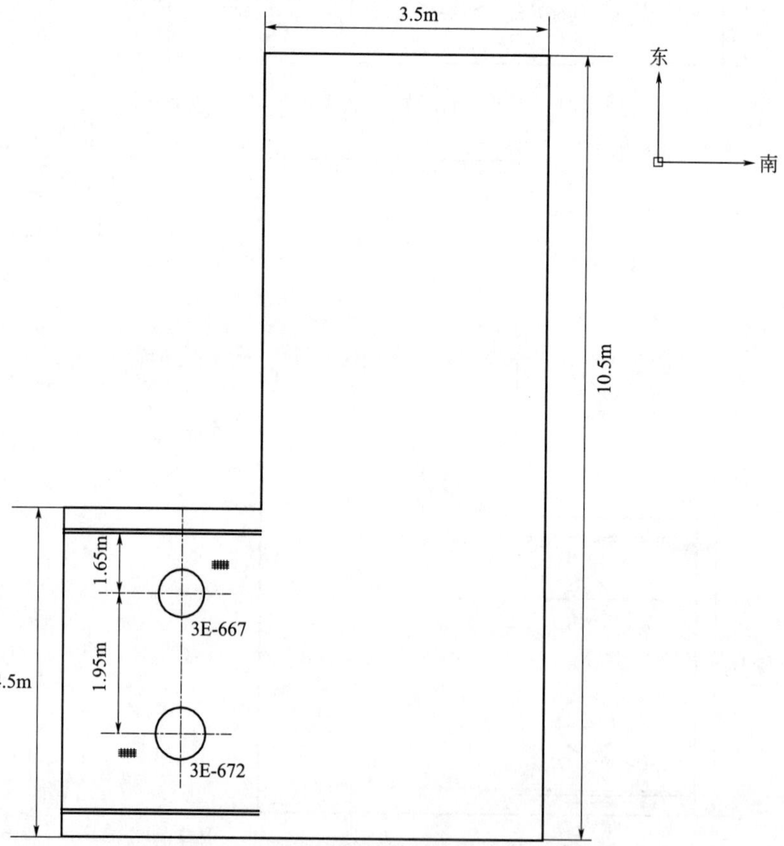

图 7-24 主要设备布置平面图（+20.00m 平面）

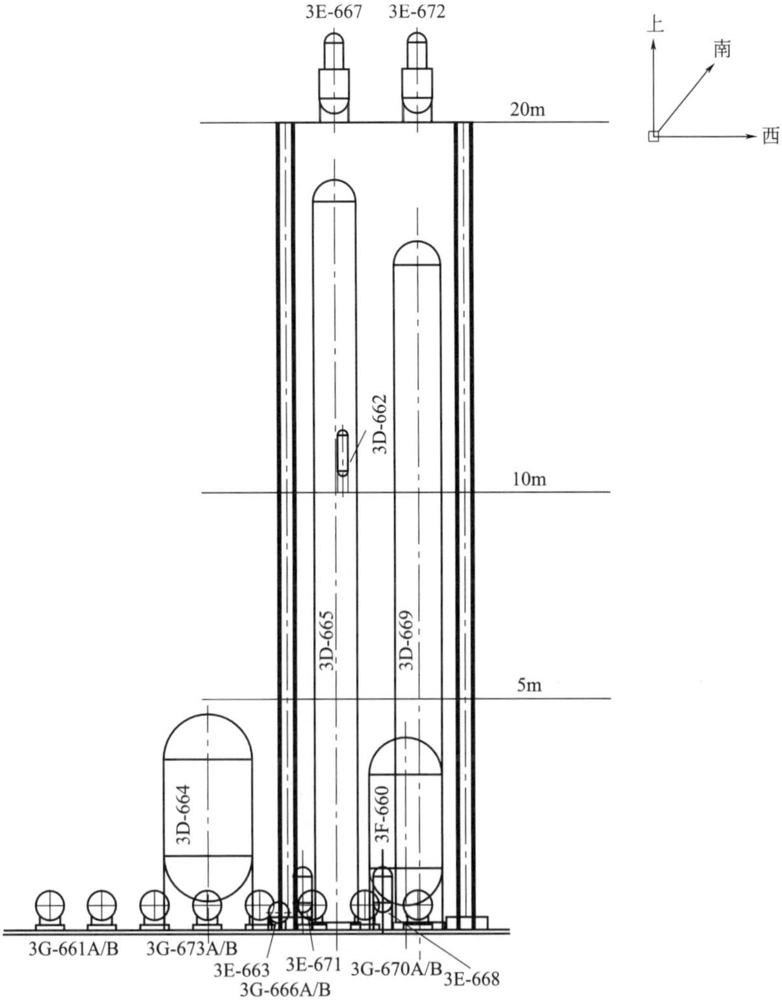

图 7-25　主要设备立面布置图

备的摆放区，中部是混合罐、固定床反应器和 3E-663 原料预热器布置区域；10m 平面中部位置放置 3D-662 萃取塔；20m 平面分别在两塔正上方放置塔顶冷凝器。

7.3.10　工艺设备表

工艺设备表见表 7-19。

表 7-19　工艺设备表

<table>
<tr><td colspan="10">(1)塔器</td></tr>
<tr><td rowspan="2">位号</td><td rowspan="2">名称</td><td rowspan="2">数量</td><td>外形尺寸/mm</td><td rowspan="2">材料</td><td rowspan="2">工艺介质</td><td rowspan="2">操作压力（顶/底）/MPa</td><td rowspan="2">操作温度（顶/底）/℃</td><td rowspan="2">填料类型</td><td rowspan="2">填料体积/m³</td></tr>
<tr><td>内径×高×壁厚</td></tr>
<tr><td>3D-662</td><td>萃取塔</td><td>1</td><td>ϕ250×2300×10</td><td>304L</td><td>水、醋酸甲酯、苯</td><td>0.11/0.12</td><td>45.0/45.1</td><td>BX-500</td><td>0.1</td></tr>
<tr><td>3D-665</td><td>催化精馏塔</td><td>1</td><td>ϕ900×9500×10
ϕ900×8000×10</td><td>316L</td><td>水、醋酸、醋酸甲酯、甲醇、苯</td><td>0.10/0.12</td><td>55.4/92.3</td><td>反应段：捆扎包；提馏段：BX-500</td><td>反应段:5.1
提馏段:2.6</td></tr>
</table>

续表

(1)塔器

位号	名称	数量	外形尺寸/mm	材料	工艺介质	操作压力(顶/底)/MPa	操作温度(顶/底)/℃	填料类型	填料体积/m^3
			内径×高×壁厚						
3D-669	甲醇回收塔	1	ϕ1000×14000×10	316L	水、醋酸、甲醇、醋酸甲酯等	0.10/0.12	55.8/106.3	BX-500	6.5

(2)反应器

位号	设备名称	容积/m^3	尺寸/mm	压力/MPa		设计温度/℃		催化剂体积/m^3	材质
			直径×高	设计	操作	设计	操作		
3D-664	固定床反应器	11.3	ϕ2000×3600	1.0	0.65	120	70	6.3	304L

(3)换热器

位号	名称	数量	外形尺寸/mm	材料	工艺介质	程数	压力(壳/管)		温度/℃			换热面积/m^2
			直径×高				操作/MPa	设计/MPa	壳程(进口/出口)	管程(进口/出口)	设计(管程/壳程)	
3E-663	原料预热器	1	ϕ219×3000	壳程:碳钢 管程:316L	壳程:低压蒸汽 管程:醋酸甲酯+水+苯	壳程:1 管程:1	0.45/0.65	0.7/0.9	148/148	45.2/70	149/185	5.7
3E-667	反应精馏塔冷凝器	1	ϕ800×3000	壳程:碳钢 管程:316L	壳程:冷却水 管程:醋酸甲酯+甲醇+苯	壳程:1 管程:1	0.55/0.1	0.8/0.3	33/43	57.5/55.5	149/60	106.3
3E-668	反应精馏塔再沸器	1	ϕ450×3000	壳程:碳钢 管程:316L	壳程:水 管程:水+醋酸+甲醇	壳程:1 管程:1	0.45/0.12	0.7/0.3	148/148	80.6/92.3	149/185	30.7
3E-672	甲醇回收塔冷凝器	1	ϕ1000×3000	壳程:碳钢 管程:316L	壳程:冷却水 管程:醋酸甲酯+甲醇	壳程:1 管程:4	0.55/0.1	0.8/0.3	33/43	59.1/55.6	149/60	170.5
3E-671	甲醇回收塔再沸器	1	ϕ700×3000	壳程:碳钢 管程:316L	壳程:低压蒸汽 管程:醋酸+水	壳程:1 管程:1	0.45/0.12	0.7/0.3	148/148	103.9/105.6	149/185	80.0
3E-673	甲醇冷却器	1	ϕ219×1500	壳程:碳钢 管程:316L	壳程:冷却水 管程:甲醇	壳程:1 管程:1	0.55/0.11	0.8/0.3	33/43	66.5/45.0	149/60	2.7

(4)泵

位号	型式	流量/(m^3/h)		压力/MPa		功率/kW	转速/(r/min)	材质
		额定	正常	吸入	排出			
3G-661A/B	离心式	12.5	5.8	0.12	0.80	11	2900	304L
3G-673 A/B	离心式	6.3	2.9	0.12	0.55	7.5	2900	316L
3G-666 A/B	离心式	6.3	2.3	0.12	0.81	7.5	2900	316L
3G-670 A/B	离心式	3.1	0.6	0.11	0.60	5.0	2900	304L

(5)储罐

位号	设备名称	容积/m^3	尺寸/mm	压力/MPa		设计温度/℃		材质
			直径×高	设计	操作	设计	操作	
3F-660	原料混合罐	7.2	ϕ1500×4000	0.30	0.20	100	45	304L
3F-661	催化精馏塔回流罐	1.0	ϕ800×2000	0.30	0.10	100	56	304L
3F-662	甲醇回收塔回流罐	1.3	ϕ900×2000	0.30	0.10	100	56	304L
3F-663	甲醇缓冲罐	0.2	ϕ273×2000	0.30	0.10	100	45	304L

7.3.11 工艺设备

7.3.11.1 工艺设备说明

固定床反应器又称填充床反应器，是装填有固体催化剂或固体反应物用以实现多相反应过程的一种反应器。固体物通常呈颗粒状，粒径 2～15mm，堆积成一定高度（或厚度）的床层。床层静止不动，流体通过床层进行反应。它与流化床反应器及移动床反应器的区别在于固体颗粒处于静止状态。固定床反应器主要用于实现气固相催化反应和液固相催化反应。固定床反应器的优点是：①返混小，流体同催化剂可进行有效接触，当反应伴有串联副反应时可得较高选择性；②催化剂机械损耗小；③结构简单。固定床反应器的缺点是：①传热差，反应放热量很大时，即使是列管式反应器也可能出现飞温（反应温度失去控制，急剧上升，超过允许范围）；②操作过程中催化剂不能更换，催化剂需要频繁再生的反应一般不宜使用，常代之以流化床反应器或移动床反应器。固定床反应器中的催化剂不限于颗粒状，网状催化剂早已应用于工业上。

换热器的类型很多，每种型式都有特定的应用范围。在某一种场合下性能很好的换热器，如果换到另一种场合可能传热效果和性能会有很大的改变。因此，针对具体情况正确地选择换热器的类型，是很重要的。换热器选型时需要考虑的因素是多方面的，主要有：①热负荷及流量大小；②流体的性质；③温度、压力及允许压降的范围；④对清洗、维修的要求；⑤设备结构、材料、尺寸、重量；⑥价格、使用安全性和寿命。

在换热器选型中，除考虑上述因素外，还应对结构强度、材料来源、加工条件、密封性、安全性等方面加以考虑。所有这些又常常是相互制约、相互影响的，通过设计的优化加以解决。针对不同的工艺条件及操作工况，有时使用特殊型式的换热器或特殊的换热管，以实现降低成本的目的。因此，应综合考虑工艺条件和机械设计的要求，正确选择合适的换热器型式来有效地减少工艺过程的能量消耗。对工程技术人员而言，在设计换热器时，对于型式的合理选择、经济运行和降低成本等方面应有足够的重视，必要时，还得通过计算来进行技术经济指标分析、投资和操作费用对比，从而使设计达到该具体条件下的最佳设计。

管壳式换热器的应用范围很广，适应性很强，其允许压力可以从高真空到 41.5MPa，温度可以从－100℃以下到 1100℃高温。此外，它还具有容量大、结构简单、造价低廉、清洗方便等优点，因此本工艺中换热器选择管壳式换热器。

根据塔器选型的一般原则，设计催化精馏塔为填料塔，反应段填料采用工业上催化精馏广泛使用的捆扎包装填方式，提馏段采用 BX-500 金属丝网波纹填料；甲醇回收塔选用 BX-500 金属丝网波纹填料。

捆扎包装填方式采用美国化学研究特许公司提出的催化剂袋装方式，即把催化剂颗粒装入一定形状的袋子中，再规整地布于塔内，装填催化剂的袋子可根据反应体系的不同而采用玻璃纤维、化学合成纤维以及金属丝网等，并与弹性构件一起构成催化蒸馏元件，较适宜的弹性构件是编织的不锈钢网等。催化剂捆扎包催化蒸馏元件如图 7-26 所示，它是把催化剂装入玻璃布缝成的小袋中，然后与金属丝网一起卷成圆柱状，再有规则地放入催化精馏塔中。这种装填方式的优点是单位塔体积催化剂装填量较大。

BX-500 金属丝网波纹填料具有如下特点：

第一，理论板数高，通量大，压力降低；

第二，低负荷性能好，理论板数随气体负荷的降低而增加，几乎没有低负荷极限；

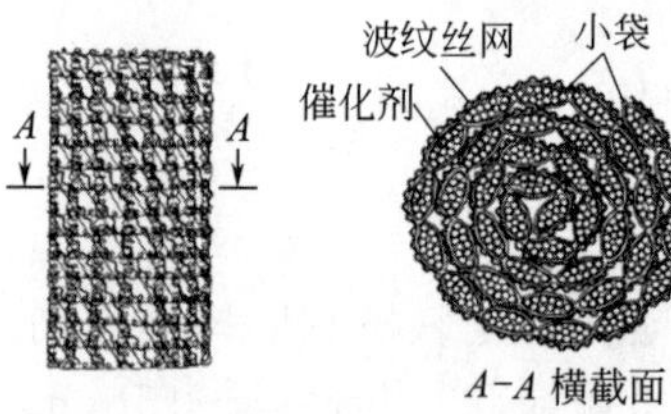

图 7-26 催化剂捆扎包结构

第三，操作弹性大；放大效应不明显；

第四，能够满足精密、大型、高真空精馏装置的要求，为难分离物系、热敏性物系及高纯度产品的精馏分离提供了有利的条件。

BX-500 金属丝网波纹填料特性数据见表 7-20。

表 7-20 BX-500 金属丝网波纹填料特性数据

比表面积/(m^2/m^3)	波纹倾角	水力直径/mm	峰高/mm	孔隙率/%
500	30°	7.5	6.3	95

7.3.11.2 工艺设备数据表

工艺设备较多，以 3F-661 回流罐、3D-662 萃取塔、3E-663 原料预热器、3D-664 固定床反应器、3D-665 催化精馏塔、3D-669 甲醇回收塔为例进行介绍（见表 7-21）。

表 7-21 工艺设备数据

(1)3F-661 回流罐		
3F-661 设备概况		
进料和产品物流数据		
物流	液相进料	
编号		
相态	液相	气相
设计流量/(kg/h)	3402.0	
操作范围(设计量)/%	25～130	
压力/MPa	0.10	
温度/℃	55.5	
密度/(kg/m^3)	894.5	
黏度/cP	0.3280	
组成(质量分数)/%		
水	4.16	
醋酸	0.10	
醋酸甲酯	71.01	
甲醇	7.06	
苯	17.64	
醋酸正丙酯	0.04	

出料和产品物流数据				
物流	液相出料			
编号	9		10	
相态	液相	气相	液相	气相
设计流量/(kg/h)	567.0		2835.0	
操作范围(设计量)/%	25～130		25～130	
压力/MPa	0.10		0.10	
温度/℃	55.5		55.5	
密度/(kg/m^3)	894.5		894.5	
黏度/cP	0.3280		0.3280	
组成(质量分数)/%				
水	4.16		4.16	
醋酸	0.10		0.10	
醋酸甲酯	71.01		71.01	
甲醇	7.06		7.06	
苯	17.64		17.64	
醋酸正丙酯	0.04		0.04	
3F-661 回流罐结构数据				
混合罐高度/mm	2000	人孔内径/mm		
内径/mm	800			
材料	304L			
腐蚀裕量/mm	0.5			
操作压力/MPa	0.10			
操作温度/℃	55.5			
设备简图				

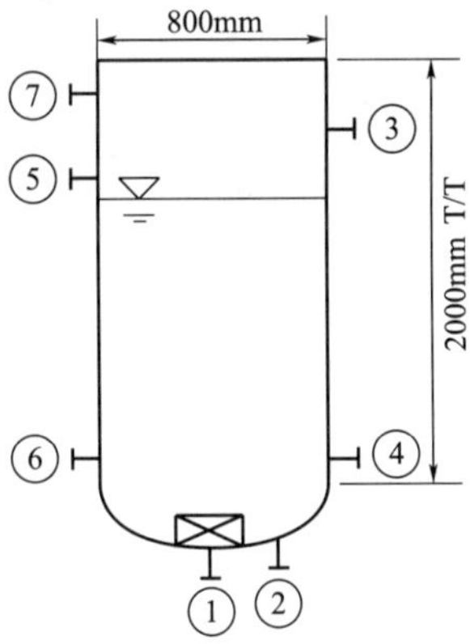

备注					
管路	公称直径/in	说明	管路	公称直径/in	说明
1	2	回流管	5	2	液位检测
2	2	至 3F-660	6	2	液位检测
3	2	液位测量	7	2	放空
4	2	液位测量			

<table>
<tr><td colspan="5">(2)3D-662 萃取塔</td></tr>
<tr><td colspan="5">3D-662 塔体概况</td></tr>
<tr><td colspan="5">进料和产品物流数据</td></tr>
<tr><td>物流</td><td colspan="2">油相进料</td><td colspan="2">水相进料</td></tr>
<tr><td>编号</td><td colspan="2">17</td><td colspan="2">18</td></tr>
<tr><td>进料位置上部传质单元数</td><td colspan="2">2</td><td colspan="2">0</td></tr>
<tr><td>相态</td><td>液相</td><td>气相</td><td>液相</td><td>气相</td></tr>
<tr><td>设计流量/(kg/h)</td><td>55.4</td><td></td><td>82.0</td><td></td></tr>
<tr><td>操作范围(设计量)/%</td><td colspan="2">25～130</td><td colspan="2">25～130</td></tr>
<tr><td>温度/℃</td><td colspan="2">45.2</td><td colspan="2">40.0</td></tr>
<tr><td>密度/(kg/m^3)</td><td>910.9</td><td></td><td>978.9</td><td></td></tr>
<tr><td>黏度/cP</td><td>0.3669</td><td></td><td>0.6711</td><td></td></tr>
<tr><td colspan="5">组成(质量分数)/%</td></tr>
<tr><td>水</td><td>28.0</td><td></td><td>100.0</td><td></td></tr>
<tr><td>醋酸</td><td>0.1</td><td></td><td>0.0</td><td></td></tr>
<tr><td>醋酸甲酯</td><td>57.7</td><td></td><td>0.0</td><td></td></tr>
<tr><td>甲醇</td><td>4.4</td><td></td><td>0.0</td><td></td></tr>
<tr><td>苯</td><td>9.7</td><td></td><td>0.0</td><td></td></tr>
<tr><td>醋酸正丙酯</td><td>0.1</td><td></td><td>0.0</td><td></td></tr>
<tr><td colspan="5">出料和产品物流数据</td></tr>
<tr><td>物流</td><td colspan="2">塔釜液相出料</td><td colspan="2">塔顶液相出料</td></tr>
<tr><td>编号</td><td colspan="2">19</td><td colspan="2">20</td></tr>
<tr><td>进料位置上部传质单元数</td><td colspan="2">2</td><td colspan="2">0</td></tr>
<tr><td>相态</td><td>液相</td><td>气相</td><td>液相</td><td>气相</td></tr>
<tr><td>设计流量/(kg/h)</td><td>126.7</td><td></td><td>9.7</td><td></td></tr>
<tr><td>操作范围(设计量)/%</td><td colspan="2">25～130</td><td colspan="2">25～130</td></tr>
<tr><td>温度/℃</td><td colspan="2">45.1</td><td colspan="2">45.0</td></tr>
<tr><td>密度/(kg/m^3)</td><td>953.0</td><td></td><td>883.5</td><td></td></tr>
<tr><td>黏度/cP</td><td>0.5004</td><td></td><td>0.3654</td><td></td></tr>
<tr><td colspan="5">组成(质量分数)/%</td></tr>
<tr><td>水</td><td>76.6</td><td></td><td>1.3</td><td></td></tr>
<tr><td>醋酸</td><td>0.1</td><td></td><td>0.0</td><td></td></tr>
<tr><td>醋酸甲酯</td><td>21.2</td><td></td><td>46.4</td><td></td></tr>
<tr><td>甲醇</td><td>1.9</td><td></td><td>0.1</td><td></td></tr>
<tr><td>苯</td><td>0.2</td><td></td><td>51.8</td><td></td></tr>
<tr><td>醋酸正丙酯</td><td>0.0</td><td></td><td>0.5</td><td></td></tr>
<tr><td colspan="5">塔结构数据</td></tr>
<tr><td>整塔高度/mm</td><td>2300</td><td></td><td colspan="2"></td></tr>
<tr><td>污水折流板</td><td>无</td><td>内部再沸器</td><td colspan="2">无</td></tr>
<tr><td>塔顶除沫器</td><td>无</td><td>内部冷凝器</td><td colspan="2">无</td></tr>
<tr><td>内径/mm</td><td colspan="4">250</td></tr>
<tr><td>材料</td><td colspan="4">304L</td></tr>
<tr><td>填料类型</td><td colspan="4">BX-500</td></tr>
<tr><td>腐蚀裕量/mm</td><td colspan="4">0.1</td></tr>
<tr><td>操作压力/MPa</td><td colspan="4">0.10</td></tr>
<tr><td rowspan="2">操作温度/℃</td><td colspan="2">顶部</td><td colspan="2">底部</td></tr>
<tr><td colspan="2">45.0</td><td colspan="2">45.1</td></tr>
</table>

设备简图

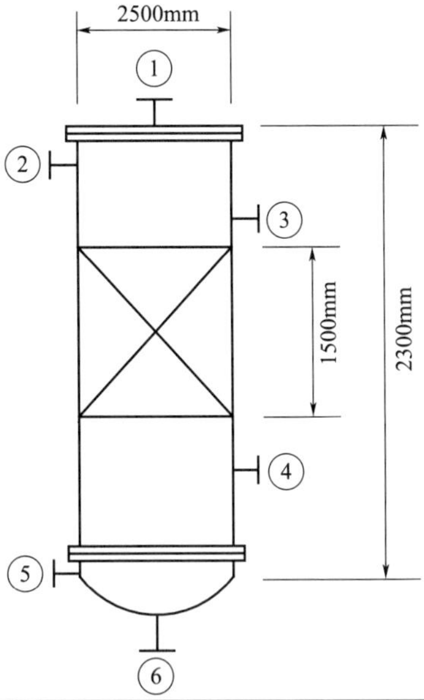

备注

管路	公称直径/in	说明	管路	公称直径/in	说明
1	1	放空管口	4	1	油相进料
2	1	萃取塔塔顶出料	5	1	备用管口
3	1	萃取剂水进料	6	1	萃取塔塔釜出料

(3)3E-663

3E-663 原料预热器

原料预热器性能数据

设备尺寸　　mm	设备型式　NKN	安装方位　H	连接方式并联　台,串联　台	
总传热面积 5.7(m^2)	单台面积　5.7(m^2)		单台翅片面积　　m^2	
原料预热器台数 1 台	其中使用　1　台,备用　　台		设备空重/充水重　　kg/台	
流体位置	壳侧		管侧	
流体名称	蒸汽＋凝液		醋酸甲酯＋水	
流体流量/(kg/h)	190.6		5140.3	
汽流量(进/出)/(kg/h)	190.6			
液流量(进/出)/(kg/h)		190.6	5140.3	5140.3
温度(进/出)/℃	148	148	45.2	70.0
密度(液/气)/(kg/m^3)			936.46	898.35
黏度(液/气)/(mPa·s)			0.4778	0.341
比热容(液/气)/[kJ/(kg·℃)]			10.986	7.3019
热导率(液/气)/[W/(m·℃)]			0.1707	0.1595
入口压力(表)/MPa(G)	0.35		0.55	
流速/(m/s)				
压降(允许/计算)/kPa			15.00	0.00
污垢系数/(m^2·℃/W)	0.000086		0.000172	
给热系数/[W/(m^2·℃)]				
金属壁温/℃				
热负荷/kW	111.2			
传热平均温差(校正)/℃				
总传热系数/[W/(m^2·℃)]	清洁时计算值		采用值	

原料预热器结构数据			
管子规格：　管数/台	管外径　mm	管壁厚　mm	管子长度　mm
管心距　mm	管排列度	管型式光管	管子材质 316L
壳体规格：壳内径　mm	壳体是否有膨胀节　有/无	有无防冲板	壳体材质碳钢
折流板类型：	型式 | 切口　% | 块数	板间距　mm	切口方向
	壳侧	管侧	简图(表示管束和接管方位)
设计压力(表)/MPa(G)	0.6	0.8	
最高/低工作压力/MPa(G)			
设计温度/℃	185	149	
最高/低工作温度/℃			
每台程数			
腐蚀裕量/mm	1.5	0.1	
保温或保冷	保温	保温	
入口接管(直径×数量)/mm	法兰规格　40×1	50×1	
出口接管(直径×数量)/mm	法兰规格　25×1	50×1	
放空接管直径/mm	法兰规格　25×1		
排净接管直径/mm	法兰规格　25×1		

3E-663 设备简图

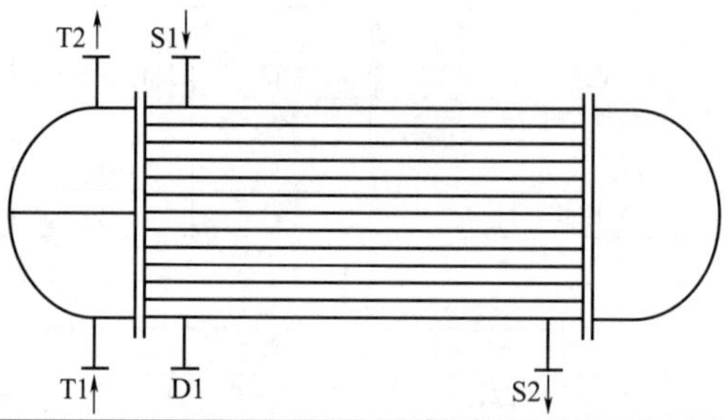

管口表

符号	公称尺寸 DN/mm	公称压力 PN/MPa(G)	连接标准	法兰类型/密封面形式	用途
T1	50	2.0	SH 3406—2022	WN/RF	管侧入口管线口
T2	50	2.0	SH 3406—2022	WN/RF	管侧出口管线口
S1	40	2.0	SH 3406—2022	WN/RF	壳侧入口管线口
S2	25	2.0	SH 3406—2022	WN/RF	壳侧出口管线口
D1	25	2.0	SH 3406—2022	WN/RF	壳侧放净口

物理性质：冷管壁(醋酸甲酯＋水)

(参考压力 p_1＝0.65MPa)

温度/℃	45.2	47.08	49.02	51.02	53.09	57.45	59.76	62.16	67.28	70
热负荷/(kJ/kg)	−8401.8	−8381.3	−8360.9	−8340.5	−8320.0	−8279.2	−8258.8	−8238.3	−8197.5	−8177
气相质量分率	0	0	0	0	0	0	0	0	0	0
液相性质										
密度/(kg/m^3)	936.46	933.93	931.3	928.58	925.76	919.76	916.57	913.23	906.07	902.22
黏度/(mN·s/m^2)	0.4778	0.4647	0.4517	0.4389	0.4262	0.4012	0.3889	0.3768	0.3528	0.341
热导率/[W/(m·℃)]	0.1707	0.1699	0.169	0.1681	0.1671	0.1652	0.1641	0.1631	0.1607	0.1595
焓/(kJ/kg)	−8401.8	−8381.3	−8360.9	−8340.5	−8320	−8279.2	−8258.8	−8238.3	−8197.5	−8177
比热容/[kJ/(kg·℃)]	10.986	10.662	10.332	9.9987	9.6621	8.9828	8.6422	8.3024	7.6299	7.2998
表面张力/(mN/m)	50.344	50.034	49.715	49.386	49.047	48.331	47.953	47.56	46.724	46.279
临界压力/kPa	0	0	0	0	0	0	0	0	0	0
潜热/(kJ/kg)	0	0	0	0	0	0	0	0	0	0

(4)3D-664 固定床反应器			
3D-664 固定床反应器概况			
进料和产品物流数据			
物流	液相进料		
编号	6		
相态	液相	气相	
设计流量/(kg/h)	5140.3		
操作范围(设计量)/%	25～130		
压力/MPa	0.65		
温度/℃	70.0		
密度/(kg/m^3)	902.4		
黏度/cP	0.3399		
组成(质量分数)/%			
水	28.0		
醋酸	0.1		
醋酸甲酯	57.7		
甲醇	4.4		
苯	9.7		
醋酸正丙酯	0.1		
出料和产品物流数据			
物流	固定床反应器底部出料		
编号	7		
相态	液相	气相	
设计流量/(kg/h)	5140.3		
操作范围(设计量)/%	25～130		
压力/MPa	0.60		
温度/℃	70.0		
密度/(kg/m^3)	893.8		
黏度/cP	0.3601		
组成(质量分数)/%			
水	24.4		
醋酸	12.0		
醋酸甲酯	43.0		
甲醇	10.7		
苯	9.7		
醋酸正丙酯	0.1		
反应器结构数据			
整塔高度/mm	3600	人孔内径/mm	500
污水折流板	无	内部再沸器	无
塔顶除沫器	无	内部冷凝器	无
内径/mm	2000		
材料	316L		
腐蚀裕量/mm	1.5		
操作压力/MPa	0.65～0.60		
操作温度/℃	顶部	底部	
	70.0	70.0	

续表

设备简图

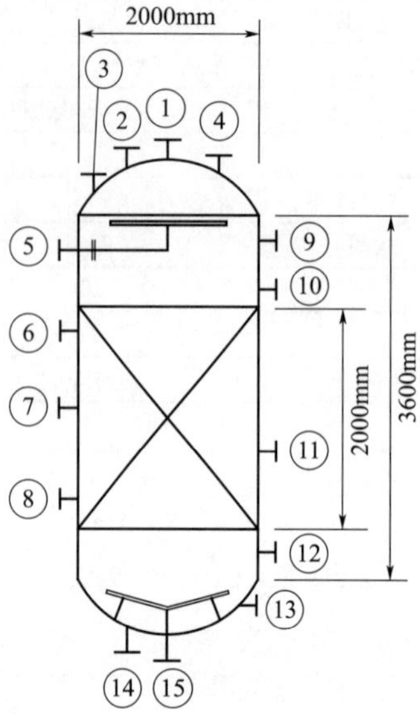

备注

管路	公称直径/in	说明	管路	公称直径/in	说明
1	1	备用管口	9	2	液位检测
2	18	人孔	10	2	压力测量
3	2	压力检测	11	20	人孔
4	2	到 3F-660 循环	12	2	压力测量
5	2	液相进料	13	2	液位检测
6	2	温度检测	14	2	出料备用管口
7	2	温度检测	15	2	反应器底部出料
8	2	温度检测			

(5)3D-665 催化精馏塔

3D-665 塔体概况						
进料和产品物流数据						
物流	水进料		液相进料		塔顶回流	
编号	21		7		9	
进料位置上部传质单元数	1		12		0	
相态	液相	气相	液相	气相	液相	气相
设计流量/(kg/h)	150.0		5140.3		567.0	
操作范围(设计量)/%	25～130		25～130		25～130	
压力/MPa						
温度/℃	40.0		70.0		55.5	
密度/(kg/m^3)	978.9		893.8		894.5	
黏度/cP	0.6711		0.3601		0.3280	
组成(质量分数)/%						
水	100.0		24.4		4.2	
醋酸	0.0		12.0		0.1	
醋酸甲酯	0.0		43.0		71.0	
甲醇	0.0		10.7		7.1	
苯	0.0		9.7		17.6	
醋酸正丙酯	0.0		0.1		0.0	

出料和产品物流数据				
物流	塔釜液相		塔顶气相	
编号	11		8	
进料位置上部传质单元数	19		0	
相态	液相	气相	液相	气相
设计流量/(kg/h)	2455.3			3402.0
操作范围(设计量)/%	25～130		25～130	
压力/MPa			0.10	
温度/℃	93.8		57.5	
密度/(kg/m^3)	864.2			2.36
黏度/cP	0.3140			0.0095
组成(质量分数)/%				
水	50.7			4.2
醋酸	31.0			0.1
醋酸甲酯	0.7			71.0
甲醇	17.5			7.1
苯	0.0			17.6
醋酸正丙酯	0.2			0.0
塔结构数据				
整塔高度/mm	17500		人孔内径/mm	600
污水折流板	无		内部再沸器	无
塔顶除沫器	无		内部冷凝器	无
区域	A		B	
高度/mm	9500		4500	
内径/mm	900		900	
材料	316L		316L	
腐蚀裕量	0.1		0.1	
填料类型	捆扎包		BX-500	
操作压力/MPa	0.10～0.11		0.11～0.12	
操作温度/℃	顶部	底部	顶部	底部
	57.5	63.6	63.8	93.8
塔应力计算设计数据				
	塔顶		塔釜	
条件	压力/MPa	温度/℃	压力/MPa	温度/℃
正常操作	0.10	57.5	0.12	93.8
开车	ATM(常压)	Amb(常温)	ATM	Amb
停车	ATM	57.5	ATM	93.8
紧急情况	0.45	148	0.45	148

续表

3D-665 填料塔设计				
工艺负荷和条件				
区域	A区		B区	
位置	顶部	底部	顶部	底部
气相设计流量/(kg/h)	3296.3	3436.5	2891.6	1499.6
操作范围(设计量)/%	25～130		25～130	
压力/MPa	0.10	0.11	0.11	0.12
温度/℃	57.5	63.6	63.8	93.8
密度/(kg/m^3)	2.3187	2.5692	2.5525	1.1235
液相设计流量/(kg/h)	611.3	751.5	5347.0	2455.3
操作范围(设计量)/%	25～130		25～130	
温度/℃	57.5	63.6	63.8	93.8
密度/(kg/m^3)	902.1	907.6	907.6	864.2
黏度/cP	0.4120	0.3944	0.3944	0.3140
表面张力/(mN/m)	45.48	40.70	44.56	48.01
设计标准和规格				
区域	A区		B区	
最大塔压降/mbar	200(130%负荷时)			
传质单元数	12		8	
理论等板高度/mm	700		500	
填料及塔内件选型				
区域	A区		B区	
填料类型	捆扎包		BX-500	
材质	316L		316L	
液体分布器类型	由供货商提供具体建议			
材质	316L		316L	
腐蚀裕量/mm	0.1		1.5	
床层定位器类型	由供货商提供具体建议			
材质	316L		316L	
腐蚀裕量/mm	0.1		1.5	
支撑板类型	由供货商提供具体建议			
材质	316L		316L	
腐蚀裕量/mm	0.1		1.5	
液相收集器类型	由供货商提供具体建议			
材质	316L		316L	
腐蚀裕量/mm	0.1		1.5	

续表

设备简图

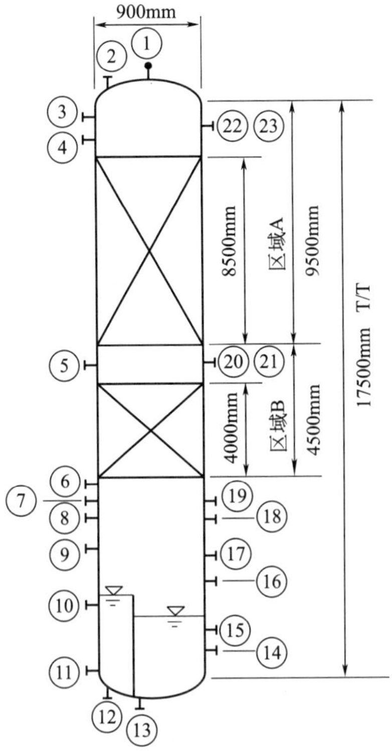

备注					
管路	公称直径/in	说明	管路	公称直径/in	说明
1	8	塔顶气相出料	13	2	塔釜液相出料
2	2	压力检测	14	2	液位检测
3	24	人孔	15	2	液位测量
4	1	水进料	16	1	塔釜出料部分回流
5	2	来自 3D664 的进料	17	24	人孔
6	2	压力测量	18	2	液位测量
7	2	温度测量	19	2	液位检测
8	2	备用管口	20	2	温度检测
9	8	再沸器气相出口	21	24	人孔
10	24	人孔	22	2	温度检测
11	3	再沸器进料管口	23	2	回流
12	1	氮气管口			

(6)3D-669 甲醇回收塔

3D-669 塔体概况				
进料和产品物流数据				
物流	液相进料		回流	
编号	11		13	
进料位置上部传质单元数	13		0	
相态	液相	气相	液相	气相
设计流量/(kg/h)	2455.3		4480.0	
操作范围(设计量)/%	25～130		25～130	
温度/℃	93.8		55.7	
密度/(kg/m^3)	864.2		834.3	
黏度/cP	0.3140		0.3407	

续表

组成(质量分数)/%				
水	50.7		0.0	
醋酸	31.0		0.0	
醋酸甲酯	0.7		49.4	
甲醇	17.5		50.6	
苯	0.0		0.0	
醋酸正丙酯	0.2		0.0	

出料和产品物流数据

物流	塔釜液相		侧线采出		塔顶气相	
编号	16		15		12	
进料位置上部传质单元数	16		6		0	
相态	液相	气相	液相	气相	液相	气相
设计流量/(kg/h)	2017.3		410.0			4508.0
操作范围(设计量)/%	25～130		25～130		25～130	
温度/℃	105.6		66.5		59.2	
压力/MPa					0.10	
密度/(kg/m^3)	889.0		749.8			1.73
黏度/cP	0.2843		0.3399			0.0103
组成(质量分数)/%						
水	61.4		1.3			0.0
醋酸	37.7		0.0			0.0
醋酸甲酯	0.0		0.6			49.4
甲醇	0.9		96.9			50.6
苯	0.0		0.0			0.0
醋酸正丙酯	0.0		1.2			0.0

塔结构数据

整塔高度/mm	15000		人孔内径/mm		600	
污水折流板	无		内部再沸器		无	
塔顶除沫器	有		内部冷凝器		无	
区域	A		B		C	
高度/mm	4000		4800		2800	
内径/mm	1000		1000		1000	
材料	316L		316L		2205DSS	
腐蚀裕量/mm	0.1		0.1		0.1	
填料类型	BX-500		BX-500		BX-500	
操作压力/MPa	0.10～0.108		0.109～0.117		0.119～0.12	
操作温度/℃	顶部	底部	顶部	底部	顶部	底部
	59.1	66.5	67.6	96.2	101.0	105.6

塔应力计算设计数据

项目	塔顶		塔釜	
条件	压力/MPa	温度/℃	压力/MPa	温度/℃
正常操作	0.10	59.2	0.12	105.6
开车	ATM	Amb	ATM	Amb
停车	ATM	59.2	ATM	105.6
紧急情况	0.45	148	0.45	148

续表

3D-669 填料塔设计						
工艺负荷和条件						
区域	A 区		B 区		C 区	
位置	顶部	底部	顶部	底部	顶部	底部
气相设计流量/(kg/h)	3731.3	3114.5	3107.2	2008.1	1965.9	2008.5
操作范围(设计量)/%	25～130		25～130		25～130	
压力/MPa	0.10	0.108	0.109	0.117	0.119	0.12
温度/℃	59.2	66.5	67.6	96.2	101.0	105.6
密度/(kg/m^3)	1.4686	1.2908	1.3024	0.9177	0.9023	0.9260
液相设计流量/(kg/h)	3703.3	3086.5	2669.2	4025.5	3983.2	2017.3
操作范围(设计量)/%	25～130		25～130		25～130	
温度/℃	59.2	66.5	67.6	96.2	101.0	105.6
密度/(kg/m^3)	795.1	749.8	753.1	874.4	884.0	889.0
黏度/cP	0.3474	0.3400	0.3392	0.3044	0.2921	0.2843
表面张力/(mN/m)	19.53	19.78	21.09	50.74	51.60	50.96
设计标准和规格						
区域	A 区		B 区		C 区	
最大塔压降/mbar	200(130%负荷时)					
传质单元数	6		7		3	
理论等板高度/mm	500		500		500	
填料及塔内件选型						
区域	A 区		B 区		C 区	
填料类型	BX-500		BX-500		BX-500	
材质	316L		316L		2205DSS	
液体分布器类型	由供货商提供具体建议					
材质	316L		316L		2205DSS	
腐蚀裕量/mm	0.1		0.1		0.1	
床层定位器类型	由供货商提供具体建议					
材质	316L		316L		2205DSS	
腐蚀裕量/mm	0.1		0.1		0.1	
支撑板类型	由供货商提供具体建议					
材质	316L		316L		2205DSS	
腐蚀裕量/mm	0.1		0.1		0.1	
液相收集器类型	由供货商提供具体建议					
材质	316L		316L		2205DSS	
腐蚀裕量/mm	0.1		0.1		0.1	

续表

设备简图

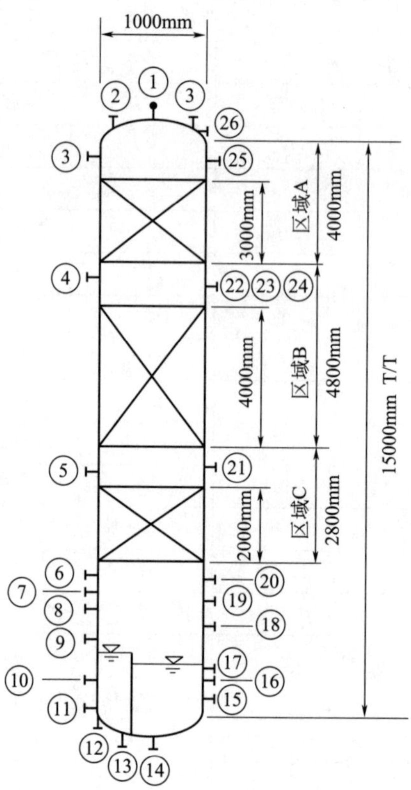

备注

管路	公称直径/in	说明	管路	公称直径/in	说明
1	12	塔顶气相出料	14	2	塔釜出料
2	2	压力检测	15	2	液位测量
3	24	人孔	16	2	液位检测
4	24	人孔	17	1	塔釜出料部分回流
5	1.5	液相进料	18	6	视镜
6	2	压力检测	19	2	液位检测
7	2	温度检测	20	2	液位测量
8	2	备用管口	21	24	人孔
9	10	再沸器气相出口	22	1.5	甲醇采出
10	24	人孔	23	2	温度检测
11	2	温度检测	24	1	甲醇采出部分回流
12	4	再沸器进料管口	25	2	回流
13	1	氮气管口	26	2	温度检测

7.3.12 自控仪表

7.3.12.1 仪表描述

见表 7-22。

表 7-22 自控仪表描述

(1)压力

序号	位号	名称
	3F-660	
1	PG-36001	3F-660 顶部压力就地显示
2	PG-36002	3F-660 顶部进口 N_2 压力就地显示
3	PG-36003	3G-661A 泵出口压力就地显示
4	PG-36004	3G-661A 泵出口压力就地显示
5	PG-36005	3E-663 蒸汽进口压力就地显示
	3D-664	
6	PG-36006	3D-664 顶部压力就地显示
7	PI-36006	3D-664 顶部压力显示
8	PI-36007	3D-664 塔釜压力显示
	3D-665	
9	PG-36008	3E-667 进料压力就地显示
10	PG-36009	3D-665 底部进口 N_2 压力就地显示
11	PI-36010	3D-665 塔顶压力显示
12	PI-36011	3D-665 塔底压力显示
13	PG-36012	3D-665 塔底压力就地显示
14	PG-36013	3E-667 进料压力就地显示
15	PG-36014	3G-673A 出口压力就地显示
16	PG-36015	3G-673B 出口压力就地显示
	3D-669	
17	PI-36016	3D-669 塔顶压力显示
18	PI-36017	塔釜压力显示
19	PG-36018	塔釜压力就地显示
20	PG-36019	3E-671 进口蒸汽压力就地显示
21	PG-36020	3D-669 底部进口 N_2 压力就地显示
22	PG-36021	3G-666A 泵出口压力就地显示
23	PG-36022	3G-666B 泵出口压力就地显示
24	PG-36023	3G-670A 泵出口压力就地显示
25	PG-36024	3G-670B 泵出口压力就地显示
26	PG-36025	3E-672 蒸汽进料压力就地显示

(2)温度

序号	位号	名称
	3F-660	
1	TG-36001	3F-660 混合罐底部温度就地显示
2	TIC-36002	3E-663 出口温度控制
3	TG-36002	3E-663 出口温度就地显示
	3D-664	
4	TI-36003	3D-664 固定床层上部温度显示
5	TI-36004	3D-664 固定床层中部温度显示
6	TI-36005	3D-664 固定床层底部温度显示
	3D-665	
7	TIC-36006	3D-665 塔釜温度控制
8	TI-36007	3D-665 塔顶温度显示
9	TI-36008	3D-665 第一段填料底部温度显示
10	TI-36009	3E-667 出料温度显示
11	TG-36010	3E-667 冷却水出水温度就地显示

序号	位号	名称
	3D-669	
12	TI-36011	3D-669 塔顶温度显示
13	TIC-36012	3D-669 塔釜温度控制
14	TI-36013	第一、二段填料间温度显示
15	TG-36014	3D-669 塔釜温度就地显示
16	TG-36015	3E-673 出料温度就地显示
17	TG-36016	侧线出料温度就地显示
18	TG-36017	3E-672 冷却水出口温度就地显示
19	TI-36018	3E-672 出料温度显示
(3)液位		
	3F-660	
1	LG-36001	3F-660 液位就地显示
2	LA-36001	3F-660 液位高低报警
	3D-664	
3	LG-36002	3D-664 液位就地显示
	3D-665	
4	LIC-36003	3D-665 塔釜液位控制
5	LG-36003	3D-665 塔底液位就地显示
6	LIC-36004	3E-667 储罐液位控制
	3D-669	
7	LIC-36005	3D-669 塔釜液位控制
8	LG-36005	3D-669 塔釜液位就地显示
9	LIC-36006	3E-673 储罐液位控制
10	LG-36006	3E-673 储罐液位就地显示
11	LIC-36007	3E-672 储罐液位控制
12	LG-36007	3E-672 储罐液位就地显示
(4)流量		
	3F-660	
序号	位号	名称
1	FG-36001	3D-665 水进料流量就地显示
2	FIC-36002	来自 3D-631 液相进料流量控制
3	FIC-36003	来自 3G-632 水进料流量控制
4	FG-36004	3D-662 水进料流量就地显示
5	FG-36005	3D-662 塔釜出料流量就地显示
6	FIC-36006	3E-663 进料流量控制
7	FG-36007	3D-662 液相进料流量就地显示
	3D-665	
8	FIC-36008	3D-664 塔釜出料流量控制
9	FIC-36009	3E-667 塔顶回流流量控制
10	FI-36010	3D-665 塔釜出料流量显示
	3D-669	
11	FI-36011	3G-666 出料流量显示
12	FIC-36012	3D-669 回流量控制

7.3.12.2 主要仪表数据表

见表 7-23。

7.3.13 安全阀规格书

以 RV/66001 为例进行介绍，见表 7-24。

表 7-23　主要仪表数据

序号	仪表位号	介质特性			安装地点		集中或就地	流量/(kg/h)
		介质名称	工作压力/MPa	工作温度/℃	管道号/设备位号	管道或设备的材料		
(1)压力								
3F-660								
1	PG-36001	醋酸甲酯等	0.11	45.2	3F-660 混合罐顶部	304L	就地	
2	PG-36002	N_2	0.70		CG-66001-1″-B1-AT	碳钢	就地	
3	PG-36003	醋酸甲酯、水等	0.80	45.2	P-66009-2″-A3C-F	304L	就地	
4	PG-36004	醋酸甲酯、水等	0.80	45.2	P-66010-2″-A3C-F	304L	就地	
5	PG-36005	低压蒸汽	0.45	148.0	LS-66001-2″-A15-H	碳钢	就地	
3D-664								
6	PG-36006	醋酸甲酯、水等	0.65	70.0	3D-664 顶部	316L	就地	
7	PI-36006	醋酸甲酯、水等	0.65	70.0	3D-664 顶部	碳钢	集中	
8	PI-36007	醋酸甲酯、水等	0.50	70.0	3D-664 底部	碳钢	集中	
3D-665								
9	PG-36008	低压蒸汽	0.45	148.0	LS-66002-6″-A1S-H	碳钢	就地	
10	PI-36009	N_2	0.70		CG-66002-1″-B1-AT	碳钢	就地	
11	PI-36010	醋酸甲酯、甲醇等	0.10	57.5	3D-665 塔顶	316L	集中	
12	PI-36011	水、醋酸、甲醇等	0.12	93.8	3D-665 塔底	316L	集中	
13	PG-36012	水、醋酸、甲醇等	0.12	93.8	3D-665 塔底	316L	就地	
14	PG-36013	醋酸甲酯、甲醇等	0.10	57.5	P-66018-8″-A3C-H	316L	就地	
15	PG-36014	醋酸、甲醇、水等	0.55	84.8	P-66022-1 1/2″-A3D-ST	316L	就地	
16	PG-36015	醋酸、甲醇、水等	0.55	84.8	P-66025-1 1/2″-A3D-ST	316L	就地	
3D-669								
17	PI-36016	醋酸甲酯、甲醇等	0.10	59.2	3D-669 塔顶	316L	集中	
18	PI-36017	醋酸、水	0.12	105.6	3D-669 塔釜	316L	集中	

续表

序号	仪表位号	介质特性			安装地点		集中或就地	流量/(kg/h)
		介质名称	工作压力/MPa	工作温度/℃	管道号/设备位号	管道或设备的材料		
19	PG-36018	醋酸、水	0.12	105.6	3D-669 塔釜	316L	就地	
20	PG-36019	低压蒸汽	0.45	148.0	LS-66003-6″-A1S-H	碳钢	就地	
21	PG-36020	N_2	0.70		CG-66004-1″-B1-AT	碳钢	就地	
22	PG-36021	醋酸、水、甲醇	0.81	103.9	P-66045-1 1/2″-A3D-ST	316L	就地	
23	PG-36022	醋酸、水、甲醇	0.81	103.9	P-66046-1 1/2″-A3D-ST	316L	就地	
24	PG-36023	甲醇、醋酸甲酯等	0.60	66.5	P-66039-1″-A3C-H	304L	就地	
25	PG-36024	甲醇、醋酸甲酯等	0.60	66.5	P-66040-1″-A3C-H	304L	就地	
26	PG-36025	醋酸甲酯、甲醇等	0.10	59.1	P-66031-12″-A3C-H	304L	就地	
(2)温度								
3F-660								
1	TG-36001	水、醋酸甲酯、苯	0.12	45.2	3F-660	304L	就地	
2	TIC-36002	水、醋酸甲酯、苯	0.65	70	P-66012-2″-A3C-H	304L	集中	
3	TG-36003	水、醋酸甲酯、苯	0.65	70	P-66012-2″-A3C-H	304L	就地	
3D-664								
4	TI-36003	水、醋酸、醋酸甲酯、苯、甲醇	0.65	70.0	3D-664 顶部	316L	集中	
5	TI-36004	水、醋酸、醋酸甲酯、苯、甲醇	0.63	70.0	3D-664 中部	316L	集中	
6	TI-36005	水、醋酸、醋酸甲酯、苯、甲醇	0.60	70.0	3D-664 底部	316L	集中	
3D-665								
7	TIC-36006	水、醋酸、醋酸甲酯、甲醇	0.12	93.8	3D-665 塔釜	316L	集中	
8	TI-36007	醋酸甲酯、苯	0.10	57.5	3D-665 塔顶	316L	集中	
9	TI-36008	水、醋酸、醋酸甲酯、苯、甲醇	0.11	70.0	3D-665 中部	316L	集中	
10	TI-36009	醋酸甲酯、苯	0.10	55.5	P-66019-2″-A3C-H	304L	集中	
11	TG-36010	水	0.35	43	CWR-66001-4″-A1B-F	碳钢	就地	

续表

序号	仪表位号	介质特性			安装地点		集中或就地	流量/(kg/h)
		介质名称	工作压力/MPa	工作温度/℃	管道号/设备位号	管道或设备的材料		
3D-669								
12	TI-36011	醋酸甲酯、甲醇	0.10	59.1	3D-669 塔顶	316L	集中	
13	TIC-36012	水、醋酸	0.12	103.9	3D-669 塔釜	316L	集中	
14	TI-36013	甲醇	0.11	66.5	3D-669 一、二段填料间	316L	集中	
15	TG-36014	水、醋酸	0.12	103.9	3D-669 塔釜	316L	就地	
16	TG-36015	甲醇	0.11	66.5	P-66037-1″-A3C-H	304L	就地	
17	TG-36016	甲醇	0.11	45.0	P-66035-1″-A3C-H	304L	就地	
18	TG-36017	水	0.35	43	CWR-66002-6″-A1B-F	碳钢	就地	
19	TI-36018	醋酸甲酯、甲醇	0.10	59.1	P-66032-2″-A3C-H	304L	集中	
(3)液位								
3F-660								
1	LG-36001	醋酸甲酯等	0.12	45.2	3F-660 混合罐	304L	就地	
2	LA-36001	醋酸甲酯等	0.12	45.2	3F-660 混合罐	304L	集中	
3D-664								
3	LG-36002	水、醋酸、醋酸甲酯、苯、甲醇	0.65	70.0	3D-664	316L	就地	
3D-665								
4	LIC-36003	醋酸甲酯、甲醇等	0.10	55.5	3E-667 储罐	304 L	集中	
5	LIC-36004	醋酸、甲醇、水等	0.12	84.8	3D-665 塔釜	316L	集中	
6	LG-36004	醋酸、甲醇、水等	0.12	84.8	3D-665 塔釜	316L	就地	
3D-669								
7	LIC-36005	醋酸、水、甲醇	0.12	105.6	3D-669 塔釜	316L	集中	
8	LG-36005	醋酸、水、甲醇	0.12	105.6	3D-669 塔釜	316L	就地	

续表

序号	仪表位号	介质特性			安装地点		集中或就地	流量/(kg/h)
		介质名称	工作压力/MPa	工作温度/℃	管道号/设备位号	管道或设备的材料		
9	LIC-36006	甲醇等	0.11	45.0	3E-673 储罐	304L	集中	
10	LG-36006	甲醇等	0.11	45.0	3E-673 储罐	304L	就地	
11	LIC-36007	醋酸甲酯、甲醇等	0.10	59.2	3E-672 储罐	316L	集中	
12	LG-36007	醋酸甲酯、甲醇等	0.10	59.2	3E-672 储罐	316L	就地	
(4)流量								
3F-660								
1	FG-36001	水	0.65	40.0	SV-66002-1″-A3C-F	304L	就地	150.0
2	FIC-36002	醋酸甲酯、水等	0.45	52.0	P-66001-1″-A3C-H	304L	集中	1000.0
3	FIC-36003	水	0.65	40.0	SV-66001-1 1/2″-B3C-F	304L	集中	1205.0
4	FG-36004	水	0.65	40.0	SV-66003-1″-B3C-F	304L	就地	82.0
5	FG-36005	醋酸甲酯、水、苯	0.65	45.2	P-66005-1″-3C-F	304L	就地	54.4
6	FIC-36006	醋酸甲酯、水、醋酸等	0.80	45.2	P-66011-2″-A3C-F	316L	集中	5140.3
7	FG-36007	醋酸甲酯、水	0.80	45.2	P-66006-1″-A3C-H	304L	就地	126.7
3D-664								
8	FIC-36008	醋酸、水、甲醇、醋酸甲酯	0.60	70.0	P-66017-2″-A3D-H	316L	集中	5140.3
3D-665								
9	FIC-36009	醋酸甲酯、甲醇、苯等	0.10	55.5	P-66019-2″-A3C-H	304L	集中	567.0
10	FI-36010	醋酸、水、甲醇、醋酸甲酯	0.55	93.8	P-66025-1 1/2″-A3D-ST	316L	就地	2455.3
3D-669								
11	FI-36011	醋酸、水、甲醇	0.81	105.6	P-66047-1 1/2″-A3D-ST	316 L	集中	2017.3
12	FIC-36012	甲醇、醋酸甲酯	0.10	59.2	P-66032-2″-A3C-H	304 L	集中	4480.0

表 7-24　安全阀规格书

RV/66001 规格书						
1	位号		RV/66001	设定压力/MPa(G)		0.9
2	作用	(1)安全阀	■	允许超压百分数/%		10
3		(2)泄压阀		泄放压力/MPa(G)		
4		(3)安全泄压阀		无背压/MPa(G)		0
5	类型	(1)通用式(全启式,微启式)	■	背压	恒定背压/MPa(G)	
6		(2)(波纹管式)平衡			可变背压/MPa(G)	
7		(3)(活塞式)平衡		回座压力(低压定压)/%		10
8		(4)导阀控制		泄放温度/℃		90
9	要求数量		1	排放去向	(1)大气	■
10	安装位置				(2)火炬	
11	被保护设备管道名称				(3)排泄	
12	被保护设备管道位号		R-66002-2″-A3C-F	有效的泄放面积/mm^2		
13	操作压力/MPa(G)		0.54	实际泄放面积/mm^2		
14	容器或管道设计压力/MPa(G)		1.2	喷嘴代码①		
15	操作温度/℃		70	计算喷嘴的流量系数 $C=$		
16	容器或管道设计温度/℃		120	选用安全阀流量系数 $C=$		
17	规范	容器管道设计		弹簧设定压力/MPa(G)		
18		安全阀选用依据		材料	阀体	304L
19	介质	介质名称	3D-664 顶部汽相		喷嘴	304L
20		主要组分及组成	水、醋酸、醋酸甲酯		阀盘	304L
21		介质状态(液体或气体)	气体		阀杆	MFRS
22		泄放温度下密度/(kg/m^3)	2.21		弹簧	MFRS
23		分子量			波纹管	
24		介质黏度(cP)	0.0103		垫片	MFRS
25		压缩系数 z		有无阀帽		YES
26		C_p/C_V		有无手柄		NO
27	泄放量计算/(kg/h)	火灾		有无试验用顶丝		YES
28		液体和/或蒸汽流入		进口尺寸和压力等级		$DN50$, $PN2.0$
29		换热管破裂		出口尺寸和压力等级		$DN50$, $PN2.0$
30		热膨胀		阀体试压等级(进口/出口)		
31		冷却水中断		阀门设计温度/℃		120
32		动力故障		制造厂商		
33		调节阀故障		制造厂型号②		

① 指按 API 规范设计制造的安全阀。

② 订货后，制造厂必须返回计算资料，以便确认。

思考题

1. 醋酸甲酯水解反应动力学模型是什么?
2. 如何优化催化精馏塔工艺参数?
3. 如何绘制精馏塔内温度和组分分布图?
4. 醋酸甲酯制醋酸工艺包包括哪些内容?

第8章 醋酸甲酯制醋酸过程装备设计

醋酸甲酯制醋酸过程装备施工设计包括如下内容：①依据 SH 3011—2011《石油化工工艺装置布置设计规范》等标准规范，并参照《化工工艺设计手册》的要求，完成设备布置设计；②依据 SH 3012—2011《石油化工金属管道布置设计规范》及 GB/T 20801—2020《压力管道规范工业管道》等标准规范的要求，完成管道布置设计；③借助管道应力分析软件 Auto PSA，计算蒸汽管道系统在冷、热、安装工况下承受自重与温度、内压作用下的应力，评估管道系统是否能够在规定的工作条件下安全运行；④ 依据 GB/T 150—2024、GB/T 151—2014 等标准规范的要求，综合考虑各种因素，选择适用合理、经济的结构型式，同时满足制造、检修、装配等要求，完成系统中各种换热设备的设计；⑤依据 GB/T 150—2024、NB/T 47041—2014 等标准规范，并参照化工设备设计全书——《塔设备》的要求，完成系统中各种塔设备的设计；⑥对于结构较为复杂及受力较难分析的塔设备，借助过程设备强度计算软件 SW6，进行塔内件及附件选型设计、填料塔塔高设计、机械设计和强度计算及校核；⑦依据 GB/T 150—2024、NB/T 47042—2014 等标准规范的要求，完成系统中各种储存设备的设计；⑧对醋酸甲酯制醋酸工程进行技术经济评价，根据过去的经验和资料，从现在情况出发，来预测未来的经济效益。结果表明该项目适应市场需求能力强，抗风险能力强。

8.1 设备布置设计

本工程主要由原料混合、萃取、水解、精馏及分离等工序组成，新建的主生产装置主要由固定床反应器（3D-664）、萃取塔（3D-662）、催化精馏塔（3D-665）、甲醇回收塔（3D-669）、原料预热器（3E-663）、催化精馏塔塔顶冷凝器（3E-667）、催化精馏塔塔底再沸器（3E-668）、甲醇回收塔塔底再沸器（3E-671）、甲醇回收塔塔顶冷凝器（3E-672）、甲醇冷却器（3E-673）、原料混合罐（3F-660）、催化精馏塔回流罐（3F-661）、甲醇回收塔回流罐（3F-662）、甲醇缓冲罐（3F-663）等组成。

8.1.1 设计一般要求

① 满足工艺流程要求，按物流顺序布置设备，同类设备适当集中进行布置。

② 满足设备的间距、建筑物和构筑物的防火间距要求，符合安全生产和环境保护要求，设备、建构筑物应按生产过程的特点和火灾危险性类别分区布置。

③ 考虑管道安装经济合理和整齐美观，节省用地和减少能耗，便于施工、操作和维修。

④ 满足全厂总体规划的要求。

⑤ 根据全年最小频率风向条件确定设备、设施与建筑物的相对位置。中央控制室宜靠近主操作区，且宜布置在散发粉尘、有毒物质的设备的常年最小频率风向的下风侧。装置的控制室、变配电室、化验室、办公室及生活间等应布置在一侧，并位于爆炸危险区以外，且位于甲类设备全年最小频率风向的下风侧。

⑥ 根据气温、降水量、风沙等气候条件和生产过程或某些设备的特殊要求，决定是否采用室内布置。

⑦ 根据装置竖向布置，确定装置地面零点标高与绝对标高的关系。

⑧ 根据地质条件，合理布置重荷载和有振动的设备。

⑨ 设备、建构筑物应按生产过程的特点和火灾危险性类别分区布置。

8.1.2 设备布置图

本工程的主装置设备采用室外布置，布置在长 26m、宽 17m 的矩形空地上。初步布置的方式如图 8-1 所示。设备布置目的是要将厂内的各种设备合理安排，从而有效地为生产运作服务，以获得更好的经济效果。为了便于管理，设备布置在设备位置选定之后进行，它要确定组成企业的各个部分的平面或立体位置，并相应地确定物料流程、运输方式和运输路线等。故塔器、反应器、储罐位于装置中心布置，上下布置换热器，左边布置配电室、操作室、泵房等。

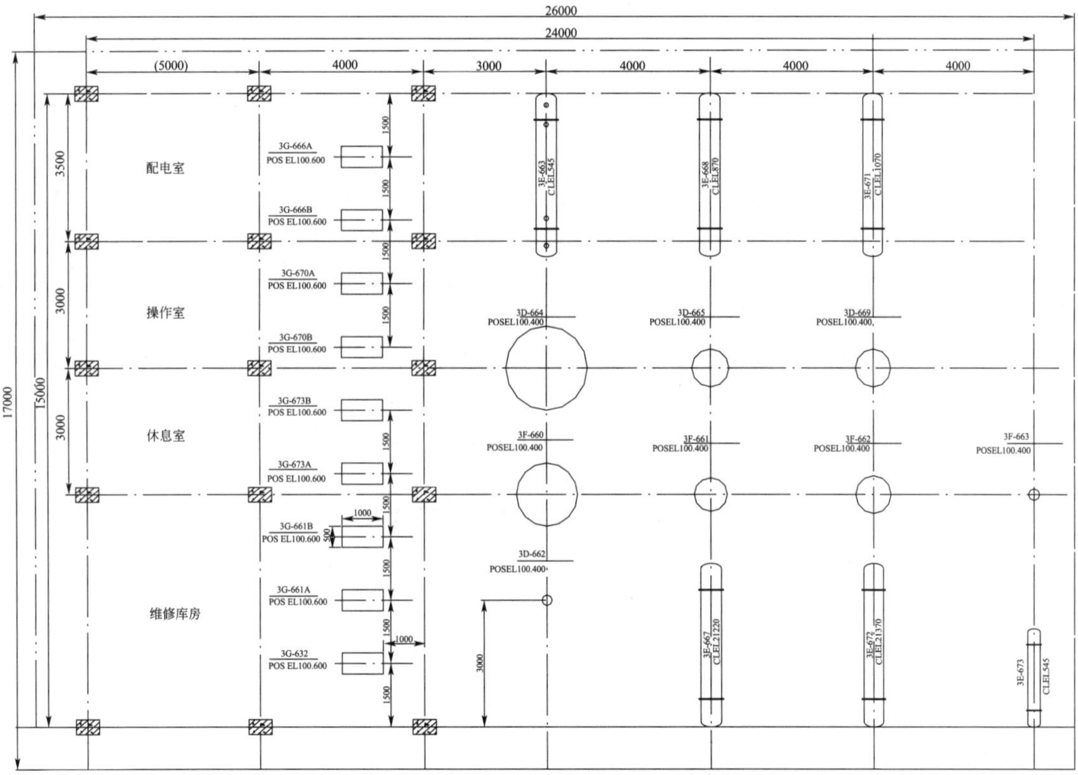

图 8-1 设备布置图

8.2 管道布置设计

在完成车间设备布置后，车间内的设备只是单独、孤立的单体设备，只有通过工业管道的连接，组成完整连贯的生产工艺流程，才能生产出所需要的产品。管道布置设计的任务就是用管道把由车间布置固定下来的设备连接起来，使之形成一条完整连贯的生产工艺流程。车间管道布置合理、正确，管道运转就顺利通畅，设备运转也就顺畅，就能使整个车间各个工段，甚至整个工厂的生产操作卓有成效。因此，在车间布置设计中，设备布置与管道布置是相辅相成的，组成一个工艺流程的生产整体。

8.2.1 设计一般要求

管道布置设计主要通过管道布置图的设计来体现设计思想、设计原则，指导具体的管道安装工作。因此，管道布置设计的内容，也就是管道布置图的内容。其主要设计内容包括管道布置图（表示车间内管道空间位置的连接，阀件、管件及控制仪表安装情况的图样）、管道轴测图[表示一个设备至另一个设备（或另一管道）间的一段管道及其阀件、管件及控制点具体配置情况的立体图样]、管架和特殊管件图、管道材料等级表、管道数据表及设计说明书。装置内配管设计的基本要求如下：

① 输送有毒或有腐蚀性介质的管道，不得在人行道上设阀件、伸缩节、法兰等，以免渗漏时介质落于人身上而发生工伤事故。易燃易爆介质的管道，不得敷设在生活间、楼梯间和走廊等处。

② 管道布置设计应满足管道抗震的要求。

③ 管道应呈平行敷设，尽量走直线、少拐弯、少交叉以减少管架的数量，节省管架材料，使管道整齐美观，便于施工。设备间的管道连接，应尽可能的短而直。

④ 当管道改变标高或走向时，应避免管道形成积聚气体的“气袋”Ω或液体的“口袋”V和“盲肠”，如不可避免应于高点设放空阀，低点设放净阀。

⑤ 助燃气体不宜与可燃气体、易燃或可燃液体管道正上正下布置，最好分开布置，如需平行布置，两类管道也应保持一定的间距。

⑥ 管道布置不挡门、窗，应避免通过电动机、配电盘和仪表盘的上空，在有吊车的情况下，管道布置应不妨碍吊车工作。

⑦ 气体或蒸汽管道从主管上部引出支管，以减少冷凝液的携带，管线要有坡向，以免管内或设备内积液。

⑧ 由于管法兰处易泄漏，故生产管道除与设备接口或与法兰连接阀门连接处采用法兰连接外，其他均应采用对焊连接（$DN \leqslant 40$ 用承插焊接或卡套连接）。

⑨ 不保温、不保冷的常温管道除有坡度要求外，一般不设管托，金属或非金属衬里的管道，一般不用焊接管托而用卡箍型管托，对较长的直管要使用导向支架，以控制热胀时可能发生的横向位移。为避免管托与管子焊接处的应力集中，大口径和薄壁管常用鞍座，以使管壁上应力分布均匀。管托高度应能满足保温、保冷后，有50mm外露的要求。

⑩ 采用成型无缝管件（弯头、异径管、三通）时，不宜直接与平焊法兰焊接（可与对焊法兰直接焊接），其间要加一段直管，直管长度一般不小于其公称直径，最小不得低于10mm。

管段号	起止点		管道等级	设计压力/MPa	设计温度/℃	管子			法兰						垫片（*PN*、*DN*同法兰）				螺柱、螺母						隔热与防腐		试压介质
	起点	终点				名称及规格	材料	数量	*PN*	*DN*	密封型式	材料	数量	标准号或图号	代号	厚度	密封代号	数量	螺柱材料	螺母材料	所连接法兰 *PN*	所连接法兰 *DN*	连接套数	特殊长度	隔热代号	是否防腐	

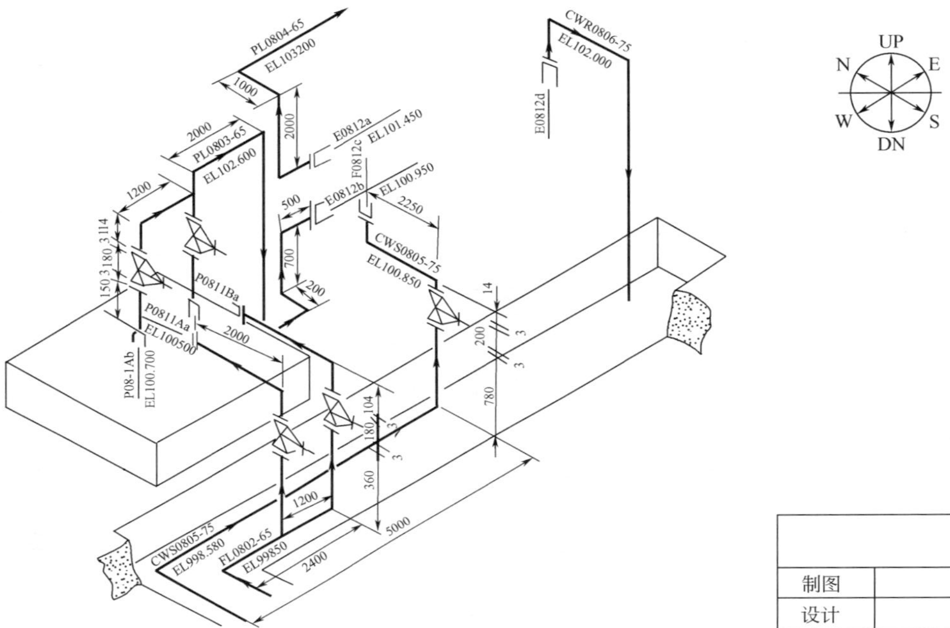

	管段号	名称及规格	材料	数量	标准号或图号
阀门					
管件					
特殊件					

管段号	件号	名称及规格	材料	数量	标准号或图号

管段号	应力消除	清洗	对焊坡口形式	检验等级	所在管道布置图图号

				工程名称：		
				设计项目：		
制图						
设计						
校核			年	区号		版次

图 8-2　管道轴测图

⑪ 管道水平布置时：热介质的管道在上，冷介质的管道在下；无腐蚀性介质的管道在上，有腐蚀性介质的管道在下；小管道应尽量支承在大管道上方或在大管道下面；气体管道在上，液体管道在下；不经常检修的管道在上，检修频繁的管道在下；高压介质的管道在上，低压介质的管道在下；保温管道在上，不保温管道在下；金属管道在上，非金属管道在下。

⑫ 管道竖向布置时：大管道靠墙，小管道在外；常温管道靠墙，热管道在外；支管少的靠墙，支管多的在外；不经常检修的管道靠墙，经常检修的在外；高压管道靠墙，低压管道在外。

⑬ 工作温度较高的管道，设计过程中要作管道柔性分析。

8.2.2 管道布置图

醋酸甲酯制醋酸工程管道布置图参见附录（附图 1），此图是在工艺流程简图的基础上，把生产中所涉及的所有设备、管道、阀门以及各种仪表控制点等都画出来。综合考虑设计温度、压力以及腐蚀性（包括氢腐蚀），本装置主管道选择 304L 无缝钢管。

管道轴测图也叫管段图、空视图，是用来表达一个设备至另一设备或某区间一段管道的空间走向，以及管道上所附管件、阀门、仪表控制点等具体安装布置情况的立体图样。本工程部分设备间的管道轴测图如图 8-2 所示。

8.3 换热设备设计

本工程所需换热器包括原料预热器（3E-663）、反应精馏塔冷凝器（3E-667）、反应精馏塔再沸器（3E-668）、甲醇回收塔再沸器（3E-671）、甲醇回收塔冷凝器（3E-672）、甲醇冷却器（3E-673）共六台。设计内容主要包括结构设计、强度计算及施工图绘制等。本节仅列出了原料预热器（3E-663）的设计过程。

8.3.1 结构设计

依据 GB/T 150—2024《压力容器》及 GB/T 151—2014《热交换器》的相关设计规定，原料预热器（3E-663）设计参数选取按表 8-1 的相关规定。

表 8-1 原料预热器（3E-663）的设计参数

设计参数	管程	壳程
工作压力/MPa	0.65	0.45
工作温度(进口/出口)/℃	45.2/70	148/148
设计压力/MPa	0.9	0.7
设计温度/℃	148	185
金属壁温/℃	97	122
工作介质	醋酸甲酯	水蒸气

依据 TSG 21—2016《固定式压力容器安全技术监察规程》，本设备的工作介质属于第一组介质；根据设计压力 p 和容积 V 的乘积，确定本设备属于《固定式压力容器安全技术监察规程》监管的第一类压力容器。根据工作压力、工作温度及介质特性，依据 GB/T 151—2014《热交换器》标准，选定设备的结构型式为固定管板式换热器，其结构简图如图 8-3 所示。

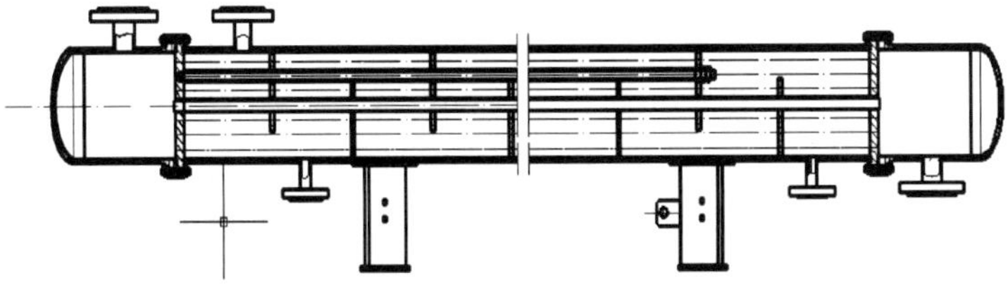

图 8-3　原料预热器（3E-663）结构简图

8.3.1.1　壳程筒体

按照 GB/T 151—2014，壳程筒体结构的选用如图 8-3 所示。筒体采用 DN200 无缝钢管制作，材料选用 Q345D。

材料为 Q345D 的无缝钢管，设计温度（185℃）下的许用应力 $[\sigma]^t=174\text{MPa}$，试验温度许用应力 $[\sigma]=174\text{MPa}$，试验温度下屈服点 $\sigma_s=345\text{MPa}$，计算压力 $p_c=0.7\text{MPa}$。

由于采用无缝钢管，壳体纵向焊接接头系数取 $\phi=1.0$；根据介质特性，腐蚀裕量 $C_2=3\text{mm}$；根据钢管标准，壁厚负偏差 $C_1=1.2\text{mm}$。

筒体计算厚度：
$$\delta=\frac{p_c D_o}{2[\sigma]^t\phi-p_c}=\frac{0.7\times219}{2\times174\times1.0-0.7}=0.44\text{mm}$$

则设计厚度：
$$\delta_d=\delta+C_1+C_2=0.44+1.2+3=4.64\text{mm}$$

依据 GB/T 151—2014，固定管板式换热器筒体最小厚度为 6mm，考虑接管的开孔补强要求，最终取筒体名义厚度 $\delta_n=8\text{mm}$。

8.3.1.2　管箱

本设备管箱采用标准椭圆封头、无缝钢管筒节及长颈对焊法兰的单程结构。依据介质特性，管程材料选为 S31603（316L）。设计温度（148℃）下的许用应力 $[\sigma]^t=99\text{MPa}$，试验温度许用应力 $[\sigma]=99\text{MPa}$，试验温度下屈服点 $\sigma_s=180\text{MPa}$，计算压力 $p_c=0.9\text{MPa}$。

由于采用无缝钢管，壳体纵向焊接接头系数取 $\phi=1.0$；根据介质特性，腐蚀裕量 $C_2=3\text{mm}$；根据钢管标准，壁厚负偏差 $C_1=0.8\text{mm}$。

筒节计算厚度：
$$\delta=\frac{p_c D_o}{2[\sigma]^t\phi-p_c}=\frac{0.9\times219}{2\times99\times1.0-0.9}=1\text{mm}$$

则设计厚度：
$$\delta_d=\delta+C_1+C_2=1+0.8+3=4.8\text{mm}$$

依据 GB/T 151—2014，固定管板式换热器筒体最小厚度为 5mm，考虑接管的开孔补强要求，最终取筒节名义厚度 $\delta_n=8\text{mm}$。标准椭圆封头厚度计算方法同上，最终也取名义厚度 $\delta_n=8\text{mm}$。依据 GB/T 25198—2023《压力容器封头》，选取 EHB219×8 标准椭圆封头，具体尺寸为：总高度 $H_o=80\text{mm}$，名义厚度 $\delta_n=8\text{mm}$，内表面积 $A=0.0592\text{m}^2$，容积 $V=0.0018\text{m}^3$，质量 3.9152kg。

前端管箱法兰和后端管箱法兰均采用标准《钢制管法兰（PN 系列）》（HG/T 20592—2009），其公称压力 $PN=16\text{MPa}$，公称直径 $DN=200\text{mm}$，材料为 S31603 锻件。

8.3.1.3　管束

依据管壳程介质特性，本设备换热管选用 S31603 奥氏体不锈钢无缝钢管。规格尺寸为 $\phi25\times2$，长度为 3000mm。由于壳程介质为饱和水蒸气，介质比较干净，无须考虑结构清洗，故换热管布置采用正三角形排列，管间距依据 GB/T 151—2014 推荐选取 32mm。根据工艺计算所需换热面积为 5.7m^2，则换热管所需根数 n 为：

$$n=\frac{\text{总换热面积}}{\text{单根换热管提供换热面积}}=\frac{5.7\times10^6}{\pi\times23\times3000}=26.3\text{ 根，取 28 根}$$

管板是管壳式换热器的主要部件之一，换热管排布其上，将管壳程流体分隔开来，避免两种介质互相接触，同时承受管壳程压力、温度的作用，因而其安全设计对于整个换热器的正常运行相当重要。换热管材质为 S31603，为了防止焊接时换热管合金元素流失同时抵抗管程介质的弱腐蚀性，管板材质也选用 S31603。本设备管板采用 GB/T 151 延长部分兼作法兰的 e 型结构管板形式。管程为单程，因而无需在管板上相应设置分程隔板槽等结构，管板延长部分兼作法兰，因而需在其外圈开螺栓孔，螺栓孔等的尺寸、位置与管箱法兰一致，管板密封面为凸面，与管箱法兰的凹面压紧面相配合，加上垫片的共同作用达到密封效果。换热管与管板采用焊接，采用 SW6 过程设备强度计算软件中固定管板计算模块，计算得到管板的计算厚度为 22mm，管板与管箱法兰厚度差取 4mm，最终管板名义厚度取 26mm。

为了提高壳程流体流速，增加湍动程度，减少结垢以改善传热，通常会在壳程设置折流板。传统换热器中最普遍应用的是弓形折流板，由于存在阻流与压降大、有流动滞死区、易结垢、传热的平均温差小、振动条件下易失效等缺陷，近年来逐渐被螺旋折流板所取代。理想的螺旋折流板应具有连续的螺旋曲面。目前所采用的折流板，一般由若干个 1/4 的扇形平面板替代曲面相间连接，形成近似的螺旋面。在折流时，流体处于近似螺旋流动状态，相同工况下，这样的折流板（被称为非连续型螺旋折流板）可减少压降 45%左右，而总传热系数可提高 20%～30%，在相同热负荷下，可大大减小换热器尺寸。但是相比于弓形折流板，螺旋折流板加工困难，后期维护成本高，考虑设备的长久运行及检修问题，本设备壳程中设置水平单弓形折流板来提高换热效果。

弓形折流板缺口大小应使流体通过缺口与横过管束的流速相近，单弓形折流板缺口弦高 h 值，取最常用的 $0.25D_i=0.25\times203=50.75$mm，取 53mm。弓形折流板的缺口切在管排中心线以下。圆筒用 $DN\leqslant426$mm 无缝钢管做，因而折流板名义直径为无缝钢管实测最小内径减 2mm 即 201mm；折流板名义外直径允许偏差$^{0}_{-0.5}$，折流板不是承压设备，仅用来改变流体运动，因而 4mm 厚度即可，相互之间按 200mm 等间距布置。

8.3.1.4 接管及法兰

由于本设备压力低、直径小，所有接管均采用无补强结构的无缝钢管结构，利用 SW6 过程设备强度计算软件，采用等面积补强计算模块计算合格，具体见强度计算。管法兰均采用 PN16 的标准管法兰（HG/T 20592—2009），具体结构尺寸见施工图样。

8.3.1.5 支座

本设备属于卧式容器，依据 GB/T 151—2014 应采用鞍式支座支承，根据容器的公称直径和最大质量选用 BI 型。其结构尺寸为：公称直径 $DN=219$mm，允许载荷 $Q=50$kg，鞍座高度 $h=300$mm，底板 $l_1=210$mm，$b_1=120$mm，$\delta_1=8$mm，腹板 $\delta_2=8$mm，筋板 $b_3=96$mm，$\delta_3=8$mm，垫板弧长 270mm，$b_4=160$mm，$\delta_4=6$mm，$e=28$mm，螺栓间距 $l_2=140$mm，带垫板鞍座质量 9kg。

鞍座数量为 2 个，即双鞍座结构：一个为固定支座（代号 F），另一个为滑动支座（代号 S）。固定鞍座底板上开圆形螺栓孔，滑动支座开长圆形螺栓孔。两个配对使用可以避免轴向位移引起的附加应力。在安装活动支座时，地脚螺栓采用两个螺母，第一个螺母拧紧后倒退一圈，然后用第二个螺母锁紧，这样可以保证设备在温度变化时，鞍座能在基础面上自由滑动。双鞍座设置时，鞍座与封头切线之间的距离 $A\leqslant 0.2$ 倍俩封头切线之间的距离 $=3600\times 0.2=720$mm，取 700mm。

8.3.2 强度计算

本设备采用 SW6 过程设备强度计算软件包中的固定管板式换热器计算模块进行强度计算，计算内容包括壳程圆筒校核计算、前端管箱圆筒校核计算、前端管箱封头校核计算、后端管箱圆筒校核计算、后端管箱封头校核计算、管箱法兰校核计算、开孔补强设计计算及管板设计计算等，详细计算结果见表 8-2。

表 8-2 固定管板式换热器设计计算结果

<table>
<tr><td colspan="6">设计计算条件</td></tr>
<tr><td colspan="3">壳程</td><td colspan="3">管程</td></tr>
<tr><td>设计压力 p_s</td><td>0.7</td><td>MPa</td><td>设计压力 p_t</td><td>0.9</td><td>MPa</td></tr>
<tr><td>设计温度 t_s</td><td>185</td><td>℃</td><td>设计温度 t_t</td><td>148</td><td>℃</td></tr>
<tr><td>壳程圆筒内径 D_i</td><td>203</td><td></td><td>管箱圆筒内径</td><td>203</td><td>mm</td></tr>
<tr><td>材料名称</td><td>Q345D</td><td></td><td>材料名称</td><td>S31603</td><td></td></tr>
<tr><td colspan="6">壳程圆筒计算</td></tr>
<tr><td colspan="3">计算所依据的标准</td><td colspan="3">GB/T 150.3—2024</td></tr>
<tr><td colspan="6">计算条件</td></tr>
<tr><td colspan="2">计算压力 p_c/MPa</td><td>0.70</td><td colspan="2">设计温度许用应力$[\sigma]^t$/MPa</td><td>174.00</td></tr>
<tr><td colspan="2">设计温度 t/℃</td><td>185.00</td><td colspan="2">试验温度下屈服点 σ_s/MPa</td><td>345.00</td></tr>
<tr><td colspan="2">内径 D_i/mm</td><td>203.00</td><td colspan="2">钢板负偏差 C_1/mm</td><td>1.20</td></tr>
<tr><td colspan="2">材料名称</td><td>Q345D</td><td colspan="2">腐蚀裕量 C_2/mm</td><td>3.00</td></tr>
<tr><td colspan="2">材料类型</td><td>管材</td><td colspan="2">焊接接头系数 ϕ</td><td>1.00</td></tr>
<tr><td colspan="2">试验温度许用应力$[\sigma]$/MPa</td><td>174.00</td><td colspan="2"></td><td></td></tr>
<tr><td colspan="6">厚度及重量计算</td></tr>
<tr><td>计算厚度 δ/mm</td><td colspan="2">$\delta=\frac{p_cD_i}{2[\sigma]^t\phi-p_c}=0.41$</td><td>名义厚度 δ_n/mm</td><td colspan="2">$\delta_n=8.00$</td></tr>
<tr><td>有效厚度 δ_e/mm</td><td colspan="2">$\delta_e=\delta_n-C_1-C_2=3.80$</td><td>质量/kg</td><td colspan="2">124.88</td></tr>
<tr><td colspan="6">压力试验时应力校核</td></tr>
<tr><td>压力试验类型</td><td colspan="2">液压试验</td><td>压力试验类型</td><td colspan="2">液压试验</td></tr>
<tr><td>试验压力值 p_T/MPa</td><td colspan="2">$p_T=1.25p\frac{[\sigma]}{[\sigma]^t}$
$=0.8750$(或由用户输入)</td><td>试验压力下圆筒的应力 σ_T/MPa</td><td colspan="2">$\sigma_T=\frac{p_T(D_i+\delta_e)}{2\delta_e\phi}=23.81$</td></tr>
<tr><td rowspan="2">压力试验允许通过的应力水平 $[\sigma]_T$/MPa</td><td colspan="2" rowspan="2">$[\sigma]_T\leqslant 0.90\sigma_s=310.50$</td><td>校核条件</td><td colspan="2">$\sigma_T\leqslant[\sigma]_T$</td></tr>
<tr><td>校核结果</td><td colspan="2">合格</td></tr>
<tr><td colspan="6">压力及应力计算</td></tr>
<tr><td rowspan="2">最大允许工作压力 $[p_w]$/MPa</td><td colspan="2" rowspan="2">$[p_w]=\frac{2\delta_e[\sigma]^t\phi}{(D_i+\delta_e)}=6.39458$</td><td>$[\sigma]^t\phi$/MPa</td><td colspan="2">174.00</td></tr>
<tr><td>校核条件</td><td colspan="2">$[\sigma]^t\phi\geqslant\sigma^t$</td></tr>
<tr><td>设计温度下计算应力 σ^t/MPa</td><td colspan="2">$\sigma^t=\frac{p_c(D_i+\delta_e)}{2\delta_e}=19.05$</td><td>结论</td><td colspan="2">筒体名义厚度大于或等于 GB/T 151—2014 中规定的最小厚度 8.00mm，合格</td></tr>
</table>

续表

延长部分兼作法兰固定式管板				
设计计算条件				
壳程圆筒	设计压力 p_s/MPa	0.7	壳程圆筒内径 D_i/mm	203
	设计温度 T_s/℃	185	壳程圆筒名义厚度 δ_s/mm	8
	平均金属温度 t_s/℃	122	壳程圆筒有效厚度 δ_{se}/mm	3.8
	装配温度 t_o/℃	15	壳体法兰设计温度下弹性模量 E_t'/MPa	1.839×10^5
	材料名称	Q345D	壳程圆筒内直径横截面积 $(A=0.25\pi D_i^2)$/mm²	3.237×10^4
	设计温度下许用应力 $[\sigma]^t$/MPa	174		
	平均金属温度下弹性模量 E_s/MPa	1.957×10^5	壳程圆筒金属横截面积 $[A_s=\pi\delta_{se}(D_i+\delta_s)]$/mm²	2469
	平均金属温度下热膨胀系数 α_s/[mm/(mm·℃)]	1.168×10^{-5}		
管箱圆筒	设计压力 p_t/MPa	0.9	管箱圆筒名义厚度（管箱为高颈法兰，取法兰颈部大小端平均值）δ_h/mm	15.65
	设计温度 T_t/℃	148		
	材料名称	S31603	管箱圆筒有效厚度 δ_{he}/mm	12.65
	设计温度下弹性模量 E_h/MPa	1.861×10^5	管箱法兰设计温度下弹性模量 E_t''/MPa	1.861×10^5
换热管	材料名称	S31603	换热管长度 L/mm	3000
	管子平均温度 t_t/℃	97	管子有效长度（两管板内侧间距）L_1/mm	2956
	设计温度下管子材料许用应力 $[\sigma]_t^t$/MPa	94.1	管束模数 $[K_t=E_t na/(LD_i)]$/MPa	1276
	设计温度下管子材料屈服应力 σ_s^t/MPa	123	管子回转半径 $[i=0.25\sqrt{d^2+(d-2\delta_t)^2}]$/mm	8.162
	设计温度下管子材料弹性模量 E_t^t/MPa	1.839×10^5		
	平均金属温度下管子材料弹性模量 E_t/MPa	1.892×10^5	管子受压失稳当量长度 l_{cr}/mm	105
	平均金属温度下管子材料热膨胀系数 α_t/[mm/(mm·℃)]	1.682×10^{-5}	系数 $C_r=\pi\sqrt{2E_t^t/\sigma_s^t}$	171.8
			比值 l_{cr}/i	12.86
	管子外径 d/mm	25	管子稳定许用压应力 $(C_r\leqslant\frac{l_{cr}}{i})$ $[\sigma]_{cr}=\frac{\pi^2E_t}{2(l_{cr}/i)^2}$	
	管子壁厚 δ_t/mm	2		
	管子根数 n	28		
	换热管中心距 S/mm	32	管子稳定许用压应力 $(C_r>\frac{l_{cr}}{i})[\sigma]_{cr}=\frac{\sigma_s^t}{2}\left[1-\frac{l_{cr}/i}{2C_r}\right]$	59.2MPa
	一根管子金属横截面积 $[a=\pi\delta_t(d-\delta_t)]$/mm²	144.5		
管板	材料名称	S31603	管板强度削弱系数 η	0.4
	设计温度 t_p/℃	185	管板刚度削弱系数 μ	0.4
	设计温度下许用应力 $[\sigma]_r^t$/MPa	82.1	管子加强系数 $K^2=1.318\frac{D_i}{\delta}\sqrt{E_t na/(E_p L\delta\eta)}$，$K=$	2.37
	设计温度下弹性模量 E_p/MPa	1.839×10^5		
	管板腐蚀裕量 C_2/mm	4	管板和管子连接型式	焊接
	管板输入厚度 δ_n/mm	22	管板和管子胀接（焊接）高度 l/mm	3.5
	管板计算厚度 δ/mm	18	胀接许用拉脱应力 $[q]$/MPa	
	隔板槽面积（包括拉杆和假管区面积）A_d/mm²	0	焊接许用拉脱应力 $[q]$/MPa	47.05

<table>
<tr><td rowspan="7">管箱法兰</td><td>材料名称</td><td>S31603</td><td>比值 δ_f''/D_i</td><td>0.1182</td></tr>
<tr><td>管箱法兰厚度 δ_f''/mm</td><td>24</td><td rowspan="2">系数 C''(按 δ_h/D_i,δ_f''/D_i，查 GB/T 151—2014)</td><td rowspan="2">0.00</td></tr>
<tr><td>法兰外径 D_f/mm</td><td>340</td></tr>
<tr><td>基本法兰力矩 M_m/(N·mm)</td><td>4.083×10^6</td><td>系数 ω''(按 δ_h/D_i,δ_f''/D_i,查 GB/T 151—2014)</td><td>0.03457</td></tr>
<tr><td>管程压力操作工况下法兰力 M_p/(N·mm)</td><td>2.136×10^6</td><td rowspan="3">旋转刚度 K_f''/MPa</td><td rowspan="3">639.4</td></tr>
<tr><td>法兰宽度[$b_f=(D_f-D_i)/2$]/mm</td><td>68.5</td></tr>
<tr><td>比值 δ_{he}/D_i</td><td>0.06232</td></tr>
<tr><td rowspan="2">管板参数计算</td><td>管板开孔后面积($A_1=A-0.25n\pi d^2$)/mm^2</td><td>1.862×10^4</td><td rowspan="2">管板布管区当量直径 $D_t=\sqrt{4A_t/\pi}$)/mm</td><td rowspan="2">177.8</td></tr>
<tr><td>管板布管区面积/mm^2</td><td>2.483×10^4</td></tr>
<tr><td rowspan="9">系数计算</td><td>管板第一弯矩系数 m_1</td><td>0.3526</td><td>管板边缘力矩变化系数 ΔM</td><td>1.196</td></tr>
<tr><td>系数 ψ</td><td>1.622</td><td>法兰力矩变化系数 $\Delta\widetilde{M}_f$</td><td>0.2802</td></tr>
<tr><td>系数 G_2</td><td>1.332</td><td>系数 $\lambda=A_1/A$</td><td>0.5753</td></tr>
<tr><td>换热管束与不带膨胀节壳体刚度之比 Q</td><td>1.585</td><td>系数 $\beta=na/A_1$</td><td>0.2173</td></tr>
<tr><td>换热管束与带膨胀节壳体刚度之比 Q_{ex}</td><td></td><td>系数 Σ_s</td><td>3.096</td></tr>
<tr><td>管板第二弯矩系数 m_2</td><td>3.382</td><td>系数 Σ_t</td><td>4.285</td></tr>
<tr><td>系数 M_1</td><td>0.0256</td><td rowspan="2">管板布管区当量直径与壳体内径之比 $\rho_t=D_t/D_i$</td><td rowspan="2">0.8759</td></tr>
<tr><td>系数 G_3</td><td>0.06097</td></tr>
<tr><td>法兰力矩折减系数 ξ</td><td>0.6016</td><td>管板周边不布管区无量纲宽度 $k=K(1-\rho_t)$</td><td>0.2941</td></tr>
</table>

仅有壳程压力 p_s 作用下的危险组合工况（$p_t=0$）

项目	不计温差应力	计温差应力
换热管与壳程圆筒热膨胀变形差 γ	0.0	0.0001292
当量压力组合 p_c/MPa	0.7	0.7
有效压力组合 p_a/MPa	2.167	7.48
基本法兰力矩系数 $\widetilde{M}_m$	0.2069	0.05994
管板边缘力矩系数 $\widetilde{M}$	0.2375	0.09058
管板边缘剪力系数 ν	0.3854	0.147
管板总弯矩系数 m	1.195	0.7408
系数 G_{1e}	0.6067	0.3765
系数 G_{1i}	1.281	0.2595
系数 G_1	1.281	0.3765
管板径向应力系数(带膨胀节时 Q 为 Q_{ex})$\widetilde{\sigma}_r$	0.1521	0.03702
管板布管区周边处径向应力系数 $\widetilde{\sigma}_r'$	0.1084	0.09254
管板布管区周边处剪切应力系数 $\widetilde{\tau}_p$	0.1187	0.09831
壳体法兰力矩系数 $\widetilde{M}_{ws}$	0.1173	0.02888

续表

项目	计算值	许用值	计算值	许用值
管板径向应力 σ_r/MPa	48.84	123.1	41.03	246.3
管板布管区周边处径向应力 σ_r'/MPa	44.13	123.1	65.88	246.3
管板布管区周边剪切应力 τ_p/MPa	3.29	41.05	9.403	123.1
壳体法兰应力 σ_f'/MPa	32.37	123.1	27.51	246.3
换热管轴向应力 σ_t/MPa	0.7562	$[\sigma]_t^t=94.1$ $[\sigma]_{cr}=59.2$	−9.748	$3[\sigma]_t^t=282.3$ $[\sigma]_{cr}=59.2$
壳程圆筒轴向应力 σ_c/MPa	7.763	174	22.19	522
换热管与管板连接拉脱应力 q/MPa	0.3976	47.05	5.125	141.1

仅有管程压力 p_t 作用下的危险组合工况（$p_s=0$）

项目	不计温差应力	计温差应力
换热管与壳程圆筒热膨胀变形差 γ	0.0	0.0001292
当量压力组合 p_c/MPa	−1.096	−1.096
有效压力组合 p_a/MPa	−3.856	1.457
操作情况下法兰力矩系数 $\widetilde{M}_p$	−0.1284	0.3398
管板边缘力矩系数 $\widetilde{M}=\widetilde{M}_p$	−0.1284	0.3398
管板边缘剪力系数 ν	−0.2083	0.5513
管板总弯矩系数 m	−0.4445	1.429
系数 G_{1e}	0.2259	0.7265
系数 G_{1i}	1.229	1.576

仅有管程压力 p_t 作用下的危险组合工况（$p_s=0$）

项目	不计温差应力	计温差应力
系数 G_1	1.229	1.576
管板径向应力系数 $\widetilde{\sigma}_r$	0.08816	0.2096
管板布管区周边处径向应力系数 $\widetilde{\sigma}_r'$	−0.03833	0.2415
管板布管区周边处剪切应力系数 $\widetilde{\tau}_p$	0.06786	0.133
壳体法兰力矩系数 $\widetilde{M}_{ws}$	−0.1028	0.1788

项目	计算值	许用值	计算值	许用值
管板径向应力 σ_r /MPa	50.38	123.1	45.25	246.3
管板布管区周边处径向应力 σ_r' /MPa	32.43	123.1	41.39	246.3
管板布管区周边剪切应力 τ_p /MPa	−3.346	41.05	2.477	123.1
壳体法兰应力 σ_f'/MPa	50.5	123.1	33.17	246.3
换热管轴向应力 σ_t /MPa	5.07	$[\sigma]_t^t = 94.1$ $[\sigma]_{cr} = 59.2$	−6.095	$3[\sigma]_t^t = 282.3$ $[\sigma]_{cr} = 59.2$
壳程圆筒轴向应力 σ_c /MPa	3.905	174	17.64	522
换热管与管板连接拉脱应力 q/MPa	2.665	47.05	3.204	141.1

计算结果	管板名义厚度 δ_n	22	mm	管板设计计算成功

续表

换热管内压计算			
计算条件			
计算压力 p_c/MPa	0.90	试验温度许用应力[σ]/MPa	99.00
设计温度 t/℃	185.00	设计温度许用应力[σ]^t/MPa	94.10
内径 D_i/mm	21.00	钢板负偏差 C_1/mm	0.00
材料名称	S31603	腐蚀裕量 C_2/mm	0.00
材料类型	管材	焊接接头系数 ϕ	1.00
厚度及重量计算			
计算厚度/mm	0.10	名义厚度/mm	2.00
有效厚度/mm	2.00	质量/kg	3.40
压力及应力计算			
最大允许工作压力[p_w]/MPa	16.36522	校核条件	$[\sigma]^t\phi \geqslant \sigma^t$
设计温度下计算应力 σ^t/MPa	5.17	结论	换热管内压计算合格
$[\sigma]^t\phi$	94.10MPa		
换热管外压计算			
计算条件			
计算压力 p_c/MPa	−0.70	试验温度许用应力[σ]/MPa	99.00
设计温度 t/℃	185.00	设计温度许用应力[σ]^t/MPa	94.10
内径 D_i/mm	21.00	钢板负偏差 C_1/mm	0.00
材料名称	S31603	腐蚀裕量 C_2/mm	0.00
材料类型	管材	焊接接头系数 ϕ	1.00
厚度及重量计算			
计算厚度/mm	0.30	L/D_o	4.42
有效厚度/mm	2.00	D_o/δ_e	12.50
名义厚度/mm	2.00	A 值	0.0077070
外压计算长度 L/mm	3000.00	B 值	89.85
外径 D_o/mm	25.00	质量/kg	3.40
压力计算			
许用外压力[p]/MPa	10.55782	结论	换热管外压计算合格

8.3.3 施工图绘制

本设备施工图包括装配图及管板、折流板、拉杆等零件图，装配图参见附录（附图 2）。

8.4 塔设备设计

本工程所需塔设备包括：萃取塔 3D-662、催化精馏塔 3D-665 及甲醇回收塔 3D-669。塔设备的设计步骤一般为：①按设计条件，初步确定塔的厚度和其他尺寸；②计算塔设备危险截面的载荷；③危险截面的轴向强度和稳定性校核；④设计计算裙座、基础环板、地脚螺栓等；⑤绘制施工图。本节列出催化精馏塔 3D-665 的设计过程。

8.4.1 结构设计

根据工艺设计，催化精馏塔 3D-665 选用填料塔结构型式。依据《塔式容器》（NB/T 47041—2014）、《压力容器》（GB/T 150—2024）标准相关要求，该精馏塔的设计参数如表 8-3 所示。

表 8-3　催化精馏塔 3D-665 设计参数

工作压力/MPa	0.12	工作温度(进口/出口)/℃	92.3
设计压力/MPa	0.2	设计温度/℃	100
工作介质	水、醋酸、醋酸甲酯等	催化剂类型	捆扎包
填料类型	BX-500		

8.4.1.1　筒体

按照 GB/T 150—2024 要求，因介质的腐蚀性材料选用 S31603，筒体采用 S31603 钢板卷制而成。

S31603 钢板设计温度下（100℃）许用应力 $[\sigma]^t=120\text{MPa}$；水压试验温度下许用应力 $[\sigma]=120\text{MPa}$，设计压力 $p_c=0.2\text{MPa}$，试验温度下屈服强度 $\sigma_s=180\text{MPa}$。

筒体计算厚度：$\delta=\dfrac{p_c D_i}{2[\sigma]^t\phi-p_c}=\dfrac{0.2\times900}{2\times120\times0.85-0.2}=0.88\text{mm}$

则设计厚度：$\delta_d=\delta+C_1+C_2=0.88+0.3+3=4.18\text{mm}$

考虑到风载荷，开孔等对塔器的内径要求，取名义厚度 $\delta_n=10\text{mm}$。

8.4.1.2　封头

标准椭圆封头计算方法同 8.3 节，依据 GB/T 25198—2023《压力容器封头》，最终选用公称直径 $DN900\text{mm}\times10\text{mm}$ 的 EHA 标准椭圆形封头，材料为 S31603。

8.4.1.3　裙座

由于裙座不直接与塔内介质接触，也不承受塔内介质的压力，因此不受压力容器用材的限制，可选用较经济的普通碳素结构钢 Q235-B。由于 $H/DN<25$，选择圆筒形裙座。封头的材料为高合金钢，裙座顶部应增设与封头材料相同材料的短节，以保证封头与裙座焊接时的封头质量。裙座受力情况较好，且塔径较小，选用圆柱形的地脚螺栓且不需要配置较多的地脚螺栓。焊接采用对接接头型式，裙座筒体外径与封头外径相等，焊缝必须采用全焊透的连续焊。

① 裙座的高度的确定：裙座的高度是指从塔底封头切线到基础环之间的高度，在此常压塔设计中可以取裙座总高为 2500mm。

② 检查孔查阅 SH/T 3098—2025《石油化工塔器设计规范》选长圆形检查孔 B 型一个，距地面距离 $H=950\text{mm}$，规格：$W=400\text{mm}$，$M=180\text{mm}$，$L=700\text{mm}$。

③ 引出管：公称直径为 50mm。通道管规格：直径 219mm，厚 8mm。

④ 基础环设计：基础环内径 740mm；基础环外径 1200mm。

基础环的厚度计算 $\delta_b=1.73b\sqrt{\sigma_{bmax}/[\sigma]_b}=16\text{mm}$

式中，σ_{bmax} 为混凝土基础上的最大压应力，MPa；$[\sigma]_b$ 为基础环材料的许用应力，MPa。

⑤ 地脚螺栓选取查阅 HG 20652—1998《塔器设计技术规定》地脚螺栓个数为 4 的倍数，间距约为 450mm。不小于 300mm。同时为了使地脚螺栓具有足够的强度，除单环板地脚螺栓座以外，一般最小直径不得小于 M24。所以取 M42×8。

⑥ 封头切线至裙座筒体上端的距离 49mm。

⑦ 裙座筒体底部宜对开两个排净孔。

8.4.1.4　填料支撑装置

依据 SH/T 3098—2025《石油化工塔器设计规范》推荐的填料支撑结构，选用最常用的栅板式支撑。因 DN＞800mm，栅板应做成分块式，填料支承结构选用分块梁式支承板。

栅板需要有足够的强度以支撑填料的重量，且提供足够大的自由截面以减少气液两相的流动阻力，因而可选用 $\delta_1=5$mm 的扁钢及 $\delta_2=8$mm 的扁钢圈制造栅板，栅板外径取 880mm 可以防止沿内壁形成较大的沟流。

8.4.1.5　液体再分布器

本塔设备每隔一定的距离设置升气管式液体再分布器来避免出现“干锥体”的不正常现象，增加气液两相的有效接触面积，升气溢流管尺寸见表 8-4。

表 8-4　升气溢流管尺寸

直径，d	壁厚	高度，h	管中心距，t	V 形齿高，h_1	排列
≥15mm	碳钢 2mm 不锈钢 1.5mm	(2.5～3.0)d	(2～3)d	10～20mm	正三角形

分布器外径 840mm，升气管数 22，其中盘板厚度 $S=3$mm。盘板直径比塔径小 20mm。单块盘板宽度小于等于 800mm 即可。升气管直径 d 和根数根据气体流量和允许的孔内气体流速计算确定。升气管直径 d 取 100～150mm，盘上升气管总自由截面积为塔横截面积的 15%～45%，升气管取标准高度 $h=150$mm，一般根据工艺要求确定。筛孔直径 d_1。由下式计算确定：

$$d_1=0.23\left(\frac{Q}{KH^{1/2}}\right)^{1/2}$$

一般取 $H=1/2$～1in，$K=0.707$。筛孔直径 d 取 ϕ7～10mm，分布器上的筛孔数量约为 187 个/m^2。

8.4.1.6　设备法兰

为了方便筒节的维修及更换，催化精馏塔各筒节之间采用标准长颈对焊法兰相互连接（NB/T 47023—2012《长颈对焊法兰》）。公称压力 $PN=2.5$MPa，公称直径 $DN=$ 900mm，材料为 S31603 锻件。

8.4.2　强度计算

利用过程设备计软件 SW6—2011 对催化精馏塔进行强度校核，由于塔体较高，采取以填料为界的分段校核，长度分别为：3.2m、4.0m、8m、8.5m、1m，纵/环向焊接接头系数皆取 0.85，介质密度 950kg/m^3，填料密度 125kg/m^3，地震影响系数最大值 3.285×10^{-66}，塔器附件质量计算系数 1.2，主要计算结果如下。

8.4.2.1　容器壳体及封头强度计算

上下封头压力设计名义厚度 10mm，许用内压 1.424MPa，筒节 1～5 压力设计名义厚度 10mm，许用内压 1.507MPa，由于设计压力为 0.2MPa，塔高 20m 左右，最大液体静注压力 0.2MPa，总计 0.4MPa＜许用内压，壳体及封头强度计算合格。

8.4.2.2　风载及地震载荷

风载及地震载荷见表 8-5。

表 8-5　风载及地震载荷

塔设备校核	计算单位	南京工业大学

计算条件

塔型	填料
容器分段数(不包括裙座)	5
压力试验类型	液压

封头	上封头	下封头
材料名称	S31603	S31603
名义厚度/mm	10	10
腐蚀裕量/mm	3	3
焊接接头系数	0.85	0.85
封头形状	椭圆形	椭圆形

圆筒	设计压力/MPa	设计温度/℃	长度/mm	名义厚度/mm	内径/mm	材料名称(即钢号)
1	0.4	100	3200	10	900	S31603
2	0.35	100	4000	10	900	S31603
3	0.3	100	800	10	900	S31603
4	0.25	100	8500	10	900	S31603
5	0.2	100	1000	10	900	S31603

圆筒	腐蚀裕量/mm	纵向焊接接头系数	环向焊接接头系数	外压计算长度/mm	试验压力(立)/MPa	试验压力(卧)/MPa
1	3	0.85	0.85	0	0.25	0.281392
2	3	0.85	0.85	0	0.25	0.28924
3	3	0.85	0.85	0	0.25	0.257848
4	3	0.85	0.85	0	0.25	0.333385
5	3	0.85	0.85	0	0.25	0.262262

内件及偏心载荷

介质密度/(kg/m)^3	950	塔釜液面离焊接接头的高度/mm	850

填料分段数	1	2	3	4	5
填料顶部高度/mm	9750	14960			
填料底部高度/mm	5750	6560			
填料密度/(kg/m^3)	125	125			

塔器附件及基础

塔器附件质量计算系数	1.2	基本风压/(N/m^2)	350
基础高度/mm	20		
塔器保温层厚度/mm	100	保温层密度/(kg/m^3)	70
裙座防火层厚度/mm	50	防火层密度/(kg/m^3)	1900
管线保温层厚度/mm	40	最大管线外径/mm	200
笼式扶梯与最大管线的相对位置	90		
场地土类型	I	场地土粗糙度类别	A
地震设防烈度	低于 7 度	设计地震分组	第一组
地震影响系数最大值 α_{max}	3.28545×10^{-66}	阻尼比	0.01
塔器上平台总个数	2	平台宽度/mm	1500
塔器上最高平台高度/mm	12000	塔器上最低平台高度/mm	5000

裙座

裙座结构型式	圆筒形	裙座底部截面内径/mm	840
裙座与壳体连接型式		裙座高度/mm	2500
裙座材料名称	Q235-B	裙座设计温度/℃	50
裙座腐蚀裕量/mm	2	裙座名义厚度/mm	10
裙座材料许用应力/MPa	114.875		

<table>
<tr><td colspan="4">裙座</td></tr>
<tr><td>裙座与筒体连接段的材料</td><td>S31603</td><td rowspan="2">裙座与筒体连接段在设计温度下许用应力/MPa</td><td rowspan="2">120</td></tr>
<tr><td>裙座与筒体连接段长度/mm</td><td>50</td></tr>
<tr><td>裙座上同一高度处较大孔个数</td><td>1</td><td>裙座较大孔中心高度/mm</td><td>950</td></tr>
<tr><td>裙座上较大孔引出管内径(或宽度)/mm</td><td>50</td><td>裙座上较大孔引出管厚度/mm</td><td>3.5</td></tr>
<tr><td>裙座上较大孔引出管长度/mm</td><td>200</td><td></td><td></td></tr>
<tr><td colspan="4">地脚螺栓及地脚螺栓座</td></tr>
<tr><td>地脚螺栓材料名称</td><td>Q235</td><td>地脚螺栓材料许用应力/MPa</td><td>147</td></tr>
<tr><td>地脚螺栓个数</td><td>8</td><td>地脚螺栓公称直径/mm</td><td>42</td></tr>
<tr><td>全部筋板块数</td><td>16</td><td>相邻筋板最大外侧间距/mm</td><td>277.595</td></tr>
<tr><td>筋板内侧间距/mm</td><td>90</td><td rowspan="2">筋板宽度/mm</td><td rowspan="2">140</td></tr>
<tr><td>筋板厚度/mm</td><td>18</td></tr>
<tr><td>盖板类型</td><td>整块</td><td>盖板上地脚螺栓孔直径/mm</td><td>60</td></tr>
<tr><td>盖板厚度/mm</td><td>24</td><td>盖板宽度/mm</td><td>0</td></tr>
<tr><td colspan="4">地脚螺栓及地脚螺栓座</td></tr>
<tr><td>垫板</td><td>有</td><td>垫板上地脚螺栓孔直径/mm</td><td>45</td></tr>
<tr><td>垫板厚度/mm</td><td>18</td><td>垫板宽度/mm</td><td>90</td></tr>
<tr><td>基础环板外径/mm</td><td>1060</td><td>基础环板内径/mm</td><td>640</td></tr>
<tr><td>基础环板名义厚度/mm</td><td>20</td><td></td><td></td></tr>
</table>

<table>
<tr><td colspan="5">计算结果</td></tr>
<tr><td colspan="5">容器壳体强度计算</td></tr>
<tr><td>元件名称</td><td>压力设计
名义厚度/mm</td><td>直立容器校核
取用厚度/mm</td><td>许用内压
/MPa</td><td>许用外压
/MPa</td></tr>
<tr><td>下封头</td><td>10</td><td>10</td><td>1.513</td><td></td></tr>
<tr><td>第 1 段圆筒</td><td>10</td><td>10</td><td>1.507</td><td></td></tr>
<tr><td>第 2 段圆筒</td><td>10</td><td>10</td><td>1.507</td><td></td></tr>
<tr><td>第 3 段圆筒</td><td>10</td><td>10</td><td>1.507</td><td></td></tr>
<tr><td>第 4 段圆筒</td><td>10</td><td>10</td><td>1.507</td><td></td></tr>
<tr><td>第 5 段圆筒</td><td>10</td><td>10</td><td>1.507</td><td></td></tr>
<tr><td>上封头</td><td>10</td><td>10</td><td>1.513</td><td></td></tr>
<tr><td colspan="5">裙座</td></tr>
<tr><td></td><td>名义厚度/mm</td><td>取用厚度/mm</td><td></td><td></td></tr>
<tr><td></td><td>10</td><td>10</td><td></td><td></td></tr>
</table>

<table>
<tr><td colspan="9">风载及地震载荷</td></tr>
<tr><td>项目</td><td>0-0</td><td>A-A</td><td>裙座
连接段</td><td>1-1
(筒体)</td><td>1-1
(下封头)</td><td>2-2</td><td>3-3</td><td>4-4</td></tr>
<tr><td>操作质量</td><td>12675.7</td><td>12143.5</td><td>11214.4</td><td>11199.8</td><td>11199.8</td><td>7667.56</td><td>5777.7</td><td>5444.89</td></tr>
<tr><td>最小质量</td><td>11070.1</td><td>10538</td><td>9608.89</td><td>9594.31</td><td>9594.31</td><td>6681.5</td><td>5355.44</td><td>5090.23</td></tr>
<tr><td>压力试验时质量</td><td>22425.8</td><td>21893.7</td><td>20964.6</td><td>9594.31</td><td>9594.31</td><td>6681.5</td><td>5355.44</td><td>5090.23</td></tr>
<tr><td>风弯矩</td><td>2.042×10^8</td><td>1.861×10^8</td><td>1.586×10^8</td><td>1.577×10^8</td><td>1.577×10^8</td><td>1.058×10^8</td><td>5.466×10^7</td><td>4.605×10^7</td></tr>
<tr><td>M_{cw}</td><td>2.042×10^8</td><td>1.861×10^8</td><td>1.586×10^8</td><td>1.577×10^8</td><td>1.577×10^8</td><td>1.058×10^8</td><td>5.466×10^7</td><td>4.605×10^7</td></tr>
<tr><td>最大弯矩</td><td>2.042×10^8</td><td>1.861×10^8</td><td>1.586×10^8</td><td>1.577×10^8</td><td>1.577×10^8</td><td>1.058×10^8</td><td>5.466×10^7</td><td>4.605×10^7</td></tr>
<tr><td colspan="9">应力计算</td></tr>
<tr><td>σ_{11}</td><td></td><td></td><td></td><td>13.43</td><td>0.00</td><td>11.75</td><td>10.07</td><td>8.40</td></tr>
<tr><td>σ_{12}</td><td>6.12</td><td>5.60</td><td>5.41</td><td>5.80</td><td>0.00</td><td>3.97</td><td>2.99</td><td>2.82</td></tr>
<tr><td>σ_{13}</td><td>47.86</td><td>34.48</td><td>37.17</td><td>37.01</td><td>0.00</td><td>24.83</td><td>12.82</td><td>10.80</td></tr>
<tr><td>σ_{22}</td><td></td><td></td><td></td><td>4.97</td><td>0.00</td><td>3.46</td><td>2.77</td><td>2.64</td></tr>
<tr><td>σ_{31}</td><td></td><td></td><td></td><td>8.40</td><td>0.00</td><td>8.40</td><td>8.40</td><td>8.40</td></tr>
</table>

续表

σ_{32}	10.83	10.09	10.12	4.97	0.00	3.46	2.77	2.64
σ_{33}	14.36	10.34	11.15	11.10	0.00	7.45	3.85	3.24
$[\sigma]^t$	114.88	114.88	120.00	120.00	120.00	120.00	120.00	120.00
B	127.62	127.62	81.52	78.97	78.97	78.97	78.97	78.97
组合应力校核								
σ_{A1}				44.64	0.00	32.61	19.91	16.379
许用值				122.40	0.00	122.40	122.40	122.4
σ_{A2}	53.98	40.08	42.59	41.98	0.00	28.29	15.60	13.44
许用值	153.14	153.14	97.82	94.77	0.00	94.77	94.77	94.77
σ_{A3}				14.53	0.00	12.38	9.47	9.0005
许用值				162.00	0.00	162.00	162.00	162
σ_{A4}	25.19	20.44	21.27	16.07	0.00	10.91	6.62	5.88
许用值	127.62	127.62	92.43	90.57	0.00	90.57	90.57	90.57
σ				19.04	0.00	19.57	17.45	22.558
许用值				162.00	0.00	162.00	162.00	162
校核结果	合格	合格	合格	合格	合格	合格	合格	合格

注：1. σ_{ij} 中 i 和 j 的意义如下：

$i=1$ 操作工况；$i=2$ 检修工况；$i=3$ 液压试验工况；$j=1$ 设计压力或试验压力下引起的轴向应力（拉）；$j=2$ 重力及垂直地震力引起的轴向应力（压）；$j=3$ 弯矩引起的轴向应力（拉或压）。

$[\sigma]^t$ 为设计温度下材料许用应力；B 为设计温度下轴向稳定的应力许用值。

2. σ_{A1} 为轴向最大组合拉应力；σ_{A2} 为轴向最大组合压应力；σ_{A3} 为液压试验时轴向最大组合拉应力；σ_{A4} 为液压试验时轴向最大组合压应力；σ 为试验压力引起的周向应力。

3. 单位如下：质量 kg；力 N；弯矩 N·mm；应力 MPa。

4. 内件质量指塔板质量；填料质量计入物料质量；偏心质量计入直立容器的操作质量、最小质量、最大质量中。

8.4.2.3 裙座

基础环板厚度校核：基础环板需要厚度 13.76mm，实际厚度 16mm，校核合格。地脚螺栓校核：地脚螺栓需要的螺纹小径 35.187mm，实际螺纹小径 37.129mm，校核合格。筋板校核：筋板压应力 33.23MPa，筋板许用应力 94.98MPa，校核合格。盖板校核：盖板最大应力 71.72MPa，盖板许用应力 113MPa，校核合格。裙座与壳体的焊接接头校核：对接焊接接头在操作工况下最大拉应力 29.22MPa，对接焊接接头拉应力许可值 81.36MPa，校核合格。

8.4.2.4 开孔补强计算

① 接管：N1，ϕ219×6，计算方法：GB/T 150.3—2024 等面积补强法，单孔。开孔位置上封头，凸形封头上接管轴线与封头轴线的夹角 0°，外伸高度 200mm，开孔削弱所需的补强面积 $A=136\text{mm}^2$，壳体多余金属面积 $A_1=1294\text{mm}^2$，接管多余金属面积 $A_2=133\text{mm}^2$，补强区内的焊缝面积 $A_3=36\text{mm}^2$，$A_1+A_2+A_3=1463\text{mm}^2$，大于 A，不需另加补强。

② 接管：N2，ϕ650×18，计算方法：GB/T 150.3—2024 分析法。开孔位置筒体，接管实际外伸长度 200mm，接管补强最小长度 $l=108.2\text{mm}$，接管补强长度校核合格；等效薄膜应力 41.97MPa，等效薄膜应力许用值 217.8MPa，等效薄膜应力校核合格；等效总应力 59.60MPa，等效总应力许用值 257.40MPa，等效总应力校核合格。综上，接管校核合格。

8.4.3 施工图绘制

本设备施工图包括装配图及分布器、群座、液体再分布器等零件图，装配图参见附录（附图 3）。

8.5 储存设备设计

缓冲罐及储罐包括原料混合罐（3F-660）、催化精馏塔回流罐（3F-661）、甲醇回收塔回流罐（3F-662）、甲醇缓冲罐（3F-663）。以催化精馏塔回流罐（3F-661）的设计为例，机械设计及校核按照 GB/T 150—2024 标准要求，采用 SW-6 过程设备强度计算软件，依据双鞍座卧式容器标准对催化精馏塔回流罐进行强度校核。

8.5.1 催化精馏塔回流罐结构设计

8.5.1.1 筒体

筒体的厚度具体计算方法同“8.3 换热设备设计”中筒节的计算方法，最终取名义厚度 δ_n＝10mm，由材料为 S30403 的钢板卷制而成。

8.5.1.2 封头

封头选取依据 GB/T 25198—2023《压力容器封头》，具体计算方法亦同上节，选用公称 DN800mm×10mm 的 EHA 标准椭圆形封头，材料：S30403。

8.5.1.3 鞍座

回流罐（3F-661）属于卧式容器，依据 GB/T 151 应采用鞍式支座支承，故本设备选用标准鞍式支座（NB/T 47065.1—2018），根据容器的公称直径和最大质量选用 BI 型。其结构尺寸为：公称直径 DN＝800mm，允许载荷 Q＝220kg，鞍座高度 h＝300mm，底板 l_1＝720mm，b_1＝150mm，δ_1＝10mm，腹板 δ_2＝10mm，筋板 b_3＝120mm，δ_3＝10mm，垫板弧长 940mm，b_4＝260mm，δ_4＝6mm，e＝65mm，螺栓间距 l_2＝530mm，带垫板鞍座质量 38kg。

鞍座数量为 2 个，即双鞍座结构；一个为固定支座（代号 F），另一个为滑动支座（代号 S）。固定鞍座底板上开圆形螺栓孔，滑动支座开长圆形螺栓孔。两个配对使用可以避免轴向位移引起的附加应力。在安装活动支座时，地脚螺栓采用两个螺母，第一个螺母拧紧后倒退一圈，然后用第二个螺母锁紧，这样可以保证设备在温度变化时，鞍座能在基础面上自由滑动。

双鞍座卧式储罐受力状态可简化为承受均布双鞍座的简支梁，全长 L 为两封头切线之间的距离 2000mm，根据材料力学的相关推导，为了合理分布载荷，鞍座与封头切线之间的距离 $A \leqslant 0.2L = 2000 \times 0.2 = 400$mm，同时为尽可能利用封头对筒体加强作用，支座应尽量靠近封头，故取 A＝300mm。

8.5.2 强度计算

对催化精馏塔回流罐筒体、上下封头、最大开孔补强进行强度校核计算结果如下。

筒体内压计算：液压试验时 $p_T=0.3750\text{MPa}$，液压试验压力下圆筒的应力 $\sigma_T=26.56\text{MPa}\leqslant 0.9\sigma_s$，设计温度下计算应力 $\sigma^t=18.06\text{MPa}\leqslant [\sigma]^t\phi$，筒体校核合格。

上/下封头内压计算：液压试验时 $p_T=0.3750\text{MPa}$，液压试验压力封头的应力 $\sigma_T=26.45\text{MPa}\leqslant 0.9\sigma_s$，计算厚度 1.18mm，名义厚度 10mm，满足最小厚度要求，封头校核合格。

催化精馏塔回流罐（3F-661）整体结构稳定性校核步骤参照“3.5.2 卧式储罐强度及稳定性计算”，为了简化计算量，可以使用 SW6—2011 中卧式容器模块对其进行校核，校核结果见表 8-6。

表 8-6　催化精馏塔回流罐（3F-661）强度及稳定性计算校核结果

卧式容器(双鞍座)			
计算条件			
设计压力 p/MPa	0.3	设计温度 t/℃	120
筒体材料	S30403	筒体名义厚度 δ_n/mm	10
筒体材料常温下许用应力$[\sigma]$/MPa	120	筒体内直径 D_i/mm	800
筒体材料设计温度下许用应力$[\sigma]^t$/MPa	119.2	筒体切线间长度 L/mm	2100
支座垫板名义厚度 δ_m/mm	6	筒体厚度附加量 C/mm	3.3
鞍座材料名称	Q235-B	筒体焊接接头系数 ϕ	0.85
鞍座材料设计温度下的		封头名义厚度 δ_{he}/mm	10
许用应力$[\sigma]^t_{sa}$/MPa	147	封头厚度附加量 C_h/mm	3.3
鞍座宽度 b/mm	150	封头曲面高度 h_i	200
鞍座包角 θ/(°)	120	工作介质密度 γ/(kg/m^3)	950
支座形心至封头切线距离 A/mm	350	试验介质密度 γ_T/(kg/m^3)	1000
支座垫板有效厚度 δ_{re}/mm	6	筒体常温屈服点 σ_s/MPa	180
鞍座高度 H_0/mm	300	试验压力 p_T/MPa	0.377517
腹板与筋板(小端)组合		地震烈度/度	<7
截面积 A_{sa}/mm^2	9500	配管轴向分力 P_p/N	
腹板与筋板(小端)组合截面		圆筒平均半径 R_m/mm	405
断面系数 Z_r/mm^3	96864.8	充装系数Φ_0	0.8
一个鞍座上地脚螺栓个数	2	地脚螺栓公称直径/mm	16
鞍座轴线两侧的螺栓间距/mm	530	地脚螺栓根径/mm	13.835
地脚螺栓材料	Q235-A		
支座反力计算			
筒体质量(两切线间)m_1/kg	419.492	封头质量(曲面部分)m_2/kg	55.8302
附件质量 m_3/kg	0	保温层质量 m_5/kg	0
封头容积 V_h/mm^3	6.70206×10^7	容器容积 V/mm^3	1.18962×10^9
容器内充液质量 m_4/kg		总质量 m/kg	
操作时	904.109	操作时	1435.26
压力试验时	1189.62	压力试验时	1720.77
单位长度载荷/(N/mm)	$q=5.95047$		$q'=7.13416$
支座反力/N	$F'=7041.39$		$F''=8442.09$
$F=\max(F',F'')$	$F=8442.09$		
筒体弯矩计算			
跨距中点处弯矩 M_1/(N·mm)		支座处弯矩 M_2/(N·mm)	
操作工况	1.00021×10^6	操作工况	−457653
压力试验工况	1.19918×10^6	压力试验工况	−548691

系数计算			
K_1	0.106611	K_6'	
K_2	0.192348	K_7	
K_3	1.17069	K_8	
K_4		K_9	0.203522
K_5	0.760258	C_4	
K_6	0.0420857	C_5	
筒体轴向应力计算			
操作时 σ_1/MPa	−0.289853	操作时 σ_3/MPa	10.3105
操作时 σ_2/MPa	9.35702	操作时 σ_4/MPa	−0.6895
压力试验($p_T=0$ 时)σ_{T1}/MPa	−0.347335	压力试验($p_T=0$ 时)σ_{T4}/MPa	−0.826658
压力试验 σ_{T2}/MPa	11.7575	压力试验 σ_{T3}/MPa	12.9007
轴向压缩许用应力计算/MPa			
A	0.0015745	B(查 GB/T 150 图 6-3～图 6-12)	65.891
$[\sigma]_{ac}=\min([\sigma]^t, B)=$	65.981		

应力判别		
最大轴向拉应力/MPa	$<[\sigma]^t=119.2$	合格
最大轴向压应力/MPa	$<[\sigma]_{ac}=65.981$	合格
压力试验最大轴向压应力/MPa	$<\min(0.8\sigma_s, [\sigma]_{ac})=65.981$	合格
压力试验最大轴向拉应力/MPa	$<0.9\sigma_s=162$	合格

切向剪应力计算			
$A>R_m/2$ 时，筒体 τ/MPa $A\leqslant R_m/2$ 时，筒体 τ/MPa	2.15454	封头 τ_h/MPa	
封头中压力产生的应力 椭圆形封头 τ_k/MPa 半球形封头 τ_k/MPa		碟形封头 τ_k/MPa	
许用应力 筒体$[\tau]$/MPa	95.36	封头$[\tau]$/MPa	
应力判别 筒体/MPa 封头/MPa	$\tau<[\tau]=95.36$ $\tau_h<[\tau_h]=$		合格

鞍座处圆筒周向应力			
无加强圈筒体 圆筒的有效宽度 b_2/mm	249.278		
无垫板或垫板不起加强作用时 σ_5/MPa $L/R_m\geqslant 8$ 时，σ_6/MPa $L/R_m<8$ 时，σ_6/MPa	 −3.84284 −19.5805	垫板[①]起加强作用时 σ_5/MPa $L/R_m\geqslant 8$ 时，σ_6/MPa $L/R_m<8$ 时，σ_6/MPa $L/R_m\geqslant 8$ 时，σ_6'/MPa $L/R_m<8$ 时，σ_6'/MPa	

应力判别/MPa	
$\lvert\sigma_5\rvert\ <\ [\sigma]^t=119.2$	合格
$\lvert\sigma_6\rvert<1.25[\sigma]^t=149$	合格
$\lvert\sigma_6'\rvert\ \ 1.25[\sigma]^t=149$	

加强圈参数			
加强圈材料		加强圈数量 n	
e/mm		组合总截面积 A_0/mm^2	
d/mm		组合截面总惯性矩 I_0/mm^4	

续表

应力判别/MPa			
设计温度下许用应力$[\sigma]_R^t$/MPa			
加强圈位于鞍座平面上			
在鞍座边角处筒体的周向应力σ_7/MPa		在鞍座边角处，加强圈内缘或外缘表面的周向应力σ_8/MPa	
横截面最低点的周向应力			
加强圈靠近鞍座 无垫板时（或垫板不起加强作用），σ_5/MPa 采用垫板时（垫板起加强作用），σ_5/MPa 在横截上靠近水平中心线的周向应力σ_7/MPa 在横截上靠近水平中心线处，不与筒壁相接的加强圈内缘或外缘表面的周向应力σ_8/MPa 无垫板（或垫板不起加强作用）$L/R_m \geqslant 8$时，σ_6/MPa 无垫板（或垫板不起加强作用）$L/R_m < 8$时，σ_6/MPa 采用垫板时（垫板起加强作用）$L/R_m \geqslant 8$时，σ_6/MPa 采用垫板时（垫板起加强作用）$L/R_m < 8$时，σ_6/MPa			
应力判别/MPa			
$\lvert\sigma_5\rvert < [\sigma]^t =$ $\lvert\sigma_6\rvert < 1.25[\sigma]^t =$ $\lvert\sigma_7\rvert < 1.25[\sigma]^t =$ $\lvert\sigma_8\rvert < 1.25[\sigma]_R^t =$			合格 合格
鞍座应力计算			
水平分力F_s/N 计算高度H_s/mm	1718.15 135	鞍座腹板厚度b_e/mm 鞍座垫板实际宽度b_4/mm 鞍座垫板有效宽度b_r/mm	10 260 249.278
腹板水平应力σ_9/MPa （无垫板或垫板不起加强作用时）	1.2727	（垫板起加强作用时）	
应力判断			
$\sigma_9 < \frac{2}{3}[\sigma]_{sa} = 98\text{MPa}$			合格
由地震轴向水平力引起的支座筋板和腹板组合截面应力计算			
圆筒中心至基础表面距离H_v/mm 轴向力F_{Ev}/N	710	$F_{Ev} \leqslant F_f$时，σ_{sa} $F_{Ev} > F_f$时，σ_{sa}	
应力判断/MPa $[\sigma_{sa}]$　　$1.2[\sigma_{bt}] =$			
地脚螺栓应力校核			
拉应力σ_{bt}/MPa 应力判断 σ_{bt}　　$1.2[\sigma_{bt}] =$ τ_{bt}　　$0.8[\sigma_{bt}] =$		剪应力T_{bt}/MPa	
由筒体温差引起的轴向力F_f/MPa		筋板和腹板组合截面应力σ_{sa}^t/MPa	−9.46435
应力判断			
$\sigma_{sa}^t < [\sigma_{bt}^t] = 147\text{MPa}$			

① 垫板应满足以下条件：垫板包角$\geqslant\theta+12°$；垫板厚度不小于筒体厚度；垫板宽度不小于b_2。

8.5.3 施工图绘制

催化精馏塔回流罐（3F-661）施工图包括装配图、液位计及鞍座零件图参见附录（附图4）。

8.6 工程技术经济评价

8.6.1 装置投资预算

8.6.1.1 单元设备价格估算

本套装置共有储槽容器 4 台，分别为原料混合罐（3F-660）、催化精馏塔回流罐（3F-661）、甲醇回收塔回流罐（3F-662）、甲醇缓冲罐（3F-663），计算其质量分别为 $W_{V1}=3085kg$，$W_{V2}=1189kg$。$W_{V3}=1220kg$，$W_{V4}=436kg$，总重为 5930kg。

该套装置共有 6 台换热器，分别为原料预热器（3E-663，$p=0.9MPa$）、反应精馏塔冷凝器（3E-667，$p=0.8MPa$）、反应器精馏塔再沸器（3E-668，$p=0.7MPa$）、甲醇回收塔冷凝器（3E-672，$p=0.8MPa$）、甲醇回收塔再沸器（3E-671，$p=0.7MPa$）、甲醇冷却器（3E-673，$p=0.8MPa$）。根据热负荷，换热器的换热面积分别为：$F_{E1}=5.7m^2$，$F_{E2}=106.3m^2$，$F_{E3}=30.7m^2$，$F_{E4}=170.5m^2$，$F_{E5}=80.0m^2$，$F_{E6}=2.7m^2$。采用固定管板式换热器，$\phi25\times2.0$ 的换热管，计算其质量分别为：$W_{E1}=340kg$，$W_{E2}=2563.8kg$，$W_{E3}=892.8kg$，$W_{E4}=3454.8kg$，$W_{E5}=1868.2kg$，$W_{E6}=198.2kg$。

该套装置共有 3 台塔设备，分别为萃取塔（3D-662）、催化精馏塔（3D-665）、甲醇回收塔（3D-669）。三个塔的质量分别为 1120kg、6742.4kg、8469kg。

该套装置共有一台反应器，为 3D-664 固定床反应器，其质量为 6550kg。

材料均选不锈钢，设容器及其他设备为每吨 1.6 万元，换热器每吨 3.2 万元，则静设备总价值为：74.23 万元。

该套装置共有 9 台泵，经询价每台泵 1.2 万元，则总价为 10.8 万元，因此，该套装置总设备约为：85 万元。

8.6.1.2 工艺装置总投资估算

用系数连乘法求总投资，各系数查得：

$k_1=1.0599$，$k_2=1.2528$，$k_3=1.0483$，$k_4=1.0277$，$k_5=1.0930$，$k_6=1.0803$，$k_7=1.3061$

已知设备费 $A=85$ 万元，计算结果如下：

设备安装工程费率 $B=k_1A=1.0599\times85=90.09$ 万元

设备安装费 $=B-A=90.09-85=5.09$ 万元

管道工程费率 $C=k_2B=1.2528\times90.09=112.86$ 万元

管道工程费 $=C-B=112.86-90.09=22.77$ 万元

电气工程费率 $D=k_3C=1.0483\times112.86=118.31$ 万元

电气工程费 $=D-C=118.31-112.86=5.45$ 万元

仪表工程费率 $E=k_4D=1.0277\times118.31=121.59$ 万元

仪表工程费 $=E-D=121.59-118.31=3.28$ 万元

建筑工程费率 $F=k_5E=1.0930\times121.59=132.90$ 万元

建筑工程费 $=F-E=132.90-121.59=11.31$ 万元

装置工程建设费率 $G=k_6F=1.0803\times132.90=143.57$ 万元

装置工程建设费 $=G-F=143.57-132.90=10.67$ 万元

总投资 $H=k_7G=1.3061\times143.57=187.52$ 万元

故装置的投资估算额为 187.52 万元。

8.6.2 生产成本估算

外购燃料：醋酸甲酯制醋酸装置加热导热油需燃料，导热油用量为141484kg/h，年折合燃料费用约为36.69万元。外购动力：醋酸甲酯制醋酸处理装置的需水量为1099.444kg/h，年计7916t，每吨按3元计，年用水费2.37万元；泵主要是耗电能，按42.2kW计算，每年7200h，则年耗电能30.4×10^4kW·h，每度电按0.5元计，年电费为15.2万元，则外购动力费总计17.57万元。工资：装置定员为4人，每人工资按年薪4.5万元计，则每年工资总额为18万元。职工福利：项目评价时，职工福利费可按照职工工资总额的14%提取，所以含氨废水处理装置的职工年福利费为2.5万元。固定资产折旧费：用双倍余额递减法对含氨废水处理装置进行折旧，折旧年限为12年，则年折旧率为20%，年固定资产折旧额为9.2万元。修理费：对含氨废水处理装置按固定资产原值的10%计算为8万元。租赁费：本装置不发生租赁费。

由以上几项费用计算可见，每年燃动费、工资福利费、折旧修理费合计约为36.69+17.57+18+2.5+9.2+8=91.96万元。

税金根据生产能力，该套装置的醋酸甲酯年处理量为8000t，醋酸年产量约为6127t，每吨售价按照0.7万元计算，年销售收入为4288.9万元；甲醇年产量为3459t，每吨售价按照0.3万元计算，年销售收入为1037.7万元，总收入为5326.6万元。销售税按照6%计算，则年销售税金为319.6万元（不计其他税）。其他费用：该装置按前8项成本费用综合的2%计算，约为8.23万元。

由前面已知，醋酸甲酯制醋酸装置的固定资产投资估算为187.52万元。总成本费用如上述所示。因该项目规模较小，因此只做财务评价，不再做国民经济评价及社会效益分析。

8.6.3 盈亏平衡分析

8.6.3.1 盈利能力分析

年(平均)利润总额=年(平均)产品销售收入－年(平均)总成本费用－年(平均)销售税金
=5326.6－4000(原料)－187.52(设备)－319.6(税金)
=819.48万元
(原料为醋酸甲酯,售价每吨0.5万元,年处理量为8000t)

投资总额=建设投资+建设期利息+流动资金=187.52+40.8+180=408.32万元。

投资利润率=年(平均)利润总额/投资总额×100%=819.48/408.32×100%=200.70%

年平均利税总额=年(平均)利润总额+年(平均)销售税金=1139.08万元。

投资利税率=年平均利税总额/年(平均)销售税金×100%=1139.08/319.6×100%=356.41%

所得税按30%计,则年平均所得税后利润=819.48×(1－0.3)=573.64万元。

资本金净利润率=年平均所得税后利润/注册资本×100%=573.64/100×100%=573.64%

投资回收期=408.32/819.48=0.50年=183天

从以上指标分析看，该项目的盈利能力是比较好的。

8.6.3.2 清偿能力分析

固定资产投资借款为187万元，建设期为半年，建设期的利息为2.25万元，第一年税后利润为818.78万元，平均每月的税后利润为68.2万元，即第一年的第3个月末即可还清固定资产投资借款和利息。因此借款偿还期约为0.25年。

年经营成本=总成本费用－折旧费－摊销费－财务费用=2051.06－9.2－2－4.5=2035.36万元，年周转次数按10次计，则应收账款为203.536万元，存货按10天计，为

107.43 万元。现金按 40 万元计，则：

流动资产=应收账款+存货+现金=203.536+107.43+40=350.966 万元

应付账款=外购原材料、燃料、水费等全年的费用/周转次数=193.07 万元

流动负债=应付账款=193.07 万元

流动资金=流动资产-流动负债=350.966-193.07=157.896 万元

速动资产=流动资产-存货=350.966-107.43=243.536 万元

流动比率=流动资产/流动负债×100%=350.966/193.07×100%=181.78%

速动比率=速动资产/流动负债×100%=243.536/193.07×100%=126.14%

所以可见清偿能力良好。

8.6.3.3 盈亏平衡分析

工程中各种不确定因素（如投资、成本、销售量、产品价格、项目寿命期等）的变化会影响投资方案的经济效果，当这些因素的变化达到某一临界值时，就会影响方案的取舍。通过计算这种临界值，即盈亏平衡点（BEP），可以判断投资方案对不确定因素变化的承受能力。本工程中以生产能力利用率表示的盈亏平衡点（BEP）为：

$$\text{BEP(生产能力利用率)}=\frac{\text{年固定总成本}}{\text{年产品销售收入}-\text{年可变总成本}-\text{年销售税金}}\times 100\%$$

$$=\frac{91.96}{5326.6-4187.52-319.6}\times 100\%=11.2\%$$

分析计算表明，当装置生产能力利用率只需达到 11.2%时企业即开始盈利，因而该项目盈利的可能性大，亏损的可能性很小，具有较大的抗经营风险能力，醋酸甲酯制醋酸工程可行性高，值得推广。

思考题

1. 如何进行固定管板式换热器的强度计算？
2. 如何进行精馏塔的结构设计？
3. 如何进行精馏塔的强度计算？

第9章

醋酸甲酯制醋酸过程控制设计

9.1 控制方案设计

醋酸甲酯水解制醋酸的生产工艺流程包含了反应器、反应精馏塔、精馏塔三种常用的化工生产设备，厂级过程控制方案的设计需要满足复杂生产工艺操作要求及其用电设备的控制要求，在复杂工况下能够保证生产装置平稳运行，产品满足出厂质量要求。本章首先分析醋酸甲酯水解生产工艺流程的动态特性，选择合适的被控变量与操纵变量，然后对醋酸甲酯水解工艺流程进行控制回路设计与动态流程模拟。

9.1.1 控制目标与要求

在针对醋酸甲酯水解工艺设计控制方案时，主要的控制任务有以下几个：产品纯度控制、物料平衡控制以及能量平衡控制。保证生产过程中的物料以及能量平衡，对于生产设备的稳定运行具有重大意义，由于在精馏塔中物料能量平衡与塔内液位、压力密切相关，因此控制方案应首先保证醋酸甲酯水解生产装置中反应精馏塔和甲醇回收塔的塔顶压力、塔顶冷凝器液位和塔釜再沸器液位保持稳定。在生产指标上，对醋酸甲酯水解装置进行控制系统设计时，主要有两个方面的要求：①甲醇回收塔侧线采出甲醇含量（摩尔分数）稳定在 97%附近；②甲醇回收塔塔底采出醋酸含量（摩尔分数）>10%。

9.1.2 灵敏板位置确定

在反应精馏和普通精馏过程中，灵敏板温度可以间接反映产品成分变化。用稳态增益矩阵奇异值分解法对塔板温度和再沸器加热量之间的灵敏度进行分析。图 9-1 为反应精馏塔塔板灵敏度响应曲线，图 9-2 为甲醇回收塔塔板灵敏度响应曲线。如图所示，增加 1%的再沸器加热量，将各塔板温度增量与加热量变化量之间的比值组成的稳态增益矩阵进行奇异值分解，分解后得到的左奇异向量 $\boldsymbol{U}$ 中最大的元素分别落在了第 14 块（反应精馏塔）和第 12 块（甲醇回收塔）塔板处。因此在反应精馏塔中选择第 14 块塔板为温度灵敏板，在甲醇回收塔中选择第 12 块塔板为温度灵敏板。

9.1.3 控制自由度分析

对醋酸甲酯水解工艺进行控制系统设计时，首先要进行设计自由度分析，统计整个工艺流程中的可操纵变量个数，然后选择合适的操纵变量和被控变量进行配对，搭建合适的控制

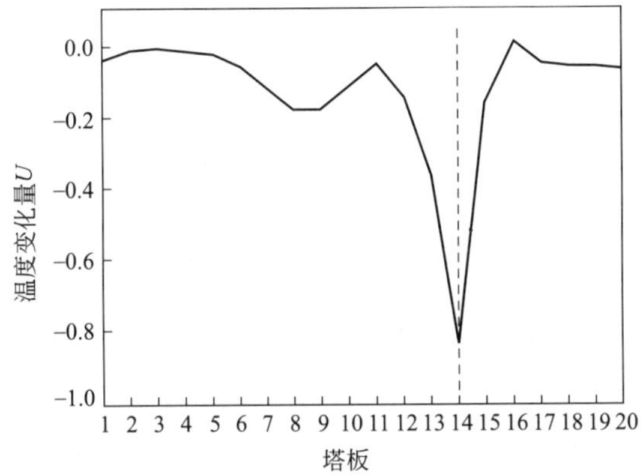

图 9-1　反应精馏塔塔板温度稳态增益矩阵奇异值分解图

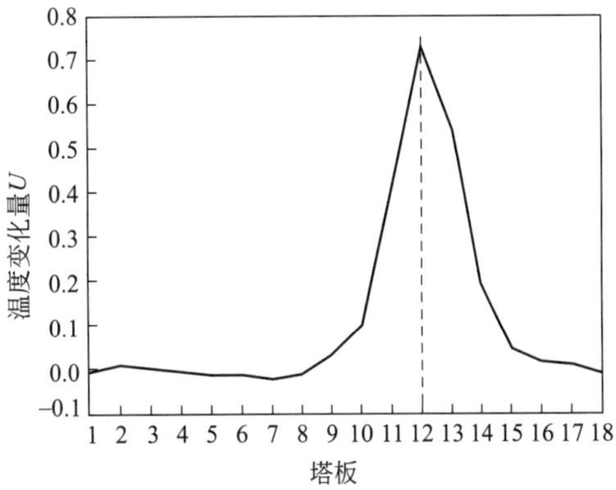

图 9-2　甲醇回收塔塔板温度稳态增益矩阵奇异值分解图

回路。在醋酸甲酯水解工艺流程图中，有 15 个独立的被控变量（表 9-1）用来对整个工艺流程进行控制。在这 15 个独立变量中，有 4 个液位被控变量（反应精馏塔和甲醇回收塔塔顶回流罐/塔底液位 $L_1 \sim L_4$）和 2 个压力被控变量（反应精馏塔和甲醇回收塔塔顶压力 P_1、P_2）通常情况下需要保持稳定，不能随意改变。这样就还剩下 9 个（见表 9-1）自由的被控变量用来对整个流程工艺的正常操作目标进行调节。它们分别是醋酸甲酯进料速率（F_{MeAc}）、水进料速率（$F_{H_2O}^{C3}$、$F_{H_2O}^{C1}$）、预反应器出料温度（T_{out}）、反应精馏塔和甲醇回收塔塔顶回流量（F_{R1}、F_{R2}）、反应精馏塔和甲醇回收塔塔内上升蒸气量（V_{S1}、V_{S2}）和侧线采出甲醇纯度（X_{MeOH}）。

表 9-1　醋酸甲酯水解工艺流程独立变量

编号	变量	描述
1	F_{MeAc}	醋酸甲酯进料速率
2	$F_{H_2O}^{C3}$	混合罐水进料速率
3	T_{out}	预反应器出料温度
4	$F_{H_2O}^{C1}$	决定反应精馏塔塔顶水进料速率
5	L_1	保证反应精馏塔塔顶液位不变
6	L_2	保证反应精馏塔塔釜液位不变
7	P_1	保证反应精馏塔塔顶压力不变
8	L_3	保证甲醇回收塔塔顶液位不变
9	L_4	保证甲醇回收塔塔釜液位不变
10	P_2	保证甲醇回收塔塔顶压力不变
11	F_{R1}	反应精馏塔塔顶回流量
12	F_{R2}	甲醇回收塔塔顶回流量
13	V_{S1}	反应精馏塔塔内上升蒸气量
14	V_{S2}	甲醇回收塔塔内上升蒸气量
15	X_{MeOH}	甲醇回收塔侧线采出产品甲醇纯度

9.1.4　控制系统设计方法

针对厂级化工生产流程工艺进行控制系统设计时，大多数设计者根据工艺过程控制要求，先对流程中的单个生产单元按照传统控制方案进行控制回路设计，然后将所有控制回路整合到一起，发现某些控制回路出现问题后再对控制回路进行修改（见图 9-3）。这种设计方法作为流程设计领域的常用准则，设计思路简单，控制效果可以达到设计标准，符合实际生产运行要求。不足之处在于，控制回路设计步骤较为复杂，有时需要多次改进控制回路，方能达到设计要求。

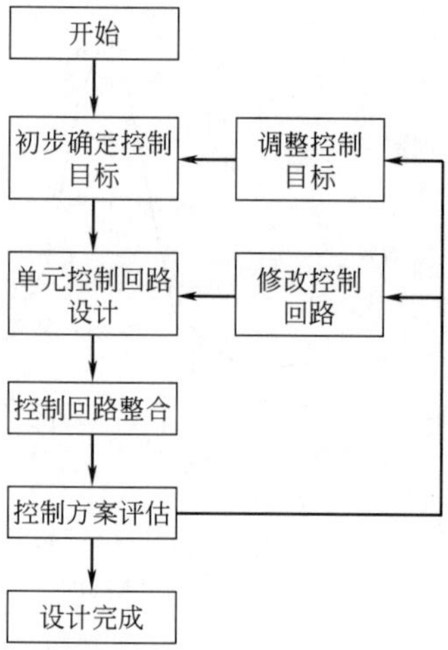

图 9-3 “Bottom-Up”设计流程

9.1.5 厂级过程控制方案的设计

对一个厂级生产工艺流程进行控制系统设计时，采用先部分后整体的控制回路设计思路，针对本文中厂级醋酸甲酯水解生产工艺流程，原料醋酸甲酯与水按比例进入混合罐中，混合物料经原料预热器 E-101 预热后进入固定床反应器进行水解反应，水解反应催化剂选用强酸型离子交换树脂，水解产物进入催化精馏塔。将整个过程按生产环节拆分成混合进料罐 C3、预热器 E-101、反应精馏塔 C1、甲醇回收塔 C2 四个主要生产过程，然后分别对这四个单元设计控制回路以保证其在扰动下稳定运行。最后将设计好的控制回路组合到一起，再根据生产要求添加其他控制回路，最终形成完整的厂级醋酸甲酯水解工艺流程控制系统。

9.1.5.1 单元控制回路设计

(1) 混合进料罐 C3 的进料流量控制回路设计

在反应精馏塔（column 1）和甲醇回收塔（column 2）回流至前端进料混合罐的循环流股中，由于侧线采出流股的存在，甲醇回收塔塔顶循环流股流量较小，因此不加以控制（见图 9-4）。反应精馏塔塔顶循环至混合罐的流股中主要成分为未反应的原料醋酸甲酯，因此为保证进入下一环节的醋酸甲酯和水的流量稳定，在进料端施加进料比值控制回路，通过调节水进料流股阀门开度保证进料水流量与新鲜醋酸甲酯流量和循环流股流量比值不变。

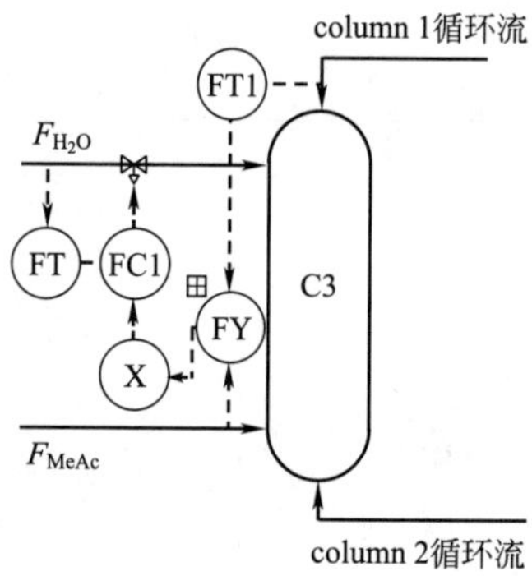

图 9-4 进料流量控制

(2) 反应器温度控制系统设计

在对醋酸甲酯水解工艺流程进行模拟时，固定床预反应器在模拟时选择平推流反应器，该反应器的优点在于反应器内没有返混现象，反应器中各部分反应速率相同，因此通常情况下仅通过夹套冷却水流量对反应器出料口温度进行控制即可使反应器工作在稳定状态下，如图 9-5 所示。

(3) 反应精馏塔控制系统设计

在整个工艺流程中，反应精馏塔具有两个作用，一是进一步反应在固定床预反应器中未反应完全的醋酸甲酯，二是使未反应完的醋酸甲酯回流，循环使用。遵循这两个目标，设计了如图 9-6 所示的反应精馏塔控制方案。

如图 9-6 所示，PC1 调节塔顶冷凝器阀门开度保持塔顶压力，LC1、LC2 分别调节塔顶和塔底采出流量保持塔底液位不变。控制器 FC3 通过调节水进料流股阀门来调节塔顶补充水进料流量，使水流量与反应精馏塔混合物进料流量保持一定配比，控制器 FC2 通过调节 R1 出口流量保持混合物进料与塔顶回流不变。TC2 通过调节再沸器加热量控制灵敏板温度，使塔顶采出在进入下一环节甲醇回收塔时成分大致稳定。

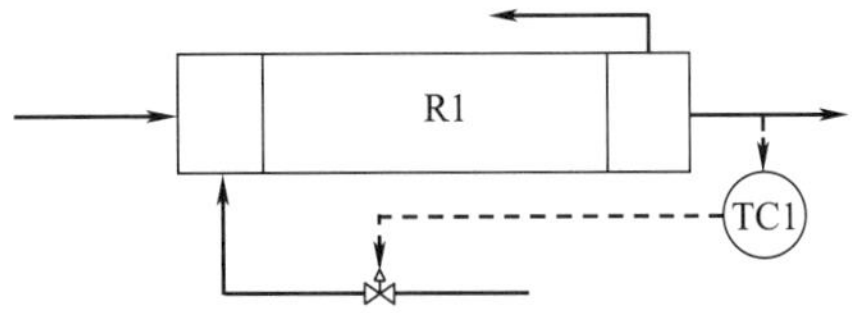

图 9-5 反应器温度控制设计

(4) 甲醇回收塔控制系统设计

如图 9-7 所示，在对甲醇回收塔进行控制时，压力控制器 PC2 通过调节塔顶冷凝器冷水阀保持塔顶压力不变。由于塔顶循环流股流量较小，使用塔顶流量控制塔顶液位容易出现失控现象，因此使用液位控制器 LC3 通过调节侧线采出流量保持塔顶液位不变。塔釜液位由控制器 LC4 通过调节塔底采出阀门开度大小控制。控制器 TC3 通过调节再沸器加热量控制灵敏板温度，使塔内成分和温度分布稳定。

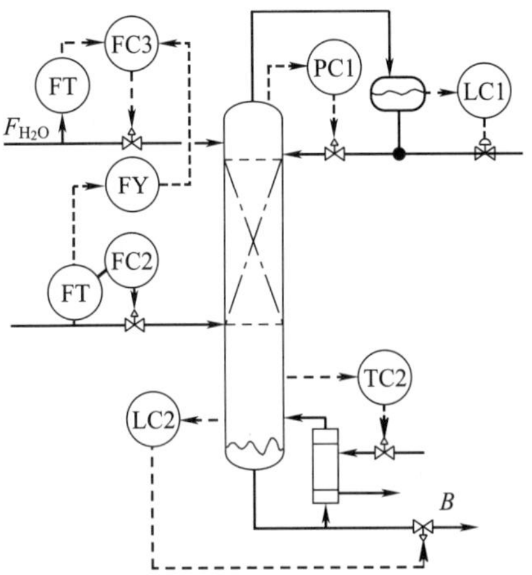

图 9-6 反应精馏塔控制方案

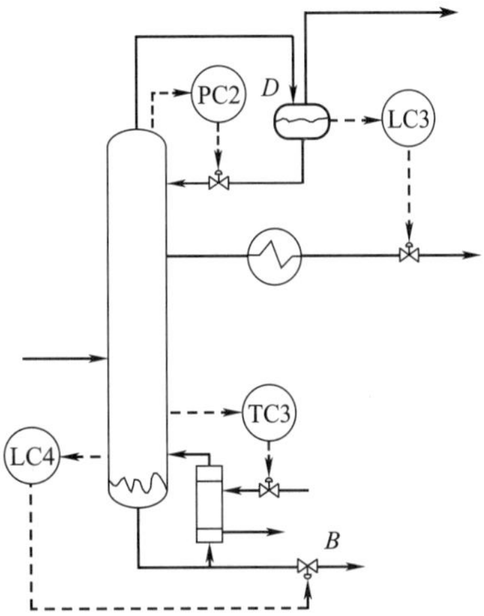

图 9-7 甲醇回收塔控制方案

9.1.5.2 整体控制结构

通过上面分析，醋酸甲酯水解厂级反应精馏控制结构（CS1）如图 9-8 所示。从图 9-8 中可以看到，将前面按生产单元分别设计的控制回路组合到一起后，与整个厂级醋酸甲酯水解工艺流程稳定运行相关（物料/能量平衡、反应平衡、精馏塔内温度、成分稳定）的控制回路已经搭建完成。整个装置运行的最终目标是甲醇回收塔侧线采出符合规格的甲醇和甲醇

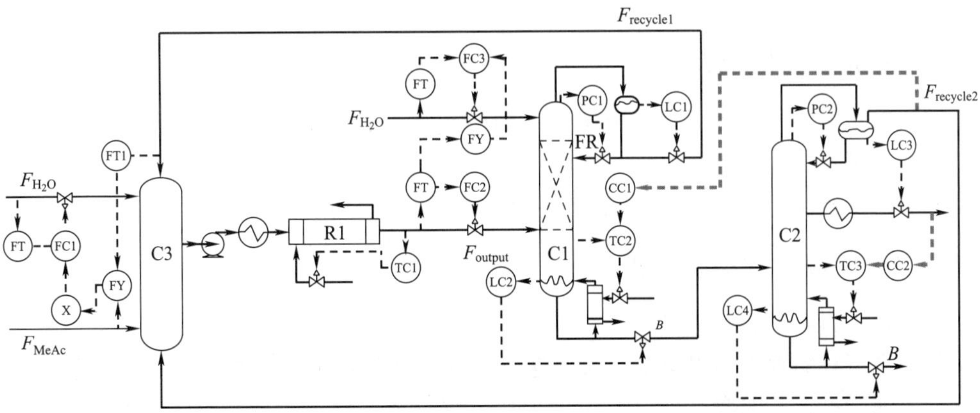

图 9-8 醋酸甲酯水解工艺流程总体控制方案（CS1）

回收塔塔釜采出醋酸在规定的要求之上。在分步设计时，没有设计与成分控制相关的回路，在控制方案实际运行中，如发生扰动，有可能会导致产品合格率下降。因此，接下来应该添加与成分控制相关的控制回路。在复杂的厂级生产工艺流程中，成分直接控制是简单有效的控制方法。在本文醋酸甲酯水解厂级生产过程中，侧线采出流股中主要成分为产品甲醇和少量醋酸甲酯，因此只要保持侧线流股中这两种物料成分不变，就能够产出符合规格的甲醇产品。如图 9-8 中灰色控制回路所示：成分控制器 CC2 与灵敏板温度控制器 TC3 组成串级控制回路，在发生扰动时，调节再沸器加热量优先稳定侧线中甲醇纯度；在对侧线中醋酸甲酯含量进行控制时，由于醋酸甲酯在甲醇回收塔中属于轻组分，塔底含量极其微小，因此只要保证塔顶回流中醋酸甲酯含量稳定，就能间接稳定侧线中醋酸甲酯含量，因此，增加成分控制器 CC1 与反应精馏塔温度控制器 TC2 组成串级控制回路，通过调节反应精馏塔再沸器加热量调节塔顶回流醋酸甲酯含量。关键控制回路描述如表 9-2 所示。

表 9-2　CS1 控制回路描述

被控变量	操纵变量	控制目标	控制器
F_{H_2O}/F_{MeAc}	进料水流量	4.662	FC1
R1			
出口温度	冷却水流量	70℃	TC1
C1			
F_{output}/F_R	R1 出口流量	0.182	FC2
灵敏板温度	再沸器加热量	$CC1_{output}$	TC2
塔釜液位	C1 塔底采出量	1.44m	LC2
塔顶液位	C1 塔顶采出量	3.20m	LC1
塔顶压力	C1 塔顶冷凝量	101kPa	PC1
C2			
甲醇纯度	C2 灵敏板温度	0.9764	CC2
醋酸甲酯纯度	C1 灵敏板温度	0.00275	CC1
灵敏板温度	再沸器加热量	$CC2_{output}$	TC3
塔釜液位	C2 塔底采出量	2.03	LC4
塔顶液位	C2 侧线采出量	0.09	LC3
塔顶压力	C2 塔顶冷凝量	101kPa	PC2

9.2 醋酸甲酯水解工艺控制系统动态模拟

9.2.1 Aspen 稳态模拟系统

采用前面章节中选择的 NRTL-HOC 热力学模型，在 Aspen Plus 中进行醋酸甲酯水解工艺流程稳态模拟，模拟流程如图 9-9 所示。

醋酸甲酯水解工艺流程中反应精馏塔和甲醇回收塔结构如图 9-10、图 9-11 所示。

9.2.2 稳态模拟转到动态模拟

在针对化工过程进行建模的过程中均会涉及稳态建模和动态建模两个环节。在对醋酸甲酯水解过程进行稳态模拟时，装置中的工艺参数都是不随时间变化的。但是在实际生产过程中经常会出现干扰，工艺参数经常会发生变化。仅仅依靠稳态模拟系统软件不能求出装置不同调节通道的时间常数以及装置运行过程中的动态特性。在针对生产装置选择控制方案时，

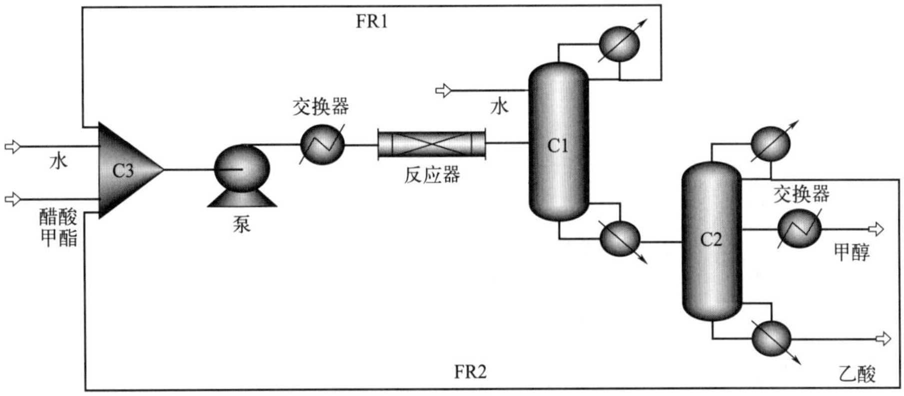

图 9-9　醋酸甲酯水解稳态模拟流程

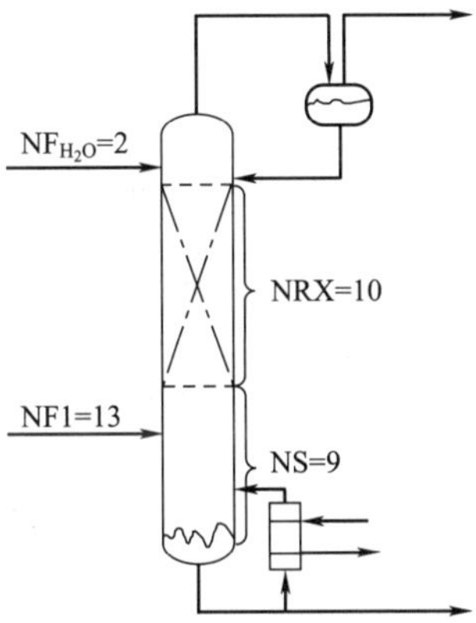

图 9-10　反应精馏塔结构优化结果

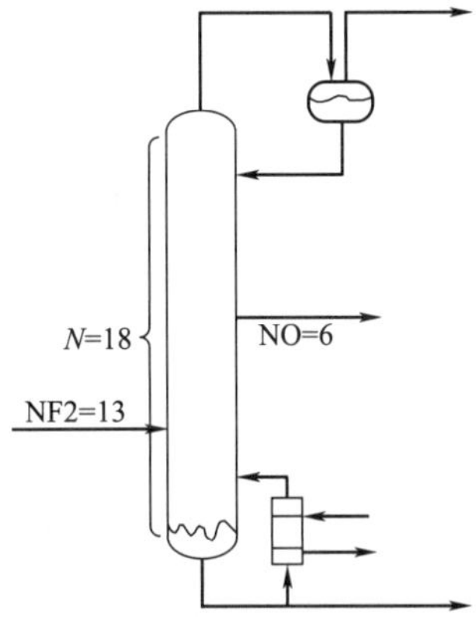

图 9-11　甲醇回收塔结构优化结果

只能靠对比已经存在的同类装置或者进行理论分析。在动态流程模拟软件中，时间变量被引入系统，系统中内部参数会随着时间的改变而发生变化。动态模拟系统能够有机地将稳态系统、控制理论、化工及热力学模型、动态数据结合起来，通过求解巨型常微分方程组来进行过程模拟。

在醋酸甲酯水解工艺过程动态模拟中，改变生产过程的操作条件（进料流量、成分等）可以得到关键被控变量（组分、灵敏板温度、上升蒸气量等）的动态特性。通过对这些动态特性进行分析和研究，其结果对醋酸甲酯水解工艺流程的控制回路设计及控制器参数整定具有重大的指导意义。本节利用 Aspen Dynamics 对该工艺过程进行动态模拟，并对进料醋酸甲酯流量和成分添加阶跃扰动，分析在 9.1 节中两种控制结构下醋酸甲酯水解装置的动态运行效果。

在进行动态模拟前，首先应完善醋酸甲酯水解工艺过程的稳态模型。Aspen Dynamics 动态模型是由 Aspen Plus 稳态模型转化而形成，二者具有相同的物性，对醋酸甲酯水解工艺过程中物料和能量平衡的模拟方式相似。因此，不需要单独建立醋酸甲酯水解工艺流程的动态模型，在稳态模型的基础上，增加一些与动态模拟相关的操作就可以将 Aspen Plus 稳态模型导入到 Aspen Dynamics 中。

(1) 驱动方式选择

在 Aspen Dynamics 中建立系统动态模型时，会给出两种驱动方式：流量驱动（flowest driven）模式和压力驱动（pressure driven）模式。根据工业实际，醋酸甲酯水解工艺过程动态模型选择压力驱动方式。

(2) 添加阀门和泵

在建立醋酸甲酯水解工艺流程动态模型前，为实现整个流程的压力平衡，保证前一个生产单元出口压力等于下一个单元的进料压力，在每两个生产单元之间应添加进料泵实现压力配平。为实现在动态模型中对流量的控制，在可控流股中，还需要添加阀门，通过调节阀门开度可以控制流股流量大小。

在 Aspen Dynamics 中建立的醋酸甲酯水解工艺动态模拟流程图如图 9-12 所示，从图中可以看到，与稳态模拟流程图相比，阀门和进料泵都已经添加完毕，在建立图 9-12 所示的动态模型后，就可以在动态模型的基础上，研究醋酸甲酯水解工艺流程的动态特性，验证本文设计控制方案的控制效果。

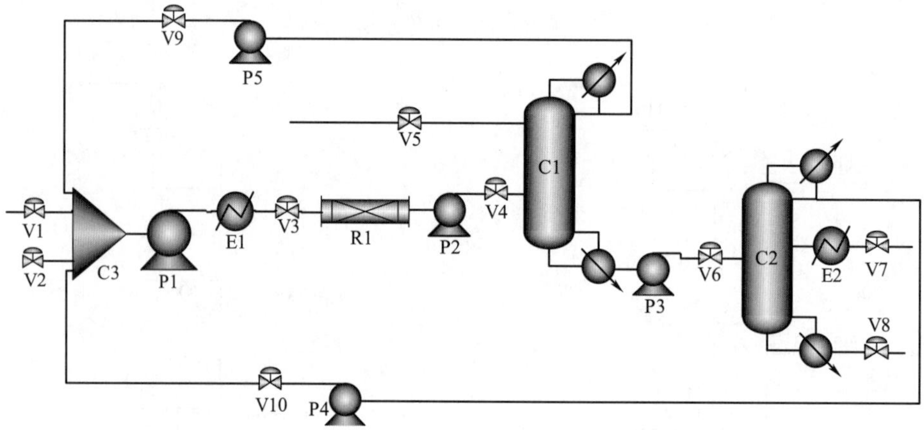

图 9-12　Aspen Dynamics 中醋酸甲酯水解工艺动态模拟流程图

9.2.3　控制方案 1 的动态模拟系统

使用"Bottom-Up"方法设计的控制结构 CS1 在 Aspen Dynamics 中建立的动态模拟流程如图 9-13 所示。从图中可以看到：

① 加法器 B4、乘法器 B5 与水进料流量控制器 FC1 共同组成了水/酯定比值控制回路：加法器 B4 计算得到反应精馏塔塔顶循环流量与新鲜醋酸甲酯进料流量之和，计算结果输出到乘法器 B5，与初始水/酯比相乘后作为流量控制器 FC1 的串级输入，调节新鲜水进料流量使水/酯比不变。

② 温度控制器 TC1 设定值为反应器出料温度，通过调节夹套中冷却水流量保持反应器温度不变。

③ 在反应精馏塔控制回路中，FC3 调节阀门 V5 开度保持塔顶补充水进料流量不变；LC1、LC2 和 PC1 分别组成塔顶塔底液位和压力控制回路；加法器 B1、乘法器 B2 组成回流/进料比值控制回路：在发生扰动时，回流量比值控制设定值 B2 为两股进料之和 B1 乘以初始比值；控制器 TC2 通过调节再沸器加热量保持反应精馏塔中灵敏板温度不变，当塔顶醋酸甲酯含量变化时，成分控制器 CC1 通过调节 TC2 中灵敏板温度设定值来改变再沸器加热量，使 C2 塔顶醋酸甲酯含量恢复稳态。

④ 在甲醇回收塔控制回路中，PC2、LC3、LC4 分别组成塔顶和塔底压力、流量控制回路，与常规塔顶液位控制不同，LC3 通过改变侧线采出流量调节塔顶液位；乘法器 B3 输出

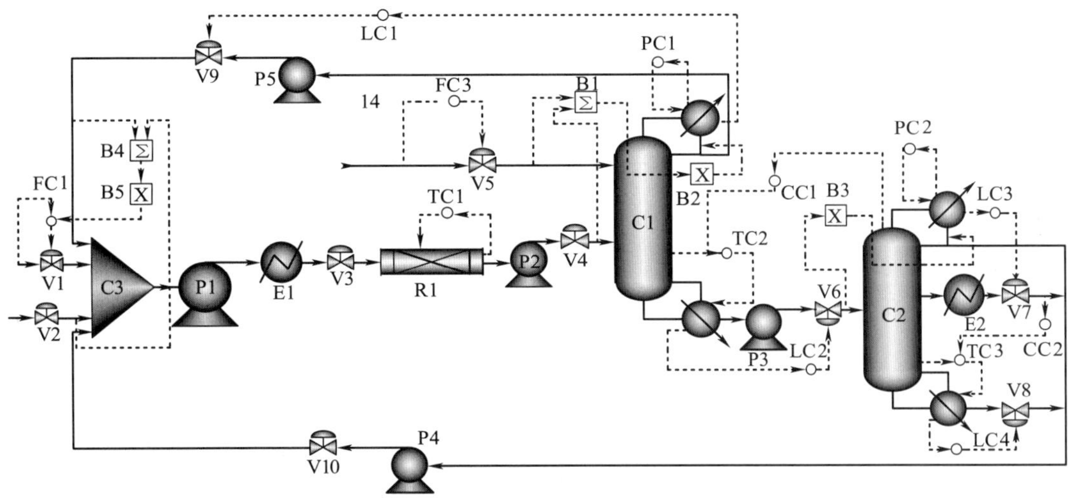

图 9-13 Aspen Dynamics 中 CS1 控制流程图

为甲醇回收塔进料与回流/进料的乘积；控制器 TC3 通过调节再沸器加热量保持甲醇回收塔中灵敏板温度不变，当侧线采出中甲醇含量变化时，成分控制器 CC2 通过调节 TC3 中灵敏板温度设定值来改变再沸器加热量，使侧线采出中甲醇含量恢复稳态。

9.2.3.1 控制器参数整定

对厂级醋酸甲酯水解控制方案进行仿真调试时，首先合理选择控制器的正反作用，然后采用中继-反馈测试和 Tyreus-Luyben 调谐法整定装置中所有控制回路的控制器参数，整定后主要控制器的积分时间（τ）和积分增益（k）如表 9-3 所示。

表 9-3 CS1 控制器参数

控制器	k/τ	控制器	k/τ
FC1	15/45	CC1	15/20
TC1	1/20	CC2	5/2
FC2	15/45	TC3	3/25
TC2	3/30		

9.2.3.2 控制方案性能测试

对系统添加阶跃扰动测试系统在控制方案 CS1 下的动态响应性能。分别添加如下系统扰动：±10%的醋酸甲酯进料流量扰动、±5%的醋酸甲酯进料成分扰动。控制系统动态响应如下。

(1) ±10%的醋酸甲酯进料流量扰动

系统稳定运行 1h 后，添加±10%的醋酸甲酯进料流量扰动，图 9-14(a) 为反应器出口温度响应曲线；图 9-14(b) 为甲醇回收塔塔顶醋酸甲酯含量响应曲线；图 9-14(c) 为侧线采出产品甲醇含量响应曲线；图 9-14(d) 为甲醇回收塔塔底醋酸含量响应曲线。

从图 9-14 中可以看到，当发生醋酸甲酯进料流量扰动时，反应器出料温度经过较短的时间达到峰值，在冷却水控制器的直接控制作用下，温度迅速恢复到稳定状态。甲醇回收塔塔顶醋酸甲酯纯度和侧线采出中甲醇的纯度在经过 2h 左右的大范围波动后，较快地恢复到稳态设计值附近，在随后的数小时内，实际值与稳态设计值余差越来越小，逐步恢复稳定。

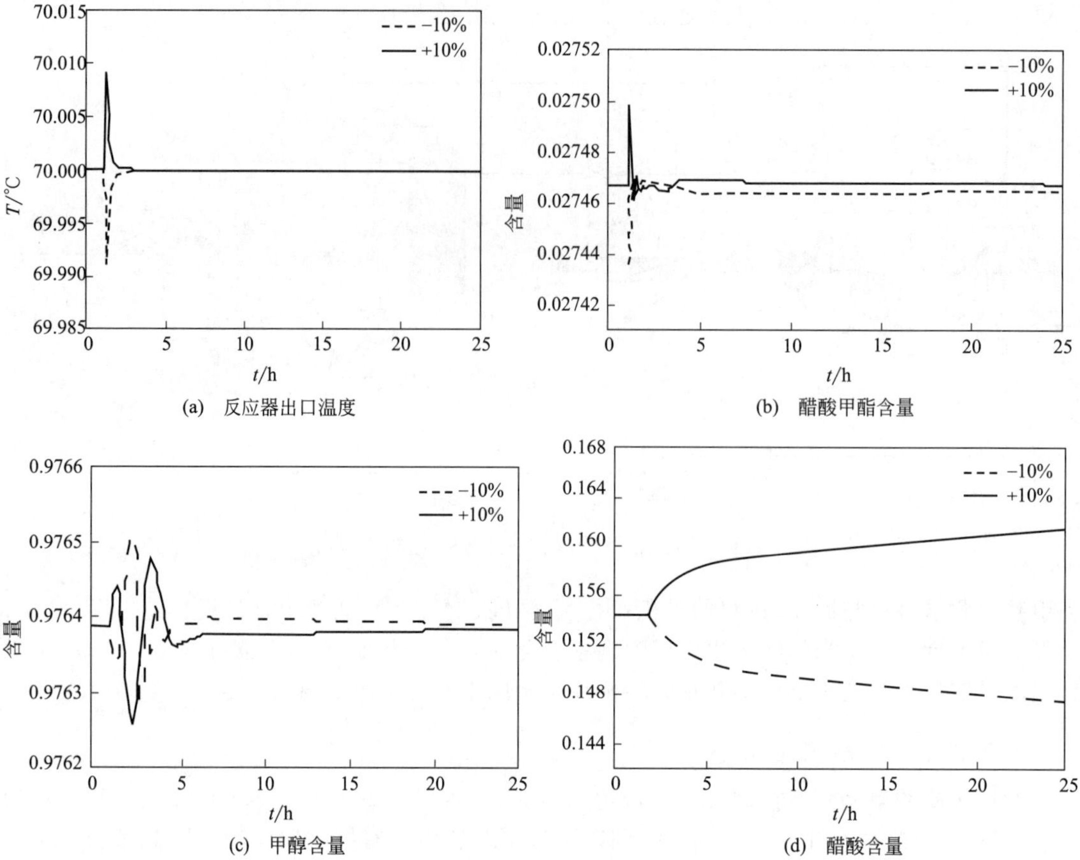

图 9-14 流量扰动下 CS1 控制系统动态响应曲线

作为非严格控制变量塔底醋酸纯度，在进料流量增加和减少时分别呈现出上升或减少的趋势，5h 以后，变化速率放缓，逐渐恢复平稳状态，虽然没有恢复到稳态设定值附近，但是仍然符合生产指标要求。

(2) ±5％的醋酸甲酯进料成分扰动

系统温度运行 1h 后，添加±5％的进料成分扰动，图 9-15(a) 为成分扰动下反应器出料温度；图 9-15(b) 为成分扰动下甲醇回收塔塔顶采出醋酸甲酯含量；图 9-15(c) 为成分扰动下侧线采出甲醇含量；图 9-15(d) 为成分扰动下甲醇回收塔塔底醋酸含量。

从图 9-15 中可以看到，当发生醋酸甲酯进料成分扰动时，反应器出料温度经过较短的时间达到峰（谷）值，在冷却水控制器的直接控制作用下，温度迅速恢复到稳定状态。甲醇回收塔塔顶醋酸甲酯纯度在经历一个上下波动的趋势后，逐步恢复到稳定状态。侧线采出中甲醇的纯度由于和塔顶醋酸甲酯纯度处于一个相互影响的关系，因此甲醇纯度的变化与甲醇反向，经过一段时间后逐渐恢复到稳定状态。甲醇回收塔塔底醋酸纯度，在发生扰动时，由于没有专门对其施加控制，会发生轻微波动，但仍符合生产指标要求。

9.2.3.3 扰动分析

从系统在进料流量和成分扰动下的动态响应曲线中可以看到，当进料发生扰动时，反应器出口物料温度在较短的时间内恢复稳定状态，减小对下一环节反应精馏塔的干扰，甲醇回收塔塔底回流中醋酸甲酯含量和侧线采出产品甲醇的含量在 5h 左右也趋于稳定，与初始稳

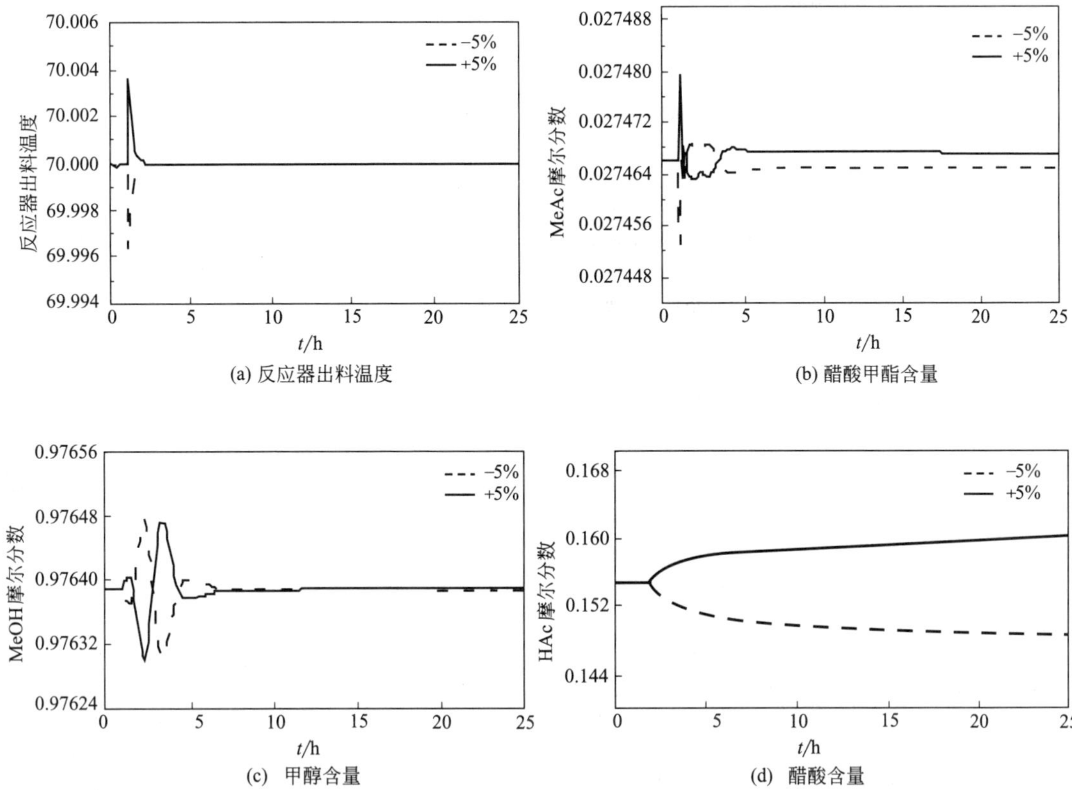

图 9-15　成分扰动下 CS1 控制系统动态响应曲线

态余差较小，塔底采出醋酸甲酯含量虽然没有恢复到稳态设计值，但是仍然在规定的采出浓度范围内，符合下一环节醋酸提纯进料要求。整体控制方案基本能够满足醋酸甲酯水解工艺设计要求。

9.3 DCS 控制系统的实现

9.3.1 浙大中控 DCS 软件

DCS 即集散控制系统，又称分布式控制系统（distributed control system）。它是指利用计算机技术将所有的二次显示仪表集中在电脑上显示，同时所有的一次仪表及调节阀等仍然分散安装在生产现场。DCS 系统的核心是布置在机柜室的现场控制站。

AdvanTrol-Pro 软件包是基于 Windows2000 操作系统的自动控制应用软件平台，在 SUPCON WebField 系列集散控制系统中完成系统组态、数据服务和实时监控功能。

9.3.2 I/O 点设置

根据系统的工艺过程、被控参数和控制要求，选择了输入、输出点类型与数量，选择了合适的卡件，并且进行了 I/O（输入/输出）点的分配，本工艺流程的输入/输出点分配如表 9-4 所示。

表 9-4　I/O 点分配

序号	位号	描述	I/O	类型	单位	卡件
1	FI_201	水流量	AI	0～20mA	kg/h	FW351
2	FI_202	醋酸甲酯流量	AI	0～20mA	kg/h	FW351
3	LI_201	精馏塔塔顶液位	AI	0～20mA	m	FW351
4	LI_202	精馏塔塔釜液位	AI	0～20mA	m	FW351
5	LI_203	分离塔塔釜液位	AI	0～20mA	M	FW351
6	LI_204	分离塔回流罐液位	AI	0～20mA	M	FW351
7	PI_201	精馏塔冷凝器压力	AI	0～20mA	kPa	FW351
8	PI_203	分离塔冷凝器压力	AI	0～20mA	kPa	FW351
9	TI_201	精馏塔塔板温度	RTD	Pt100	℃	FW353
10	FI_H2O	混合罐水流量	AI	0～20mA	kg/h	FW351
11	FI_METHYL	混合罐醋酸甲酯流量	AI	0～20mA	kg/h	FW351
12	TI_REACTOR	反应器温度	RTD	Pt100	℃	FW353
13	TI_203	分离塔塔板温度	RTD	Pt100	℃	FW353
14	CI_203	分离塔塔顶回收浓度	AI	0～20mA	%	FW351
15	CI_204	侧线采出甲醇浓度	AI	0～20mA	%	FW351
16	FV_201	水流量调节阀	AO			FW372
17	FV_202	醋酸甲酯流量控制阀	AO			FW372
18	PV_201	精馏塔塔压调节阀	AO			FW372
19	PV_203	回收塔塔压调节阀	AO			FW372
20	CV_203	甲醇塔顶浓度调节阀	AO			FW372
21	CV_204	侧线采出甲醇浓度调节阀	AO			FW372
22	TV_203	回收塔塔温调节阀	AO			FW372
23	FV_H2O	混合罐水流量调节阀	AO			FW372
24	TV_REACTOR	反应器温度调节阀	AO			FW372
25	LV_201	精馏塔塔顶液位调节阀	AO			FW372
26	LV_202	精馏塔塔釜液位调节阀	AO			FW372
27	LV_203	回收塔塔顶液位调节阀	AO			FW372
28	LV_204	回收塔塔釜液位调节阀	AO			FW372
29	FV_METHYL	醋酸甲酯流量调节阀	AO			FW372

DCS 中 I/O 点设置所选卡件如图 9-16 所示。

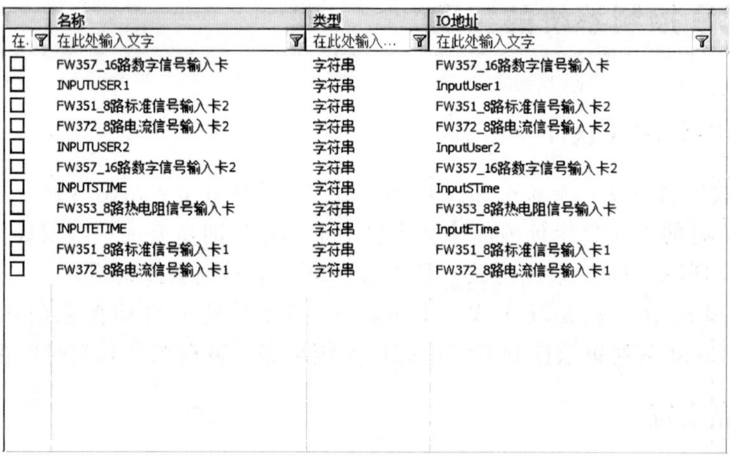

图 9-16　分配 I/O 点所选的卡件

在设置 I/O 点时，不但要对位号进行设置，更要对其模拟量输入进行设置，还要有报警设置。其中模拟量输入中包括模拟量的上下限、单位以及信号类型。报警设置中包括高高限、高限、低限和低低限，其有优先级之分。

9.3.3 控制方案的组态实现

完成 I/O 组态后，如果系统中有需要控制的信号和其他一些控制要求，则可以通过控制方案组态来实现。

控制方案分为两种：常规控制方案和自定义控制方案。常规控制方案是一些比较通用的控制方案，易于组态、操作方便。这些控制方案在系统内部已经编程完毕，只要进行简单的组态即可。系统以 PID 算法为核心进行扩展，设计了手操器、PID 控制回路、串级控制回路、单闭环前馈、串级前馈、单闭环比值、串级变比值和采样控制等多种控制方案。自定义控制方案是一些要求比较特殊的控制方案，需要用图形化编程软件来实现。在本次设计中主要用到常规控制方案，共有 10 个控制回路。其设置如图 9-17 所示。

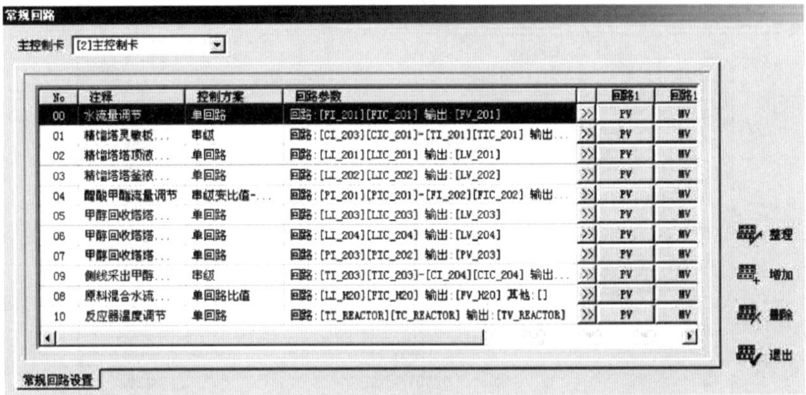

图 9-17　常规控制方案设置

在常规控制方案的设置过程中，要注意设置回路参数。其中回路位号，回路输入、输出都要与定义的 I/O 点一一对应。另外，需要注意的是，串级控制中，回路 1 为内环，是副回路，回路 2 为外环，是主回路。此外，这些参数也都要与监控主界面上的参数一一对应，尤其是控制的 PV 和 SV 参数。图 9-18 为串级回路设置。

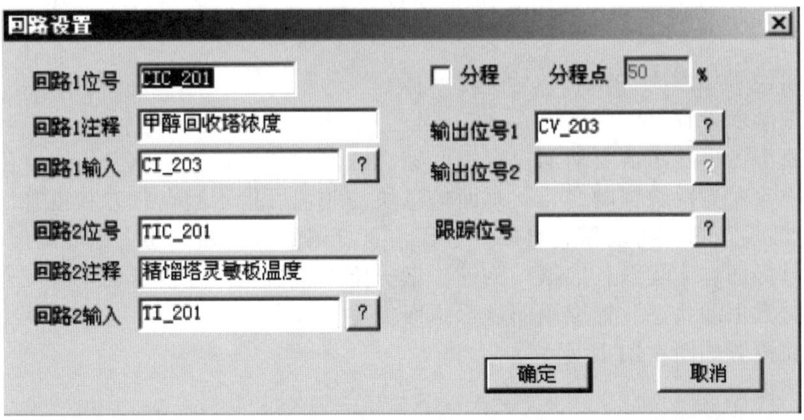

图 9-18　串级回路设置

9.3.4 监控组态画面设计

标准画面组态是指对系统已定义格式的标准画面进行组态，其中包括总貌画面、趋势曲线、控制分组和数据一览 4 种操作画面的组态。

(1) 分组画面设置

系统的控制分组画面可以实时显示仪表的当前状态，如回路的手自动状态、I/O 信号测点的地址、报警状态等。用户可以直接在仪表盘上操作，十分方便。

(2) 数据一览画面设置

数据一览画面可以实时显示位号的测量值及单位等，非常直观，一般项目上会用该画面来统一监测重要的数据。

数据一览画面的设置如图 9-19 所示。

序号	页码	页描述	
00	1	FI_201	编辑
01	2	FI_202	编辑
02	3	PI_201	编辑
03	4	TI_201	编辑
04	5	LI_201	编辑
05	6	LI_202	编辑
06	7	CI_203	编辑
07	8	FI_203	编辑
08	9	LI_203	编辑
09	10	LI_204	编辑
10	11	CI_204	编辑
11	12	TI_203	编辑
12	13	LI_H2O	编辑
13	14	LI_METHYL	编辑
14	15	TI_REACTOR	编辑

图 9-19 数据一览画面设置

(3) 趋势画面设置

趋势画面中的趋势曲线可以直观地显示数据的实时趋势，也可以查阅数据的历史趋势，并且可以进行多个数据的对比观察，是一种非常方便的标准画面。趋势画面的设置要跟位号一一对应，不然会出错。另外，还要在 I/O 点设置时，在趋势服务组态中选择趋势组态，不然也会出错。

趋势画面设置如图 9-20。

(4) 总貌画面设置

总貌画面上可以显示所有前面设置过的标准画面的链接，画面索引快捷方便，也可以像一览画面一样实时显示数据的变化，画面信息块的颜色可指示测点状态和报警情况。每页画面最多显示 32 块信息，每块信息可以为过程信息点（位号）和描述、标准画面（系统总貌、控制分组、趋势图、流程图、数据一览等）索引位号和描述。过程信息点（位号）显示相应的信息、实时数据和状态。标准画面显示画面描述和状态。

总貌画面设置如图 9-21 所示。

(5) 报警设置

报警颜色可配置方案涉及：报警一览控件、报警实时显示控件、光字牌等模块。可以实现报警颜色按等级划分，从 0 级到 9 级可配置十种不同的颜色以区分报警的重要性。另外，还可以进行语音报警的设置，以便及时提醒工作人员检查错误，确保工艺流程的顺利进行。

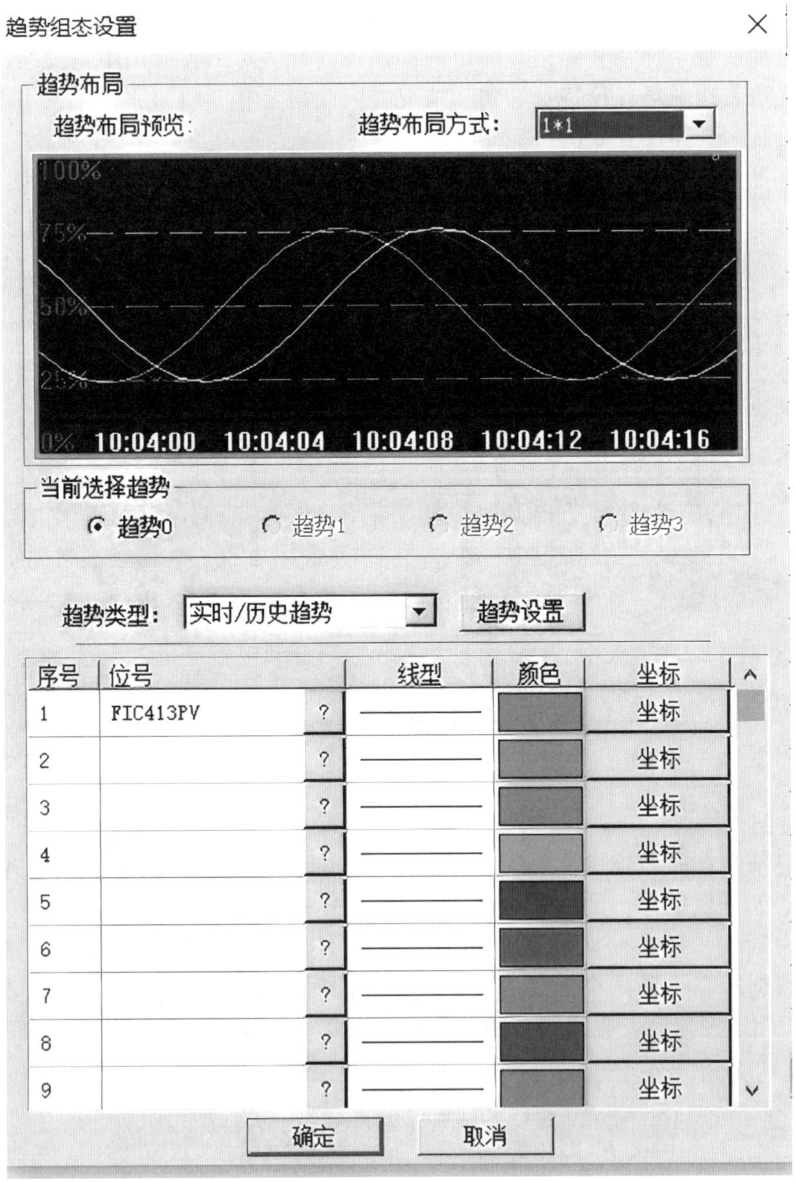

图 9-20　趋势画面设置

序号	页码	页描述	文件名				默认页	屏幕默认页
00	1	流程图	流程图.pic	?	编辑	预览		
01	2	精馏塔灵敏板温度	TI_201.pic	?	编辑	预览		
02	3	水流量	FI_201.pic	?	编辑	预览		
03	4	醋酸甲酯混合物流	FI_202.pic	?	编辑	预览		
04	5	催化精馏塔塔顶压力	PI_201.pic	?	编辑	预览		
05	6	催化精馏塔塔顶液位	LI_201.pic	?	编辑	预览		
06	7	催化精馏塔塔底液位	LI_202.pic	?	编辑	预览		
07	8	甲醇回收塔塔顶压力	PI_203.pic	?	编辑	预览		
08	9	甲醇回收塔冷凝器液位	LI_203.pic	?	编辑	预览		
09	10	甲醇回收塔塔釜液位	LI_204.pic	?	编辑	预览		
10	11	甲醇回收塔灵敏板温度	TI_203.pic	?	编辑	预览		
11	12	侧线采出甲醇浓度	CI_204.pic	?	编辑	预览		

图 9-21　总貌画面设置

(6) 监控主界面

标准操作画面是系统定义的格式固定的操作画面，实际工程应用中，仅用这样的操作画面还不能形象地表达现场各种特殊的实际情况。因此需要有专门的流程图制作软件来进行工艺流程图的绘制。具体设置如图 9-22 所示。

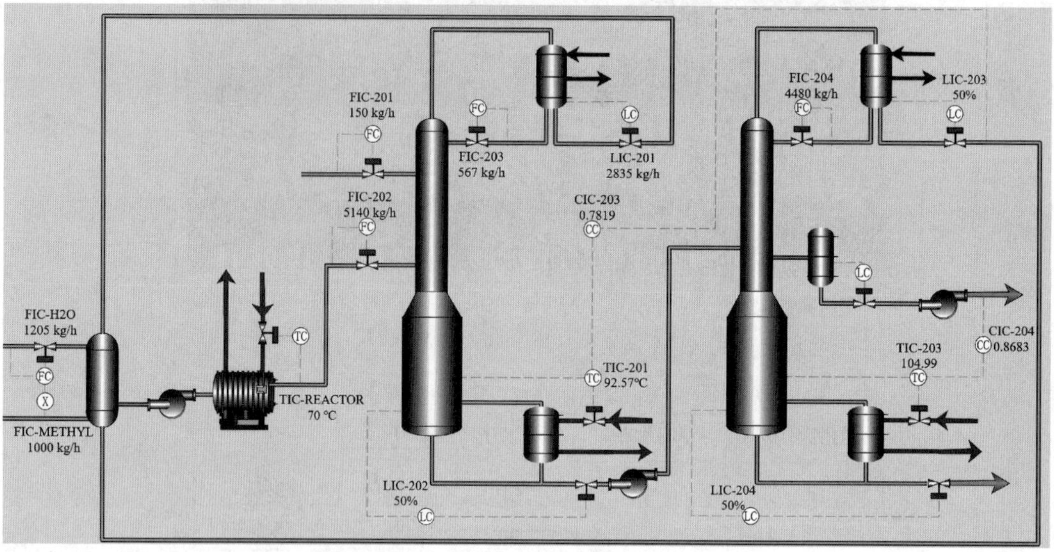

图 9-22 监控主界面

(7) 报表制作

报表是记录和存储数据的一种常用工具，现场很多重要的数据都是先由报表记录下来，然后技术人员根据输出的表格数据对系统状态和工艺情况进行分析。报表制作软件从功能上分为制表和报表数据组态两部分，制表主要是将需要记录的数据以表格的形式制作；报表数据组态主要是根据需求对事件定义、时间引用、位号引用和报表输出做相应的设置。报表组态完成后，报表可以由计算机自动生成，如图 9-23 所示。

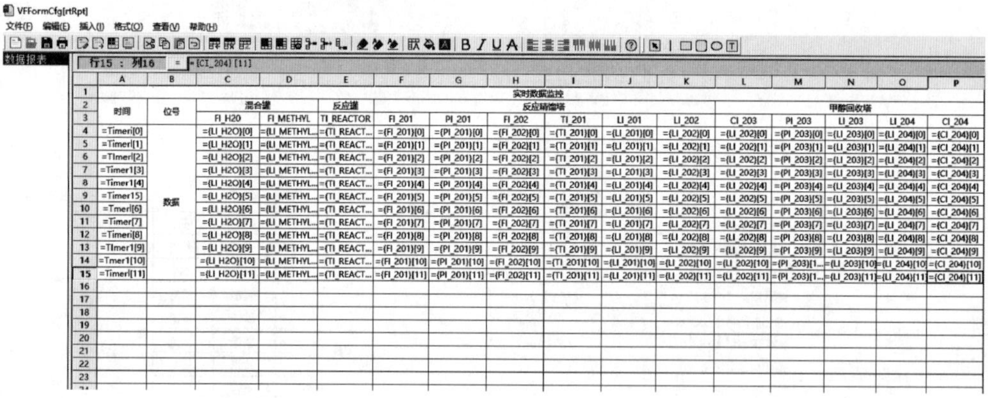
VFFormCfg[rtRpt]

文件(F) 编辑(E) 插入(I) 格式(O) 查看(V) 帮助(H)

数据报表

行15 ： 列16 = ={CI_204}[11]

	A	B	C	D	E	F	G	H	I	J	K	L	M	N	O	P
1	实时数据监控															
2	时间	位号	混合罐		反应罐	反应精馏塔						甲醇回收塔				
3			FI_H20	FI_METHYL	TI_REACTOR	FI_201	PI_201	FI_202	TI_201	LI_201	LI_202	CI_203	PI_203	LI_203	LI_204	CI_204
4	=Timeri[0]		={LI_H2O}[0]	={LI_METHYL...	={TI_REACT...	={FI_201}[0]	={PI_201}[0]	={FI_202}[0]	={TI_201}[0]	={LI_201}[0]	={LI_202}[0]	={LI_202}[0]	={PI_203}[0]	={LI_203}[0]	={LI_204}[0]	={CI_204}[0]
5	=Timerl[1]		={LI_H2O}[1]	={LI_METHYL...	={TI_REACT...	={FI_201}[1]	={PI_201}[1]	={FI_202}[1]	={TI_201}[1]	={LI_201}[1]	={LI_202}[1]	={LI_202}[1]	={PI_203}[1]	={LI_203}[1]	={LI_204}[1]	={CI_204}[1]
6	=TImerl[2]		={LI_H2O}[2]	={LI_METHYL...	={TI_REACT...	={FI_201}[2]	={PI_201}[2]	={FI_202}[2]	={TI_201}[2]	={LI_201}[2]	={LI_202}[2]	={LI_202}[2]	={PI_203}[2]	={LI_203}[2]	={LI_204}[2]	={CI_204}[2]
7	=Timer1[3]		={LI_H2O}[3]	={LI_METHYL...	={TI_REACT...	={FI_201}[3]	={PI_201}[3]	={FI_202}[3]	={TI_201}[3]	={LI_201}[3]	={LI_202}[3]	={LI_202}[3]	={PI_203}[3]	={LI_203}[3]	={LI_204}[3]	={CI_204}[3]
8	=Timer1[4]		={LI_H2O}[4]	={LI_METHYL...	={TI_REACT...	={FI_201}[4]	={PI_201}[4]	={FI_202}[4]	={TI_201}[4]	={LI_201}[4]	={LI_202}[4]	={LI_202}[4]	={PI_203}[4]	={LI_203}[4]	={LI_204}[4]	={CI_204}[4]
9	=Timer15]	数据	={LI_H2O}[5]	={LI_METHYL...	={TI_REACT...	={FI_201}[5]	={PI_201}[5]	={FI_202}[5]	={TI_201}[5]	={LI_201}[5]	={LI_202}[5]	={LI_202}[5]	={PI_203}[5]	={LI_203}[5]	={LI_204}[5]	={CI_204}[5]
10	=Tmerl[6]		={LI_H2O}[6]	={LI_METHYL...	={TI_REACT...	={FI_201}[6]	={PI_201}[6]	={FI_202}[6]	={TI_201}[6]	={LI_201}[6]	={LI_202}[6]	={LI_202}[6]	={PI_203}[6]	={LI_203}[6]	={LI_204}[6]	={CI_204}[6]
11	=Timer[7]		={LI_H2O}[7]	={LI_METHYL...	={TI_REACT...	={FI_201}[7]	={PI_201}[7]	={FI_202}[7]	={TI_201}[7]	={LI_201}[7]	={LI_202}[7]	={LI_202}[7]	={PI_203}[7]	={LI_203}[7]	={LI_204}[7]	={CI_204}[7]
12	=Timeri[8]		={LI_H2O}[8]	={LI_METHYL...	={TI_REACT...	={FI_201}[8]	={PI_201}[8]	={FI_202}[8]	={TI_201}[8]	={LI_201}[8]	={LI_202}[8]	={LI_202}[8]	={PI_203}[8]	={LI_203}[8]	={LI_204}[8]	={CI_204}[8]
13	=TImer1[9]		={LI_H2O}[9]	={LI_METHYL...	={TI_REACT...	={FI_201}[9]	={PI_201}[9]	={FI_202}[9]	={TI_201}[9]	={LI_201}[9]	={LI_202}[9]	={LI_202}[9]	={PI_203}[9]	={LI_203}[9]	={LI_204}[9]	={CI_204}[9]
14	=Tmer1[10]		={LI_H2O}[10]	={LI_METHYL...	={TI_REACT...	={FI_201}[10]	={PI_201}[10]	={FI_202}[10]	={TI_201}[10]	={LI_201}[10]	={LI_202}[10]	={LI_202}[10]	={PI_203}[1...	={LI_203}[10]	={LI_204}[10]	={CI_204}[10]
15	=Timerl[11]		={LI_H2O}[11]	={LI_METHYL...	={TI_REACT...	={FI_201}[11]	={PI_201}[11]	={FI_202}[11]	={TI_201}[11]	={LI_201}[11]	={LI_202}[11]	={LI_202}[11]	={PI_203}[1...	={LI_203}[11]	={LI_204}[11	={CI_204}[11]
16																
17																
18																
19																
20																
21																
22																
23																

图 9-23 报表最终生成结果

9.3.5 组态调试

组态设置完后，最重要的便是组态的调试。在调试之前，首先，要将 DCS 机柜电源打开，插上软件狗，插上网线，这是调试的第一步。其次，要将组态下载到DCS机柜中。最后才是实时监控。由于本工程设计实例没有对应的实际设备，因此这次工程设计的监控界面不能体现实时监控这一特性。因为实验室中有一个精馏塔设备，所以将局部的I/O地址的设置与实验室中的精馏塔地址相对应，从而局部模拟了DCS的实时监控。

思考题

1. 如何确定催化精馏塔温度灵敏板位置？
2. 如何设计醋酸甲酯制醋酸过程的厂级过程控制方案？
3. 如何将醋酸甲酯制醋酸过程的稳态模拟转到动态模拟？
4. 如何进行醋酸甲酯制醋酸过程控制方案的性能测试？
5. 醋酸甲酯制醋酸过程监控组态画面包括哪些内容？

第10章 醋酸甲酯制醋酸过程安全设计

10.1 工艺危险、有害因素辨识

对生产工艺的危险性进行分析是进行安全设计和完善安全保护的前提。该工艺的危险性主要从物料的危险性、生产工艺的危险性和设备装置的危险性进行分析。

10.1.1 物料的危险性

该生产过程的危险物料主要是醋酸甲酯、醋酸、甲醇、苯、醋酸正丙酯。物料的理化性质如表 10-1 所示。

表 10-1 醋酸制取物料的理化性质

物质	醋酸甲酯	醋酸	甲醇	苯	醋酸正丙酯
外观	无色透明液体	无色液体	无色澄清液体	无色透明液体	无色澄清液体
气味	有香味	强烈醋味	有刺激性气味	有甜味、有强烈芳香气味	有芳香气味
熔点/℃	−98.7	17	−97.8	5.5	−92.5
沸点/℃	57.8	118	64.8	80.1	101.6
闪点/℃	−10	40	11	−11	14
蒸气压	13.33(9.4℃)	15.4mbar(20℃)	127mmHg(25℃)	13.33kPa(26.1℃)	5.33kPa(28.8℃)
相对密度(水=1)	0.92	1.05	0.79	0.88	0.88
溶解性	微溶于水	溶解水中(20℃)	易溶于水	不溶于水	微溶于水
爆炸上限(体积分数)/%	16.0	4	44.0	8	8
爆炸下限(体积分数)/%	3.1	17	5.5	1.2	1.7

续表

物质	醋酸甲酯	醋酸	甲醇	苯	醋酸正丙酯
最小引燃温度/℃	454	485	385	560	450
毒害性	LD_{50}：5450mg/kg(大鼠经口) LD_{50}：3700 mg/kg(兔经口) LD_{50}：无资料	LD_{50}：3530mg/kg(大鼠,吞食) LD_{50}：16000mg/(kg·4h)(小鼠,吸入)	LD_{50}：5628mg/kg(大鼠经口) LD_{50}：15800mg/kg(兔经皮)；人经口5～10mL,潜伏期8～36h,致昏迷；人经口15mL,48h内产生视网膜炎,失明；人经口30～100mL,中枢神经系统严重损害,呼吸衰弱,死亡	LD_{50}：3306mg/kg(大鼠经口) LC_{50}：48mg/kg(小鼠经皮)；人吸入64g/m^3,5～10min,头昏、呕吐、昏迷、抽搐、呼吸麻痹而死亡；人吸入24g/m^3,0.5～1h,危及生命	LD_{50}：9370mg/kg(大鼠经口) LD_{50}：6640mg/kg(兔经口) LC_{50}：9800mg/kg(大鼠吸入)；人吸入1000mg/m^3,最小致死浓度。刺激性：人经眼400mg/kg,引起刺激
UN 编号	1231	2789	1230	1114	1276
危险品货物编号	32126	81601	32058	32051	32128
危险性类别	易燃液体,类别2 严重眼损伤/眼刺激,类别2 特异性靶器官毒性一次接触,类别3(麻醉效应)	易燃液体,类别3 皮肤腐蚀/刺激,类别1A 严重眼损伤/眼刺激,类别1	易燃液体,类别2 急性毒性-经口,类别3* 急性毒性-经皮,类别3* 急性毒性-吸入,类别3* 特异性靶器官毒性一次接触,类别1	易燃液体,类别2 皮肤腐蚀/刺激,类别2 严重眼损伤/眼刺激,类别2 生殖细胞致突变性,类别1B 致癌性,类别1A 特异性靶器官毒性——反复接触,类别1 吸入危害,类别1,危害水生环境-急性危害,类别2,危害水生环境-长期危害,类别3	易燃液体,类别2 严重眼损伤/眼刺激,类别2 特异性靶器官毒性一次接触,类别3(麻醉效应)

物料中醋酸甲酯、甲醇、苯、醋酸正丙酯均属于甲类易燃液体，醋酸属于乙类易燃液体，在泄漏的情况下，这些物料的蒸气与空气混合达到爆炸极限且遇明火或其他引燃能时，有火灾、爆炸的危险性。同时，甲醇、苯在误吸入的情况下能引发员工的中毒。而醋酸对设备设施有腐蚀性，在沾染皮肤的情况下能造成皮肤的轻微灼伤。

根据《国家安全监管总局关于公布首批重点监管的危险化学品名录的通知》(安监总管三〔2011〕95号）和《国家安全监管总局关于公布第二批重点监管危险化学品名录的通知》(安监总管三〔2013〕12号)，本项目涉及的重点监管的危险化学品为：苯和甲醇。

根据《高毒物品目录》(2003 年版)，苯属于高毒物品。

本项目不涉及剧毒化学品、监控化学品、易制毒化学品。

10.1.2 生产工艺的危险性

根据工艺特点说明是否属于重点监管的危险化工工艺，按照工艺特征和该企业的实际生产状况进行辨识，在生产工艺方面的危险性主要有如下几个方面。

(1) 火灾、爆炸

工艺水解温度在 70℃左右，精馏和回收的温度为 45～100℃（甲醇回收塔塔底温度大约在 100℃）。工艺过程中的核心物质是醋酸，火灾危险性为乙类；醋酸甲酯、甲醇、醋酸正丙酯、苯，火灾危险性为甲类。在较高的操作温度下，若反应过程中氧气含量超爆炸极限或原料发生泄漏，可能导致火灾和爆炸。

(2) 中毒

本工艺在生产过程中会产生和使用甲醇和苯，甲醇、苯对人体有强毒性。甲醇在人体新陈代谢中会氧化成比甲醇毒性更强的甲醛和甲酸（蚁酸），可引致失明、肝病甚至死亡。而由于甲醇的挥发和泄漏，可能产生不同程度的毒副作用，在操作过程中，长期的接触和吸入，均可能对身体造成不同程度的损害。苯的挥发性大，暴露于空气中很容易扩散。人和动物吸入或皮肤接触大量苯，会引起急性和慢性苯中毒。长期吸入会侵害人的神经系统，急性中毒会产生神经痉挛甚至昏迷、死亡。

(3) 烫伤

工艺过程中存在较高温度的介质，其操作温度甚至达到 1000℃，当员工进行操作时，若接触到较高温度的物料或者较高温度的设备、管道表面，则会引起烫伤事故的发生。

(4) 腐蚀

醋酸会腐蚀生产设备、管线、容器、仪表、建筑、安全设施等，对安全生产会产生一定的影响，使危险隐患增加，易发生重大事故。

10.1.3 设备装置的危险性

(1) 机械伤害

在生产或者设备检维修过程中，如果缺乏设备、缺少防护或员工违章作业，则存在机械伤害的危险。

(2) 高处坠落

醋酸制取工艺包括精馏塔、分离塔等较高设备，若作业人员在巡检、作业过程中违反操作规程，或身体不适、注意力不集中，且安全措施不可靠等，均有可能发生高处作业员的坠落事故。

(3) 噪声危害

醋酸制取工艺过程中使用的部分设备会产生一定的噪声。作业人员若长期暴露于过强［大于 90dB(A)］的噪声环境中，将会发生职业噪声性耳聋。长期暴露在强度为 85～90dB(A) 的噪声环境下，也会对作业人员产生各种有害的影响。人们短时间暴露在强噪声环境中，会发生暂时性听阈位移，脱离强噪声环境后听力可以恢复正常；但反复多次或长时间地暴露在强噪声环境下，则有可能发生永久性听阈位移，导致噪声性耳聋。此外，噪声还可能引起人体其他系统的疾病。

(4) 触电

本工艺中使用较多电气设备。高温、潮湿或腐蚀环境作用，会使绝缘能力降低；安装、修理人员接错线路，或带电作业时造成人为短路；不按规定要求私拉乱接、维护不当造成短路等原因都可能引起触电伤害。

综上所述，本系统存在的危险、有害因素分布如表 10-2 所示。

表 10-2 危险、有害因素分布

危险、有害因素	物料	工艺	设备
火灾	甲醇、醋酸甲酯、醋酸正丙酯、苯、醋酸	水解、精馏、回收	泵、精馏塔等设备着火
爆炸(化学爆炸)	甲醇、醋酸甲酯、醋酸正丙酯、苯	水解、精馏、回收	
爆炸(物理爆炸)	—	—	泵、精馏塔等
中毒	甲醇、苯	水解、精馏、回收	—
灼伤	醋酸	产品回收和储存	—
机械伤害	—	—	设备运行及检修
高处坠落	—	—	高处巡检及设备的检修
噪声危害	—	—	泵
触电	—	—	线路破损、设备绝缘不良

10.2 工艺安全风险分析

根据《关于进一步加强危险化学品建设项目安全设计管理的通知》（安监总管三〔2013〕76 号），涉及“两重点一重大”和首次工业化设计的建设项目，必须在基础设计阶段开展 HAZOP 分析。

根据《关于加强化工安全仪表系统管理的指导意见》（安监总管三〔2014〕116 号），所有新建涉及“两重点一重大”的化工装置和危险化学品储存设施要设计符合要求的安全仪表系统。

采用“HAZOP+LOPA+风险矩阵”复合式风险评估方法（HALOPA）对醋酸甲酯制醋酸危险与可操作性进行评估，并结合安全风险矩阵，对可能发生的事故场景的后果严重性及发生的可能性进行评估，在此基础上提出降低风险的措施。

对醋酸甲酯制醋酸工艺进行 HAZOP 分析，节点划分如图 10-1 所示。其中：节点（1）为 U001-N001-原料混合罐及萃取塔；节点（2）为 U001-N002-固定床反应器及催化精馏塔；节点（3）为 U001-N003-甲醇回收塔。本书以节点（2）为例进行工艺安全风险分析，节点（1）和节点（3）参见二维码数字资源。

例：节点（2）U001-N002-固定床反应器及催化精馏塔

节点编号：U001-N002。

节点名称：固定床反应器及催化精馏塔。

单元名称：溶剂再生。

所在图纸号：固定床反应器及催化精馏塔工艺管道及仪表流程图。

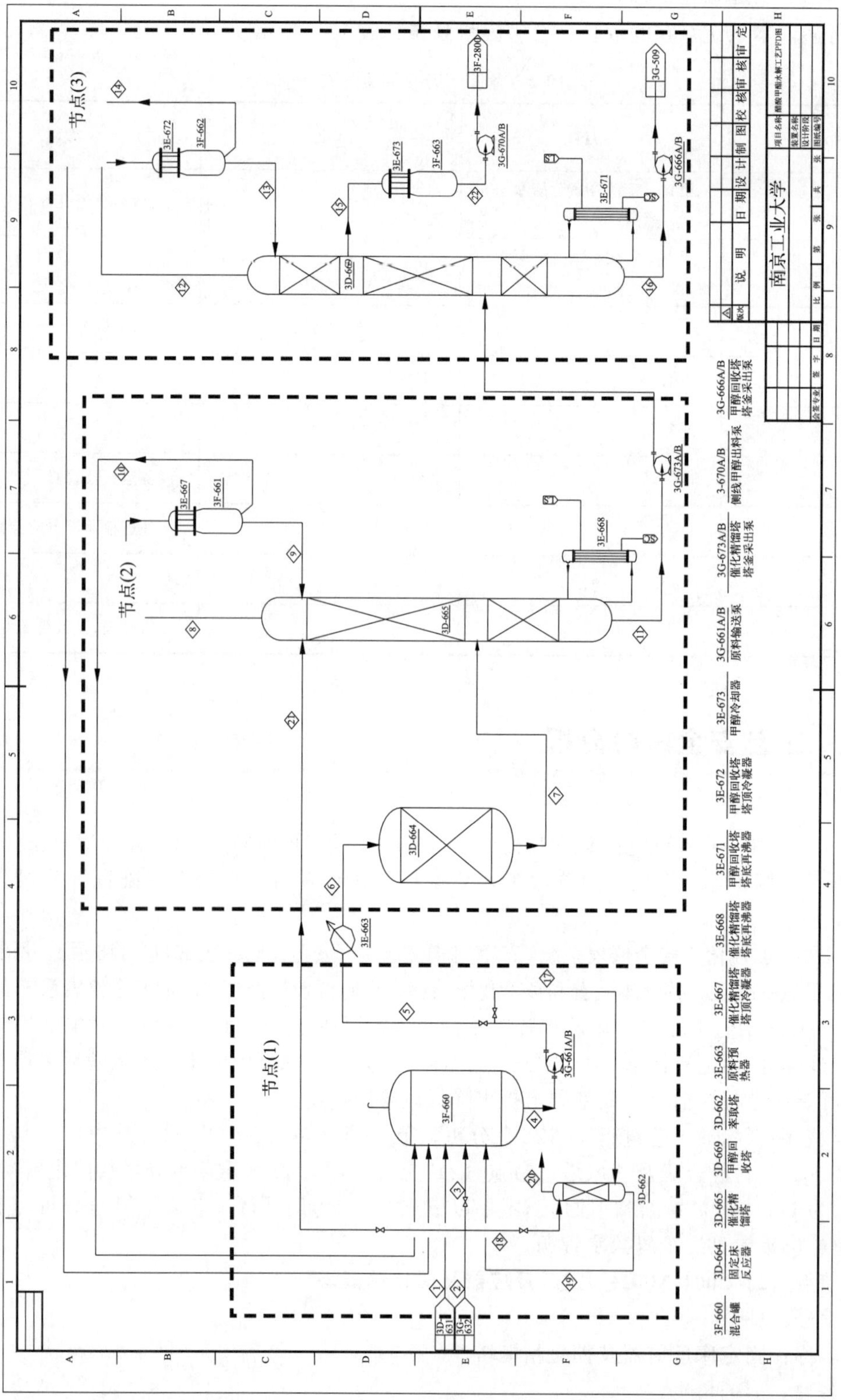

图 10-1　工艺流程 HAZOP 分析节点划分图

节点描述：3D-631出料由原料输送泵3G-661A/B输送，经原料预热器3E-663加热至70℃后，进入固定床反应器3D-664。固定床反应器中装填有阳离子交换树脂类型的固体酸催化剂，醋酸甲酯和水在液相中反应生成醋酸和甲醇，水解反应一般在70℃、压力0.6MPa下进行。

固定床反应器3D-664出料送至催化精馏塔3D-665，进一步反应3D-664中未反应的醋酸甲酯。催化精馏塔3D-665是一填料塔，内径900mm，反应段8500mm，提馏段4000mm，塔顶温度57.5℃、塔釜温度93.8℃，常压操作。醋酸甲酯、水、苯等的共沸物蒸至3D-665塔顶，经塔顶冷凝器3E-667冷凝后，部分回流，部分循环至3F-660。3D-665塔釜为水解产物醋酸和甲醇，由3G-673A/B泵送入甲醇回收塔3D-669以分离醋酸和甲醇。

主要设备：固定床反应器3D-664，催化精馏塔3D-665，催化精馏塔塔顶冷凝器3E-667，催化精馏塔塔底再沸器3E-668，催化精馏塔塔釜采出泵3G-673A/B。

主要控制参数：流量、温度、压力、液位。

分析人员：XXX　XXX　XXX。

固定床反应器及催化精馏塔可能存在的风险及处理措施如表10-3。

表10-3　固定床反应器及催化精馏塔可能存在的风险及处理措施

危险事件编号	详细偏差	原因	后果	使能条件/条件概率	初始风险等级	保护措施								现有风险等级	问题建议措施	建议措施后风险等级
						本质安全设计	BPCS调节控制或安全联锁	关键报警与人员响应	SIS	物理保护	泄漏、火灾、爆炸减缓措施	其他独立保护层	其他保护措施			
U001-N002 S0001	固定床反应器3D-664床层压降大	FVC 36008副线误开	反应物料停留时间短，反应不完全；催化剂损失严重		A6(S) C6(A) A6(R) A6(E)								PDI 36001固定床反应器3D-664设置差压远传显示	A6(S) C6(A) A6(R) A6(E)		A6(S) C6(A) A6(R) A6(E)
		0.1	C		C6								1.00	C6		C6
U001-N002 S0002	固定床反应器3D-664压力高	FVC 36008误关闭	反应物料停留时间过长，处理量太小，影响后续操作，可能导致固定床反应器3D-664超压损坏		A6(S) C6(A) A6(R) A6(E)					RV 66001固定床反应器3D-664设置安全阀				A4(S) C4(A) A4(R) A4(E)		A4(S) C4(A) A4(R) A4(E)
		0.1	C		C6					1×10^{-2}				C4		C4

续表

U001-N002 S0003	催化精馏塔3D-665压力高	TIC 36006调节失效，导致蒸汽阀门全开	可能导致催化精馏塔3D-665超压破坏，影响精馏生产		A6(S)					RV 66003催化精馏塔3D-665设置安全阀				A4(S)		A4(S)
					C6(A)									C4(A)		C4(A)
					A6(R)									A4(R)		A4(R)
					A6(E)									A4(E)		A4(E)
		0.1	C		C6					1×10^{-2}				C4		C4
U001-N002 S0004	催化精馏塔3D-665液位高	催化精馏塔出料泵3G-673A/B故障或者失电	导致泛塔，塔釜产品不合格，影响下游甲醇回收，局部停车		A6(S)		LT 36003催化精馏塔3D-665设置远传液位显示调节							A5(S)		A5(S)
					B6(A)									B5(A)		B5(A)
					A6(R)									A5(R)		A5(R)
					A6(E)									A5(E)		A5(E)
		0.1	B		B6		1×10^{-1}							B5		B5
U001-N002 S0005	催化精馏塔3D-665液位低	进料中断	影响精馏操作，导致出料泵汽蚀		A6(S)		LT 36003催化精馏塔3D-665设置远传液位显示调节							A5(S)		A5(S)
					B6(A)									B5(A)		B5(A)
					A6(R)									A5(R)		A5(R)
					A6(E)									A5(E)		A5(E)
		0.1	B		B6		1×10^{-1}							B5		B5
U001-N002 S0006	催化精馏塔塔顶冷凝器3E-667储液罐液位低	LCV 36004副线误开	可能导致蒸汽串压至混合罐3F-660，引起混合罐3F-660超压损坏		A6(S)					PVV混合罐3F-660顶部气相设置呼吸阀				A4(S)		A4(S)
					C6(A)									C4(A)		C4(A)
					A6(R)									A4(R)		A4(R)
					A6(E)									A4(E)		A4(E)
		0.1	C		C6					1×10^{-2}				C4		C4

10.3 安全防护措施

10.3.1 防爆设计

(1) 厂房泄压设计

如装置采用封闭厂房，根据《建筑设计防火规范（2018 年版）》（GB 50016—2014），有爆炸危险的厂房或厂房内有爆炸危险的部位应设置泄压设施。泄压设施宜采用轻质屋面板，轻质墙体和易于泄压的门、窗等，应采用安全玻璃等在爆炸时不产生尖锐碎片的材料。泄压设施的设置应避开人员密集场所和主要交通道路，且不宜靠近有爆炸危险的部位。

(2) 人员集中场所抗爆设计

根据《石油化工工厂布置设计规范》(GB 50984—2014) 要求，人员集中场所应布置在爆炸影响安全距离之外，若总图布置不允许，人员集中场所应采用抗爆设计。根据《石油化工建筑物抗爆设计标准》(GB/T 50779—2022)，新建有人值守建筑物不宜布置在爆炸冲击波峰值入射超压大于 48kPa 的区域。

(3) 电气防爆设计

本工程中物料主要是甲醇、醋酸甲酯、醋酸、苯以及醋酸正丙酯，而易于出现甲类蒸气液体的场所主要是泵、阀门的密封处、法兰、连接件和管道接头等，因此属于第二类释放源，按照爆炸和火灾危险环境电气设备的相关设计规范，泵房、精馏塔、反应器按 2 区考虑。因此，防爆区域内灯具、信号报警器、插线装置以及接线箱均采用隔爆型；电力采用 1.55mm^2 以上铜芯或者 4mm^2 以上铝芯的导线；控制导线采用 1.55mm^2 以上铜芯导线；照明使用 1.55mm^2 以上铜芯或者 2.5mm^2 以上铝芯；低压开关和控制器（如操作箱、配电盘等）均采用隔爆型；所有用于原料、产品、中间体运输的泵均采用防爆型。

(4) 仪表防爆

电动仪表采用隔爆型，其防爆级别不低于 dⅡBT4；仪表电缆的保护管采用镀锌水煤气管，保护管与仪表采用防爆挠性管连接。

10.3.2 防火设计

(1) 区域规划安全设计

由于甲醇、醋酸甲酯等物料属于甲类液体，因此根据建筑设计防火规范，原料混合罐、预热器等设备距离居民区、公共福利设施的间距不得小于 100m，与相邻工厂的围墙用地的距离不得小于 70m。同时，厂区的生产区建设在人员密集的公共场所（如集镇）的下风侧。在山区或丘陵地区，厂区的生产区应避免布置在窝风地带。工厂的主要出入口不应少于两个，并宜位于不同方位。原料混合罐、原料预热器、固定床反应器等工艺装置、罐组、装卸区等设施宜布置在人员集中场所及明火或散发火花地点的全年最小频率风向的上风侧。

(2) 防火堤安全设计

罐组的型号如表 10-4 所示。

表 10-4 工艺中罐组型号

位号	设备名称	容积/m^3	尺寸/mm
3F-660	原料混合罐	7.2	ϕ1500×4000
3F-661	催化精馏塔回流罐	1.0	ϕ800×2000
3F-662	甲醇回收塔回流罐	1.3	ϕ900×2000
3F-663	甲醇缓冲罐	0.2	ϕ273×2000

防火堤按原料混合罐计算，$H=4$m；储罐都是固定顶罐，$v=7.2\text{m}^3$；储罐壁到防火堤内堤脚线的距离 $L=0.5H=0.5\times4=2$m；防火堤所围成的图形为正方形，边长 5.5m，面积 S 为 30.25m^2；有效面积为 $s=S-\pi r^2=30.25-1.77=28.48\text{m}^2$；防火堤的计算高度为 $h=v/s=7.2/28.48=0.25$m。根据《石油化工企业设计防火标准（2018 年版）》(GB 50160—2008) 的规定，防火堤的高度设置为 1.1m，故取 1.1m。大于最大罐的罐容，在事

故状态下，防火堤可以防止物料蔓延到其他地区，减小危害。同时，在防火堤四周种植四季常青的草坪，不能种植灌木。

(3) 灭火设施安全设计

由于甲类液体甲醇、醋酸甲酯、苯发生火灾均不能使用水作为灭火剂，因此此次将所有灭火剂统一设计为抗溶性泡沫灭火剂，选用液上喷射泡沫灭火系统。同时，在设备、储罐之间按照规范的要求设置若干套手提式抗溶性蛋白泡沫灭火器。当发生初期小型火灾或者动火作业时，可以使用小型灭火剂及时扑灭初期火灾，使用方便。

10.3.3 可燃气体检测报警系统设计

醋酸甲酯、甲醇、苯、醋酸正丙酯均属于甲类易燃液体，醋酸属于乙类易燃液体，《石油化工可燃气体和有毒气体检测报警设计标准》(GB/T 50493—2019) 规定在生产或使用甲类气体和液化烃、甲 B、乙 A 类液体的工艺装置以及储罐区、装卸设施、灌装站等时应设置可燃气体检（探）测器，可燃气体和有毒气体的检测系统应采用两级报警，报警信号应发送至操作人员常驻的控制室、现场操作室等进行报警。现场报警器可选用音响器和/或旋光报警灯。为了提示现场工作人员，现场报警器常选用声级为 105dB(A) 的音响器，在高噪声区［噪声超过 85dB(A)］以及生产现场主要出入口处，通常还设立旋光报警灯。

设置可燃气体检（探）测器的场所，应采用固定式检（探）测器，可燃气体检测报警系统宜独立设置，宜采用不间断电源（UPS）供电。现场巡检和操作的工作人员应配备便携式可燃检测报警器。

10.3.4 工艺防雷、防静电设计

由于醋酸甲酯水解制取醋酸过程中，电火花可能引起甲醇等甲类液体可燃蒸气爆炸，且会造成巨大破坏和人身伤亡。因此醋酸甲酯水解厂房按第一类防雷建筑设计防雷防静电。

根据《建筑物防雷设计规范》(GB 50057—2010)，按照装置的介质及设备特点，装置设有防雷击措施。装置区内设备、管道及钢结构均设置静电接地保护措施。整个装置区内采用一个接地系统，保护接地、防静电接地、防雷接地均接至此系统。保护接地和防雷接地电阻不大于 10Ω，防静电接地电阻不大于 100Ω。避雷针采用圆钢或焊接钢管制成，其直径不应小于下列数值：针长 1m 以下；圆钢为 12mm；钢管为 20mm。引下线采用直径为 1cm 的镀锌圆钢，接地装置采用厚度为 5mm 的镀锌角钢。接地干线与原接地系统连接不少于 2 处。原料混合罐、甲醇回收罐等金属壳体作为接闪器、引下线，储罐接地点不得少于 2 点。利用钢立柱作为接地线。

同时，电机外壳、电缆保护管、操作柱、灯具金属外壳均与接地系统连接。为避免流速过快产生积聚静电，引起火灾，设计中可燃液体的流速不宜大于 3m/s。

10.3.5 控制与安全联锁设计

醋酸制取工艺中甲类液体贯穿整个生产过程，一旦设备发生破损，甲类液体的可燃蒸气极易遇引燃而发生火灾爆炸事故，因此对整个装置的安全控制和及时切断危险源的要求非常高。因此对整个工艺考虑控制和联锁。

首先在原料混合罐上，它是一个相当大的缓冲罐，所有的反应原料首先进入原料混合罐中混合，因此必须保证它在任何时刻都要有一定的储存空间（包括在工艺出现故障，要紧急停车的情况）。因此在原料混合罐进口阀与原料液位之间设置联锁，当液位高于储罐的安全

液位时，主动调低甚至关闭进口阀的开度，从而降低甚至切断原料的供应。

在原料预热器中，原料一般预热到70℃即可，但是当发生工艺故障、紧急停车时，原料不停被原料预热器加热，而原料预热器的设计加热温度可达150℃。因此必须在原料预热器的加热装置与原料预热器中的原料温度计之间设置一个联锁控制系统，当原料温度达到70℃时，即降低加热的速度甚至停止加热。

对于固定床反应器，在醋酸的生产过程中，实际操作压力和温度分别是0.65MPa、70℃，而当固定床反应器发生超温超压时（压力大于1.0MPa、温度高于120℃），极有可能造成原料的泄漏而引发事故。因此在固定床反应器的进料口和固定床反应器的容器压力、容器内液体温度之间应该设置联锁控制，当固定床反应发生超温超压时，对固定床进料口开度进行调低甚至关闭，阻止反应的继续进行。

甲醇分离塔塔顶温度为59.2℃、塔釜温度为105.6℃，常压操作。醋酸甲酯、水、苯等的共沸物蒸至塔顶，经塔顶冷凝器冷凝后，部分回流循环。塔釜为水解产物醋酸和甲醇，由泵送入甲醇回收塔以分离醋酸和甲醇。因此在分离塔的进料口与塔内温度、压力感应器之间设置联锁，防止因为分离塔的超温超压而发生火灾爆炸事故。

10.3.6 设备、设施的安全防护设计

① 管道防腐。由于产品醋酸具有一定的腐蚀性，因此，输送管道采用焊接的无缝管道，同时对地面管道采用防腐漆进行防腐。

② 防护罩。生产工艺中使用的输送泵的转动机构外围自带防护罩。

③ 设备的防震设计。抗震设防烈度为7度抗震，设计基本地震加速度值为0.10*g*。

a. 储罐基础原则上以天然地基作为持力层，如天然地基不能满足承载力要求，则采用底板基础下做砂石垫层处理地基；b. 泵的基础以天然地基作为持力层；c. 泵房的柱子以天然地基作为持力层；d. 管墩、架的基础以天然地基作为持力层。

④ 储罐、泵等设备防渗漏安全设计。为了防止甲醇、苯、醋酸甲酯等甲类液体的泄漏，在用于输送液体的泵的传动部位均设置密封，防止甲类液体的泄漏而引发事故。同时，确保阀门、管道的密封性，选择合理的管径、材质和壁厚，同时做到定期检查，防止因为液体泄漏而引发安全事故。

10.3.7 警示标志设置

根据《安全色》(GB 2893—2008)《安全标志及其使用导则》(GB 2894—2008) 的相关规定，对工艺中有毒、有害的危险场所做出相应的安全警示，以达到预防事故发生的效果。本次醋酸甲酯水解制醋酸工艺中主要涉及的物料为甲醇、苯、醋酸甲酯、醋酸，其中存在危险的主要包括三个部分：一是醋酸的腐蚀性；二是甲醇、苯的毒性；三是水蒸气的烫伤。

因此，警示标志的设置如下：

① 佩戴防毒面具。由于整个工艺过程中难免有甲醇、苯的泄漏，因此，工作人员进入现场操作或者检维修、巡查时，必须佩戴防毒面具，防止中毒事故的发生。

② 禁止烟火。由于甲醇、苯、醋酸正丙酯、醋酸甲酯均属于甲类液体，遇明火极易引发火灾甚至爆炸事故，因此，整个生产厂区应该张贴禁止烟火标志。

③ 禁止攀爬。甲醇精馏塔等塔类设备较高，而没有防护措施的情况下攀登有可能导致高处坠落事故而引发人员伤亡。因此，在塔类设备周围，应该设置禁止私自攀爬的警示标志。

④ 当心烫伤。工艺中蒸气温度能达到105℃，液体温度能达到70℃。因此，必须在可

能出现高温蒸气或者高温液体泄漏的地方设置当心烫伤的警示标志。

⑤ 紧急疏散通道。当发生事故时，为了便于员工的疏散，应当在厂区的主要疏散通道两侧设置紧急疏散标志。

思考题

1. 采用什么评估方法进行醋酸甲酯制醋酸危险与可操作性的评估？
2. 如何进行醋酸甲酯制醋酸过程的防爆设计？
3. 如何进行醋酸甲酯制醋酸过程的防火设计？
4. 如何进行醋酸甲酯制醋酸过程的控制与安全联锁设计？

参 考 文 献

[1] 中国石化集团上海工程有限公司．化工工艺设计手册（上、下册）[M]．5版．北京：化学工业出版社，2018.

[2] 加文·陶勒，雷·辛诺特．化工设计 工厂和工艺设计原理实践和经济性 [M]．2版．张来勇译．北京：石油工业出版社，2021.

[3] 梁志武，陈声宗．化工设计 [M]．4版．北京：化学工业出版社，2015.

[4] 王子宗．石油化工设计手册（第三卷）[M]．修订版．北京：化学工业出版社，2019.

[5] 杨基和，刘英杰，黎珊．化工工程设计概论 [M]．3版．北京：中国石化出版社，2019.

[6] 徐宝东．化工管路设计手册 [M]．北京：化学工业出版社，2011.

[7] 赵云鹏，汪广恒．化工流程模拟 Aspen Plus 从入门到实践 [M]．北京：化学工业出版社，2023.

[8] 孙兰义．化工流程模拟实训 Aspen Plus 教程 [M]．2版．北京：化学工业出版社，2020.

[9] 中国石油化工集团公司．石油化工装置工艺设计包（成套技术工艺包）内容规定 SPMP-STD-EM2001 [Z]．2015.

[10] GB/T 150—2024. 压力容器 [S].

[11] GB/T 151—2014. 热交换器 [S].

[12] NB/T 47041—2014. 塔式容器 [S].

[13] NB/T 47042—2014. 卧式容器 [S].

[14] NB/T 47014—2023. 承压设备焊接工艺评定 [S].

[15] NB/T 47015—2023. 压力容器焊接规程 [S].

[16] NB/T 47016—2023. 承压设备产品焊接试件的力学性能检验 [S].

[17] 郑津洋，桑芝富．过程设备设计 [M]．5版．北京：化学工业出版社，2021.

[18] 谭蔚．化工设备设计基础 [M]．4版．天津：天津大学出版社，2023.

[19] 喻九阳，徐建民，郑小涛．压力容器与过程设备 [M]．2版．北京：化学工业出版社，2022.

[20] 薄翠梅．过程控制 [M]．北京：机械工业出版社，2021.

[21] 孙洪程，李大字．过程控制工程设计 [M]．3版．北京：化学工业出版社，2019.

[22] 王晓华，王卫江．自动控制原理 [M]．3版．北京：北京理工大学出版社，2022.

[23] 张宏建，黄志尧，周洪亮，等．自动检测技术与装置 [M]．3版．北京：化学工业出版社 2019.

[24] 孙良．过程控制仪表与装置 [M]．东营：中国石油大学出版社，2020.

[25] 黄海燕，余昭旭，何衍庆．集散控制系统原理及应用 [M]．北京：化学工业出版社，2020.

[26] 厉玉鸣．化工仪表及自动化 [M]．6版．北京：化学工业出版社，2019.

[27] 蒋军成，潘勇，周汝．化工安全设计 [M]．北京：中国计量出版社，2021.

[28] 蒋军成，潘勇．化工过程本质安全化设计 [M]．北京：化学工业出版社，2020.

[29] GB 50160—2008. 石油化工企业设计防火标准（2018年版）[S]．

[30] GB/T 50493—2019. 石油化工可燃气体和有毒气体检测报警设计标准 [S]．

[31] GB/T 12801—2008. 生产过程安全卫生要求总则 [S]．

[32] GB 50058—2014. 爆炸危险环境电力装置设计规范 [S]．